职业院校电类“十三五”
微课版规划教材

电路分析基础

第4版 | 附微课视频

曾令琴 朱焕立 王磊 / 编著

人 民 邮 电 出 版 社
北 京

图书在版编目（C I P）数据

电路分析基础 : 附微课视频 / 曾令琴，朱焕立，王磊编著. -- 4版. -- 北京 : 人民邮电出版社，2017.6（2021.5重印）
职业院校电类“十三五”微课版规划教材
ISBN 978-7-115-44547-6

Ⅰ. ①电… Ⅱ. ①曾… ②朱… ③王… Ⅲ. ①电路分析—高等职业教育—教材 Ⅳ. ①TM133

中国版本图书馆CIP数据核字(2017)第001563号

内 容 提 要

本书主要内容包括电路的基本概念和定律、电路的基本分析方法、正弦交流电路基础、相量分析法、谐振电路、互感耦合电路和变压器、三相电路、电路的暂态分析、非正弦周期电流电路、二端口网络、均匀传输线以及拉普拉斯变换。本书还设置了实践教学内容，包括与理论内容相关的实验指导和电工实习项目，真正体现了应用型人才培养的教学模式。

本书提供丰富配套资料，包括教学大纲、优质的教学课件、课程中所有习题的详细解析等。本书可作为应用型、技能型人才培养的电类各专业教材，也可供有关科技人员学习参考。

◆ 编　　著　曾令琴　朱焕立　王　磊
　责任编辑　蒋　慧
　执行编辑　王丽美
　责任印制　焦志炜

◆ 人民邮电出版社出版发行　　北京市丰台区成寿寺路 11 号
　邮编　100164　　电子邮件　315@ptpress.com.cn
　网址　http://www.ptpress.com.cn
　三河市君旺印务有限公司印刷

◆ 开本：787×1092　1/16
　印张：16　　　　　　2017 年 6 月第 4 版
　字数：396 千字　　　2021 年 5月河北第 6 次印刷

定价：42.00 元

读者服务热线：(010)81055256　印装质量热线：(010)81055316
反盗版热线：(010)81055315
广告经营许可证：京东市监广登字 20170147 号

第 4 版前言

“电路分析基础”课程是各级院校电类各专业的基础课程，是电类学生知识结构的重要组成部分，在人才培养中起着十分重要的作用，具有很强的实践性。该课程的任务是使学生掌握电类技术人员必须具备的电路基础理论、基本分析方法，掌握各种常用电工仪器、仪表的使用及其简单的电工测量方法，初步学习一些电工技能，为后续专业课的学习和今后踏入社会后的工程实际应用打下一定的基础，同时使学生通过本课程的学习能够提高自身理论联系实际的能力。

《电路分析基础》自出版以来深受广大师生的好评，为使本书更加完善，我们对《电路分析基础（第 3 版）》教材重新进行了修订。修订后的版本保留了原书的基本体系与风格，并在以下几个方面做了较多的改编。

1. 为使书中内容更加通俗易懂，编者对原有版本逐字逐句进行了推敲和斟酌，对书中的不当之处进行了修改和适当补充。

2. 根据工程实际的需要，结合高校理论教学的需求，第 2 章增添了互易定理，第 12 章增加了延时性质。

3. 为了让本书成为工程技术人员查阅的精品资料，同时为了让学生更好地理解书中的相关理论，编者不但对原有例题进行了审视和部分修改，还增加了一些例题。

4. 为使本书具有更强的实用性，编者对章后实验项目进行了修改和补充，使其对各院校不同的实验设备均能够适用，真正起到实验指导作用。

5．本着最大化地为使用本书的师生提供方便的原则，编者对原有课件重新整理和修改；对节后思考题及章后习题重新进行了审视和部分修改，力争无错误。并且，提供了包括思考题在内的习题详解。

本书由郑州工商学院的曾令琴、黄河水利职业技术学院的朱焕立和王磊编著。曾令琴对全书进行统稿。

为了使本书更好地为读者服务，敬请广大教师和工程技术人员对书中存在的不当之处及时给予指正。

编者

2016 年 12 月

目录

第 1 章 电路的基本概念和定律

随着科学技术的飞速发展，现代电工电子设备种类日益繁多，规模和结构更是日新月异，但无论怎样设计和制造，这些设备绝大多数仍是由各式各样的电路所组成。电路的结构不论多么复杂，它们和最简单的电路之间还是具有许多基本的共性，遵循着相同的规律。本章的重点就是要阐明这些共性及其分析电路的基本规律。

本章内容分为 3 个部分：电路的基本概念及电路物理量；基尔霍夫定律及电路模型；电路的等效变换。在“电路基础”课程中，本章内容既是贯穿全书的重要理论基础，也是实用电工技术中通用的理论依据，要求读者在学习中应予以足够的重视。

本章教学要求

理论教学要求：了解和熟悉电路模型和理想电路元件的概念；理解和区分电压、电流、电动势、电功率的概念及其描述问题时方法上的区别；进一步熟悉欧姆定律及其扩展应用；充分理解和掌握基尔霍夫定律的内容，并能初步运用基尔霍夫定律分析电路中的实际问题；深刻理解和掌握参考方向在电路分析中的作用；理解和领会电路等效问题，熟练掌握无源二端网络和有源二端网络等效化简的基本方法。

实验教学要求：了解实验室的情况；熟悉常用电路仪器、仪表及其简单使用方法；学会测量直流电路中的电压和电流，学会用万用表测量电阻的方法。

1.1 电路和电路模型

学习目标

了解基本电路的组成及其功能，理解电路模型对研究实际电路问题具有的意义，掌握理想电路元件与实际电路器件在电特性上的区别，理解集总参数元件的概念。

1.1.1 电路的组成及功能

电路的组成和各部分功能

电流通过的路径称为电路。

实际电路通常由各种电路实体部件（如电源、电阻器、电感线圈、电容器、变压器、仪表、二极管、三极管等）组成。每一种电路实体部件具有各自不同的电磁特性和功能，按照人们的需要，把相关电路实体部件按一定方式进行组合，就构成了各种各样的电路结构。如果某个电路元器件数量很多且电路结构较为复杂时，通常又把这些电路称为电网络。

手电筒电路、单灯照明电路是实际应用中最为简单的电路实例，电动机电路、雷达导航设备电路、计算机电路、电视机电路显然是较为复杂的电路，但不管简单还是复杂，电路的基本组成部分都离不开 3 个基本环节：电源、负载和中间环节。

电源：向电路提供电能的装置，如电池、发电机等。电源可以将其他形式的能量转换成电能，如电池把化学能转换为电能，发电机把热能、机械能或原子能等转换为电能。电路中电源供出的电压或电流通常称为激励，激励是激发和产生电能的因素。

负载：在电路中接收电能的装置，如电灯、电动机等。负载把从电源接收到的电能转换为人们需要的能量形式，如电灯把电能转变成光能和热能，电动机把电能转换为机械能，充电的蓄电池把电能转换为化学能等。电路中负载上的电压和电流通常称之为响应，是接收和转换电能的用电器。

中间环节：电源和负载之间连通的传输导线、控制电路的通、断的控制开关、保护和监控实际电路的设备（如熔断器、热继电器、空气开关等）等称为电路的中间环节。中间环节在电路中起着传输和分配能量、控制和保护电气设备的作用。

工程应用中的实际电路，按照功能的不同可以概括为两大类。

① 电力系统中的电路：特点是大功率、大电流，其主要功能是对发电厂发出的电能进行传输、分配和转换。

② 电子技术中的电路：特点是小功率、小电流，其主要功能是实现对电信号的传递、变换、储存和处理。

1.1.2 电路模型和理想电路元件

电路模型

“模型”是现代各个社会学科、自然学科分析研究问题时普遍使用的重要概念，如数学学科中没有宽窄厚薄的“直线”，物理学科中不占空间尺寸却有一定质量的“质点”都是“模型”。先建立能反映所研究事物基本特性的模型，然后对该模型进行定量分析，可使问题得到合理简化。研究电路问题也是如此，首先对待研究电路“建模”，然后进行定量分析。

1．电路模型

实际电路发生的物理过程十分复杂，电路中各器件和导线之间的电磁现象相互交织在一起，如果实际电气部件的全部电磁特性都加以考虑时，问题势必复杂化，将造成分析和计算的困难。为了便于对实际电路的分析和计算，在电路理论中，通常在工程允许的条件下对实际电路进行模型化处理。

电路模型是实际电路电气特性的抽象和近似，电路模型由一些理想电路元件用理想导线连接而成。用不同电气特性的电路元件按照不同的方式连接，可构成不同电气特性的电路模型。

2．理想电路元件

实际电路常见的元器件有：导线、开关、照明灯、电阻器、电感线圈、电容器、电动机、变压器、二极管、三极管、运算放大器等，这些实际电路元器件的电特性往往多元而复杂，而且当它们所处的外部条件改变时，它们的电特性也会随之发生改变。

理想电路元件

进行模型化处理的思路，就是要在工程允许的范围内，用一些理想电路元件表征实际元器件的主要电特性，忽略它们的次要电特性，从而大大简化对实际问题的分析和计算。电路理论中的这种抽象出来的理想电路元件，也是简化电路分析和计算的最行之有效的方法。

理想电路元件分为有源和无源两大类，如图 1.1 所示。

根据实际电路用电器的耗能、储存磁场能和储存电场能 3 种电磁特性，可抽象出图 1.1 中的电阻元件（只具有耗能的电特性）、电感元件（只具有建立和储存磁场能量的电特性）和电容元件（只具有储存电场能量的电特性）。通常把电阻、电感、电容这 3 个无源二端理想化元件称为电路的三大基本元件，简称为电路元件。电路元件是实际电路器件的理想化抽象，其电磁特性单一、确切。

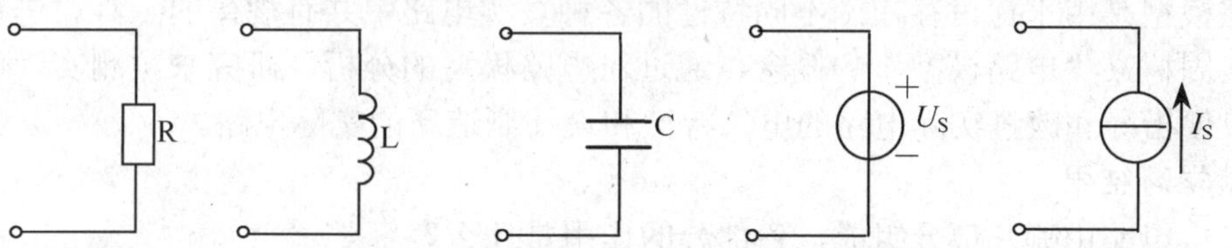

（a）电阻元件　（b）电感元件　（c）电容元件　（d）理想电压源　（e）理想电流源

图 1.1　无源和有源的理想电路元件的电路模型

图 1.1 中的理想电压源和理想电流源称为有源二端元件，其中的"源"是指它们能向电路提供电能，理想电压源和理想电流源简称为电压源和电流源。在电路精度要求不高的情况下，如果电源的主要供电方式是向电路提供一定的电压，可用电压源抽象和模拟；若主要供电方式是向电路提供一定的电流，则可用电流源抽象和模拟。

例如，一个实际的电感线圈，通电后在线圈周围会建立磁场，显然这是电感线圈的主要电磁特性；电感线圈通电后会发热，即实际电感线圈同时存在着"耗能"的电特性；实际电感线圈还存在着匝间分布电容和层间分布电容效应。显然，实际电感线圈的电特性多元而复杂。

对实际电感线圈建模时，根据"抓住主要因素，忽略次要矛盾"的模型化处理条件，可具体问题具体对待：直流电路中的电感线圈由于不存在电磁感应，电容效应也可忽略不计，可用一个只具有耗能特性的电阻元件来模拟；低频电子线路中，如对电路模型精度要求不高，可采用一个只具有建立磁场特性的理想电感元件来模拟；如对精度要求较高时，可采用电阻元件和电感元件的串联组合来模拟；高频交流工作条件下，可用电感元件和电阻元件的串联组合，再与只具有建立电场特性的电容元件相并联来模拟。由此可知，同一实体电路元器件，其电磁特性是多元化和复杂化的，并且在不同的外部条件下，它们呈现的电磁特性也会各不相同。

建立“电路模型”，首先应对实际元器件进行模型化处理，使得不同的实体电路元器件，只要具有相同的电磁性能，在一定条件下就可以用同一个理想电路元件来模拟，显然降低了实际电路的绘图难度。而且，同一个实体电路元器件，处在不同的应用条件和环境下，其电路模型可具有不同的形式。有时模型比较简单，仅由一种元件构成；有时比较复杂，可用几种理想元件的不同组合构成。这种对实际电路进行模型化处理的方法，为工程实际中的分析和计算带来了极大的方便。

例如，图 1.2 是一个最简单的手电筒电路及其电路模型。

由图 1.2 可以看出，手电筒的实体电路画法较为复杂，而电路模型显然清晰明了。

电路模型具有两大特点：一是它里面的任何一个元件都是只具有单一电特性的理想电路元件，因此反映出的电现象均可用数学方式进行精确的分析和计算；二是对各种电路模型的深入研究，实质上就是探讨各种实际电路共同遵循的基本规律。

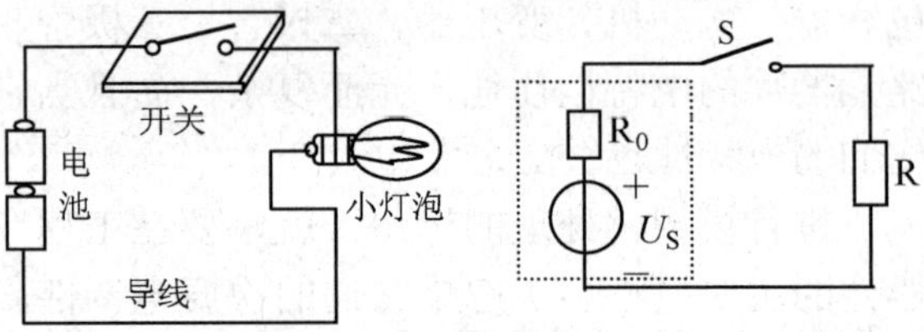

（a）手电筒电路　（b）电路模型

图 1.2　手电筒电路及其电路模型

需要指出的是，电路模型只适用于低、中频电路的分析。因为在低、中频电路中，电路元器件基本上都是次要因素可以忽略的集总参数元件，集总参数元件的电磁过程都是集中在元件内部进行。而在高频和超高频电路中，元器件上的电磁过程并不是集中在元件内部进行，因此要用“分布电路模型”来抽象和进行描述，这在以后的专业课中会讲到。本书中如不作特殊说明，电路中的元器件均按符合集总参数元件处理。

电路模型是用来探讨存在于不同特性的各种真实电路中共有规律的工具。进行电路分析时，应牢固树立“电路模型”的概念，通过对电路模型的分析、研究来预测实际电路的电气特性，以便指导和改进实际电路的电气特性和设计制造新的实际电路。

检验学习结果

1.1.1　电路由哪几部分组成，各部分的作用是什么？

1.1.2　试述电路的分类及其功能。

1.1.3　何谓理想电路元件？如何理解“理想”二字在实际电路中的含义？何谓电路模型？

1.1.4　集总参数元件的特征是什么？如何在电路中区分电源和负载？

1.2　电路的基本物理量

电路的电流、电压和电位

学习目标

从工程应用的角度重新了解电流、电压、电能、电功率等概念，熟悉其国际单位制；理解电压和电位的联系与区别；深刻领会电路分析中参考方向的问题。

1.2.1　电流

电荷有规则的定向移动形成电流。

在金属导体内部，自由电子可以在原子间做无规则运动；在电解液中，正负离子可以在溶液中自由运动。如果在金属导体或电解液两端加上电压，在金属导体内部或电解液中就会形成电场，自由电子或正负离子就会在电场力的作用下，做定向移动从而形成电流。

电流的大小是用单位时间内通过导体横截面的电量进行衡量的，称为电流强度，即

$$i = \frac{\mathrm{d}q}{\mathrm{d}t} \tag{1.1}$$

稳恒直流电路中，电流的大小及方向都不随时间变化时，其电流强度可表示为

$$I = \frac{Q}{t} \tag{1.2}$$

式（1.1）和式（1.2）中，当电量 q（Q）的单位采用国际制单位库仑（C）、时间 t 的单位用国际制单位秒（s）时，电流 i（I）的单位应采用国际制单位安培（A）。电流还有较小的单位毫安（mA）、微安（μA）、纳安（nA），它们之间的换算关系为

$$1\text{A}=10^3\text{mA}=10^6\mu\text{A}=10^9\text{nA}$$

注意： 电路理论中，一般把随时间变化的电压、电流用小写英文字母 u、i 表示，而把不随时间变化的电压、电流用大写英文字母 U、I 表示。如式（1.1）中的电流是用小写英文字母表示的，所以它指的是任意波形的电流；式（1.2）中的电流用大写，指的是大小和方向均不随时间变化的稳恒直流电，这一规定在电学中十分重要，切不可随意。

电荷的定向移动形成电流，说明电流是一种物理现象。电路理论中，电流又是一个代数量，因此具有方向性，习惯上把正电荷移动的方向规定为电流的方向。在电路分析时，常常不能事先确定电流的实际方向，而且交变电流的实际方向又在随时间不断变动，所以，在电路图上标出任意时刻电流的实际方向不太可能。为此，要求在列写电流方程之前，必须先在电路图上标出待求电流的参考方向。原则上电流的参考方向可以任意选择，但一经选定，在计算过程中就不允许再变更。当待求电流计算结果得正值时，说明参考方向与实际方向相同；如果计算结果为负值，说明参考方向与实际方向相反。

1.2.2　电压

根据物理学知识可知，电场力将单位正电荷从电场中的一点移至另一点所做的功，称为电压，用数学式可表达为

$$u_{\mathrm{ab}} = \frac{w_{\mathrm{a}} - w_{\mathrm{b}}}{q} \tag{1.3}$$

式中，u_{ab} 是用来衡量电场力做功本领大小的电量，即电压。式（1.3）中，电功的单位用焦耳（J），电量的单位用库仑（C）时，电压的单位是伏特（V）。电压的单位还有千伏（kV）和毫伏（mV），各种单位之间的换算关系为

$$1\text{V}=10^{-3}\ \text{kV}=10^3\ \text{mV}$$

由欧姆定律可知，如果在一个电阻两端加上电压，则电阻中就会有电流通过。实际电路中的情况正是如此，在一个闭合电路两端加上电压，电路中就会有电流通过。因此，从工程应用的角度来看：电压是电路中产生电流的根本原因。

电路理论中，电压也是一个代数量，因此在电路分析中同样存在参考方向的问题。电学中规定：电压的正方向由高电位“+”指向低电位“−”，所以电压也称为电压降。分析电路时，在列写电压方程式之前，必须在电路图中标出待求电压的参考方向，否则方程式中各电压的正、负取值无意义。

1.2.3　电位

空间各点位置的高度都是相对于海平面或某个参考高度而言的。如果没有设置参考高度，讲空间各点的高度显然无意义。同样，电路中的电位也具有相对性，即电路中各点电位的高低正负均相对于电路中的参考电位点（简称参考点）。电路理论中规定：电路参考点的电位取零值，其他各点的电位值均要和参考点相比，高于参考点的电位是正电位，低于参考点的电位是负电位。

一个电路参考点的选取理论上任意，但在工程实际中，由于大地的电位比较稳定，通常选取大地作为电路参考点；当设备和仪器的底盘、机壳与接地极相连时，往往选取与接地极相连的底盘或机壳作为电路参考点；电子线路中，很多元器件都需汇集到一个公共点，这时又会把电子设备中的公共连接点作为电路的参考点。在分析电路时，电路参考点一经选定，电路中各点的电位数值就是唯一、确定的了。电路参考点改变时，电路中各点电位随之发生改变。

根据物理学知识可知，电场力将单位正电荷从电场中的一点移至参考点所做的功，称为电位，用数学式可表达为

$$v_a = \frac{w_a - w_0}{q} \tag{1.4}$$

电学中为了让电位区别于电压，用“v_x”表示电位。显然，电位的单位也是伏特（V），所不同的是，电位采用单注脚来表示它在电路中的电位点。

电功和电功率

电压和电位的关系为

$$u_{ab} = v_a - v_b \tag{1.5}$$

即电路中两点电位的差值在数值上等于两点间电压。式（1.5）表示：电压是绝对的量，其大小仅取决于电路中两点间电位的差值，与参考点无关。

1.2.4　电功和电功率

1．电功

电流能使电动机转动，电炉发热，电灯发光，说明电流具有做功的本领。电流做的功称之为电功。电流做功的同时伴随着能量的转换，其做功的大小可以用能量进行度量，即

$$w=uit \tag{1.6}$$

式中，电压的单位用伏特（V），电流的单位用安培（A），时间的单位用秒（s）时，电功（或电能）的单位是焦耳（J）。工程实际中，还常常用千瓦小时（kW·h）来表示电功（或电能）的单位，1kW·h 又称为一度电。

一度电的概念：100W 的灯泡使用 10h 耗电 1 度；40W 的灯泡使用 25h 耗电 1 度；1 000W 的电炉加热 1h，耗电 1 度，即 1 度=1kW×1h。

2．电功率

单位时间内电流做功的大小称为电功率。电功率用 P 表示，即

$$P = \frac{w}{t} = \frac{uit}{t} = ui \tag{1.7}$$

式中，电功的单位用焦耳（J），时间的单位用秒（s），电压的单位为伏特（V），电流的单位为安培（A）时，电功率的单位是瓦特（W）。

电功率反映了电气设备或用电器能量转换的本领。如“220V，100W”的白炽灯，说明它在 220V 电压下，1s 内可将 100J 的电能转换成光能和热能；“220V，40W”的白炽灯，指它在 220V 电压下，1s 内只能将 40J 的电能转换成光能和热能，显然，“220V、100W”的白炽灯能量转换的本领大。

电路分析中，电功率也是一个代数量，当元件上电功率为正值时，说明这个元件在电路中吸收电能，为无源元件，或称为负载；当元件上的电功率为负值时，说明元件向外供出电能，这时元件为有源元件，起电源的作用。

注意：电气设备或用电器的铭牌数据上标示的瓦数均是它们的额定电功率，只有加在电气设备或用电器上的实际电压等于它们的额定电压时，实际电功率才等于它们的额定电功率。

对一个完整的电路而言，它产生的功率和它消耗的功率总是相等的，称为功率平衡。

1.2.5　参考方向

参考方向

在分析和计算电路的过程中，参考方向是人为假定的分析依据。但参考方向一经确定，整个分析过程中就不能再随意更改。为了避免麻烦，人们习惯于先假定电路中各元件的性质，根据元件性质选定元件上电压、电流的参考方向。

假设电路中的某元件是负载时，由于负载通过电流时要进行能量转换，电流流入端的电位高于电流流出端的电位，我们把负载上的这种电压、电流方向称为关联参考方向，如图 1.3（a）所示。关联方向下的电压、电流方向一致。

如果假设电路中的某元件是电源时，电源中通过的电流方向总是从电源负极指向电源正极，这种电流由元件端电压的低电位一端流向高电位一端的电压、电流参考方向称为非关联参考方向，非关联参考方向下，元件上的电压、电流方向相反，如图 1.3（b）所示。

（a）关联参考方向　　（b）非关联参考方向

图 1.3　电压、电流参考方向

在运用参考方向时有两个问题要注意：

① 参考方向是列写方程式的需要，是待求值的假定方向而不是待求值的真实方向，所以不必去追求其物理实质是否合理；

② 在分析、计算电路的过程中，切不可把“正、负”“加、减”及“相同、相反”这几个概念混为一谈。

“正、负”是指：分析和计算电路的最后结果，当某一所求电量得正值，说明它选取的参考方向与实际方向相同；若某一所求电量得负值，则说明它选取的参考方向与该电量的实际方向相反。

方程式各量前面的加、减号规定：凡与参考方向一致电量，前面取加号，凡与参考方向相反的电量，前面则取减号。

“加、减”则是指方程式中各电量前面的正、负号。

“相同、相反”是指元件上流过的电流与它两端电压为关联参考方向时，称方向相同，若流过元件上的电流与它两端电压为非关联参考方向时，称方向相反。

检验学习结果

1.2.1 如图 1.3（a）所示，若已知元件吸收功率为−20 W，电压 U=5V，求电流 I。

1.2.2 如图 1.3（b）所示，若已知元件中通过的电流 I=−100A，元件两端电压 U=10V，求电功率 P，并说明该元件是吸收功率还是发出功率。

1.2.3 从工程应用的角度来看，电压、电位有何联系和区别？

1.2.4 电功率大的用电器，电功也一定大。这种说法正确吗？为什么？

1.2.5 在电路分析中，引入参考方向的目的是什么？应用参考方向时，会遇到“正、负”“加、减”“相同、相反”这几对词，你能说明它们的不同之处吗？

1.3 电路基本定律

学习目标

了解电路分析中的基本定律，理解欧姆定律和基尔霍夫各自的适用范围，熟悉基尔霍夫第一定律和第二定律的内容，掌握应用基尔霍夫定律分析电路的方法。

电路的三大基本定律

1.3.1 欧姆定律

理想电阻元件反映了电路中的耗能特性，是电路理论中的主要参数之一。

理想电阻元件的显著特点是其阻值不随它两端电压和通过它的电流变化而变化，为时不变电阻；如果元件的电阻值随它的电压和电流发生变化时，则为时变电阻。本书无特殊说明时，电阻元件均指时不变电阻。

线性电阻上电压和电流之间的关系，是 1827 年由德国科学家欧姆提出的，被称为欧姆定律，欧姆定律表示为

$$i=\frac{u}{R}\text{或}u=iR \tag{1.8}$$

式（1.8）是在假定电阻元件上电压、电流方向关联时提出的。式中的电流单位是安培（A），电压是伏特（V），电阻为欧姆（Ω）。

欧姆定律仅适用于线性电路，它体现了线性电路中元件上电压、电流的约束关系，表明了线性元件的伏安特性仅取决于元件本身，与其接入电路的方式无关。

基尔霍夫第一定律

1.3.2 基尔霍夫定律

1847 年，德国科学家基尔霍夫将物理学中“流体流动的连续性”和“能量守恒定律”用于电路之中，创建了结点电流定律（KCL），之后根据“电位的单值性原理”又创建了回路电压定律（KVL）。

欧姆定律体现了电路元件上的电压、约束关系，与电路的连接方式无关；而基尔霍夫定律则反映了电路整体的规律，具有普遍性，不但适合于任何元件组成的电路，而且适合于任

何变化的电压与电流。

1．常用的电路名词

（1）支路：一个或几个元件相串联后，连接于电路的两个结点之间，使通过其中的电流值相同。如图 1.4 中的 ab、adb、acb 三条支路。对一个整体电路而言，支路就是指其中不具有任何分岔的局部电路。

（2）结点：电路中 3 条或 3 条以上支路的汇集点称为结点，是支路的连接点。如图 1.4 中的 a 点和 b 点。结点。

（3）回路：电路中任意一条或多条支路组成的闭合路径称为回路。如图 1.4 中的 abca、adba、adbca。

（4）网孔：电路中不包含其他支路的单一闭合路径称为网孔。如图 1.4 中的 abca 和 adba 2 个网孔。网孔中不包含回路，但回路中可能包含有网孔。

2．基尔霍夫第一定律

基尔霍夫第一定律又称为结点电流定律，其英文缩写是 KCL。KCL 是描述电路中各支路电流之间约束关系的定律。

KCL 的内容：对电路中任一结点而言，在任一时刻，流入结点的电流的代数和恒等于零。其数学表达式为

$$\sum I = 0 \tag{1.9}$$

对式（1.9），本书中约定：指向结点的电流取正，背离结点的电流取负。若约定背离结点的电流为正，指向结点的电流为负时，KCL 仍不失其正确性，会取得相同的结果。

KCL 实际上是电荷守恒定律和电流连续性原理在电路中任意结点处的具体反映。根据电流的连续性原理，支路任一截面上的电流应处处相等；根据电荷守恒定律，电荷在结点处既不能创造也不能自行消失，因此，流入结点的电流和流出结点的电流必须数量相等，保持“收支”平衡。

例 1.1　在图 1.5 所示电路中，已知 $I_1=-2\text{A}$，$I_2=6\text{A}$，$I_3=3\text{A}$，$I_5=-3\text{A}$，参考方向如图标示。求元件 4 和元件 6 中的电流。

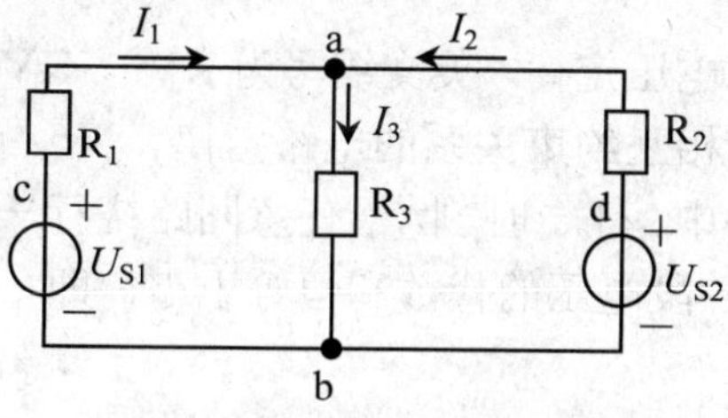

图 1.4　常用名词举例电路图

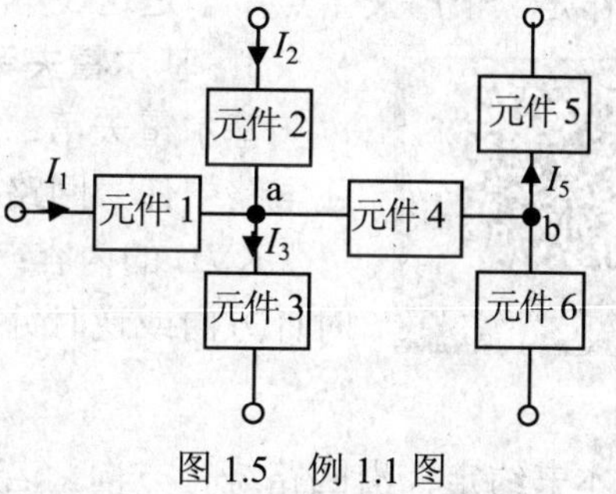

图 1.5　例 1.1 图

解：首先应在图中标示出待求电流的参考方向。设元件 4 上的电流方向从 a 点到 b 点；流过元件 6 上的电流指向 b 点。

对 a 点列 KCL 方程式：　　$I_1+I_2-I_3-I_4=0$

代入已知电流值：　　$-2+6-3-I_4=0$

求得　　$I_4=-2+6-3=1(\text{A})$

对 b 点列 I_2、KCL 方程式：$I_4-I_5+I_6=0$

代入已知电流值：　　$1-(-3)+I_6=0$

求得　　$I_6=-1-3=-4(\text{A})$

式中 I_6 得负值，说明设定的参考方向与该电流的实际方向相反。

由上例可知：应用 KCL 列写结点电流方程时，必须先标出汇集到结点上的各支路电流的参考方向。一般对已知电流，可按实际方向标定；对未知电流，其参考方向可任意选定。只有在参考方向选定之后，才能确立各支路电流在 KCL 方程式中的正、负号。

注意：方程式中各电流量正、负取值是根据它们的参考方向决定的。但代入各电流的数值时，如某电流是正值（如例 1.1 中的 I_2、I_3），数值代入方程后它们前面的正、负号不变；如果电流是负值（如例 1.1 中的 I_1、I_5），数值代入方程后它们前面正、负号发生改变。

KCL 虽然是对电路中任一结点而言的，但它也可推广应用于电路中的任一假想封闭曲面。如图 1.6 所示。

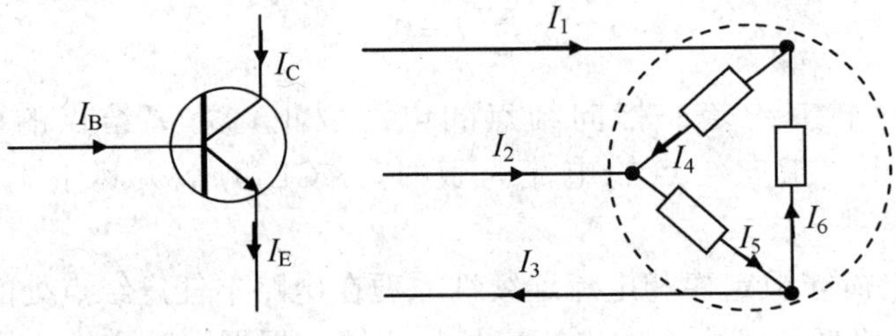

（a）$I_B-I_E+I_C=0$　　（b）$I_1-I_3+I_2=0$

图 1.6　KCL 定律的推广应用

图 1.6（a）是一个三极管，通常在分析三极管电路时，可把三极管视为一个结点，则三极管 3 个电极上的电流显然遵循 KCL；图 1.6（b）是一个三角形电阻网络，因三角形电阻网络只与 3 个结点上引出的支路有关联，所以对这 3 条支路来说，可以把封闭的三角形电阻网络看作是一个广义结点，于是这 3 个支路电流就会遵循 KCL。

基尔霍夫第二定律

3．基尔霍夫第二定律

基尔霍夫第二定律又称为回路电压定律，英文缩写为 KVL。KVL 是描述电路中任一回路上各段电压之间相互约束关系的电路定律。

KVL 的内容：在集总参数电路中，任一时刻，沿任意回路绕行一周（顺时针方向或逆时针方向），回路中各段电压的代数和恒等于零，即

$$\sum U=0 \tag{1.10}$$

本书约定：沿回路绕行方向，若电压降低的参考方向与绕行方向一致时取正号，电压升高的参考方向与绕行方向一致时取负号。

对图 1.7 所示电路，根据 KVL 可对电路中 3 个回路分别列出 KVL 方程式如下：

对左回路　　$I_1R_1+I_3R_3-U_{S1}=0$

对右回路　　　　　　　　　$-I_2R_2-I_3R_3+U_{S2}=0$

对大回路　　　　　　　　　$I_1R_1-I_2R_2+U_{S2}-U_{S1}=0$

例 1.2　在图 1.8 电路中，利用 KVL 求解图示电路中的电压 U。

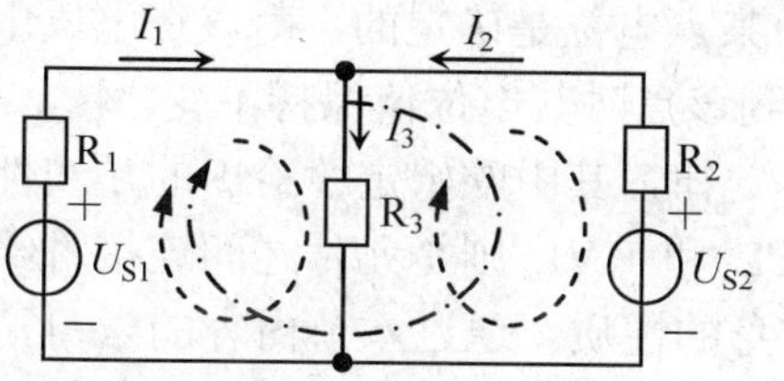

图 1.7　KVL 方程举例

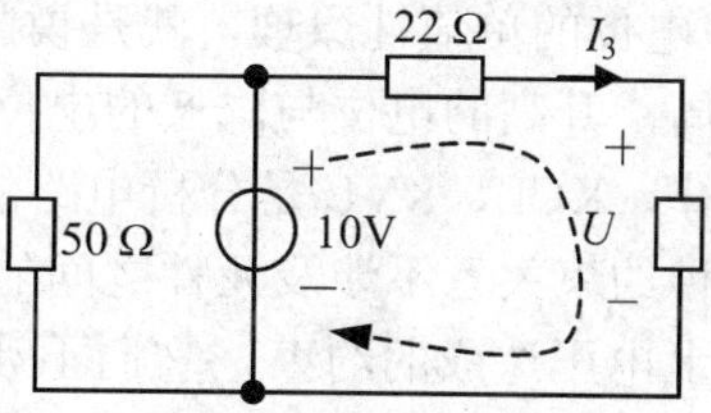

图 1.8　例 1.2 电路图

解：显然，要想求出电压 U，需先求出支路电流 I_3，I_3 电流与待求电压 U 的参考方向如图所示。

对右回路假设一个如虚线所示的回路参考绕行方向，然后对该回路列写 KVL 方程式

$$(22+88)I_3=10$$

求得　　　　　　　　　$I_3=10/(22+88)\approx 0.090\,9(\text{A})$

因此　　　　　　　　　$U=0.090\,9\times 88\approx 8(\text{V})$

KVL 不仅应用于电路中的任意闭合回路，同时也可推广应用于回路的部分电路。以图 1.9 所示电路为例，应用 KVL 可列出

$$\sum U = IR + U_S - U = 0$$

或

$$U = IR + U_S$$

注意：应用 KVL 列写方程式之前，必须在电路图上标出各元件端电压的参考极性，然后根据约定的正、负列写相应的 KVL 方程式。

KVL 的推广应用还可以用图 1.10 所示电路加以说明。

图 1.10 所示电路是一个星形连接的电阻电路，其中 ABOA 是一个非闭合的回路。

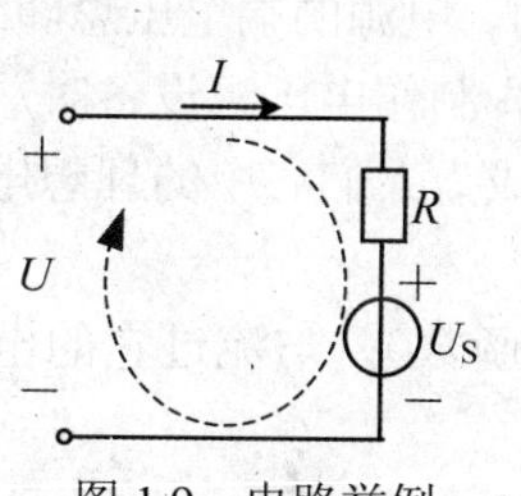

图 1.9　电路举例

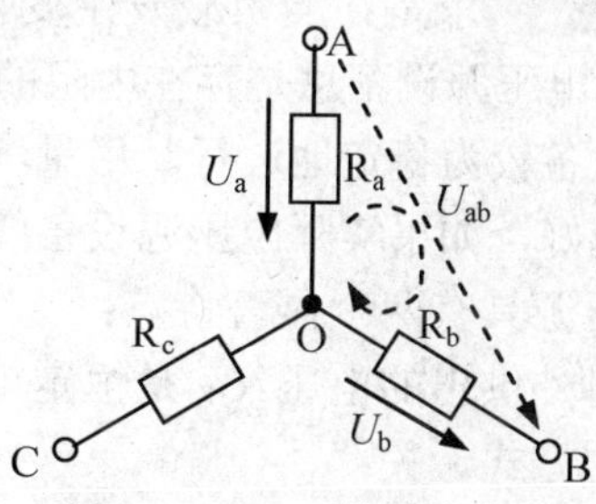

图 1.10　KVL 的推广应用

假设电阻 R_a 上电压 U_a 和 R_b 上电压 U_b 均为已知，求 A、B 两点电压时，可假想在 A、B 之间有一个由 A 指向 B 的电压 U_{ab}，这时 ABOA 可视为一个闭合回路。

选取 ABOA 回路绕行方向为图中虚线环绕方向所示的顺时针方向，则可列写出如下 KVL 方程式

$$U_{ab}-U_b-U_a=0$$

可得

$$U_{ab}=U_b+U_a$$

应用 KVL 定律或是推广应用 KVL 定律时，需要注意回路的闭合和非闭合概念是相对于电压而言的，并不是指电路形式上的闭合与否，因为 KVL 定律讨论的依据是“电位的单值性原理”。所谓电位的单值性原理，就是说闭合电路中某点电位是确定的，由该点电位出发，绕闭合电路一周，升高的电位与降低的电位相等，回到该点时其电位值保持不变。

欧姆定律、KCL、KVL 是分析电路的三大基本定律，其中欧姆定律给出的是线性电阻上的约束，这种约束关系不涉及元件之间的关系；KCL 和 KVL 则是元件之间连接时给支路上电流与回路上电压造成的约束，它们不涉及元件本身的性质。通过本节内容的学习，学习者应分清上述两种约束的内涵及不同。

检验学习结果

1.3.1　试说明欧姆定律和基尔霍夫定律在电路的约束上有什么不同？

1.3.2　在应用 KCL 定律解题时，为什么要首先约定流入、流出结点的电流的正、负？计算结果电流为负值说明了什么问题？

1.3.3　应用 KCL 和 KVL 定律解题时，为什么要在电路图上先标示出电流的参考方向及事先给出回路中的参考绕行方向？

1.3.4　KCL 和 KVL 的推广应用你是如何理解和掌握的？

1.4　电压源和电流源

学习目标

熟悉理想电压源和理想电流源的外特性；理解实际电源的两种电路模型——电压源模型和电流源模型的概念，能够区别两种理想电源和实际电源模型之间的不同之处。

电压源和电流源

1.4.1　理想电压源

能向电路供出一定电压的设备称为电压源。工程实际中对电压源的要求是：当负载发生变化时，电压源向负载供出的电压值应尽量保持或接近不变。事实上电压源设备总是存在内阻的，因此当负载变动时，电源的端电压总随之发生变化。为了使供电设备较为稳定地运行，尽量满足工程实际的要求，制作电压源设备时总是希望电源的内阻越小越好，如果实际电压源设备的内阻等于零时，就成为人们心中的理想电压源。

理想电压源具有两个显著特点：

（1）它对外供出的电压 U_S 是恒定值（或是一定的时间函数），与流过它的电流无关，即与接入电路的方式无关；

（2）流过理想电压源的电流由它本身与外电路共同来决定，即与它相连接的外电路有关。

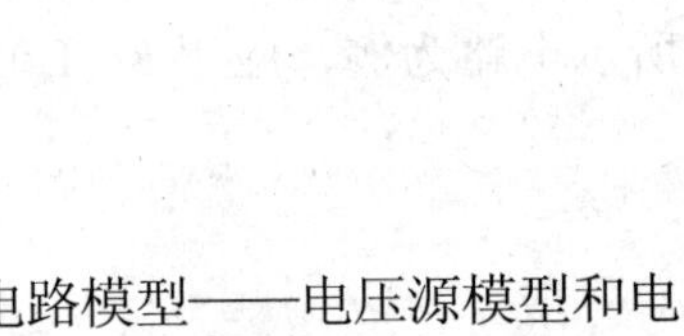

图 1.11　理想电压源的外特性

理想电压源的外特性如图 1.11 所示。

可见，理想电压源恒压不恒流。

理想电压源可以通过串联形式提高供出的电压，但它们串联时必须注意它们输出的电流值相等这一特点。理想电压源如果并联可以提高向负载供出的电流，但只有数值相同的理想电压源才能并联运行，否则将会在并联电压源内部出现环流而致使电压源烧坏。

1.4.2　理想电流源

如果负载要求提供较为稳定的电流时，就需要用到电流源。实际电流源同样存在内阻，当电流源向负载供电时，其内阻上必定产生分流，在负载发生变动时，电流源由于其分流作用会造成输出电流的不稳定。因此，要求实际电流源的内阻越大越好。

例如，一个 60V 的蓄电池串联一个 60kΩ 的大电阻，就构成了一个最简单的高内阻电源。这个电源如果向一个低阻负载供电，基本上就可具有恒定的电流输出。譬如，低阻负载在 1～10Ω 范围变化时，这个高内阻电源供出的电流

$$I = \frac{60}{60\,000 + R} \approx 1\,(\text{mA})$$

电流基本维持在 1mA 不变。这是因为只有几欧或十几欧的负载电阻，与几十千欧的电源内阻相加时是可以忽略不计的。

通过此例可知，实际电流源的内阻越高，它对负载供出的电流就越稳定。假设实际电流源的内阻为无穷大时，它供出的电流就是恒定值，我们把无穷大内阻的电流源称为理想电流源。

理想电流源同样具有两个显著特点：

（1）它对外供出的电流 I_S 是恒定值（或是一定的时间函数），与它两端的电压无关，即与接入电路的方式无关；

（2）加在理想电流源两端的电压由它本身与外电路共同来决定，即与它相连接的外电路有关。

理想电流源的外特性如图 1.12 所示。

显然，理想电流源恒流不恒压。

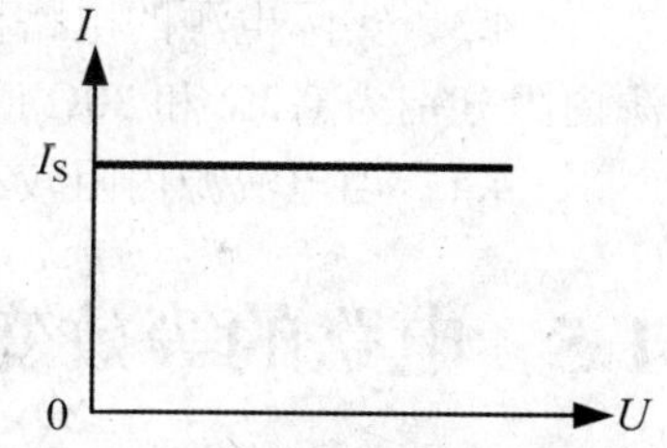

图 1.12　理想电流源的外特性

理想电流源可以并联以提高向负载供出的电流，但并联时需注意并联电流源的端电压相等这一特点。不同数值的理想电流源是不能串联后向负载供电的，因为理想电流源供出的电流值恒定，这样连接会造成不定态，应禁止！

1.4.3　实际电源的两种电路模型

上述两种理想电源显然在现实中不存在，因为实际电源总是存在内阻或内阻为有限值。因此，理想电源只能是在一定的适用范围内，作为实际电源的理想化和近似。

1. 实际电压源模型

实际电压源内阻虽然很小，但一般不能忽略其影响。考虑到实际电压源内阻的影响，可把一个理想电压源 U_S 和一个电阻元件 R_u 的串联组合作为其电路模型，如图 1.13（a）所示。

当实际电压源的内阻可视为恒定不变时，电源内部和外电路的消耗主要取决于外电路负载的大小。因为，实际电压源的内阻总是很小的，在电压源形式的电路模型中，电压源对内阻和负载电阻的能量分配比例是以分压形式给出的。显然，电源提供的电压基本上被负载的接收。实际电压源模型的外特性如图 1.14（a）所示。

2．实际电流源模型

当实际电源供出的电流值变化不大时，通常可用一个理想电流源 I_S 与一个电阻元件 R_i 的并联组合作为它的电路模型，实际电流源模型如图 1.13（b）所示。

同理，若把实际电流源的内阻视为恒定不变时，在电流源形式的电路模型中，电源供出的能量则是以分流形式给出的比例分配。通常实际电流源的内阻总是很大的，因此分流作用极小，电源的绝大部分能量都提供给了负载。实际电流源的外特性曲线与理想电流源的外特性也很接近，如图 1.14（b）所示。

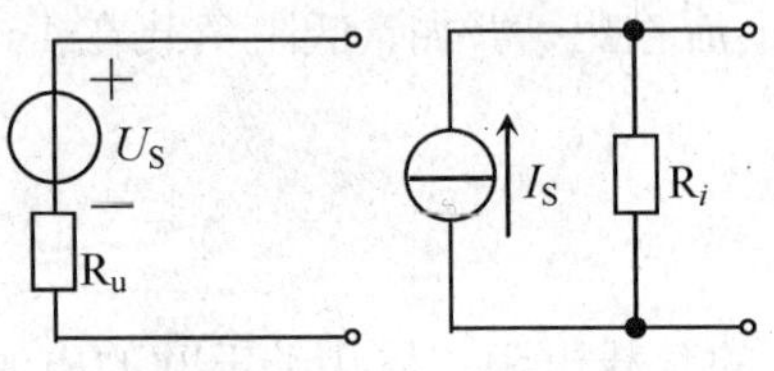

（a）电压源模型　（b）电流源模型

图 1.13　实际电源的电路模型

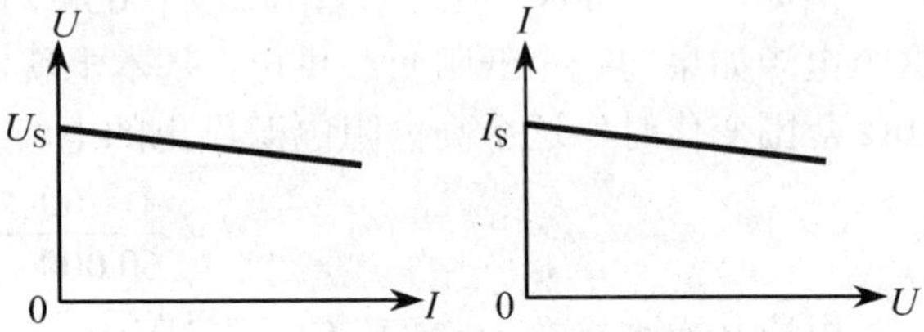

（a）电压源模型外特性　（b）电流源模型外特性

图 1.14　实际电源电路模型的外特性

检验学习结果

1.4.1　理想电压源和理想电流源各有何特点？它们与实际电源的区别主要在哪里？

1.4.2　碳精送话器的电阻随声音的强弱变化，当电阻阻值由 300Ω 变至 200Ω 时，假设由 3V 的理想电压源对它供电，电流变化多少？

1.4.3　实际电源的电路模型如图 1.13（a）所示，已知 U_S=20V，负载电阻 R_L=50Ω，当电源内阻分别为 0.2Ω 和 30Ω 时，流过负载的电流各为多少？由计算结果可说明什么问题？

1.4.4　当电流源内阻较小时，对电路有何影响？

1.5　电路的等效变换

学习目标

深刻理解电路中“等效”的概念，熟练掌握电阻不同连接方式之间的等效变换方法，牢固掌握电源模型之间的等效变换原理及分析方法。

“等效”是指两个不同的事物作用于同一目标时其作用效果相同。例如，1 台拖拉机拖动一个车厢，使车厢速度达到 10m/s；5 匹马拖动同样一个车厢，使该车厢的速度也达到 10m/s。于是，对这一车厢而言，这台拖拉机和 5 匹马“等效”。在这里我们不能把“等效”和“相等”混同，“等效”是指 2 个或几个事物对它们之外的某一事物作用效果相同，对其内部特性是不同的，即 1 台拖拉机不能等于 5 匹马。

等效的概念和电阻等效

1.5.1　电阻之间的等效变换

1．电阻串联等效

中学物理学已经讲到，2 个或 2 个以上的电阻元件相串联时，等效电阻等于各串联电阻之和，即

$$R_{串}=R_1+R_2+R_3+\cdots \tag{1.11}$$

从工程应用的角度重新理解电阻串联的意义，应了解电阻在实际电路中所起的主要作用。

首先，几个电阻相串联时，它们处在同一支路中，因此通过各电阻的电流相同；其次，串联电阻可提高支路阻值，当支路电压不变时，串联电阻可限制电流；再次，串联电阻可以分压，各串联电阻上分压的多少与其阻值成正比。由此可概括出串联电阻在工程实际中的作用是：分压限流。

2．电阻并联等效

电阻并联时，其等效电阻是各并联电阻倒数和的倒数，即

$$R_{并}=\frac{1}{\dfrac{1}{R_1}+\dfrac{1}{R_2}+\dfrac{1}{R_3}+\cdots} \tag{1.12}$$

如果只有 2 个电阻并联，其等效电阻

$$R_{并}=\frac{R_1R_2}{R_1+R_2} \tag{1.13}$$

如果 n 个阻值相同的电阻相并联，其等效电阻

$$R_{并}=\frac{R_1}{n} \tag{1.14}$$

工程实际中，单相负载的额定电压基本上都是 220V，三相负载的额定电压基本上取 380V，这是因为供电系统对负载提供的工频交流电压基本上都是 220V 或 380V。为了获得负载的额定电压，负载连接到电网上都是并联形式，并联不改变电压，但根据各负载的本身参数的不同，可得到所需要的电流。

3．混联电阻等效

在电路分析中，我们经常会遇到一些较为复杂的电阻网络，如图 1.15（a）所示，其中既有电阻的并联又有电阻的串联，这样的连接方式称为混联。

对混联电阻电路的求解，目的显然也是为了化简电路，即解出混联电阻电路的等效电阻。

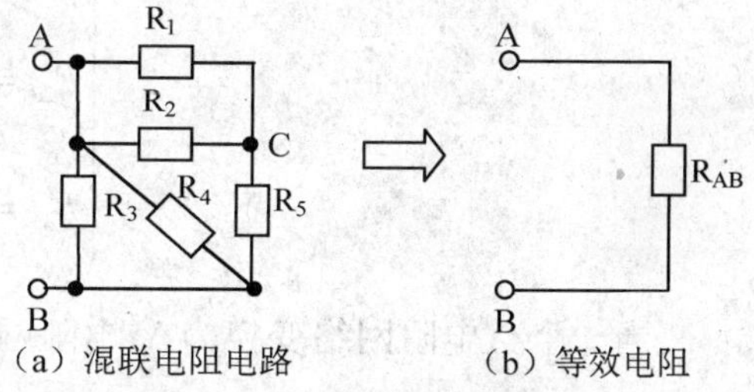

图 1.15　电阻之间的等效变换

分析：图 1.15（a）所示混联电路的求解，关键点是正确找对电路的结点。观察该电路，除了有 A、B 两个结点（端点都视为结点），根据结点的概念 R_1、R_2 和 R_5 的汇集点也是一个结点，可定为 C 点。可以先把这几个结点的位置定下来，然后观察各电阻的连接情况：R_1 和 R_2 接在相同的 A 和 B 上，显然它们可用并联电阻方法等效为一个 R_{12}，这样 C 点就取消了，R_{12} 和 R_5 构成串联，其串联等效为 R_{125}，R_{125} 再和 R_4、R_3 关联，于是，混联电阻的等效电阻 R_{AB} 就求得：

$$R_{AB}=[(R_1 /\!/ R_2)+R_5] /\!/ R_3 /\!/ R_4$$

混联等效电阻求解的过程中，找结点时应注意：如果电路图中 2 个实心点之间没有电阻，则应视为一点，因为电路模型中的导线都是无阻无感的理想导线，其长度可以无限延长和缩短。

4．Y 网络与△网络的等效

3 个电阻的一端汇集于一个电路结点，另一端分别连接于 3 个不同的电路端钮上，这样构成的部分电路称为电阻 Y 网络，如图 1.16（a）所示。如果 3 个电阻连接成一个闭环，由

3 个连接点分别引出 3 个接线端钮，所构成的电路部分就称为电阻△网络，如图 1.16（b）所示。

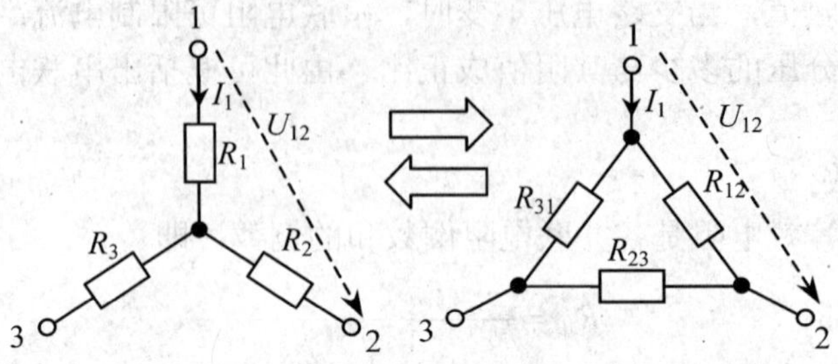

（a）Y 网络　　（b）△网络

图 1.16　Y 网络和△网络的等效

电阻的 Y 网络和△网络都是通过 3 个端钮与外部电路相连接（图中未画电路的其他部分），如果在它们的对应端钮之间具有相同的电压 U_{12}、U_{23} 和 U_{31}，而流入对应端钮的电流也分别相等时，则称这两种方式的电阻网络相互“等效”，即它们在电路分析过程中若满足“等效”条件，可以互换。

从上述“等效”互换条件可推导出两种电阻网络中各电阻参数之间的关系，推导的详细过程不再赘述，读者可自行推导。Y 电阻网络变换为△电阻网络时，有

$$\begin{cases} R_{12} = \dfrac{R_1R_2 + R_2R_3 + R_3R_1}{R_3} \\ R_{23} = \dfrac{R_1R_2 + R_2R_3 + R_3R_1}{R_1} \\ R_{31} = \dfrac{R_1R_2 + R_2R_3 + R_3R_1}{R_2} \end{cases} \tag{1.15}$$

当一个△电阻网络变换为 Y 电阻网络时，有

$$\begin{cases} R_1 = \dfrac{R_{12}R_{31}}{R_{12} + R_{23} + R_{31}} \\ R_2 = \dfrac{R_{23}R_{12}}{R_{12} + R_{23} + R_{31}} \\ R_3 = \dfrac{R_{31}R_{23}}{R_{12} + R_{23} + R_{31}} \end{cases} \tag{1.16}$$

若 Y 电阻网络中的 3 个电阻值相等，则等效△电阻网络中的 3 个电阻也必定相等，即

$$R_Y = \frac{1}{3}R_\triangle \text{，或 } R_\triangle = 3R_Y \tag{1.17}$$

例 1.3　求图 1.17 所示电路的入端电阻 R_{AB}。

解：图 1.17（a）所示电路由 5 个电阻元件构成，其中任何 2 个电阻元件之间都不具备串、并联关系，因此这是一个复杂电阻网络电路。

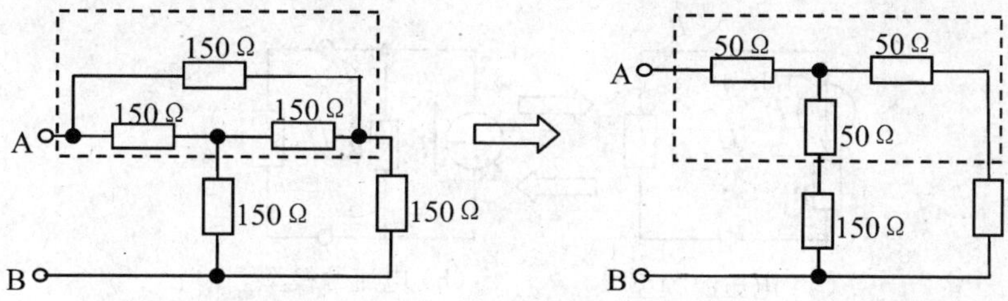

（a）例 1.3 电路图　　　　（b）例 1.3 电路变换图

图 1.17　例 1.3 电路图

对这样一个复杂电阻网络的求解，其基本方法就是：假定 A、B 两端钮之间有一个理想电压源 U_S，然后运用 KCL 和 KVL 定律对电路列出足够的方程式并从中解出输入端电流 I，于是就可解出输入端电阻 $R_{AB}=U_S/I$。但这种方法求解的过程比较繁琐。

简单方法：把图 1.17（a）中虚线框中的△电阻网络变换为图 1.17（b）虚线框中的 Y 电阻网络，即图 1.17（a）中虚框内△网络中的 3 个 150Ω 电阻用图 1.17（b）中 Y 网络中的 3 个 50Ω 电阻替换（注意在替换过程中，3 个端点的位置应保持不变）。对图 1.17（b）利用电阻的串、并联公式，可方便地求出 R_{AB}

$$\begin{aligned} R_{AB} &= 50+[(50+150)//(50+150)] \\ &= 50+100 \\ &= 150(\Omega) \end{aligned}$$

Y 电阻网络与△电阻网络之间的等效变换，除了计算电路的入端电阻以外，还能较方便地解决实际电路中的一些其他问题。

电源模型之间的等效

1.5.2　电源之间的等效变换

理想电压源和理想电流源均为无穷大功率源，实际上并不存在。实际的电源总是存在内阻的，因此可由前面所讲的电压源模型和电流源模型表示。工程实际中，大多电源都是以电压源的形式出现，只有当负载需要稳定的电流提供时，才会用到电流源。

电路分析中，电路模型中的电源究竟采用电压源模型还是采用电流源模型，原则上可以任意，并不影响对电路的求解。

理想电压源和理想电流源由于都是无穷大功率源，所以它们之间没有等效可言。但电压源模型和电流源模型是实际电源的近似，因此它们在一定条件下可以等效互换。

问题：将一个与内阻相并的电流源模型等效为一个与内阻相串的电压源模型，或是将一个与内阻相串的电压源模型等效为一个与内阻相并的电流源模型，等效互换的条件是什么？

图 1.18 所示为实际电源与负载所构成的电路。对图 1.18（a）电路列 KCL 方程式，设回路绕行方向为顺时针，则

$$U_S=U+IR_u \qquad ①$$

对图 1.18（b）电路应用 KCL 定律列方程

$$I_S=U/R_i+I \qquad ②$$

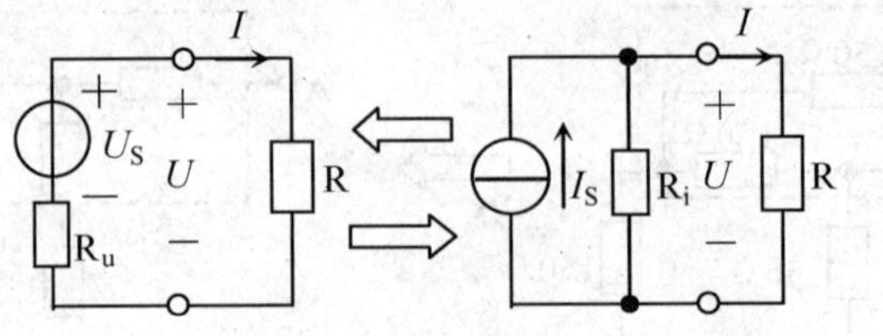

（a）电压源模型　　（b）电流源模型

图 1.18　两种电源模型之间的等效互换

将式②等号两端同乘以 R_i，可得

$$R_i I_S = U + I R_i \qquad ③$$

比较式①和式③，两式都反映了负载端电压 U 与通过负载的电流 I 之间的关系，假设两个电源模型对负载 R 等效，则式①和式③中的各项应完全相同。于是我们可得到两种电源模型等效互换的条件是

$$\begin{cases} U_S = I_S R_i \\ R_u = R_i \end{cases} \quad 或 \quad \begin{cases} I_S = U/R_u \\ R_i = R_u \end{cases} \qquad (1.18)$$

注意：在进行上述等效变换时，一定要让电压源由“-”到“+”的方向与电流源电流的方向保持一致，这一点恰恰说明了实际电源上的电压、电流非关联的原则。

图 1.19（a）所示电路，当求解对象是 R 支路中的电流 I 时，观察电路可发现，该电路中的 3 个电阻之间无串、并联关系，因此判断此电路是一个复杂电路。对复杂电路的求解显然要应用 KCL 和 KVL 定律对电路列写方程式，然后对方程式联立求解才能得出待求量。

但是，当我们把电路中连接在 A、B 两点之间的两个电压源模型变换成电流源模型，如图 1.19（b）所示；再根据 KCL 及电阻的并联公式将两个电流源合并为一个，如图 1.19（c）所示，原复杂电路就变成了一个简单电路，利用分流关系即可求出电流 I。或者还可以继续将图 1.19（c）中的电流源模型再等效变换为一个电压源模型，如图 1.19（d）所示，利用欧姆定律也可求出电流 I。

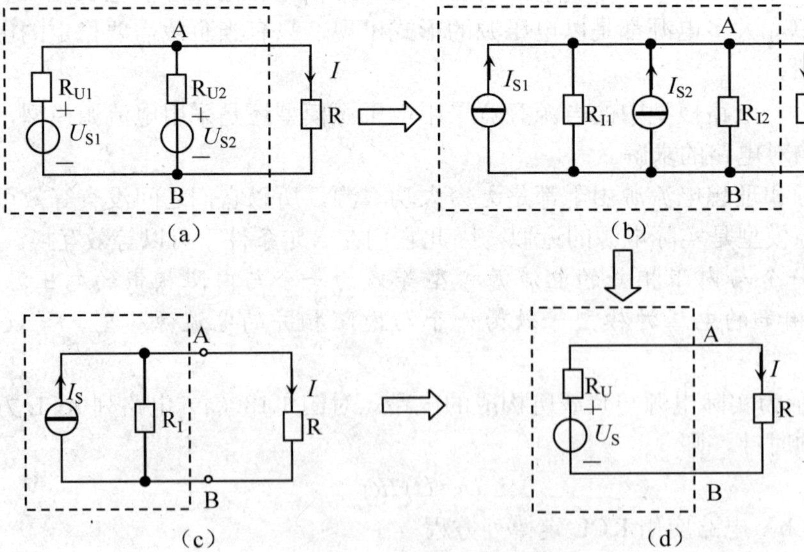

图 1.19　电源模型的等效

检验学习结果

1.5.1　图 1.19（a）所示电路中，设 U_{S1}=2V，U_{S2}=4V，R_{U1}= R_{U2}= R=2Ω。求图 1.19（c）电路中的理想电流源、图 1.19（d）中的理想电压源发出的功率，再分别求出两等效电路中负载 R 上吸收的功率。根据计算结果，你能得出什么样的结论？

1.5.2　你能否用电阻的串、并联公式解释一下“等效”的真实含义？

1.6　直流电路中的几个问题

学习目标

熟悉电路中各点电位的计算方法，了解电桥的平衡条件，理解负载获得最大功率的条件及最大功率计算式，掌握含有受控源的电路分析方法。

1.6.1　电路中各点电位的计算

前面介绍过，电位实际上也是电路中两点间的电压，只不过其中的一点是预先指定好的参考点而已。因此计算电位离不开参考点。

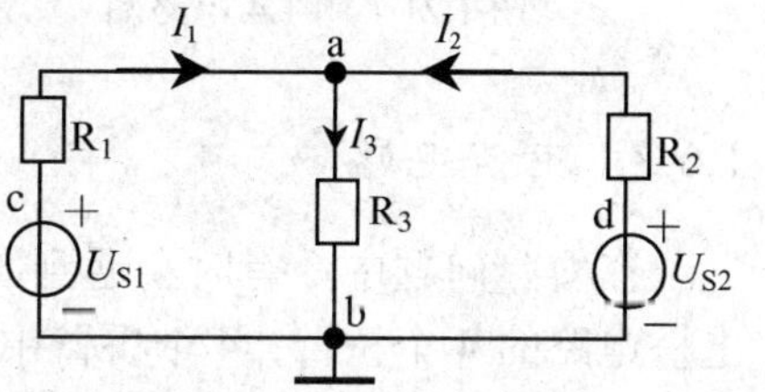

图 1.20　电路举例

以图 1.20 所示电路为例进行说明。

设选择 b 点为电路参考点，则 V_b=0

$$V_a = I_3R_3$$
$$V_c = U_{S1}$$
$$V_d = U_{S2}$$

若选取 a 作为电路参考点，则 V_a=0，我们又可得到

$$V_b = -I_3R_3$$
$$V_c = I_1R_1$$
$$V_d = I_2R_2$$

可见，参考点可以任意选定，但一经选定，各点电位的计算即以该点为准。当参考点发生变化时，电路中各点的电位也随之发生变化，即电路中各电位的高低正负均相对参考点的选择而确定。

电子技术中，为了作图的简便和图面的清晰，习惯上在电路图中不画出电源，而是在电源非接“地”一端标出其电压的数值及相对于电路参考的极性，如图 1.21 所示电路。

例 1.4　求图 1.21 所示电路中 a 点电位值。若开关闭合，a 点电位值又为多少？

解：S 断开时，3 个电阻相串联。串联电路两端点的电压为

$$U = 12-(-12) = 24\,(\text{V})$$

电流方向由+12V 经 3 个电阻至−12V，20kΩ 电阻两端的电压为

$$U_{20\text{k}\Omega} = 24\frac{20}{6+4+20} = 16\,(\text{V})$$

根据电压就等于两点电位之差可求得

$$V_a = 12 - 16 = -4\ (\text{V})$$

开关 S 闭合后，电路可用图 1.22 所示等效电路表示，由等效电路可得

$$V_a = \frac{12}{4+20} \times 4 = 2\ (\text{V})$$

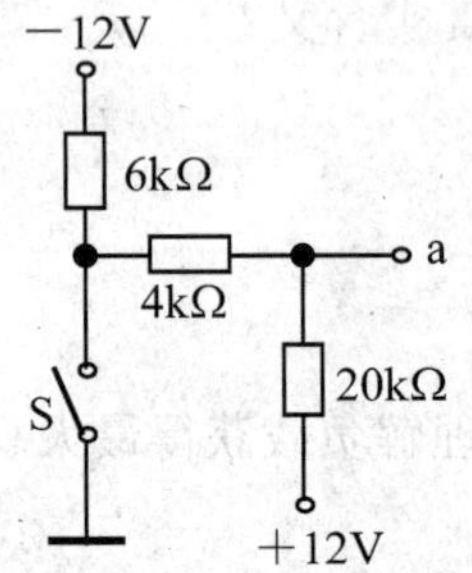

图 1.21　例 1.4 电路图

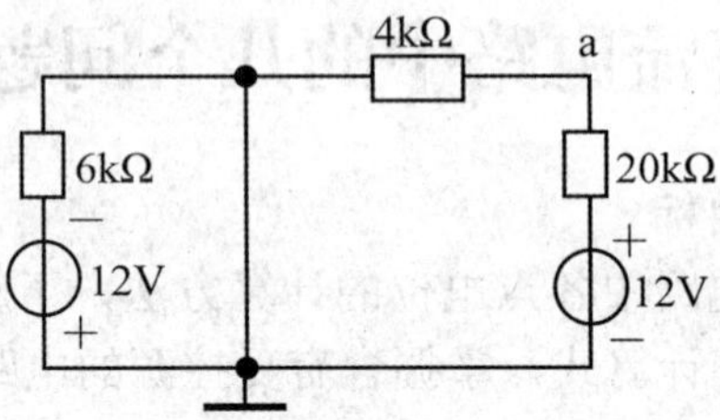

图 1.22　例 1.4 等效电路

1.6.2　电桥电路

在实际问题中，有时会遇到图 1.23 所示的电桥电路。其中，电阻 R_1、R_2、R_3 和 R_4 叫作电桥电路的 4 个桥臂；4 个桥臂中间对角线上的电阻 R 构成桥支路；理想电压源 U_S 与电阻元件 R_0 相串联后构成电桥电路的另一条对角线。整个电桥就是由 4 个桥臂和两条对角线所组成。

电桥电路

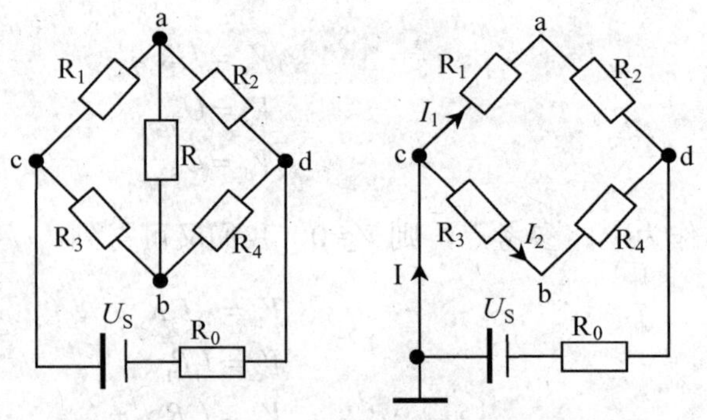

（a）电桥电路　　（b）平衡电桥

图 1.23　电桥电路图

电桥电路的主要特点：当 4 个桥臂电阻 R_1、R_2、R_3 和 R_4 的值满足一定关系时，桥支路电阻 R 两端等电位而没有电流通过，这种情况称为电桥平衡。

问题：4 个桥臂电阻之间具有什么关系时，能使电桥处于平衡状态呢？

若使图 1.23（a）所示电桥电路中的桥支路 R 中没有电流通过，则电路中 a、b 两点电位必相等。因此，可假设电桥电路已达平衡，即 $V_a = V_b$。此时桥支路电阻 R 中无电流通过，将其拆除不会影响电路的其余部分，原电桥电路就可用图 1.23（b）来代替。

选取 c 点作为平衡电桥电路的参考点，则 a、b 两点电位

$$V_a = I_1R_1 = I_1R_2 + IR_0 - U_S$$
$$V_b = I_2R_3 = I_2R_4 + IR_0 - U_S$$

由 V_a=V_b 可得

$$I_1R_1 = I_2R_3$$
$$I_1R_2 = I_2R_4$$

将上述两式相除，可得电桥平衡条件为

$$\frac{R_1}{R_2} = \frac{R_3}{R_4} \tag{1.19}$$

或

$$R_1R_4 = R_2R_3 \tag{1.20}$$

实用中，直流电桥是一种能比较准确地测量电阻的仪器，其基本工作原理就是利用电桥的平衡条件。直流电桥采用一个旋钮（称为比例臂）直接调节 1/1 000、1/100、1/10、1/4、1、10 及 100 共 7 种比率，这个比率相当于式（1.19）中的 R_3/R_4。直流电桥还有 4 个电阻选择开关，利用其旋钮调节，可以获得 0～9 999Ω 的一切整数阻值，使测出的电阻能准确到 4 位数字，这是万用表所不能及的。

直流电桥上的 G 是检流计，E 是电池组，分别通过按钮开关 A_1、A_2 接于桥支路的对角线上。当被测电阻 R_x 接在电路中时，同时按下 A_1、A_2 并观察检流计 G 的偏转情况，若 G 向"+"方向偏转，应调整开关将电阻增大，反之减小电阻。当 G 指示为零，R_x 值就可由电阻选择开关上的数值读出。

1.6.3　负载获得最大功率的条件

一个实际电源产生的功率通常分为 2 部分，一部分消耗在电源及线路的内阻上，另一部分输出给负载。电力系统中，我们总是希望电源供出的电能绝大部分消耗在负载上，而在电子通信技术中，为了使负载上获得最大功率，总是希望负载上得到的功率越大越好，那么，怎样才能使负载从电源获得最大功率呢？

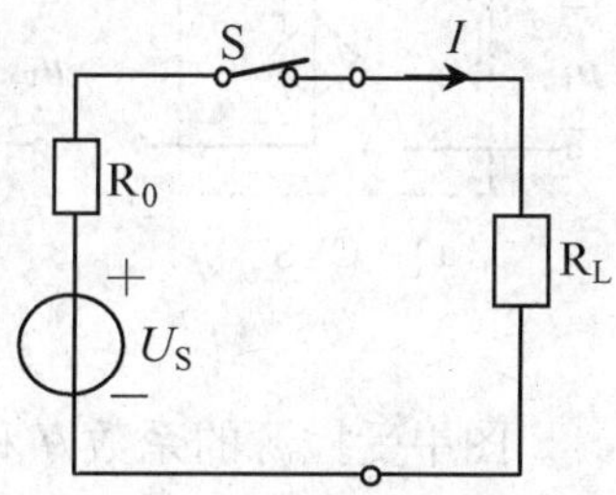

图 1.24　电路举例

如图 1.24 所示电路，当负载太大或太小时，显然都不能使负载上获得最大功率：负载 R_L 很大时，电路将接近于开路状态；若负载 R_L 很小时，电路又会接近短路状态。为找出负载上获得最大功率的条件，可写出图示电路中负载 R_L 的功率表达式

$$P = I^2R_L = \left(\frac{U_S}{R_0 + R_L}\right)^2 R_L = \frac{U_S^{\,2}R_L}{(R_0 + R_L)^2}$$

为了便于对问题的分析，上式可化为

$$P = \frac{U_S^{\,2}}{4R_0 + \dfrac{(R_0 - R_L)^2}{R_L}}$$

负载上获得最大功率的条件

由此式可以看出，负载功率 P 仅由分母中的两项所决定。第 1 项 $4R_0$ 与负载无关，第 2 项显然只取决于分子 $(R_0-R_L)^2$。因此，当第 2 项中的分子为零时，分母最小，此时负载上获得最大功率，即

$$P_{\max} = \frac{U_{\mathrm{S}}^{2}}{4R_{0}} \tag{1.21}$$

由此得出负载获得最大功率的条件是：负载电阻等于电源内阻。

这一原理在许多实际问题中得到应用。例如，晶体管收音机里的输入、输出变压器就是为了达到上述阻抗匹配条件而接入的。

1.6.4　受控源

前面介绍的电压源和电流源，它们向电路提供的电压值或电流值与电路中的其他电压或电流无关，是由自身决定的，因此称为独立源。在电路理论中还有另外一种有源理想电路元件，这种有源理想电路元件上的电压或电流不像独立源那样由自身决定，而是受电路中某部分的电压或电流的控制，称为受控源。受控源实际上是电子线路中受电压或电流控件的晶体管、场效应管、集成运放等有源器件满足一定条件时的理想电路模型。

受控源可受电流控制（如晶体管），也可受电压控制（如场效应管），受控源为负载提供能量的形式也分有恒压和恒流 2 种，因此能组合成 4 种类型：电压控制的电压源（VCVS）、电压控制的电流源（VCCS）、电流控制的电压源（CCVS）和电流控制的电流源（CCCS）。为区别于独立源，受控源的图形符号采用菱形，4 种形式的受控源电路图符号如图 1.25 所示。

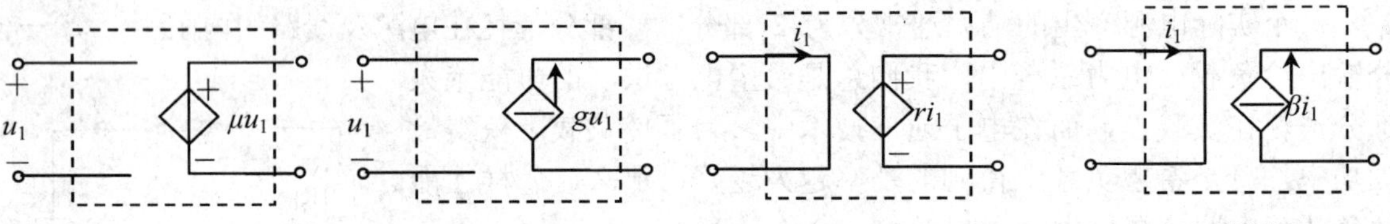

（a）VCVS　（b）VCCS　（c）CCVS　（d）CCCS

图 1.25　4 种理想受控源电路图

图中受控源的系数 μ 和 β 无量纲，g 的量纲是西门子（S），r 的量纲是欧姆（Ω）。

对受控源可以这样来理解：当整个电路中没有独立电源存在时，受控源的控制量为零，此时受控源在电路中仅仅作为无源元件；若电路中有电源为受控源提供控制量时，它们则表现出能够向电路提供电压（或电流）的电源特性，即受控源具有双重身份。

必须指出的是：独立源与受控源在电路中的作用完全不同。独立源在电路中起“激励”作用，有了这种“激励”，电路中才能产生响应（即电流和电压）；而受控源则是受电路中其他电压或电流的控制，当这些控制量为零时，受控源的电压或电流也随之为零，因此受控源实际上反映了电路中某处的电压或电流能控制另一处的电压或电流这一现象而已。

在电路分析中，受控源的处理与独立源并无原则上的不同，只是要注意在对电路进行化简时，不能随意把含有控制量的支路消除掉。

例 1.5　化简图 1.26 所示电路。

解：保持端口电压、电流不变，将图 1.26（a）中的受控电流源模型等效变换为受控电压源模型，即电路图 1.26（b）电路所示。应用 KVL 对假想回路列写电压方程：

$$U = -400I + (1\,000 + 1\,000)I + 20 = 1\,600I + 20$$

根据这一结果，可将图 1.26（b）电路化简为图 1.26（c）所示的等效电路。

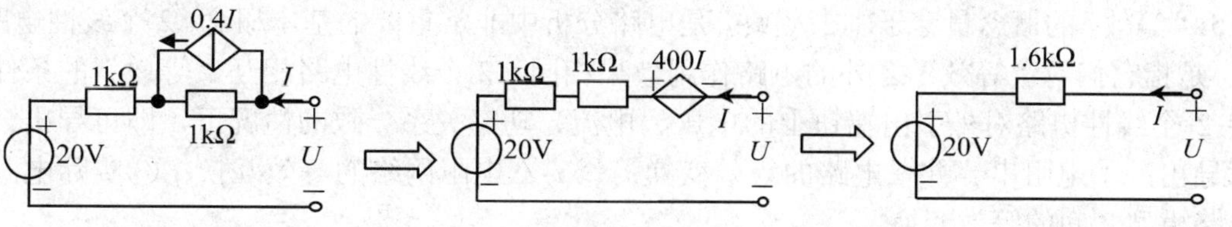

（a）例 1.5 电路图一　　（b）例 1.5 电路图二　　（c）例 1.5 电路图三

图 1.26　例 1.5 电路图

显然，在端口电压、电流不受影响的情况下，可用两种电源模型等效互换的方法简化受控源电路。但简化时一定要注意：不能把控制量化简掉。否则会留下一个没有控制量的受控源电路，使电路无解。

如果一个二端网络内除了受控源外没有其他独立源，则此二端网络的开路电压必为零。因为，只有独立源产生“激励”后，受控源才能表现出电源性质。

如果对含有受控源电路求其等效电阻时，须先将二端网络中的所有独立源置零（恒压源短路处理、恒流源开路处理），受控源保留，然后对这个无源二端网络用“加压求流法”求解其等效电阻。

检验学习结果

1.6.1　电桥平衡的条件是什么？电桥不平衡条件下和平衡条件下有什么区别？

1.6.2　计算电路中某点电位时的注意事项有哪些？在电路分析过程中，能改变参考点吗？

1.6.3　负载上获得最大功率的条件是什么？写出最大功率的计算式。

1.6.4　负载上获得最大功率时，电源的利用率是多少？

1.6.5　电路等效变换时，电压为零的支路可以去掉吗，为什么？电流为零的支路可以短路吗，为什么？

小结

1．电路理论研究的对象，是由理想电路元件构成的电路模型。实际电路元器件的电磁特性是多元、复杂的，各种理想电路元件的电磁特性都是具有精确定义、表征参数、伏安关系和能量特性，即电特性单一、确切。

2．电路分析的主要变量有电压、电流和电功率等。在分析电路时，电流、电压的参考方向是重要的概念，必须注意熟练掌握和正确运用。

3．欧姆定律、KCL 和 KVL 是电路中的三大基本定律。欧姆定律只取决于元件的性质，与电路的连接方式无关；KCL 和 KVL 只取决于电路的连接方式，与元件的性质无关。欧姆定律可推广应用于任何无源线性元件；KCL 和 KVL 不仅适用于直流电路，也适用于交流电路。应用 KCL、KVL 两定律列写方程式时，必须注意电压、电流的参考方向以及回路的绕行方向，由此来进一步理解和掌握参考方向的重要性。

4．实际电源具有 2 种电路模型：一是由电阻元件与理想电压源相串联构成的电压源模型；二是由电阻元件与理想电流源相并联构成的电流源模型。理想电压源视为零值时，相当于短路；理想电流源视为零值时，相当于开路。注意理解实际电压源不允许短路，实际电流源不允许开路的意义。

5．“等效”的概念贯穿于本书始终，是电路分析中非常重要的基本概念。2 个线性电路“等效”，是指它们对“等效”之外的电路作用效果相同。2 个线性电路相互“等效”的条件，在保持 2 个线性电路对外引出端钮上的电压、电流、功率关系一致的情况下，即可导出。由此本章导出：①电阻串、并联电路的等效变换；②Y-△电阻网络的等效互换；③实际电源的两种电路模型之间的等效变换。

6．电路中某一点电位等于该点与参考点之间的电压，计算电位时与所选择的路径无关。

7．电桥电路由 4 个桥臂电阻及 2 条对角线组成，电源接在一条对角线上，当 2 个相对的桥臂电阻的乘积相等时，在另一条对角线两端出现等电位现象，则桥支路中无电流通过，此时称为电桥平衡。利用电桥平衡原理可以比较精确地测量电阻。

8．在电子技术中，负载电阻与电源的输出电阻达到“匹配”时，负载可以从电源获得最大功率。

9．受控源是一种电压或电流受电路中其他部分的电压或电流控制的非独立源。受控源可以按照独立源一样进行等效变换和化简。

注意：在化简的过程中，当受控量还存在时，不可将控制量消除掉。

技能训练

实验一　基尔霍夫定律的验证

一、实验目的

1．学习实验室规章制度和基本的安全用电常识。

2．熟悉实验室供电情况和实验电源、实验设备情况。

3．验证基尔霍夫电流、电压定律（KCL、KVL），巩固有关的理论知识。

4．加深理解电流和电压参考正方向在电路分析中的作用。

二、实验器材与设备

1．电工实验台　　一套

2．交直流毫安表　　一块

3．数字万用表　　一块

4．电路实验装置　　配套设备

5．连接导线若干

三、实验步骤

1．认识和熟悉电路实验台设备及本次实验的相关设备

① 实验电源、实验设备。

② 数字万用表的正确使用方法及其量程的选择。

③ 指针式交直流毫安表的正确使用方法及量程的选择。

2．测量电阻、电压和电流

① 测电阻：用数字万用表的欧姆挡测电阻，万用表的红表棒插在电表下方的“VΩ”插孔中，黑表棒插在电表下方的“COM”插孔中。选择实验原理箱上的电阻或实验室其他电阻

作为待测电阻，欧姆挡的量程应根据待测电阻的数值合理选取。把测量所得数值与电阻的标称值进行对照比较，得出误差结论。

② 测电压：利用实验室设备连接一个汽车拖拉机照明电路。选择直流电源分别为 6V 和 12V。用万用表的直流电压 20V 挡位对电路各段电压进行测量，把测量结果填写在表 1.1 中。

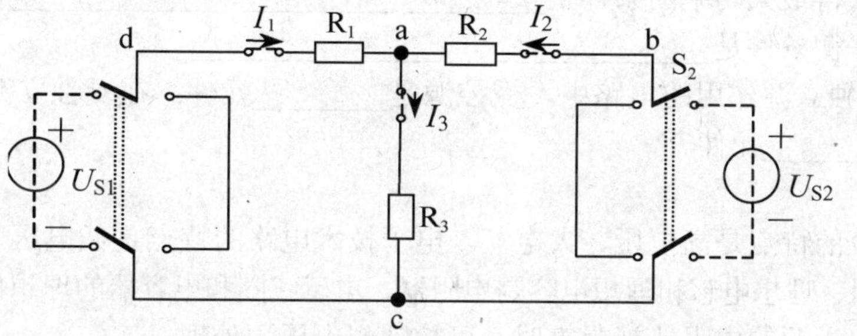

图 1.27　KCL、KVL 验证实验电路

表 1.1

测量参量	U_{S1}/V	U_{S2}/V	U_{R1}/V	U_{R2}/V	U_{R3}/V	I_1/A	I_2/A	I_3/A
实测值								

③ 测电流：用交直流毫安表进行测量。首先将量程打到最大量程位置，在测量过程中再根据指针偏转程度重新选择合适量程。电表应注意串接在各条支路中。将测量值填写在表 1.1 中。

④ 根据测量数据验证 KCL 和 KVL，并分析误差原因。

实验结束后，应注意将万用表上电源按键按起，使电表与内部电池断开。

四、思考题

1. 如何用万用表测电阻？电阻在线测量会产生什么问题？电阻带电测量时又会发生什么情况？

2. 电压、电流的测量中应注意什么事项？

3. 如何把测量仪表所测得的电压或电流数值与参考正方向联系起来？

第 1 章　习题

一、填空题

1. 电路通常由________、________和________3 个部分组成。

2. 电力系统中，电路的功能是对发电厂发出的电能进行________、________和________。

3. ________元件只具有单一耗能的电特性，________元件只具有建立磁场储存磁能的电特性，________元件只具有建立电场储存电能的电特性，它们都是________电路元件。

4. 电路理论中，由理想电路元件构成的电路图称为与其相对应的实际电路的________。

5. ________的高低正负与参考点有关，是相对的量；________是电路中产生电流的根本原因，其大小仅取决于电路中两点电位的差值，与参考点无关，是绝对的量。

6. 串联电阻越多，串联等效电阻的数值越________，并联电阻越多，并联等效电阻的数值越________。

7．反映元件本身电压、电流约束关系的是________定律；反映电路中任一结点上各电流之间约束关系的是________定律；反映电路中任一回路中各电压之间约束关系的是________定律。

8．负载上获得最大功率的条件是________________________________。

9．电桥的平衡条件是________________________________。

10．在没有独立源作用的电路中，受控源是________元件；在受独立源产生的电量控制下，受控源是________元件。

二、判断题

1．电力系统的特点是高电压、大电流，电子技术电路的特点是低电压、小电流。（　　）

2．理想电阻、理想电感和理想电容是电阻器、电感线圈和电容器的理想化和近似。（　　）

3．当实际电压源的内阻能视为零时，可按理想电压源处理。（　　）

4．电压和电流都是既有大小又有方向的电量，因此它们都是矢量。（　　）

5．电压源模型处于开路状态时，其开路电压数值与它内部理想电压源的数值相等。（　　）

6．电功率大的用电器，其消耗的电功也一定比电功率小的用电器多。（　　）

7．两个电路等效，说明它们对其内部作用效果完全相同。（　　）

8．对电路中的任意结点而言，流入结点的电流与流出该结点的电流必定相同。（　　）

9．基尔霍夫电压定律仅适用于闭合回路中各电压之间的约束关系。（　　）

10. 当电桥电路中对臂电阻的乘积相等时，则该电桥电路桥支路上的电流必为零。（　　）

三、选择题

1．能量转换过程不可逆的理想电路元件是（　　）。

A．电阻元件　　B．电感元件　　C．电容元件　　D．受控源

2. 单位为伏特，其数值取决于电路两点间电位的差值，与电路参考点无关的电量是（　　）

A．电压　　B．电位　　C．电流　　D．电阻

3．电子技术中电路的特点是（　　）。

A．高电压小电流　　B．低电压小电流

C．小功率小电流　　D．小功率低电压

4．自身电压受电路中某部分电流控制的有源电路元件是（　　）。

A．流控电流源　　B．压控电压源　　C．流控电压源　　D．压控电流源

5．负载上获得最大功率的条件是（　　）。

A．电源内阻最小时　　B．负载上通过的电流最大时

C．负载电阻等于电源内阻　　D．负载上加的电压最高时

四．简答题

1．一只 100Ω、100W 的电阻与 120V 电源相串联，至少要串入多大的电阻 R 才能使该电阻正常工作？

2．两个额定值分别是 110V，40W 和 110V，100W 的灯泡，能否串联后接到 220V 的电源上使用？为什么？

3．有一台 40W 的扩音机，其输出电阻为 8Ω。现有 8Ω、10W 低音扬声器 2 只，16Ω、20W 扬声器 1 只，问应把它们如何连接在电路中才能满足“匹配”的要求？能否像电灯那样

全部并联？

4．工程实际应用中，利用平衡电桥可以解决什么问题？电桥的平衡条件是什么？

五．分析计算题

1．图 1.28（a）和图 1.28（b）电路中，若让 I=0.6A，则 R 的值是多少？图 1.28（c）和图 1.28（d）电路中，若让 U=0.6V，则 R 的值是多少？

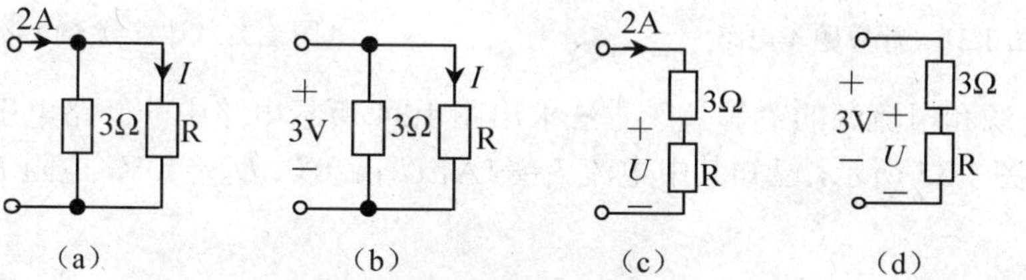

图 1.28　计算题 1 电路图

2．图 1.29 所示电路，已知 U_S=6V，I_S=3A，R=4Ω。计算通过理想电压源的电流及理想电流源两端的电压，并根据 2 个电源功率的计算结果，分别说明各个电源是产生功率还是吸收功率。

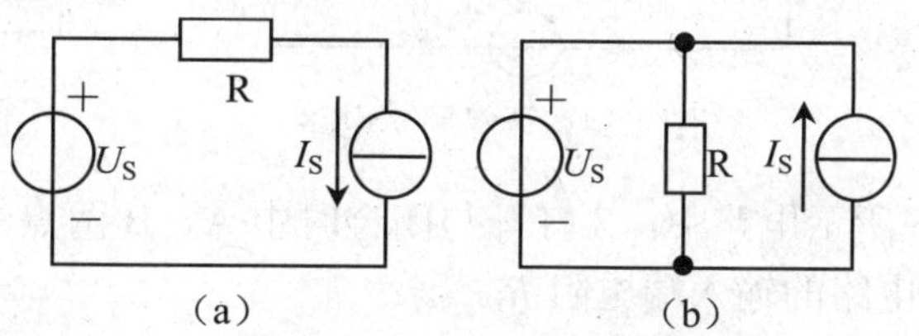

图 1.29　计算题 2 电路图

3．求图 1.30 所示各电路的输入端电阻 R_{ab}。

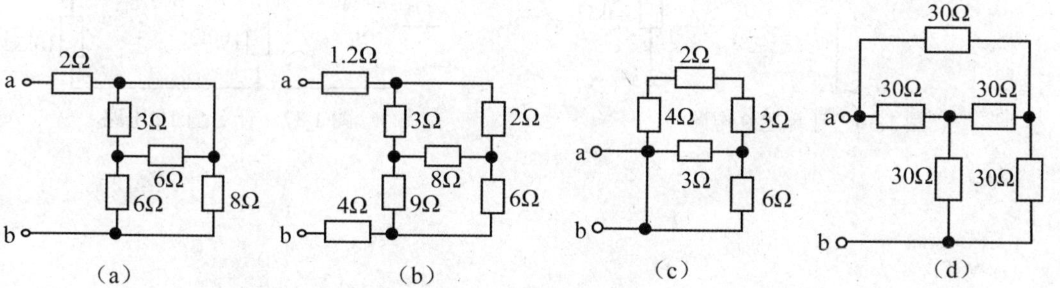

图 1.30　计算题 3 电路

4．图 1.31 所示电路中，电流 I=10mA，I_1=6mA，R_1=3kΩ，R_2=1kΩ，R_3=2kΩ。求电流表 A_4 和 A_5 的读数各为多少？

5．求图 1.32 所示电路中的电流 I 和电压 U。

6．常用的分压电路如图 1.33 所示，试求：①当开关 S 打开，负载 R_L 未接入电路时，分压器的输出电压 U_o；②开关 S 闭合，接入 R_L=150Ω 时，分压器的输出电压 U_o；③开关 S 闭合，接入 R_L=15kΩ，此时分压器输出的电压 U_o 又为多少？并由计算结果得出一个结论。

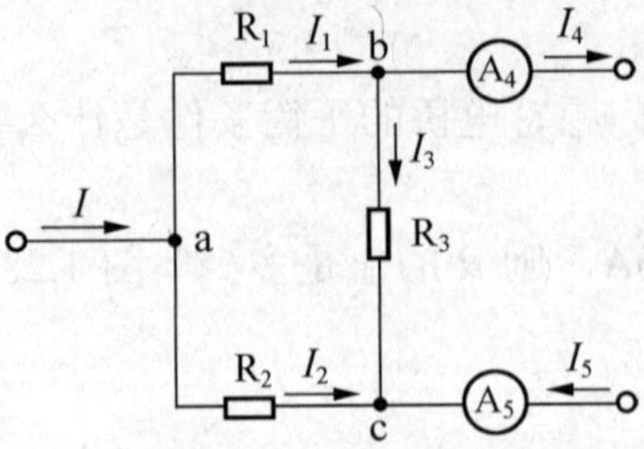

图 1.31　计算题 4 电路

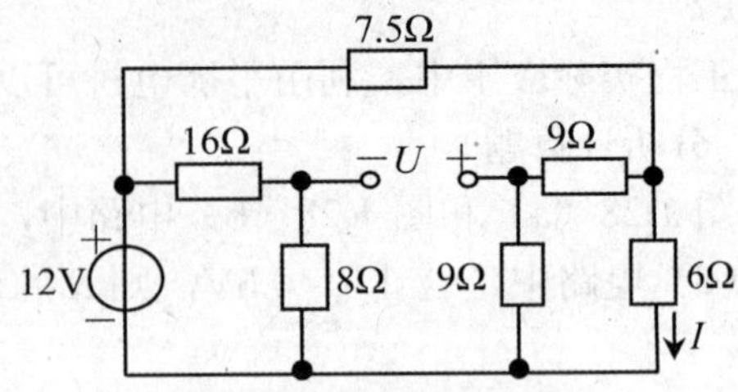

图 1.32　计算题 5 电路

7．用电压源和电流源的“等效”方法求出图 1.34 所示电路中的开路电压 U_{AB}。

8．电路如图 1.35 所示，已知其中电流 I_1=−1A，U_{S1}=20V，U_{S2}=40V，电阻 R_1=4Ω，R_2=10Ω，求电阻 R_3。

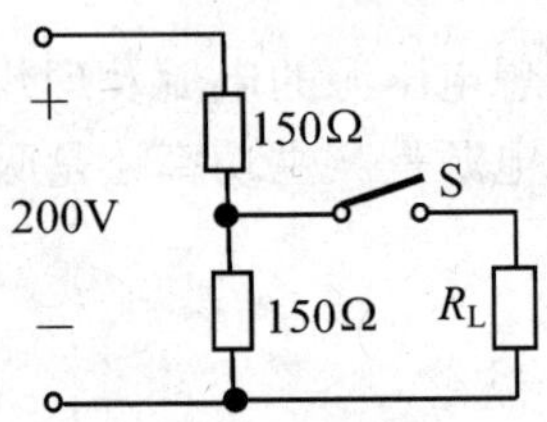

图 1.33　计算题 6 电路

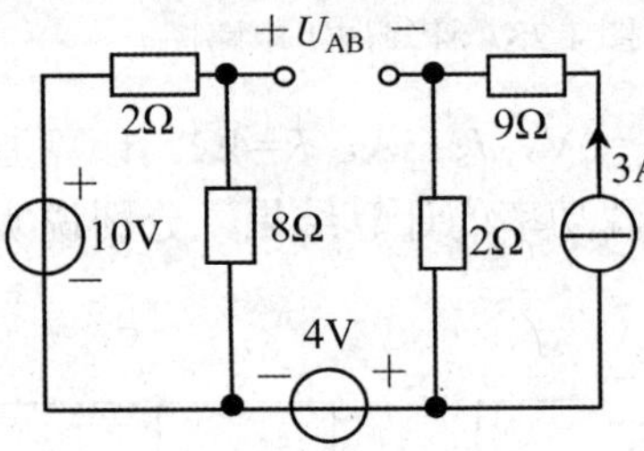

图 1.34　计算题 7 电路

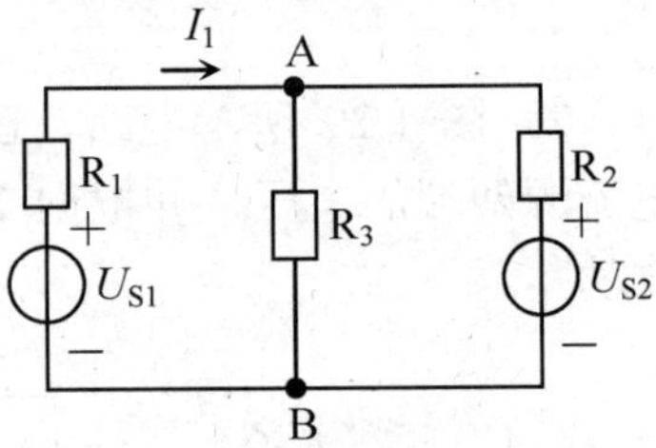

图 1.35　计算题 8 电路

9．分别计算图 1.36 所示电路中，S 打开与闭合时中 A、B 两点的电位。

10．求图 1.37 所示电路的输入端电阻 R_i。

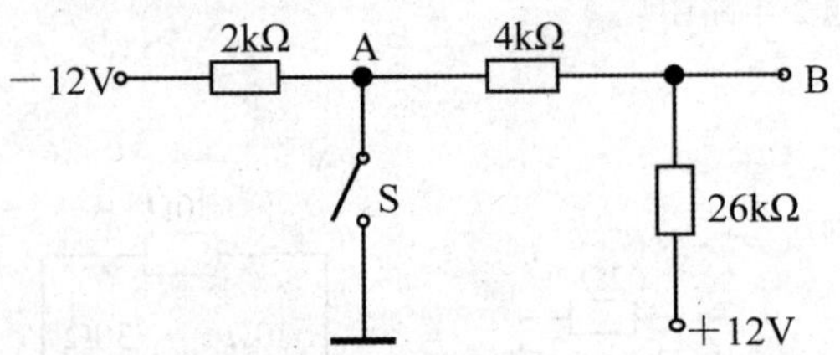

图 1.36　计算题 9 电路

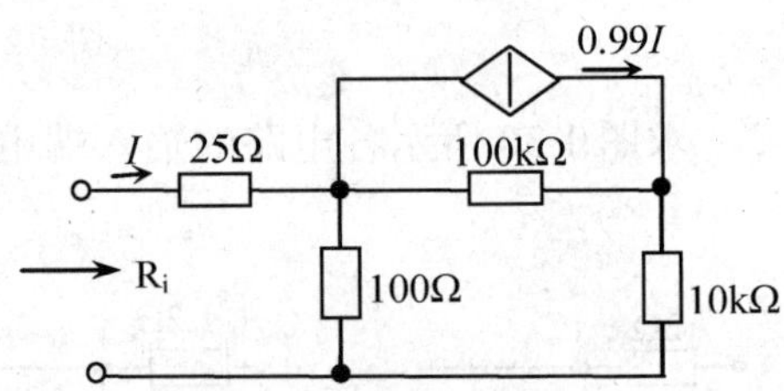

图 1.37　计算题 10 电路

第 2 章 电路的基本分析方法

电路的基本概念和基本定律，是电路分析理论中的共同约定和共同语言。但是，由于工程实际应用电路的结构多种多样，求解的对象也往往由于具体要求的不同而大相径庭，所以，只用第 1 章所学的基本概念和基本定律来分析和计算较为复杂的电路，显然是不够的。为此，本章将向大家介绍支路电流法、回路电流法、结点电压法、叠加定理和戴维南定理等应用较广泛的电路分析方法。

常用的电路分析方法及定理，大多建立在欧姆定律及基尔霍夫定律之上，因此本章的学习实质上还是对电路基本定律及基本分析方法的延伸。本章将向读者介绍的电路基本分析方法中所应用的一些原则、原理均具有普遍的典型意义，可扩展运用到交流电路甚至更为复杂的网络中。因此，本章内容是全书的重点内容之一。

本章教学要求

理论教学要求：熟练掌握支路电流法，因为它是直接应用基尔霍夫定律求解电路的最基本方法之一；理解回路电流及结点电压的概念，掌握回路电流法和结点电压法的正确运用；深刻理解线性电路的叠加性，了解叠加定理的适用范围；了解有源二端网络、无源二端网络的概念，掌握无源二端网络入端电阻的求解方法和有源二端网络戴维南等效电路的分析方法。

实验教学要求：进一步熟悉实验室设备和测量仪器仪表的使用，掌握叠加定理和戴维南定理的验证方法，通过实验深入理解 2 个定理的内涵。

2.1 支路电流法

学习目标

支路电流法是 KCL 和 KVL 的直接应用，要求学习者能够十分熟练地掌握这种求解电路的基本方法。在学习中熟练掌握独立支路和独立回路的正确设定，熟悉支路电流法的解题步骤。

支路电流法

支路电流是实际电路中的客观存在。直接把支路电流设为未知量，应用 KCL 和 KVL 定律对电路列写方程式进行求解的方法称为支路电流法。

例 2.1 图 2.1 是两个参数不同的电源并联运行向负载供电的电路。已知负载电阻 R_L=24Ω，两个电源的电压值：U_{S1}=130V，U_{S2}=117V，电源内阻：R_1=1Ω，R_2=0.6Ω。试用 KCL 和 KVL 定律求出各支路电流及两个电源的输出功率，要求进行功率平衡校验。

解： 观察电路结构，可看出它有 a、b 两个结点，两结点之间连接 3 条支路，左右两个闭合路径及外围闭合路径共构成 3 个回路。

客观存在的支路电流是电路的待求量。因支路数为 3，所以应列写 3 个独立的方程式对电路进行求解。

3 条支路电流既汇集于 a 点又汇集于 b 点，因此两个结点互相不独立。解题时只需对两结点中任意一个列出 KCL 独立方程式。列写方程式之前，首先要在电路图上标出待求各支路电流的参考方向，如图，中实线箭头所示。选取 a 点为独立结点，约定指向结点的电流取正，背离结点的电流为负，可列出相应的 KCL 方程

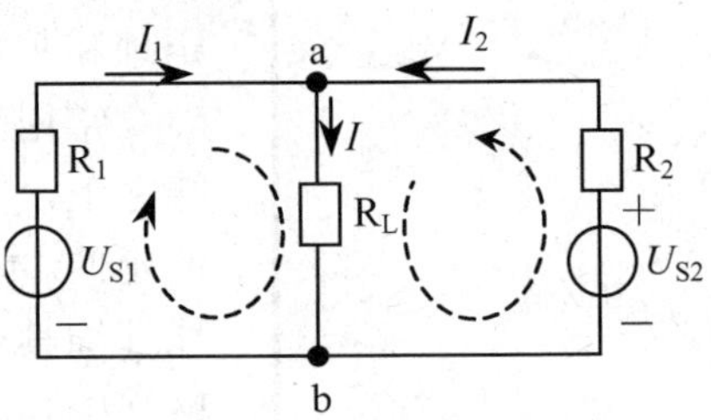

图 2.1 例 2.1 电路

$$I_1+I_2-I=0 \quad ①$$

其余两个独立方程可选取 3 个回路中的任意两个，习惯上选择比较直观的网孔作为独立回路，分别对它们列出 KVL 方程式。列写方程式之前，首先要在电路图上标出独立回路（或网孔）的绕行方向，如图 2.1 中虚线箭头所示。

对左回路列写 KVL 方程

$$I_1R_1+IR_L=U_{S1} \quad ②$$

对右回路列写 KVL 方程

$$I_2R_2+IR_L=U_{S2} \quad ③$$

将数值代入上述方程组，化简处理后可得

$$\begin{cases} I_1+I_2-I=0 \\ I_1=130-24I \\ I_2=195-40I \end{cases}$$

利用代入消元法联立求解可得

$$I=5\,\text{A}$$
$$I_1=10\,\text{A}$$

$I_2 = -5\,\mathrm{A}$（得负值说明其参考方向与实际方向相反）

联立方程求解的方法不是唯一的，也可采用行列式或其他方法求解。

归纳支路电流法求解电路的一般步骤为：

（1）选定 $n-1$ 个独立结点和 $m-n+1$ 个独立回路（其中 n 是结点数，m 是支路数），在电路图上标出各支路电流的参考方向及回路的参考绕行方向；

（2）应用 KCL 定律对独立结点列出相应的电流方程式；

（3）应用 KVL 定律对独立回路列出相应的电压方程式；

（4）将电路参数代入，联立方程式进行求解，得出各支路电流。

显然，支路电流法求解电路的优点是解题结果直观明了。但这种解题方法的缺点也很突出，当电路的支路数较多时，列写的方程式个数相应增加，使得手工联立方程求解方程式的过程繁琐且极易出错。如果使用现代 Matlab 计算机工具软件应用支路电流法求解电路，上述缺点也就不再凸显。

检验学习结果

2.1.1 说说你对独立结点和独立回路的看法，你应用支路电流法求解电路时，根据什么原则选取独立结点和独立回路？

2.1.2 图 2.2 所示电路，有几个结点？几条支路？几个回路？几个网孔？若对该电路应用支路电流法进行求解，最少要列出几个独立的方程式？应用支路电流法，列出相应的方程式。

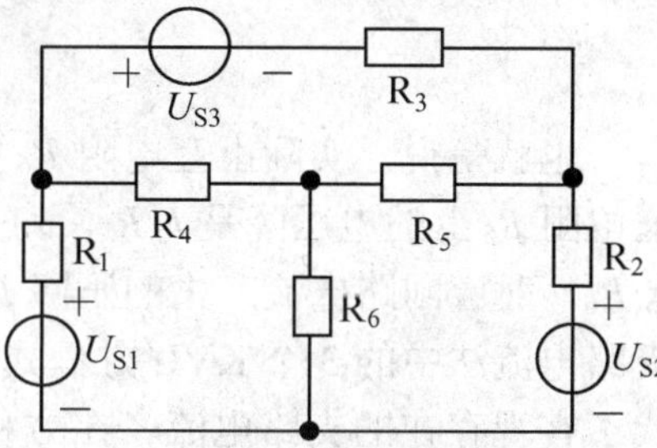

图 2.2 检测题 2.1.2 电路

2.2 回路电流法

学习目标

了解回路电流法的适用场合，理解回路电流的概念，正确区分回路电流和支路电流的不同点及它们之间的关系，初步掌握回路电流法的应用。

当一个复杂电路的支路数较多时，应用支路电流法求解电路则需要列写较多个方程式，造成解题过程的繁琐和不易。观察图 2.2 所示电路，该电路虽然支路数较多，但网孔数却较少。针对上述类型电路，为了适当地减少方程式的数目，需引入回路电流法。

以图 2.2 所示电路为例，并将它重画在图 2.3 中。

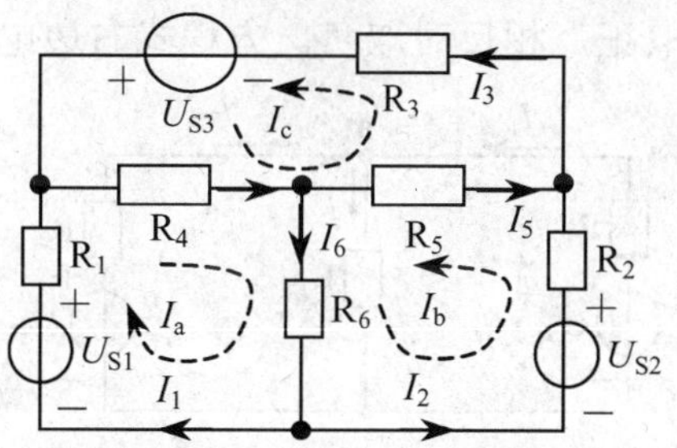

图 2.3 回路电流法举例

如果假想电路中的 3 个网孔中（独立回路一般选取独立网孔）均有一个绕回路环行的电流，把这些假想的绕回路流动的电流取名为回路电流，如图 2.3 中虚线箭头所示的 I_a、I_b 和 I_c。由于回路电流在流入和流出结点时并不发生变化，因此它们自动满足 KCL 定律。所以，应用回路电流法求解电路的过程中 KCL 方程式被省略，只需对 3 个独立回路列出相应的 KVL 方程式即可。

选定图 2.3 电路的 3 个网孔作为独立回路，列写的 3 个 KVL 方程式如下：

对回路a：　　$(R_1+R_4+R_6)I_a+R_4I_c+R_6I_b=U_{S1}$

对回路b：　　$(R_2+R_5+R_6)I_b+R_5I_c+R_6I_a=U_{S2}$

对回路c：　　$(R_3+R_4+R_5)I_c+R_5I_b+R_4I_a=U_{S3}$

3 个方程式的左边为电阻压降，其中第 1 项为本回路电流流经本回路中所有电阻时产生的电压降，括号内的所有电阻之和称为回路的自电阻；方程式左边的第 2 项和第 3 项，为相邻回路电流流经本回路公共支路上连接的电阻（即 R_4、R_5 和 R_6）时产生的电压降，把这些公共支路上连接的电阻称为互电阻。换句话说，每一个互电阻上的电压降都是相邻两个回路电流在互电阻上产生的电压的叠加。

上述问题并不难理解，仔细观察电路中客观存在的支路电流 I_1～I_6，可以找出它们与假想的回路电流之间的关系，可以看出：

$$I_1=I_a \qquad I_4=I_a+I_c$$
$$I_2=I_b \qquad I_5=I_c-I_b$$
$$I_3=I_c \qquad I_6=I_a+I_b$$

也就是说，实际上互电阻 R_4 上的电压降是 I_4R_4，它对应的回路电流压降是 $I_aR_4+I_cR_4$；互电阻 R_5 上的电压降是 I_5R_5，对应回路电流产生的压降 $I_cR_5-I_bR_5$；互电阻 R_6 上的电压降是 I_6R_6，对应回路电流产生的压降 $I_aR_6+I_bR_6$。即回路电流法中的 3 个 KVL 方程式，实质上与支路电流法中的 3 个 KVL 方程式完全等效，只不过把假想的、实际上并不存在的回路电流替代了客观存在的支路电流。在方程式的右边，由于不牵扯到回路电流，因此与支路电流法中 KVL 方程式右边完全相同。

对多支路少回路的平面电路而言，以回路电流为未知量，根据 KVL 列写回路电压方程，求解出回路电流，进而求出客观存在的支路电流、电压或功率等的解题方法，称回路电流法。

提出回路电流法的目的，就是为了对类似图 2.3 所示电路进行分析和计算时，减少方程式的数目，当一个电流的支路数与回路数相差不多时，采用回路电流法显然意义不大。

归纳回路电流法求解电路的基本步骤如下所述。

1．选取独立回路（一般选择网孔作为独立回路），在回路中标示出假想回路电流的参考方向，并把这一参考方向作为回路的绕行方向。

2．建立回路的 KVL 方程式。由于回路电流的方向就是回路的绕行方向，因此自电阻压降恒为正值，公共支路上互电阻压降的正、负由相邻回路电流的方向来决定：当相邻回路电流方向流经互电阻时与本回路电流方向一致时该部分压降取正，相反时取负。方程式右边电压升的正、负取值方法与支路电流法相同。

3．求解联立方程式，得出假想的各回路电流。

4．在电路图上标出客观存在的各支路电流的参考方向，按回路电流与支路电流方向一致时取正，相反时取负的原则进行叠加运算，求出客观存在的各待求支路电流。

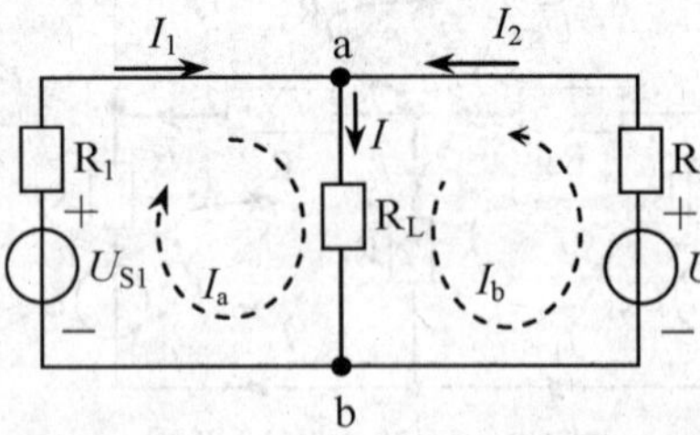

图 2.4　例 2.2 电路

例 2.2　已知图 2.4 所示电路中负载电阻 $R_L=24\Omega$，$U_{S1}=130V$，$U_{S2}=117V$，$R_1=1\Omega$，$R_2=0.6\Omega$。试用回路电流法求出各支路电流。

解： 首先选取左右 2 个网孔作为独立回路，在图上标出假想回路电流的参考方向，并把这一参考方向作为回路的绕行方向。

对独立回路建立 KVL 方程

$$(R_L+R_1)I_a+I_bR_L=U_{S1} \quad ①$$

$$(R_L+R_2)I_b+I_aR_L=U_{S2} \quad ②$$

将数值代入上述方程组

$$25I_a+24I_b=130 \quad ①$$

$$24.6I_b+24I_a=117 \quad ②$$

联立上述 2 个方程式求解，由①得

$$I_a=\frac{130-24I_b}{25} \quad ③$$

③代②可求得 $I_b=-5A$，代入③得 $I_a=10A$。

根据电路图中标示的参考方向可知

$$I_1=I_a=10\,A$$

$$I_2=I_b=-5\,A \quad （得负值说明其参考方向与实际方向相反）$$

$$I=I_1+I_2=5A$$

计算结果和例 2.1 相同，显然解题步骤减少了。

检验学习结果

2.2.1　说说回路电流与支路电流的不同之处，你能很快找出回路电流与支路电流之间的关系吗？

2.2.2　试阐述回路电流法的适用范围。

结点电压法

2.3　结点电压法

学习目标

理解结点电压的概念，熟悉和掌握结点电压法的特例——弥尔曼定理；明确结点电压法在电路分析中的适用范围；初步掌握结点电压法的解题步骤和分析方法。

2.3.1　结点电压法

结点电压是指两个结点电位之间的差值。引入结点电压法的目的和引入回路电流法的目的相同，都是为了简化分析和计算电路的步骤。

以图 2.5 所示电路为例，具体说明结点电压法的适用范围及其解题步骤。

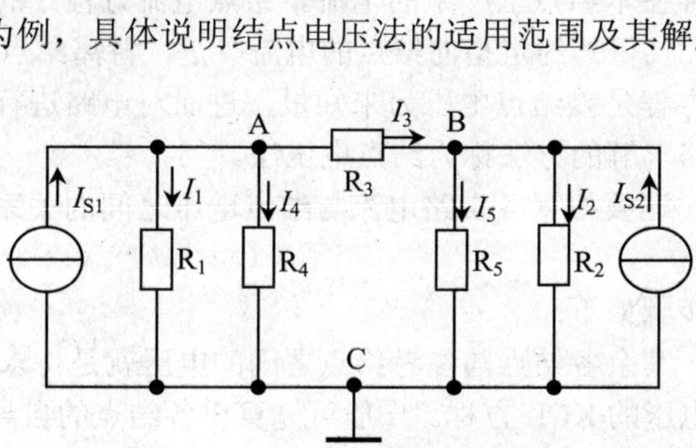

图 2.5　结点电压法电路举例

观察图 2.5 所示电路，其电路结构的特点是支路数多，回路数也多，但结点数较少。如果我们能像回路电流法省略掉 KCL 方程式那样，把 KVL 方程省略掉，只用 KCL 电流方程式进行解题时，显然可大大减少该电路的方程式数目，从而达到简化解题步骤的目的。

寻求这种减少 KVL 方程数目的解题方法，要先从所有结点中找出其中的一个作为参考电位点，而任意一个结点上的电位都可以看作是该点与参考点之间的结点电压。

对图 2.5 所示电路，首先选择 C 点作为电路参考点。由图可知，恒流源 I_{S1}、电阻 R_1、电阻 R_4 的端电压就等于 A 点电位 V_A；恒流源 I_{S2}、电阻 R_2 和电阻 R_5 的端电压就等于 B 点电位 V_B；电压源 U_{S3} 与电阻 R_3 相串联的支路端电压则等于 A 点至 B 点的电位差 V_A-V_B。在图中标示的各支路电流的参考方向下，根据欧姆定律可得

$$I_1=\frac{V_A}{R_1}，\ I_4=\frac{V_A}{R_4}，\ I_2=\frac{V_B}{R_2}，\ I_5=\frac{V_B}{R_5}，\ I_3=\frac{V_A-V_B}{R_3}$$

显然，只要求出各结点电位，由上述关系即可求出各支路电流。下面介绍如何求解结点电位。

假设电路中各结点电位已知，对电路中 A、B 两个结点分别列写 KCL 方程式。

对结点 A
$$\frac{V_A}{R_1}+\frac{V_A}{R_4}+\frac{V_A-V_B}{R_3}=I_{S1}$$

对结点 B
$$\frac{V_B}{R_2}+\frac{V_B}{R_5}-\frac{V_A-V_B}{R_3}=I_{S2}$$

以上二式进行整理后可得

$$\left(\frac{1}{R_1}+\frac{1}{R_3}+\frac{1}{R_4}\right)V_A-\frac{1}{R_3}V_B=I_{S1} \qquad ①$$

$$\left(\frac{1}{R_2}+\frac{1}{R_3}+\frac{1}{R_5}\right)V_B-\frac{1}{R_3}V_A=I_{S2} \qquad ②$$

方程式①和②显然是以结点电压为未知量的结点电流方程，方程式的左边是汇集到结点上的各未知支路电流，右边是已知电流。而左边第 1 项括号内各电导（电阻的倒数称为电导）之和称为自电导，自电导等于连接于本结点上所有支路的电导之和，恒为正值；左边第 2 项（或后几项）的电导为相邻结点与本结点之间公共支路上连接的电导，称为互电导，互导总是取负值，注意电导与电位的乘积是电流，因此，方程式左边第 1 项可称为自电导上的结点电流，后面项则称为互电导在本结点上产生的电流。结点电流方程式的右边是汇集到本结点上的所有已知电流的代数和（仍然约定指向结点的电流取正，背离结点的电流取负）。

由于上述结点电流方程是以结点电压为未知量，进而对电路进行分析计算的方法，因而运用结点电流方程对电路求解的方法称为结点电压法。

求得各结点电压后，还要根据各支路电流与结点电压之间的关系，最后求出客观存在的各支路电流。

结点电压法的分析步骤如下：

（1）选定参考结点。其余各结点与参考结点之间的电压就是待求的结点电压；

（2）建立求解结点电压的 KCL 方程。一般可先算出各结点的自导、互导及汇集到本结点的已知电流代数和，然后直接代入结点电流方程；

（3）对方程式联立求解，得出各结点电压；

（4）选取各支路电流的参考方向，根据电路基本定律找出各支路电流与结点电压之间的关系，进而求解。

例 2.3　应用结点电压法求解图 2.6（a）所示电路中各电阻上的电流。

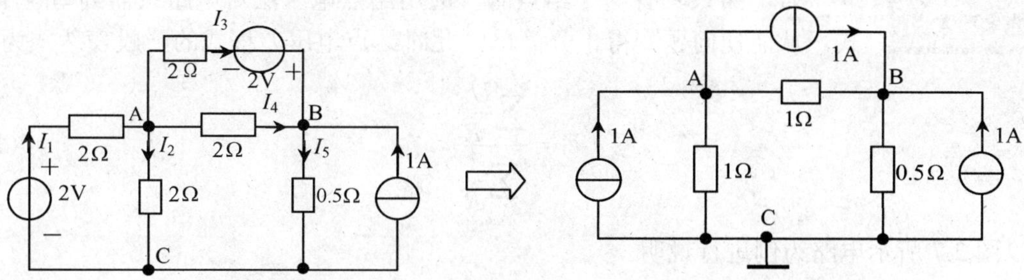

（a）例 2.3 电路图　　（b）例 2.3 等效电路图

图 2.6　例 2.3 电路及等效电路

解：首先可根据电源模型之间的等效变换，将图 2.3（a）等效为图（b）形式，然后选定 C 点为电路参考点，应用结点电压法分别对 A、B 两点列方程。

对 A 点

$$\left(\frac{1}{1}+\frac{1}{1}\right)V_{\rm A}-\frac{1}{1}V_{\rm B}=1-1$$

对 B 点

$$\left(\frac{1}{1}+\frac{1}{0.5}\right)V_{\rm B}-\frac{1}{1}V_{\rm A}=1+1$$

对两式进行通分和整理后可得

$$V_{\rm A}=0.5V_{\rm B} \quad ①$$

$$3V_{\rm B}-V_{\rm A}=2 \quad ②$$

利用代入消元法可求得

$$\begin{cases}V_{\rm A}=0.4{\rm V}\\ V_{\rm B}=0.8{\rm V}\end{cases}$$

再回到图 2.3（a）电路，利用欧姆定律可求得

$$I_2=\frac{V_{\rm A}}{R_{\rm AC}}=\frac{0.4}{2}=0.2({\rm A})$$

$$I_4=\frac{V_{\rm A}-V_{\rm B}}{R_{\rm AB}}=\frac{0.4-0.8}{2}=-0.2({\rm A})$$

$$I_5=\frac{V_{\rm B}}{R_{\rm BC}}=\frac{0.8}{0.5}=1.6({\rm A})$$

根据 KVL 定律的扩展应用可得

$$I_1=\frac{2-0.4}{2}=0.8({\rm A})$$

$$I_3 = \frac{2+0.4-0.8}{2} = 0.8(\text{A})$$

弥尔曼定理

2.3.2 弥尔曼定理

若电路只具有两个结点时，应用结点电压法对电路只需列写一个方程式，从而使问题变得十分简单。此时结点电压方程式的一般表达式为

$$V_1 = \frac{\sum \frac{U_S}{R}}{\sum \frac{1}{R}} \tag{2.1}$$

以图 2.7 所示电路为例进行说明。

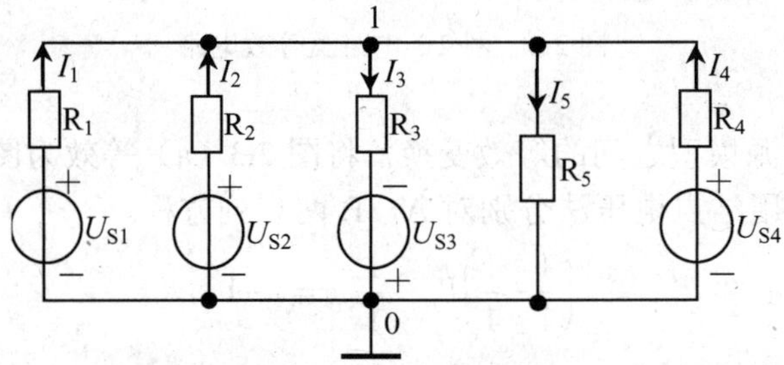

图 2.7 弥尔曼定理电路举例

选定 0 点作为电路参考点，应用式（2.1）对电路列出弥尔曼定理方程式

$$V_1 = \frac{\frac{U_{S1}}{R_1} + \frac{U_{S2}}{R_2} - \frac{U_{S3}}{R_3} + \frac{U_{S4}}{R_4}}{\frac{1}{R_1} + \frac{1}{R_2} + \frac{1}{R_3} + \frac{1}{R_4} + \frac{1}{R_5}}$$

此方程式是在下述约定下列写的：分子上各项，凡电压源的“−”极与电位参考点相连时取正；凡电压源由“−”到“+”的方向指向结点 1 时取正；分母中各项恒为正值。

显然，只要结点电压 V_1 求出，各支路电流应用欧姆定律或 KVL 定律的扩展应用即可求得。

图 2.7 电路中：$V_1 = U_{S1} - I_1R_1$ → 得 $I_1 = (U_{S1} - V_1)/R_1$

$V_1 = U_{S2} - I_2R_2$ → 得 $I_2 = (U_{S2} - V_1)/R_2$

$V_1 = -U_{S3} + I_3R_3$ → 得 $I_3 = (V_1 + U_{S3})/R_3$

$V_1 = U_{S4} - I_4R_4$ → 得 $I_4 = (U_{S4} - V_1)/R_4$

$I_5 = V_1/R_5$

检验学习结果

2.3.1 用结点电压法求解图 2.4 所示电路，与用回路电流法求解此电路相比较，你能得出什么结论？

2.3.2 说说结点电压法的适用范围。应用结点电压法求解电路时，能否不选择电路参考点？

2.3.3 比较回路电流法和结点电压法，你能从中找出它们相通的地方吗？

2.4　叠加定理和互易定理

叠加定理

学习目标

明确叠加定理的适用范围；熟悉当一个电源单独作用时，其他的电压源和电流源的处理方法；明确功率不能叠加的道理；深刻理解线性电路的叠加性，牢固掌握应用叠加定理分析电路的方法及步骤；了解互易定理。

1．叠加定理

叠加定理指出：在多个独立源共同作用的线性电路中，任一支路的响应（即电流或电压），都可以看成是由每个激励（理想电压源或理想电流源）单独作用时在该支路中所产生的响应的叠加。

叠加定理体现了线性电路的基本特性——叠加性，是线性电路的一个重要定理。

以图 2.8 所示电路为例，对叠加定理进行研究和说明。

例 2.4　应用叠加原理求出图 2.8（a）所示电路中 5Ω 电阻的电压 U 和电流 I，最后再求出它消耗的功率 P。

解：根据叠加定理，原电路图 2.8（a）可看作是由理想电压源单独作用时的图 2.8（b）电路和由理想电流源单独作用时的图 2.8（c）电路的叠加。

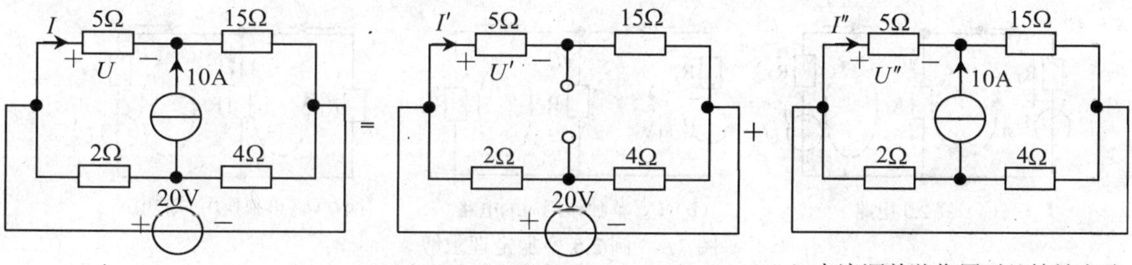

（a）例2.4电路　（b）电压源单独作用时的等效电路　（c）电流源单独作用时的等效电路

图 2.8　例 2.4 叠加定理举例电路

首先计算 20V 理想电压源单独作用时 5Ω 电阻的电压 U'和电流 I'

$$U' = 20\frac{5}{5+15} = 5(\text{V}) \qquad I' = \frac{5}{5} = 1(\text{A})$$

然后计算 10A 理想电流源单独作用下 5Ω 电阻的电流 I''和电压 U''

$$I'' = -10\frac{15}{5+15} = -7.5\ (\text{A}) \qquad U'' = -7.5\times 5 = -37.5\ (\text{V})$$

将 2 个结果叠加可得

$$U = U' + U'' = 5 + (-37.5) = -32.5(\text{V})$$
$$I = I' + I'' = 1 + (-7.5) = -6.5(\text{A})$$

计算结果 U、I 得负值，说明电路图中假设的电压、电流的参考方向与它们的实际方向相反。由此可得出 5Ω 电阻上消耗的功率

$$P=UI=32.5\times 6.5=211.25(\text{W})$$

假如功率也应用叠加定理分别求解后叠加，则

$$P'=U'I'=5\times 1=5(\text{W})$$

$$P''=U''I''=37.5\times7.5=281.25(\text{W})$$
$$P=P'+P''=5+281.25=286.25(\text{W})$$

显然，应用叠加原理求解功率的结果是不正确的。这是因为电路功率和电路激励之间的关系是二次函数的非线性关系，因此不符合叠加定理的线性分析思想。

应用叠加定理分析电路时，应注意以下几点。

（1）叠加定理只适用于线性电路，对非线性电路不适用。在线性电路中，叠加定理也只能用来计算电流或电压，因为线性电路中的电压和电流响应，与电路激励之间的关系是一次函数的线性关系；功率与电路激励之间的关系是二次函数的非线性关系，因此不能用叠加定理进行分析和计算。

（2）叠加时一般要注意使各电流、各电压分量的参考方向与客观存在的原电路中电流、电压的参考方向保持一致。若选取不一致，叠加时就要注意各电流、电压的正、负号（与原电流、电压的参考方向一致的电流、电压分量取正值，相反时取负值）。

（3）当某个独立源单独作用时，不作用的电压源应作短路处理，不作用的电流源应作开路处理。

（4）叠加时，还要注意电路中所有电阻及受控源的连接方式都不能任意改动。

例 2.5　应用叠加定理对图 2.9（a）所示电路进行求解。

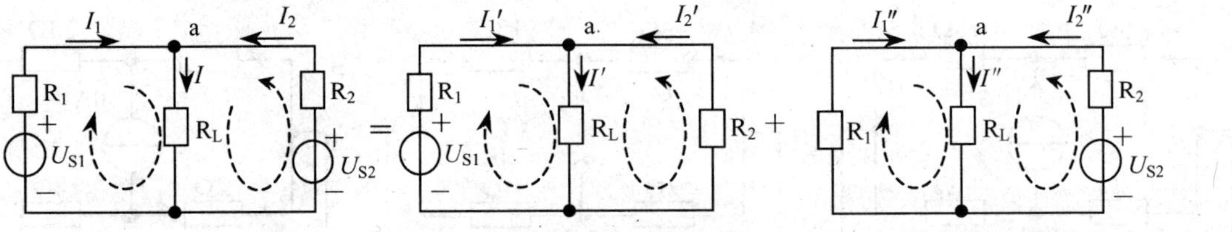

（a）例 2.5 电路　（b）U_{S1} 单独作用时的电路　（c）U_{S2} 单独作用时的电路

图 2.9　例 2.5 叠加定理求解

解：当 U_{S1} 单独作用时，U_{S2} 视为短路，电路图如 2.9（b）所示，其中

$$I_1'=\frac{U_{S1}}{R_1+R_L//R_2}=\frac{130}{1+24//0.6}=82(\text{A})$$
$$I_2'=-I_1'\frac{24}{0.6+24}=-80(\text{A})$$
$$I'=I_1'+I_2'=82+(-80)=2(\text{A})$$

当 U_{S2} 单独作用时，U_{S1} 视为短路，电路图如图 2.9（c）所示，其中

$$I_2''=\frac{U_{S2}}{R_2+R_L//R_1}=\frac{117}{0.6+24//1}=75(\text{A})$$
$$I_1''=-I_2''\frac{24}{1+24}=-72(\text{A})$$
$$I''=I_2''+I_1''=75+(-72)=3(\text{A})$$

根据各电路电流的参考方向，将结果叠加可得

$$I_1=I_1'+I_1''=82+(-72)=10(\text{A})$$
$$I_2=I_2'+I_2''=-80+75=-5(\text{A})$$
$$I=I'+I''=2+3=5(\text{A})$$

2．互易定理

互易定理指出：对于仅含线性电阻的二端口网络而言，其中一个端口加激励，另一个端口为响应，在单一激励下产生的响应，当激励和响应位置互换以后，同一个激励所产生的响应相同。

互易定理广泛应用于研究网络的灵敏度分析以及测量技术等方面。

检验学习结果

2.4.1　说说叠加定理的适用范围？是否它仅适用于直流电路而不适用于交流电路的分析和计算？

2.4.2　电流和电压可以应用叠加定理进行分析和计算，功率为什么不行？

互易定理

2.5　戴维南定理

戴维南定理

学习目标

进一步理解电路"等效"的概念；理解电路中"有源二端网络"和"无源二端网络"的概念；熟悉并掌握电路中任意两点间电压的求解方法；深刻理解戴维南定理的内容，初步掌握运用戴维南定理分析、计算电路的方法。

任何仅具有两个引出端钮的电路均可称为二端网络。若二端网络内部含有电源就称为有源二端网络，如图 2.10（b）所示电路；若二端网络内部不包含电源，则称为无源二端网络，如图 2.10（c）所示电路。

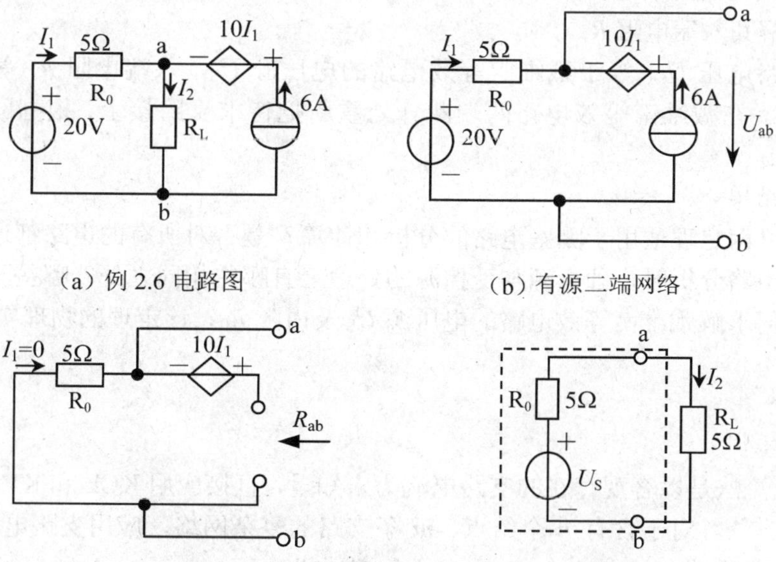

（a）例 2.6 电路图　　（b）有源二端网络

（c）有源二端网络除源后等效电路　　（d）戴维南等效电路

图 2.10　例 2.6 戴维南等效电路

戴维南定理指出：任何一个线性有源二端网络，对外电路而言，均可以用一个理想电压源与一个电阻元件相串联的有源支路（也称为戴维南等效电路）进行等效代替。等效代替的条件是：有源支路的理想电压源 U_S 等于原有源二端网络的开路电压 U_{ab}；有源支路的电阻元件 R_0 等于原有源二端网络除源后的入端电阻 R_{ab}。

例 2.6　应用戴维南定理求解图 2.10（a）所示电路中电阻上通过的电流 I_2。

解：根据戴维南定理，首先把待求支路从原电路中分离，则原电路就成为如图 2.10（b）所示的有源二端网络，对其求解开路电压 U_{ab}，使之等于戴维南等效电路的 U_S。

由图 2.10（b）可看出，$I_1=-6A$，因此

$$U_S = U_{ab} = -(-6)\times 5 + 20 = 50(V)$$

再对有源二端网络进行除源，即把 20V 电压源用短接线代替，6A 电流源开路处理。即可得到如图 2.10（c）所示的无源二端网络（因为控制量 $I_1=0$，所以受控电压源也等于零）。

显然

$$R_0 = R_{ab} = 5\Omega$$

这样，我们就得到了如图 2.10（d）虚线框内所示的戴维南等效电路。此时，我们再把待求支路从原来断开处接上，利用欧姆定律即可求出其电流 I_2

$$I_2 = \frac{U_S}{R_0 + R_L} = \frac{50}{5+5} = 5(A)$$

在例 2.6 所示电路中，有“源”二端网络内部含有受控源，需理解的是：这里的“源”仅指独立源，而其中的受控源是受 I_1 支路电流控制的量，在 I_1 未求出之前它应视为无源元件；当 I_1 确定且不为零值时，受控源才能视为有源元件。

归纳戴维南定理的解题步骤如下。

（1）将待求支路与有源二端网络分离，对断开的两个端钮分别标以记号（如 a 和 b）。

（2）对有源二端网络求解其开路电压 U_{OC}。

（3）把有源二端网络进行除源处理：其中电压源用短接线代替；电流源断开；然后对无源二端网络求解其入端电阻 $R_入$。

（4）让开路电压 U_{OC} 等于戴维南等效电路的电压源 U_S，入端电阻 $R_入$ 等于戴维南等效电路的内阻 R_0，在戴维南等效电路两端断开处重新把待求支路接上，根据欧姆定律求出待求电流或电压。

检验学习结果

2.5.1　戴维南定理适用于哪些电路的分析和计算？是否对所有的电路都适用？

2.5.2　在电路分析时，独立源与受控源的处理上有哪些相同之处？哪些不同之处？

2.5.3　如何求解戴维南等效电路的电压源 U_S 及内阻 R_0？该定理的物理实质是什么？

小结

1．支路电流法是以客观存在的支路电流为未知量，直接应用 KCL 和 KVL 定律对复杂电路进行求解的方法。对于含有 n 个结点、m 条支路的复杂网络，应用支路电流法可列出 $n-1$ 个独立的 KCL 方程式，$m-n+1$ 个独立的 KVL 方程式。

2．回路电流法是以假想的回路电流为未知量，应用 KVL 定律对电路进行求解的方法。回路电流自动满足 KCL 定律，因此它和支路电流法相比，减少了 KCL 方程式的数目。回路电流法对于多支路、少网孔的电路而言，无疑是一种减少电路方程式数目的有效解题方法。

3．结点电压法和回路电流法一样，也是为了减少解题时方程式的数目而提出的一种方法。结点电压法是以电路中的结点电压为未知量，应用 KCL 定律对电路进行求解的方法。结点电压就是指电路中某点到参考点的电位，因此应用此方法解题时，必须在电路中确立参考电位点。结点电压法与回路电流法相比，一般适用于结点少、支路数较多的复杂电路。

4．叠加定理体现了线性网络重要的基本性质——叠加性，是分析线性复杂网络的理论基础。应用叠加定理分析电路时应注意：电流或电压分量的参考方向与原电流或电压的参考方向应尽量保持一致，否则要注意其正、负的选定。

5．戴维南定理表明任意一个有源二端网络都可以用一个极其简单的电压源模型来等效代替。戴维南定理是用电路的“等效”概念总结出的一个分析复杂网络的基本定理。

技能训练

实验二　叠加定理和戴维南定理的验证

一、实验目的

1．通过实验加深对叠加定理与戴维南定理内容的理解。

2．学习线性有源二端网络等效参数的测量方法，加深对“等效”概念的理解。

3．进一步加深对参考方向概念的理解。

二、实验器材与设备

1．电工实验台	一台
2．与实验相关的器件	一套
3．数字万用表	一块
4．导线	若干

三、实验内容

1．叠加定理的实验

（1）实验电路原理图

实验电路原理图如图 2.11 所示。

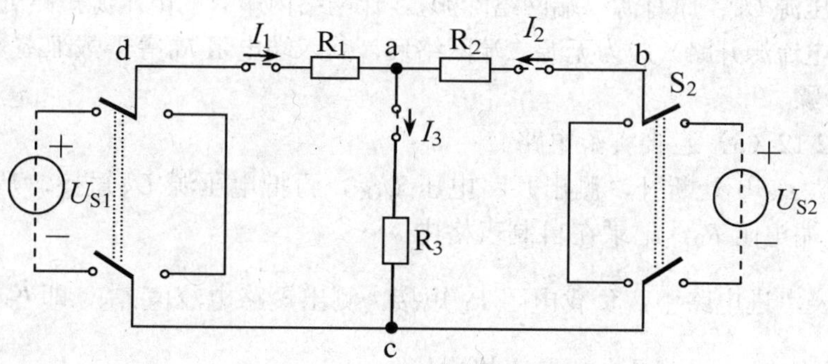

图 2.11　叠加定理验证实验电路

（2）实验原理

叠加定理的内容：对任一线性电路而言，任一支路的电流或电压，都可以看作电路中各个电源单独作用下，在该支路产生的电流或电压的代数和。

叠加定理是分析线性电路的非常有用的网络定理，叠加定理反映了线性电路的一个重要规律：叠加性。学习者应理解叠加定理的含义和适用范围，灵活掌握叠加定理分析复杂线性电路的方法，通过实验可进一步加深对它的理解。

（3）实验步骤

① 调节实验电路中的两个直流电源，分别让 U_{S1}=12V 和 U_{S2}=6V。

② 当 U_{S1} 单独作用时，U_{S2} 短接，但保留其支路电阻 R_2。

③ 测量 U_{S1} 单独作用下各支路电流 I_1'、I_2'和 I_3'，支路端电压 U_{ab}'，记录在自制的表格中。

④ 再让 U_{S1} 短接，保留其支路电阻 R_1。测量 U_{S2} 单独作用下各支路电流 I_1''、I_2''和 I_3''，支路端电压 U_{ab}''，记录在自制的表格中。

⑤ 测量两个电源共同作用下的各支路电流 I_1、I_2 和 I_3，结点电压 U_{ab}，记录在自制的表格中。

⑥ 验证叠加定理的正确性。

2．戴维南定理的实验

（1）实验原理电路图

实验电路原理图如图 2.12 所示。

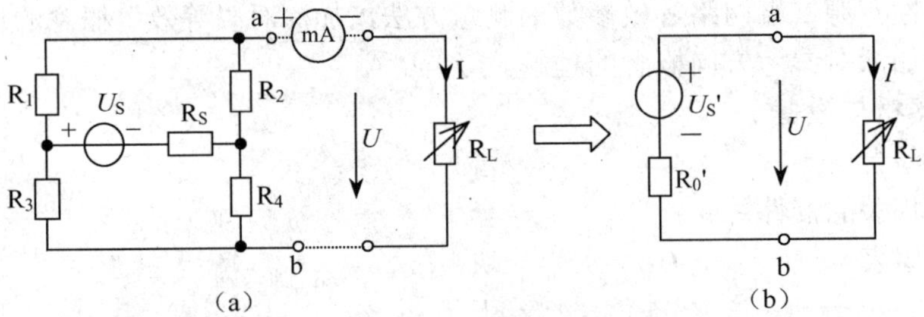

图 2.12　戴维南定理验证的实验电路图

（2）实验原理

戴维南定理的内容：对任意一个有源二端网络而言，都可以用一个理想电压源 U_S'和一个电阻 R_0'的戴维南支路来等效代替。等效代替的条件是：原有源二端网络的开路电压 U_{OC} 等于戴维南支路的理想电压源 U_S'；原有源二端网络除源，（让网络内所有的电压源短路处理，保留支路上电阻不动；所有电流源开路）成为无源二端网络后，其入端电阻 R_0 等于戴维南支路的电阻 R_0'。

（3）实验步骤

① 按照图 2.12（a）连接实验电路。

② 让电路从 a、b 处断开，测出开路电压 U_{OC}，再把电压源 U_S 短接，从 a、b 处测出无源二端网络的入端电阻 R_0，记录在自制表格中。

③ 把电流表串进电路中，负载电阻 R_L 短接，测出短路电流值 I_{OS}，即 $R_0=\dfrac{U_{OC}}{I_{OS}}$。此值与②中所测 R_0 进行比较；并记录在自制表格中。

④ 把负载电阻 R_L 接入电路中，测出路端电压 U 和电流 I，记录在自制表格中。

⑤ 按照图 2.12（b）连接实验电路，选择电压源的数值等于 U_{OC}，内阻的数值等于 R_0'，负载电阻与图 2.12（a）相同，重新测量路端电压 U 和电流 I，记录在自制表格中，并且和图 2.12（a）电路所测得的 U 和 I 相比较。

四、实验思考题

1．验证叠加定理实验中，当一个电源单独作用时，其余独立源按零值处理，如果其余电源中有电压源和电流源，你该如何做到让它们置于零值？

2．在求戴维南定理等效网络时，测量短路电流的条件是什么？能不能直接将负载短路？

第 2 章　习题

一、填空题

1．凡是用电阻的串并联和欧姆定律可以求解的电路统称为________电路，若用上述方法不能直接求解的电路，则称为________电路。

2．以客观存在的支路电流为未知量，直接应用________定律和________定律求解电路的方法，称为________法。

3．当复杂电路的支路数较多、回路数较少时，应用________电流法可以适当减少方程式数目。这种解题方法中，是以假想的________电流为未知量，直接应用________定律求解电路的方法。

4．在多个电源共同作用的________电路中，各支路的响应均可看成是由各个独立源单独作用下，该支路上所产生响应的________，称为叠加定理。

5．戴维南等效电路是指一个电阻和一个电压源的串联组合。其中“等效”二字的含义是指原有源二端网络在“等效”前后对________以外的部分作用效果相同。戴维南等效电路中的电阻数值上等于原有源二端网络________后的________电阻，戴维南等效电路中的电压源在数值上等于原有源二端网络的________电压。

6．为了减少方程式数目，在电路分析方法中引入了________电流法、________电压法；电路分析方法中的________定理只适用线性电路的分析。

7．应用戴维南定理分析电路时，求开路电压时应注意：对受控源的处理应与________的分析方法相同；求入端电阻时应注意：受控电压源为零值时按________处理，受控电流源为零值时按________处理。

二、判断题

1．叠加定理只适合于直流电路的分析。（　　）

2．支路电流法和回路电流法都是为了减少方程式数目而引入的电路分析法。（　　）

3．回路电流法是只应用基尔霍夫第二定律对电路求解的方法。（　　）

4．结点电压法是只应用基尔霍夫第二定律对电路求解的方法。（　　）

5．弥尔曼定理可适用于任意结点电路的求解。（　　）

6．应用结点电压法求解电路时，参考点可要可不要。（　　）

7．回路电流法只要求出回路电流，电路最终求解的量就算解出来了。（　　）

8．回路电流是为了减少方程式数目而人为假想的绕回路流动的电流。（　　）

9．应用结点电压法求解电路，自动满足基尔霍夫第二定律。（　　）

10．实用中的任何一个两孔插座对外都可视为一个有源二端网络。（　　）

三、选择题

1．叠加定理只适用于（　　）。

A．交流电路　　B．直流电路　　C．线性电路　　D．非线性电路

2．自动满足基尔霍夫第一定律的电路求解法是（　　）。

A．支路电流法　　B．回路电流法　　C．结点电压法　　D．叠加定理

3．自动满足基尔霍夫第二定律的电路求解法是（　　）。

A．支路电流法　　B．回路电流法　　C．结点电压法　　D．叠加定理

4．必须设立电路参考点后才能求解电路的方法是（　　）。

A．支路电流法　　B．回路电流法　　C．结点电压法　　D．叠加定理

5．只适应于线性电路求解的方法是（　　）。

A．弥尔曼定理　　B．戴维南定理　　C．回路电流法　　D．叠加定理

四、简答题

1．试述回路电流法求解电路的步骤。回路电流是否为电路的最终待求响应？

2．一个不平衡电桥电路进行求解时，只用电阻的串并联和欧姆定律能够求解吗？

3．试述有源二端网络开路电压的求解步骤？如何把一个有源二端网络化为一个无源二端网络？在此过程中，有源二端网络内部的电压源和电流源应如何处理？

4．工程实际中，用高内阻电压表测得某直流电源的开路电压为 225V，用足够量程的电流表测得该直流电源的短路电流为 50A，问这一直流电源的戴维南等效电路是怎样的？

五、分析计算题

1．试对图 2.13 所示电路分别用支路电流法和回路电流法列出其相应方程式。

2．用戴维南定理求解图 2.14 所示电路中的电流 I。

3．先将图 2.15 所示电路化简，然后求出通过电阻 R_3 的电流 I_3。

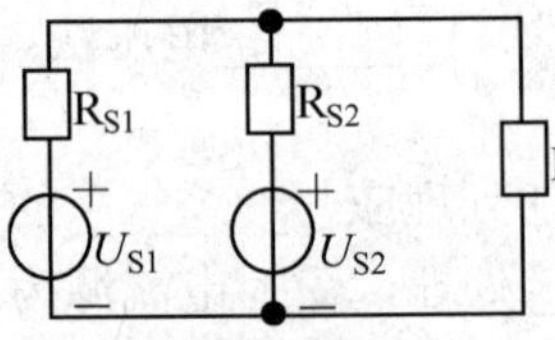

图 2.13　计算题 1 电路

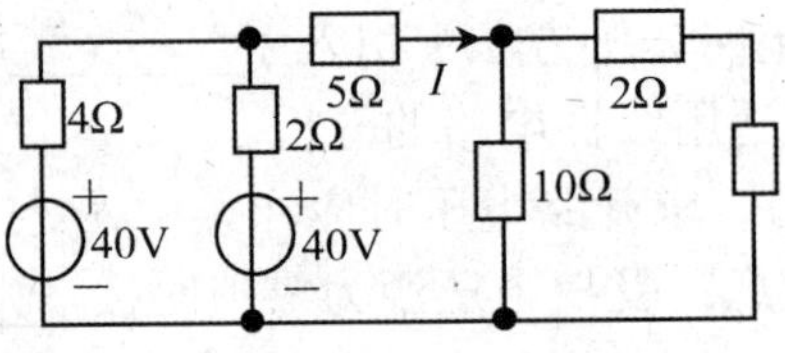

图 2.14　计算题 2 电路

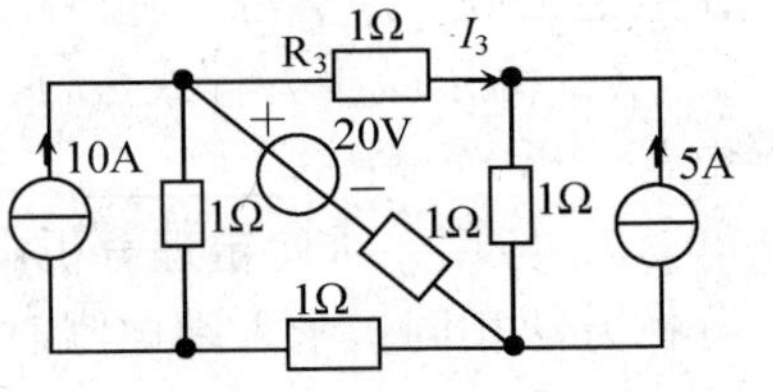

图 2.15　计算题 3 电路

4．用结点电压法求解图 2.16 所示电路中 50kΩ 电阻中的电流 I。

5．用叠加定理求解图 2.17 所示电路中的电流 I。

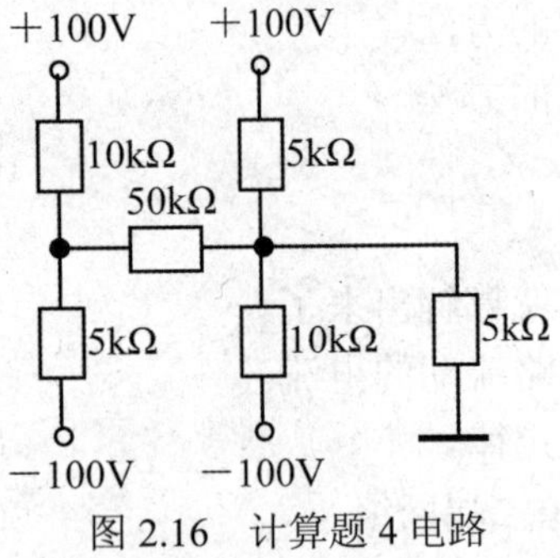

图 2.16　计算题 4 电路

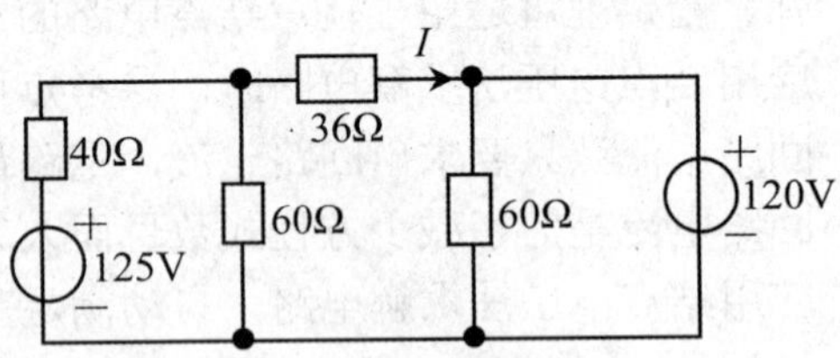

图 2.17　计算题 5 电路

第 3 章
正弦交流电路基础

正弦交流电是日常生活和科技领域中最常见、应用最广泛的一种电的形式。正弦交流电路的理论在电路基础课程中占有极其重要的位置，学习和掌握好正弦交流电路的基本概念和基本分析方法，是本课程中的一个重要环节。

本章将在分析直流电阻性电路的基础上，探讨正弦交流电路的分析方法。学习的主要内容有：正弦交流电路的基本概念，正弦量的三要素和正弦量的有效值，正弦交流参量的基本运算，电抗元件在交流电路中的基本性质及电阻元件、电感元件、电容元件上的电压和电流关系及功率关系。

本章教学要求

理论教学要求：深入了解正弦交流电的诸多基本概念，重点理解正弦交流电的三要素和正弦交流电有效值的概念；熟悉和掌握正弦交流电的解析式表示法和波形图表示法；深刻理解和牢固掌握单一电阻元件参数电路、单一电感元件参数电路、单一电容元件参数电路的电压、电流关系及其功率情况。

实验教学要求：掌握正弦交流电路中电路参数的测量方法，学会交流电压表、交流电流表、单相功率表的正确使用方法。

3.1 正弦交流电路的基本概念

学习目标

深刻理解正弦交流电的三要素；熟悉相位和相位差的概念；理解瞬时值、最大值的表示方法；掌握正弦交流电有效值的概念以及有效值与最大值之间的数量关系；理解频率、周期、角频率的概念以及三者反映问题角度上的区别。

1820 年奥斯特发现了电生磁的现象后，又经过十多年，英国学徒出身的物理学家法拉第在 1831 年通过大量实验证实了磁生电的现象，由此向人们揭示了电和磁之间的联系，开创了普遍利用交流电的新时代。

电磁感应现象奠定了交流发电机的理论基础。现代发电厂（站）的交流发电机都是基于电磁感应的原理工作的：发电机的原动机（汽轮机或水轮机等）带动磁极转动，与固定不动的发电机定子绕组相切割从而在定子绕组中产生感应电动势，与外电路接通后即可供出交流电。

3.1.1 正弦量的三要素

正弦量的三要素

1. 正弦交流电的周期、频率和角频率

发电厂的发电机产生的交流电，其大小和方向均随时间按正弦规律变化。交流电随时间变化的快慢程度可以由周期、频率和角频率从不同的角度来反映。

（1）频率

单位时间内，正弦交流电重复变化的循环数称为频率。频率用“f”表示，单位是赫兹（Hz），简称“赫”。如我国电力工业的交流电频率规定为 50Hz，简称工频；少数发达国家采用的工频为 60Hz。无线电工程中，常用兆赫来计量。如无线电广播的中波段频率为 535～1 650kHz，电视广播的频率是几十兆赫到几百兆赫。频率的高低反映了正弦交流电随时间变化的快慢程度。显然，频率越高，交流电随时间变化得越快。

（2）周期

交流电每重复变化一个循环所需要的时间称为周期，如图 3.1 中所示。周期用“T”表示，单位是秒（s）。

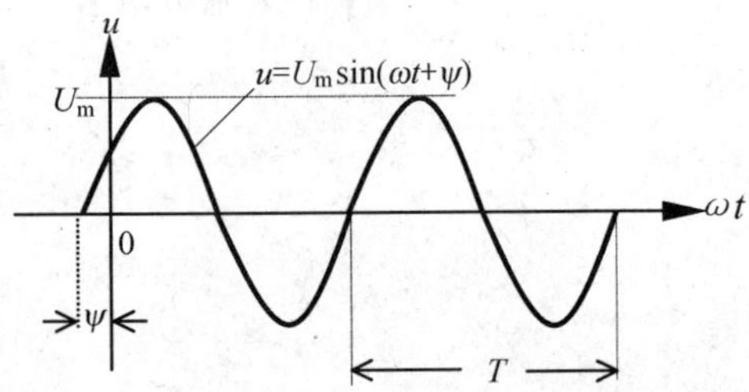

图 3.1　正弦交流电示意图

显然，周期和频率互为倒数关系，即

$$f=\frac{1}{T} \quad 或 \quad T=\frac{1}{f}$$

由上式可知，周期越短频率越高。可见，周期的大小同样可以反映正弦量随时间变化的快慢程度。

（3）角频率

正弦函数总是与一定的电角度相对应，所以正弦交流电变化的快慢程度除了用周期和频率描述外，还可以用角频率“ω”表示。角频率 ω 表示正弦量每秒经历的弧度数，其单位为弧度/秒（rad/s），通常弧度可以略去不写，其单位便为 1/秒（1/s）。由于正弦量每变化一周所

经历的电角弧度是 2π，因此角频率与频率、周期在数量上具有的关系为

$$\omega = 2\pi f = \frac{2\pi}{T} \tag{3.1}$$

周期、频率和角频率分别从不同的角度反映了同一个问题：正弦量随时间变化的快慢程度。式（3.1）表示了三者之间的数量关系。实际应用中，频率的概念用得最多。

2．正弦交流电的瞬时值、最大值和有效值

（1）瞬时值

交流电每时每刻均随时间变化，它对应任一时刻的数值称为瞬时值。瞬时值是随时间变化的量，因此要用英文小写斜体字母表示为“u、i”。图 3.1 所示正弦交流电压的瞬时值可用正弦函数式（解析式）来表示

$$u=U_{\rm m}\sin(\omega t+\psi) \tag{3.2}$$

（2）最大值

交流电随时间按正弦规律变化振荡的过程中，出现的正、负两个振荡最高点称为正弦量的振幅，其中的正向振幅称为正弦量的最大值，一般用大写斜体字母加下标 m 表示为“$U_{\rm m}$、$I_{\rm m}$”。注意：式（3.2）所示的正弦交流电的一般表达式中，其中的最大值恒为正值。

正弦量是等幅振荡、正负交替变化的周期函数。对正弦量的数学描述，可以用正弦（sin）函数，也可以用余弦（cos）函数，式（3.2）采用的是 sin 函数，本书中均采用 sin 函数。

对于大小和方向都随时间变动的电流来说，更有必要选定参考方向了。因为电流的实际方向随时在变动，如不规定电流的参考方向，就很难用一个表达式来准确地表达出任何时刻电流的大小及其实际方向。参考方向的规定与前述一样，一般用带箭头的线段表示。当电流的实际方向与所选定的参考方向一致时，电流值为正，反之就为负，因此电流的参考方向只是用来确定某一时刻电流的正、负号。

（3）有效值

正弦交流电的瞬时值是变量，无法确切地反映正弦量的做功能力，用最大值表示正弦量的做功能力，显然夸大了其作用，因为正弦交流电在一个周期内只有两个时刻的瞬时值等于最大值，其余时间的数值都比最大值小。为了确切地表征正弦量的做功能力以及便于计算和测量正弦量的大小，实用中引入了有效值的概念。

有效值是根据电流的热效应定义的。不论是周期性变化的交流电流还是恒定不变的直流电流，只要它们的热效应相等，就可认为它们的电流值（或做功能力）相等。

如图 3.2 所示，让正弦交流电流 i 和直流电流 I 分别通过相同的电阻 R，如果在相同的时间 t 内，两种电流在相同的电阻上产生的热量相等（即做功能力相同），就把图 3.2（b）中的直流电流 I 定义为图 3.2（a）中交流电流 i 的有效值。显然，与正弦量热效应相等的直流电的数值，称为正弦量的有效值。

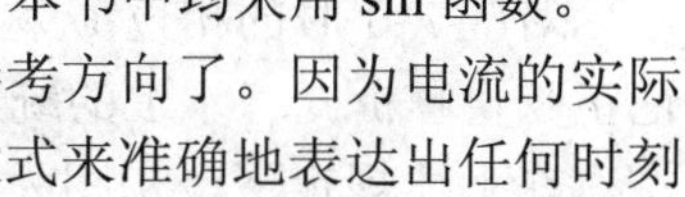

图 3.2　电路图

正弦交流电的有效值是用热效应相同的直流电的数值定义的，因此正弦交流电的有效值通常用与直流电相同的大写斜体字母“U、I”表示。值得注意的是：正弦量的有效值和直流电虽然表示符号相同，但它们所表达的概念是不同的。

实验结果和数学分析都可以证明，正弦交流电的最大值和有效值之间存在如下数量关系：

$$U_m = \sqrt{2}U \approx 1.414U$$

$$U = \frac{U_m}{\sqrt{2}} \approx 0.707U_m \qquad (3.3)$$

或

$$I_m = \sqrt{2}I\text{，}\ I = \frac{I_m}{\sqrt{2}}$$

在电路理论中，通常所说的交流电数值如不做特殊说明，一般均指交流电的有效值。在测量交流电路的电压、电流时，仪表指示的数值通常也都是交流电的有效值。各种交流电器设备铭牌上的额定电压和额定电流一般均指交流电的有效值。

正弦交流电的瞬时值表达式可以精确地描述正弦量随时间变化的情况。正弦交流电的最大值表征了正弦交流电振荡的正向最高点，有效值则确切地反映出正弦交流电的做功能力。显然，最大值和有效值可从不同的角度表征正弦交流电的“大小”。

3．正弦交流电的相位、初相

（1）相位

正弦量随时间变化的核心部分是解析式中的$(\omega t+\psi)$，它反映了正弦量随时间变化的进程，显然，这是一个随时间变化的电角度，称为正弦量的相位角，简称相位。当相位随时间连续变化时，正弦量的瞬时值随之连续变化。

（2）初相

对应 t=0 时的相位 ψ 称为初相角，简称初相。初相确定了正弦量计时开始的状态。为保证正弦量解析式表示上的统一性，通常规定初相不得超过±180°。

在上述规定下，初相为正角时，正弦量对应的初始值（对应坐标原点的数值）一定是正值；初相为负角时，正弦量对应的初始值则为负值。在波形图上，正值初相角位于坐标原点左边零点（指波形由负值变为正值所经历的 0 点）与原点之间（如图 3.3 所示 i_1 的初相ψ_1）；负值初相位于坐标原点右边零点与原点之间（如图 3.3 所示 i_2 的初相ψ_2）。

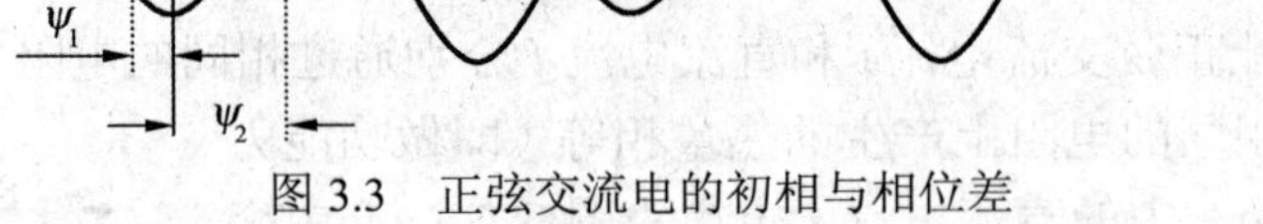

图 3.3　正弦交流电的初相与相位差

3.1.2　相位差

为了比较两个同频率正弦量在变化过程中的相位关系及它们的先后顺序，引入相位差的概念，相位差用φ表示。如图 3.3 所示的两个正弦交流电流，它们的解析式分别为

$$i_1=I_{1m}\sin(\omega t+\psi_1)$$

$$i_2=I_{2m}\sin(\omega t+\psi_2)$$

两电流的相位之差为

$$\begin{aligned}\varphi &= (\omega t+\psi_1)-(\omega t+\psi_2)\\ &= \omega t+\psi_1-\omega t-\psi_2\\ &= \psi_1-\psi_2\end{aligned} \tag{3.4}$$

可见，两个同频率正弦量的相位差实际上等于它们的初相之差，与时间 t 无关。相位差是比较两个同频率正弦量关系的重要参数之一。

若已知$\psi_1=30°$，$\psi_2=-90°$，则电流 i_1 与 i_2 在任意瞬时的相位之差为

$$\varphi=(\omega t+30°)-(\omega t-90°)=30°-(-90°)=120°$$

为了相位差角φ的唯一性，规定相位差不得超过±180°。

注意：只有同频率的正弦量之间才存在相位差的概念，不同频率的正弦量之间讨论相位差显然无意义。当两个同频率正弦量之间的相位差为零时，说明它们的相位相同，称同相关系。同相关系的电压、电流可构成有功功率。当两个同频率正弦量之间的相位差为 90°时，称它们在相位上具有正交关系，正交关系的电压和电流可构成无功功率（后面详细讲述）。若两个同频率正弦量之间的相位差是 180°，称它们之间的相位关系镜像对称，称它们相位反相。除此之外，两个同频率正弦量之间还具有超前、滞后的相位关系。

例 3.1　已知工频电压有效值 U=220V，初相 ψ_u=60°；工频电流有效值 I=22A，初相 ψ_i= −30°。求其瞬时值表达式，试画出其波形图，计算它们的相位差。

解：工频电角频率 $\omega=314\text{rad/s}$

电压的解析式为

$$u=220\sqrt{2}\sin(314t+\pi/3)\,\text{V}$$

电流的解析式为

$$i=22\sqrt{2}\sin(314t-\pi/6)\text{A}$$

电压与电流的波形图如图 3.4 所示。

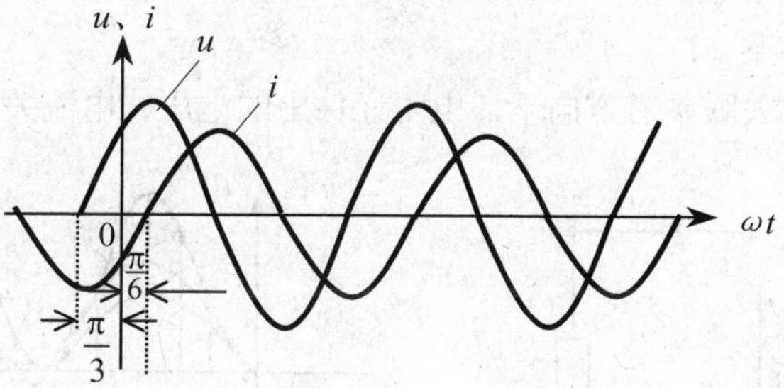

图 3.4　例 3.1 中 u、i 波形图

电压与电流的相位差为

$\varphi=\psi_u-\psi_i=\dfrac{\pi}{3}-\left(-\dfrac{\pi}{6}\right)=\dfrac{\pi}{2}$，即电压超前电流 90°。

可见，一个正弦量的最大值（或有效值）、角频率（或频率、周期）及初相一旦确定后，这个正弦量的解析式和波形图的表示就是唯一、确定的。

最大值（或有效值）、角频率（或频率、周期）和初相，称为正弦量的**三要素**。其中，最大值（或有效值）反映了正弦量的大小及做功能力，角频率（或频率、周期）反映了正弦量随时间变化的快慢程度，初相确定了正弦量起始时的位置。

检验学习结果

3.1.1　何谓正弦量的三要素？三要素各反映了正弦量的哪些方面？

3.1.2　某正弦电流的最大值为 100mA，频率为 2 000Hz，这个电流达到零值后经过多长时间可达 50mA？

3.1.3　正弦交流电压 $u_1=U_{1m}\sin(\omega t+60°)$V，$u_2=U_{2m}\sin(2\omega t+45°)$V。比较哪个超前，哪个滞后。

3.1.4　一个正弦电压 $u(t)=100\sin(100\pi t+90°)$V，试分别计算它在 0.002 5s、0.01s、0.018s 时的值。

3.1.5　一个正弦电压的初相为 30°，在 $t=\dfrac{T}{2}$ 时的值为–268V，试求它的有效值。

3.2　单一参数的正弦交流电路

学习目标

进一步理解电阻元件耗能的电特性及其电压、电流关系；掌握电感元件和电容元件的频率特性，深刻理解两元件上电抗的概念；掌握电感和电容储能的电特性。

在交流电路中，电流、电压的大小和方向均随时间变化，从而引起了许多在直流电路中不会发生的特殊现象。当电流和电压随时间不断变化时，电路周围的电场和磁场也随时间在变动，这些变动的电场和磁场反过来又影响电路中的电流和电压。这些电磁现象的存在，使得交流电路的研究要比直流电路复杂。

前面讨论直流电路时只涉及电阻元件，在正弦交流电路中，工程应用上更多接触到的无源二端元件还有电感元件和电容元件，而且电感元件和电容元件在交流电路中各有它们的特殊作用。

3.2.1　电阻元件

1．电压和电流的关系

如图 3.5（a）所示，关联参考方向下，电阻元件上的电压、电流关系总是符合欧姆定律，即

电阻元件

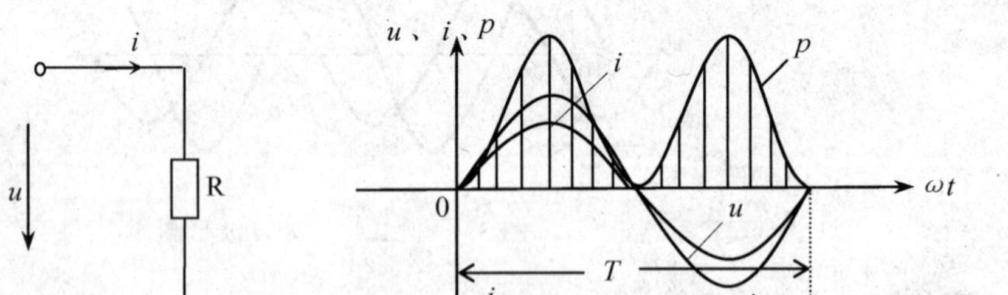

（a）　　（b）

图 3.5　电阻中正弦量

$$u=Ri$$

设通过电阻元件的正弦交流电流为

$$i = \sqrt{2}I\sin(\omega t + \psi_i)$$

则电阻元件两端的电压为

$$u = Ri = \sqrt{2}RI\sin(\omega t + \psi_i) = \sqrt{2}U\sin(\omega t + \psi_u)$$

其中

$$U = RI, \quad \psi_u = \psi_i$$

归纳：正弦交流电路中，电阻元件上电压和电流有效值之间的数量符合欧姆定律，在相位上电阻元件上的电压、电流同相。

图 3.5（b）画出了 $\psi_i = 0$ 时电压、电流的波形，图的下边标出了电流和电压的实际方向，在正半周内，电流和电压的实际方向与参考方向一致，而在负半周内，电流和电压的实际方向与参考方向相反。

2．电阻元件上的功率

正弦电流和电压随时间变化时，功率也必定随时间变化。电路在某一瞬间吸收或发出的功率称为瞬时功率，用小写字母 p 表示。瞬时功率数值上等于瞬时电压和瞬时电流的乘积，即

$$p=ui$$

如果电路中电压和电流的参考方向关联，p 为正值，代表吸收功率；如果电压和电流的参考方向相反，p 为负值，代表发出功率。

正弦交流电路中电阻元件接受的瞬时功率为

$$\begin{aligned} p = ui &= \sqrt{2}U\sin(\omega t + \psi_u) \times \sqrt{2}I\sin(\omega t + \psi_i) \\ &= 2UI\sin^2(\omega t + \psi_i) = UI[1 - \cos 2(\omega t + \psi_i)] \end{aligned}$$

从上式可看出，瞬时功率由两部分组成，一部分是不变的直流分量 UI，另一部分是 2 倍于电压、电流频率的交变分量 $-UI\cos 2\omega t$，显然，此交变分量在一个周期内的平均值等于零。

从瞬时功率的波形图中可看出，瞬时功率是随时间以 2 倍于电压、电流频率而变化的周期量，因为电阻元件的电压和电流的方向总是关联的，所以 p 恒为正值。p 为正值说明电阻元件在电路中总是接受电能并把电能转换为其他形式的能量消耗掉了。因此，从功率的角度来看，电阻元件是耗能元件。

瞬时功率的实用意义不大，工程上用瞬时功率在一个周期内的平均值来描述电路的功率，称为平均功率。平均功率用大写字母 P 表示，有

$$P = \frac{1}{T}\int_0^T p\mathrm{d}t = \frac{1}{T}\int_0^T UI(1 - \cos 2\omega t)\mathrm{d}t = UI$$

由此可见，交流电路中电阻元件接受的平均功率与直流情况下 $P=UI$ 的形式一样，只是二者表达的意义不同，这里 P 是平均功率，U 和 I 是交流电的有效值。

因为平均功率代表了电路上实际消耗的功率，所以平均功率也称有功功率，习惯上直接称功率。例如，220V、100W 的灯泡，就是指这只灯泡接到 220V 电压上时，它所消耗的平均功率为 100W。

电感元件

3.2.2　电感元件

1．自感系数和电磁感应

实际电路中经常遇到由导线绕制的线圈，如发电机、电动机、变压器等电气设备中都有

线圈。当电流流过线圈时，线圈周围就会建立磁场，即有磁通穿过线圈，如图3.6所示。

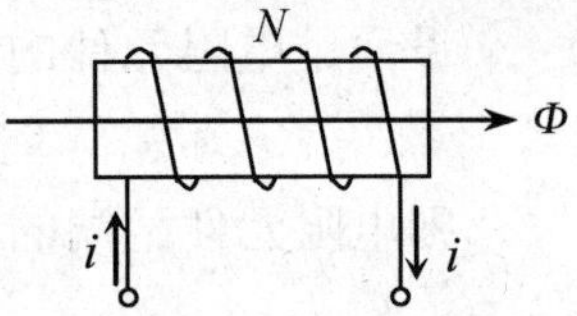

图3.6　电感线圈

设电流 i 产生的磁通为 Φ，线圈有 N 匝，那么与线圈交链的总磁通称为磁链，用 Ψ 表示，即磁链 $\Psi = N\Phi$。因为磁通或磁链是由流经线圈本身的电流所产生的，所以称为自感磁通或自感磁链。若线圈是绕在非铁磁性材料做的骨架上，称为空心线圈，其磁链 Ψ 与电流 i 成正比，即 $\dfrac{\Psi}{i}=L$。其中 L 是一个常量，称为线圈的自感系数，简称自感或电感。符合上述关系的电感称为线性电感。若在线圈中放置了铁磁性材料，那么电流与磁链之间不成正比关系，$\dfrac{\Psi}{i}$ 仍可以定义为电感，但其比值不等于常数，而是随电流的大小而变化，因此带有铁心的线圈构成非线性电感。

本章我们只讨论线性电感。

电感的单位为亨利（H），简称亨；较小的单位还有毫亨（mH）和微亨（μH），其换算关系为

$$1\text{H}=10^3\text{mH}=10^6\mu\text{H}$$

实际电感线圈均用漆包线绕制而成，因此除了具有电感外，实际线圈的发热电阻也不能忽略。如果实际电感线圈的发热电阻小得可以忽略不计时，可看作是理想电感元件。

对一个理想的电感线圈而言，若通过线圈的电流变动时，电流产生的磁通随之变动，而变动的磁通穿过线圈时必将引起电磁感应现象，在线圈中又会产生感应电动势，由于这种电磁感应现象是流经本线圈中的电流变化而引起的，因此称为自感应。由自感现象引起的自感电动势和电流的方向选择一致时，有

$$e_{\text{L}}=-\frac{\text{d}\Psi}{\text{d}t}=-L\frac{\text{d}i}{\text{d}t}$$

式中的负号表示自感电动势的实际方向总是使它的感应电流阻碍原电流的变化。

若用电压 u 表示电感两端的电压，并且选择通过电感元件的电流 i 与电压 u 为关联参考方向，可得到如图3.7（a）所示的电压、电流参考方向。

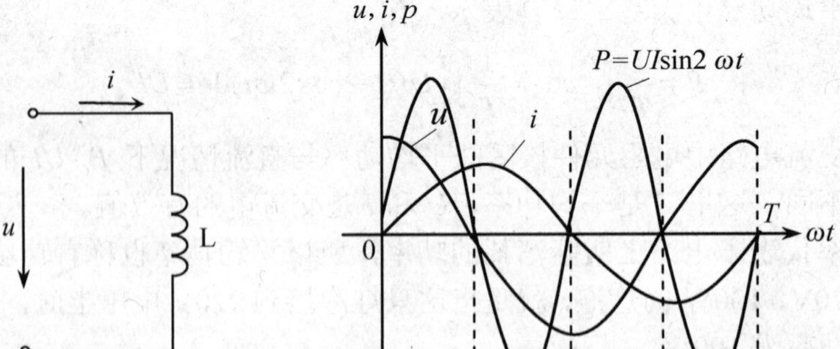

（a）　（b）

图3.7　电感元件的正弦量

根据电磁感应定律有　　$u=-e_{L}=L\frac{di}{dt}$

可见，电感中电压 u 和电流 i 的关系不是一般的正比关系而是微分（或积分）关系。当电流 i 增加时，$\frac{di}{dt}>0$，$u>0$，电压 u 的实际方向与电流 i 的实际方向一致，此时电感吸收功率建立磁场，其作用相当于负载；当电流 i 减小时，$\frac{di}{dt}<0$，$u<0$，u 的实际方向与电流 i 的实际方向相反，说明电感元件释放磁场能，其作用相当于电源。对于直流电路，由于电流值恒定，$\frac{di}{dt}=0$，则 u=0，说明电感两端没有电压，所以理想电感对直流电路相当于短路。

2．电感元件电压、电流关系

如果电感元件的正弦电流为

$$i=\sqrt{2}I\sin(\omega t+\psi_{i})$$

则电感元件的电压为

$$\begin{aligned}u&=L\frac{d}{dt}\sqrt{2}I\sin(\omega t+\psi_{i})\\&=\sqrt{2}\omega LI\cos(\omega t+\psi_{i})\\&=\sqrt{2}U\sin(\omega t+\psi_{u})\end{aligned}$$

式中　　$U=\omega LI\qquad \psi_{u}=\psi_{i}+\frac{\pi}{2}$

上述分析表明：关联参考方向下，电感元件两端的电压总是超前电流 π/2。

$\psi_{i}=0$ 时电感元件上电压、电流的波形如图 3.7（b）所示，在第一、第三个 1/4 周期内，电压 u 和电流 i 的实际方向相同，电感吸收功率储存磁场，相当于负载；在第二、第四个 1/4 周期内，电压 u 和电流 i 的实际方向相反，电感释放磁场能量，相当于向外供出能量的电源。

可见，正弦交流电路中，电感元件两端的电压与通过电感元件的电流之间，其有效值与最大值的关系由上述电流、电压瞬时值表达式可导出

$$\frac{U_{m}}{I_{m}}=\frac{U}{I}=\omega L=2\pi fL=X_{L}\tag{3.5}$$

归纳：电感元件上的电压、电流有效值关系相当于欧姆定律的数量关系式（3.5），只是欧姆定律表达式中的电阻用感抗代替而已；相位上，电感元件的电压总是超前电流 90°。

3．感抗的概念

式（3.5）中的 $X_{L}=\omega L=2\pi fL$，是电感元件的电抗，简称感抗。首先，感抗只能代表电压与电流的最大值或有效值之比，不能代表瞬时值之比。其次，感抗反映了电感元件对正弦交流电流的阻碍作用，而且这种阻碍作用显然与频率成正比：频率越高，感抗越大，高频电路中，由于感抗非常大，电感元件可以扼制高频电流；直流情况下频率为零，感抗也为零，电感元件相当一个电阻等于零的短接线。可见，电感元件具有通低频、阻高频的特性。第三，感抗只有对正弦交流电路才有意义。

在式（3.5）中，当 ω 的单位为 1/s，L 的单位为 H 时，感抗 X_{L} 的单位为 Ω，即感抗与电

阻的量纲相同。

例 3.2 高频扼流圈的电感为 3mH，试计算在 1kHz 和 1 000kHz 时其感抗值。

解： 频率为 1 000Hz 时（相当于音频范围）：

$$X_L = 2\pi fL = 2\pi \times 1\,000 \times 3 \times 10^{-3} \approx 18.85(\Omega)$$

频率为 1 000kHz 时（相当于高频范围）：

$$X_L = 2\pi fL = 2\pi \times 1\,000 \times 10^3 \times 3 \times 10^{-3} \approx 18.85(\text{k}\Omega)$$

可见，在 1 000kHz 时的感抗比在 1 000Hz 时的感抗要大 1 000 倍，它可以让音频信号较顺利地通过，而对高频信号则“阻力”很大，因此，感抗与频率成正比的性质在实际应用中非常重要。

4．功率关系

电感吸收的瞬时功率为

$$p(t) = u(t)i(t)$$

因此从 t_0 到任意时间 t 供给电感的能量为

$$\begin{aligned} w_L(t) &= \int_{t_0}^{t} u(\xi)i(\xi)\mathrm{d}\xi = \int_{t_0}^{t}\left[L\frac{\mathrm{d}i(\xi)}{\mathrm{d}\xi}\right]i(\xi)\mathrm{d}\xi \\ &= L\int_{i(t_0)}^{i(t)} i\mathrm{d}i = L\left[\frac{i^2}{2}\right]_{i(t_0)}^{i(t)} \\ &= \frac{1}{2}L\left[i^2(t) - i^2(t_0)\right] \end{aligned}$$

如果电感中的初始电流 $i(t_0) = 0$，则当电感中电流为 i 时，电感储存的磁场能量为

$$w_L = \frac{1}{2}Li^2 \tag{3.6}$$

式（3.6）说明电感元件中储存的磁场能量与电流的平方成正比，与电流的实际方向无关。

若电感通过正弦电流时，其瞬时功率为

$$\begin{aligned} p = ui &= U_m I_m \sin(\omega t + \psi_u)\sin(\omega t + \psi_i) \\ &= \sqrt{2}U \times \sqrt{2}I\cos(\omega t + \psi_i)\sin(\omega t + \psi_i) \\ &= UI\sin 2(\omega t + \psi_i) \end{aligned}$$

电感元件上的瞬时功率由图 3.7（b）可看出，是一个 2 倍于电流频率的正弦函数，它在一个周期内交变两次，在第一、第三个 1/4 周期内，电感元件中的电压、电流为关联参考方向，元件吸收电能并转化为磁场能量储存在线圈周围，因此 $P>0$；在第二、第四个 1/4 周期内，电压、电流为非关联参考方向，电感元件将储存的磁场能量逐渐释放直至全部放出，元件向外供出能量，即 $P<0$，在整个周期内电感元件中的平均功率为

$$P = \frac{1}{T}\int_0^T p\mathrm{d}t = 0$$

平均功率 P 等于零，说明电感元件不耗能，但在整个周期内电感元件与电源之间的能量交换始终进行，衡量电感元件与电路之间能量交换的规模可用无功功率 Q_L 来表示，即

$$Q_{\mathrm{L}}=U_{\mathrm{L}}I=I^2X_{\mathrm{L}}=\frac{U_{\mathrm{L}}{}^2}{X_{\mathrm{L}}}$$

无功功率不能从字面上理解为无用之功，它是电感元件建立磁场时向电源吸取的功率。无功功率反映了电感元件与电源之间能量交换的规模。为了区别于有功功率 P（单位为 W），无功功率的单位为乏尔（var），即“无功伏安”。

从电感元件电压、电流的瞬时值关系式来看，它属于动态元件；从能量的观点来看，电感元件不耗能，只进行能量的吞吐，因此电感元件是储能元件，储存的磁场能量最大值为 $\frac{1}{2}LI_{\mathrm{m}}^2$。

电容元件

3.2.3　电容元件

1．电容

在工程中，电容器的应用极为广泛。其结构是由两个金属极板中间隔以绝缘介质（如云母、绝缘纸、电解质等）组成，是一种能够存放电荷的电器。电容器的种类很多，按结构材料可分薄膜电容器、云母电容器、纸介电容器、金属化纸介电容器、电解电容器、瓷介电容器、钽电容器等。按电容量能否改变又可分为可变电容器、微调电容器和固定电容器。

如果用 C 表示电容器的电容量，q 表示电容器所带的电荷量（两个极板上分别储存等量异号的正负电荷），u 表示电容器的端电压，三者有以下关系

$$C=\frac{q}{u}\qquad 或\qquad q=Cu$$

式中 q 的单位为库仑（C），u 的单位为伏特（V）时，C 的单位是法拉（F），简称法。实际电容器的电容量往往比 1F 小得多，因此通常采用微法（μF）和皮法（pF）作为电容器的单位，它们之间的换算关系为

$$1\mathrm{pF}=10^{-6}\mu\mathrm{F}=10^{-12}\mathrm{F}$$

当电容器的电容量 C 是一个与电压大小无关的常量时，称为线性电容。

工程实际中应用的电容器，当极板上电压变动时，电容器中的介质会产生一定的损耗且不能做到完全绝缘，或多或少存在漏电流现象，因此实际电容器不仅具有电容还具有一定的电阻，不是理想电容元件。由于一般电容器的漏电现象或介质损耗并不严重，为了方便研究问题，工程应用中常常把实际电容器理想化，忽略其电阻的作用，作为理想电容元件看待。

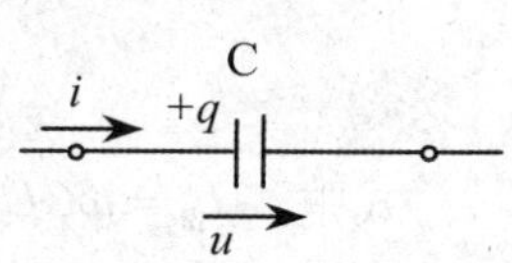

图 3.8　电容元件

当电容上的电压 u 变化时，极板上的电荷 q 也随之变化，电荷的变化率就是连接电容的导线电流。如果选择电压 u 和电流 i 为关联参考方向，如图 3.8 所示，则这个电流为

$$i=\frac{\mathrm{d}q}{\mathrm{d}t}=C\frac{\mathrm{d}u}{\mathrm{d}t}\tag{3.7}$$

即电容上的电流与电压的变化率成正比，而与电压数值的大小无关。式（3.7）表明：当电容端电压与电流方向关联时，$\frac{\mathrm{d}u}{\mathrm{d}t}>0$，电容器极板上电荷量逐渐增多，极间电压增大，电容器充电，电

流为正值；如果$\frac{\mathrm{d}u}{\mathrm{d}t}<0$，极板上电荷量减少，极间电压下降，显然电容器放电，电流为负值。若电容器上的电压变化率为零，则电容器不工作。可见电容元件的主要工作方式是充、放电。

电容器的电容量或耐压值不满足需要时，可以将一些电容器适当连接起来以满足实际工程上的需要。并联电容的等效电容等于各个电容之和，所以并联电容可以提高电容量。串联电容的等效电容的倒数等于各个串联电容的倒数之和，所以串联电容的等效电容小于各串联电容，但是等效电容的耐压值增大了。应理解：在电容串联电路中，小容量的电容器分压大。

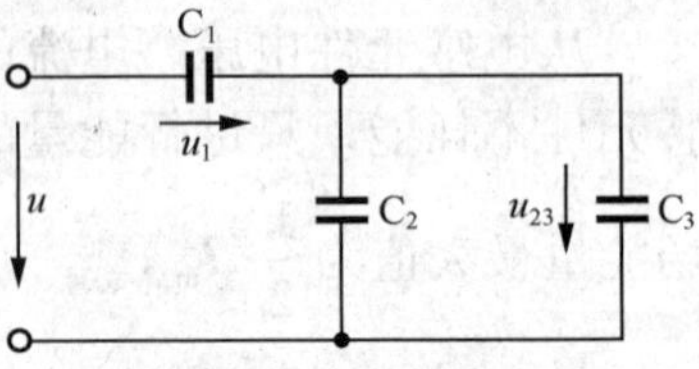

图 3.9　电容的串并联

例 3.3　如图 3.9 所示，有“0.3μF、250V”的 3 个电容器 C_1、C_2、C_3 相连接。试求等效电容，并问端口电压最大为多少？

解：C_2、C_3 并联，等效电容为

$$C_{23}=C_2+C_3=2\ C_2=2\times0.3=0.6\ (\mu\mathrm{F})$$

C_1 与 C_{23} 相串联，网络的等效电容为

$$C=\frac{C_1C_{23}}{C_1+C_{23}}=\frac{0.3\times0.6}{0.3+0.6}=0.2(\mu\mathrm{F})$$

因为 $C_1<C_{23}$，所以 $u_1>u_{23}$，应保证不超过其耐压值 250V。当 u_1=250V 时

$$u_{23}=\frac{C_1}{C_{23}}u_1=\frac{0.3}{0.6}\times250=125(\mathrm{V})$$

所以端口电压不能超过

$$u=u_1+u_{23}=250+125=375(\mathrm{V})$$

2．电容元件上的电压、电流关系

电容元件上电压、电流为动态关系，即在图 3.8 关联参考方向下，设已知电容的极间电压按正弦规律变化，即 $u=U_\mathrm{m}\sin(\omega t+\psi_\mathrm{u})$，有

$$\begin{aligned}i&=C\frac{\mathrm{d}u}{\mathrm{d}t}=C\frac{\mathrm{d}[U_\mathrm{m}\sin(\omega t+\psi_\mathrm{u})]}{\mathrm{d}t}\\&=\omega CU_\mathrm{m}\cos(\omega t+\psi_\mathrm{u})\\&=\omega CU_\mathrm{m}\sin\left(\omega t+\psi_\mathrm{u}+\frac{\pi}{2}\right)\\&=I_\mathrm{m}\sin(\omega t+\psi_\mathrm{i})\end{aligned}$$

式中，$I_\mathrm{m}=\omega CU_\mathrm{m}$ 两端同除以 $\sqrt{2}$，可得电压、电流有效值关系为

$$I=\omega CU \tag{3.8}$$

归纳：数值上，电容元件上的电压、电流有效值关系相当于欧姆定律的数量关系；相位上，电容元件的电流超前电压 90°。

3．容抗的概念

仿照欧姆定律关系式可把式（3.8）写作

$$\frac{U}{I}=\frac{1}{\omega C}=\frac{1}{2\pi fC}X_\mathrm{C}$$

式中，X_C 称为电容电抗，简称容抗，显然容抗与电阻的量纲相同，都是欧姆（Ω）。

从容抗的关系式可看出，容抗反映了电容元件对正弦交流电流的阻碍作用。对一定电容 C 来看，容抗的大小显然与频率成反比。

首先，容抗只对正弦电流才有意义；其次，容抗 X_C 与角频率 ω、电容量 C 的乘积成反比关系，只有在一定频率下电容的容抗才是常数。频率越高，电容充、放电过程进行得越快，电流就越大，则容抗就越小。容抗随频率的增高而减小的特性恰好与电感随频率增高而增大的特性相反。对于高频电路，容抗很小几乎为零，因此通常认为高频电路中电容元件相当于短路，可以顺利地把高频信号传递过去，这说明电容具有耦合交流信号的特性。对于直流电路而言，由于可以看作频率等于零的正弦交流电路的特例，则容抗为无穷大，说明电容具有"隔直"作用，这也是通常所说的电容元件的"通交隔直"作用。在电子技术中经常利用电容元件隔直耦交的频率特性满足实际工程中不同的需要。

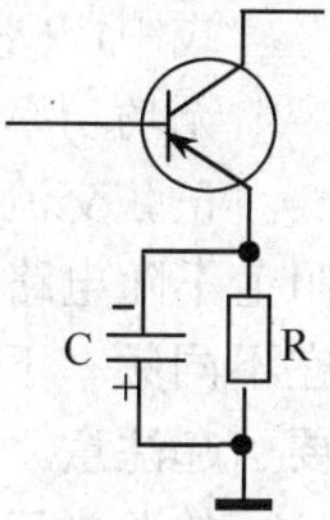

图 3.10　阻容耦合电路

例 3.4　图 3.10 所示为晶体管放大器中常用的阻容耦合电路，在电阻 R 上并联电容 C 的目的是不在电阻 R 上产生显著的交流电压，让交流电流通过电容 C"旁路"，因此电容 C 称为旁路电容。已知 R=470Ω，C=50μF，试计算 f=200Hz 及 2 000Hz 时旁路电容的容抗。

解： f=200Hz 时，容抗

$$X_C = \frac{1}{2\pi \times 200 \times 50 \times 10^{-6}} \approx 15.92(\Omega)$$

f=2 000Hz 时，容抗

$$X_C = \frac{1}{2\pi \times 2\,000 \times 50 \times 10^{-6}} \approx 1.592(\Omega)$$

可见频率越高，容抗值越小，即电容元件起到了很好的交流"旁路"作用。

4．功率关系

正弦交流电路中，电容元件上的瞬时功率：

$$\begin{aligned} p = ui &= U_m I_m \sin(\omega t + \psi_u)\sin(\omega t + \psi_i) \\ &= \sqrt{2}U \times \sqrt{2}I \sin(\omega t + \psi_u)\cos(\omega t + \psi_u) \\ &= UI \sin 2(\omega t + \psi_u) \end{aligned}$$

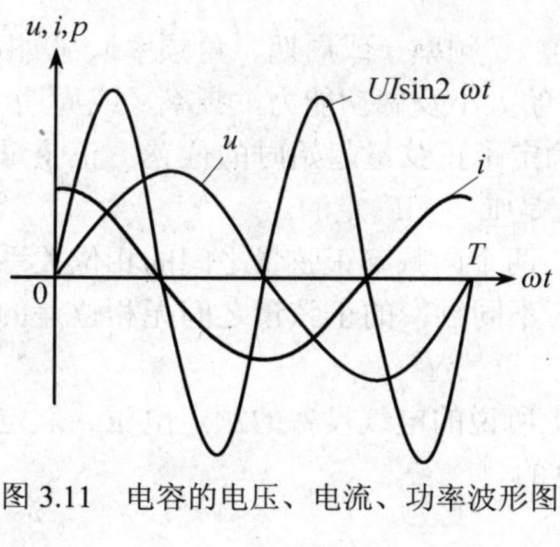

图 3.11　电容的电压、电流、功率波形图

图 3.11 表示了电容元件上电压、电流和瞬时功率的波形，显然瞬时功率的频率两倍于电压、电流的频率。

从图中可以看出，第一、第三个 1/4 周期电压 u 和电流 i 方向关联，电容元件向电路吸收电能并存储在极间，是充电过程；第二、第四个 1/4 周期电压 u 和电流 i 的方向非关联，电容元件释放电能，是放电过程。

电容元件不耗能，只进行能量的吞吐，其电流和电压的相位关系：电流超前电压 90°。这种特殊的相位关系可以用来满足生产实际的需要，如电力系统中提

高功率因数就是利用电容上电流超前电压90°的特点。

从波形可以看出，电容在一个周期内吸收的平均功率为零，即

$$P = \frac{1}{T}\int_0^T p\mathrm{d}t = 0$$

上式说明，电容元件与电感元件一样是储能元件，储能元件虽然不耗能，但它与电源之间始终进行能量交换，其规模可以用瞬时功率的最大值来体现，即

$$Q_{\mathrm{C}} = U_{\mathrm{C}}I = I^2 X_{\mathrm{C}} = \frac{U^2}{X_{\mathrm{C}}}$$

式中，Q_{C}称为电容元件的无功功率，单位是乏尔（var）。

无功功率表征了正弦交流电路中只交换不消耗的性质。

正弦交流电路中，主要电路元件为电阻元件、电感元件和电容元件，其中电阻元件的电阻值不随电路的频率发生变化，而电感元件和电容元件的电抗值，均随电路频率而发生变化，在不同频率下，各元件的作用和效果又完全不同，这一点在后面进行电路分析、计算时一定要引起注意。

检验学习结果

3.2.1　电阻元件在交流电路中电压与电流的相位差为多少？判断下列表达式的正误。

（1）$i = \frac{U}{R}$；（2）$I = \frac{U}{R}$；（3）$i = \frac{U_{\mathrm{m}}}{R}$；（4）$i = \frac{u}{R}$。

3.2.2　纯电感元件在交流电路中电压与电流的相位差为多少？感抗与频率有何关系？判断下列表达式的正误。

（1）$i = \frac{u}{X_{\mathrm{L}}}$；（2）$I = \frac{U}{\omega L}$；（3）$i = \frac{u}{\omega L}$；（4）$I = \frac{U_{\mathrm{m}}}{\omega L}$

3.2.3　纯电容元件在交流电路中电压与电流的相位差为多少？容抗与频率有何关系？判断下列表达式的正误。

（1）$i = \frac{u}{X_{\mathrm{C}}}$；（2）$I = \frac{U}{\omega C}$；（3）$i = \frac{u}{\omega C}$；（4）$I = U_{\mathrm{m}}\omega C$

小结

1．正弦交流电路中，电压、电流的最大值（或有效值）、频率（或周期、角频率）、初相称为正弦量的三要素。最大值（或有效值）反映了正弦量的大小及做功能力，频率（或周期、角频率）表示了正弦量随时间变化的快慢程度，初相则确定了正弦量起始时的位置。正弦量的三要素只要确定，则正弦量的瞬时值表达式和波形图就是唯一和确定的。

2．两个同频率正弦量的相位差等于它们的初相之差，两个同频率正弦量之间的相位关系可分别用超前、滞后、同相、反相、正交等术语来描述，不同频率的正弦量之间无相位差的概念。

3．正弦量的有效值等于它最大值的0.707倍。工程上所说的电气设备的额定电压、额定电流，均指有效值，交流电表的面板也是按有效值标刻度的。

4．正弦交流电路中，电阻元件上的电压、电流有效值在数值上满足欧姆定律，在相位上同相。电阻元件在正弦交流电路中是一个耗能元件。电阻元件耗能的多少可以通过有功功率（即平均功率）来描述，有功功率的大小等于电压和电流有效值的乘积，单位为瓦特（W）。有功功率说明了电路中能量转换不可逆的性质。

5．正弦交流电路中，电感元件上的电压、电流有效值满足相当于欧姆定律的数量关系，这种关系式中的感抗 X_L 说明了电感元件通低频、阻高频的频率特性；相位上，电感元件的电压总是超前电流 90°电角。电感元件是一个储能元件，在电路中不消耗有功功率，它和电源之间进行能量交换的本领由无功功率衡量，无功功率反映了正弦交流电路中只交换、不消耗的性质。

6．正弦交流电路中，电容元件上电压和电流的有效值关系满足欧姆定律的数量关系，其中的容抗 X_C 说明了电容元件通高频、阻低频的频率特性；电容元件上的电压、电流在相位上总是电流超前电压 90°电角。电容元件也是一个储能元件，电容在电路中不消耗有功功率，只和电源之间进行能量交换。

7．耗能元件能量转换的多少是用有功功率 P 进行衡量的；储能元件与电源之间能量交换的规模是用无功功率表征的。为了区分二者，有功功率的单位是瓦特（W），无功功率的单位为乏尔（var）。

技能训练

实验三　三表法测量线圈参数

一、实验目的

1．了解交流电压表、交流电流表、自耦变压器和功率表的连接和使用。

2．学会用电压表、电流表、功率表测定交流电路中未知阻抗元件（线圈参数）的方法。

3．掌握用直流法测定线圈的直流电阻，并进行直流电阻与交流阻抗的比较。

二、实验仪器与设备

1．电路实验装置　一套
2．自耦调压器　一台
3．直流稳压电源　一台
4．交流电压表　一只
5．交流电流表　一只
6．单相功率表　一只
7．空心线圈　一只
8．连接导线　若干

三、实验电路原理图

实验电路原理图如图 3.12 所示。

四、实验原理

1．实际的空心电感线圈都是漆包线绕制而成的，因此必定存在发热电阻，用 R 表示，线圈通电后又具有建立磁场的特性，因此具有感抗，由感抗 $X_L = \omega L = 2\pi fL$ 可计算出线圈的电

感量 L。

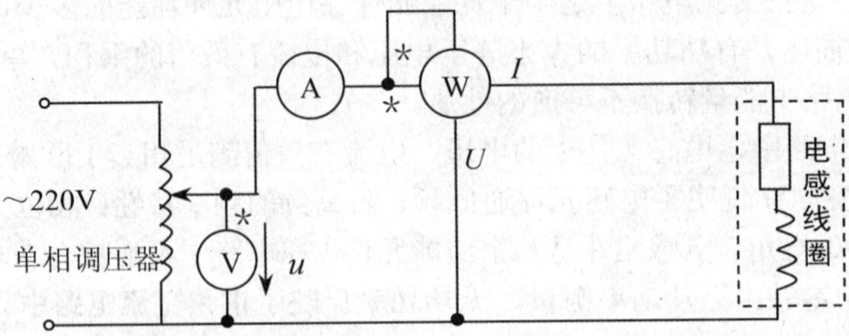

图 3.12　用电压表、电流表、功率表测线圈参数

2．原理电路图中，根据实际空心电感线圈自身的性质，直接用 R 和 L 的串联组合表示一个实际线圈的电路模型。图 3.12 中的电源取自市电 220V，根据空心电感线圈的额定电压值，用单相调压器获得。

3．通过并联在单相调压器输出端的交流电压表的读值，可调节出实验电路所需的电压 U，用交流电流表测出通过电感线圈的电流，由功率表测出电感线圈上吸取的有功功率。

4．线圈吸收的功率 $P = I^2R$，由此可计算出线圈的铜耗电阻。

5．线圈上的感抗 $X_L = \dfrac{U}{I} - R$，由此可计算出线圈的电感量 $L = \dfrac{X_L}{2\pi f}$，工频下 f=50Hz。

五、实验步骤

1．观察图 3.13 所示功率表的面板，看懂各端钮表面符号所代表的意义。

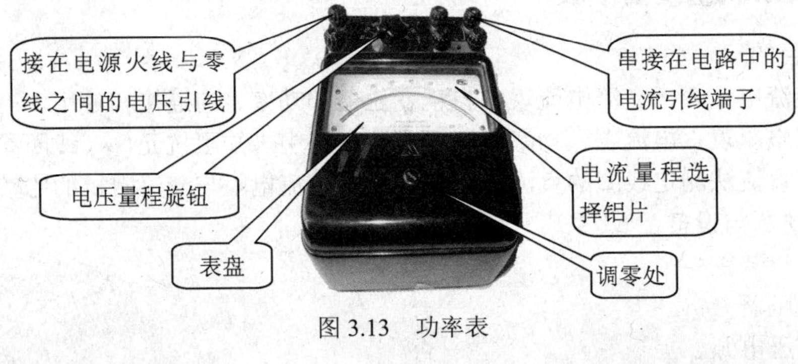

图 3.13　功率表

2．按实验原理电路图进行实验电路的连接，注意电压表需并联在待测电压两端，电流表应串联在测量电路中，功率表的电流线圈需和电流表一样串入实验电路中，功率的电压线圈引线端子需和电压表一样并接在电路两端。连接完毕应请指导教师检查后，再接通电源。

3．注意正确使用调压器：接通电源前调压器手轮应放在“零”位，电压接通后，徐徐转动手轮调节实验电压，注意观察电压表，使输出电压调节至空心电感线圈的额定电压后停止。

4．观察在线圈额定电压下功率表和电流表的数值并记录。

5．按实验数据根据实验原理计算出线圈的 R、L 两参数之值。

用直流电源测线圈发热电阻时，选择直流稳压电源的电压值为 15V（或 30V），将电感线圈连接在电源两端上，由于直流下电感线圈的感抗等于零，所以直流电压与直流电流的比值即为线圈的发热电阻值。将此值与交流测试时算出来的发热电阻值相比较。

6. 在空心电感线圈中插入铁心后再测量其直流下的发热电阻。

六、思考题

1. 实验线路中，为什么电压表和功率电压线圈都要采用前接法（即带 * 号的接在火线端）的连接方式？

2. 为何空芯电感线圈的直流电阻值和交流电阻值很接近？而有铁心时两者却相差较大？

第 3 章　习题

一、填空题

1. 反映正弦交流电大小和做功能力的量是正弦量的________；反映正弦量随时间变化快慢程度的量是正弦量的________；确定正弦量起始时位置的是正弦量的________。上述三者称为正弦交流电的________。

2. 已知 $i = 7.07\sin(314t - 30°)$A，则该正弦电流的最大值是________A；有效值是________A；角频率是________rad/s；频率是________Hz；周期是________s。

3. 正弦量的________值等于与其________相同的直流电的数值。实际应用的电表交流指示值和实验中的交流测量值，都是指交流电的________值。工程上所说的交流电压、交流电流的数值，通常也都是指交流电的________值，此值与正弦交流电最大值之间的数量关系是：________。

4. 两个________正弦量之间的相位之差称为它们的相位差。

5. 电阻元件上的电压、电流相位关系是________关系；电感元件上的电压、电流相位关系是________超前________90°；电容元件上的电压、电流相位关系是________超前________90°。

6. ________的电压和电流构成有功功率 P，其单位是________；相位________的电压和电流构成无功功率 Q，单位是________；其中________功率反映了电路中能量转换不可逆的那部分功率，________功率则反映了电路中能量只交换不消耗的那部分功率。

7. 正弦交流电路中，单一电阻元件阻碍交流电流的因素是________，与频率________；单一电感元件阻碍交流电流的因素是________，其大小与频率成________；单一电容元件阻碍交流电流的因素是________，其大小与频率成________。

二、判断题

1. 正弦量的三要素是指它的最大值、角频率和相位。（　　）

2. $u_1 = 220\sqrt{2}\sin 314t$V 超前 $u_2 = 311\sin(628t - 45°)$V 为 45° 电角。（　　）

3. 电阻和电抗都是阻碍交流电的因素，与电路的频率高低无关。（　　）

4. 实际电感线圈上电压、电流之间存在着正交的相位关系，只产生无功功率。（　　）

5. 由电压、电流瞬时值关系式来看，电阻元件和电感元件都属于动态元件。（　　）

6. 无功功率的概念可以理解为这部分功率在电路中不起任何作用。（　　）

7. 耐压值为 180V 的电容器可以放心地用在 220V 的正弦交流电路中。（　　）

8. 单一电感元件、电容元件的正弦交流电路中，消耗的有功功率为零。（　　）

9. 由元件本身的频率特性可知，实际线圈具有通高频、阻低频的作用。（　　）

10. 电容元件的主要工作方式是充电或放电，如果不充放电，电容则不工作。（　　）

三、选择题

1．正弦交流电路中，只消耗有功功率，不消耗无功功率的元件是（　　）。

A．电阻元件　　B．电感元件　　C．电容元件　　D．无法判断

2．已知工频电压有效值和初始值均为 380V，则该电压的瞬时值表达式为（　　）。

A．$u=380\sin 314t$ V　　B．$u=537\sin(314t+45°)$ V

C．$u=380\sin(314t+90°)$ V　　D．不存在

3．一个电热器，接在 10V 的直流电源上，产生的功率为 P。把它改接在正弦交流电源上，使其产生的功率为 $P/2$，则正弦交流电源电压的最大值为（　　）。

A．7.07V　　B．5V　　C．14V　　D．10V

4．已知 $i_1=10\sin(314t+90°)$ A，$i_2=10\sin(628t+30°)$A，则（　　）。

A．i_1 超前 $i_2$60°　　B．i_1 滞后 $i_2$60°　　C．无法判断　　D．两电流相位相同

5．电容元件的正弦交流电路中，电压有效值不变，当频率增大时，电路中电流将（　　）。

A．增大　　B．减小　　C．不变　　D．无法判断

6．实验室中的交流电压表和电流表，其读值均为正弦交流电的（　　）。

A．最大值　　B．有效值　　C．平均值　　D．瞬时值

四、简答题

1．你能说出电阻和电抗的不同之处和相似之处吗？它们的单位相同吗？

2．无功功率和有功功率有什么区别？能否从字面上把无功功率理解为无用之功？为什么？

3．交流电路中，哪个元件称为即时元件？哪些元件称为动态元件？为什么？

4．正弦量的初相有什么规定？两个同频率正弦量之间的相位差有什么规定？为什么？

五、分析计算题

1．某电阻元件的参数为 8Ω，接在 $u=220\sqrt{2}\sin 314t$ V 的交流电源上。试求通过电阻元件上的电流 i，如用电流表测量该电路中的电流，其读数为多少？电路消耗的功率是多少瓦？若电源的频率增大一倍，电压有效值不变又如何？

2．某线圈的电感量为 0.1H，电阻可忽略不计。接在 $u=220\sqrt{2}\sin 314t$ V 的交流电源上。试求电路中的电流及无功功率；若电源频率为 100Hz，电压有效值不变又如何？写出电流的瞬时值表达式。

3．图 3.14 所示电路中，各电容的电容量均相等，直流电源的数值和工频交流电源电压有效值相同，问哪一个电流表的读数最大？哪个为零？为什么？

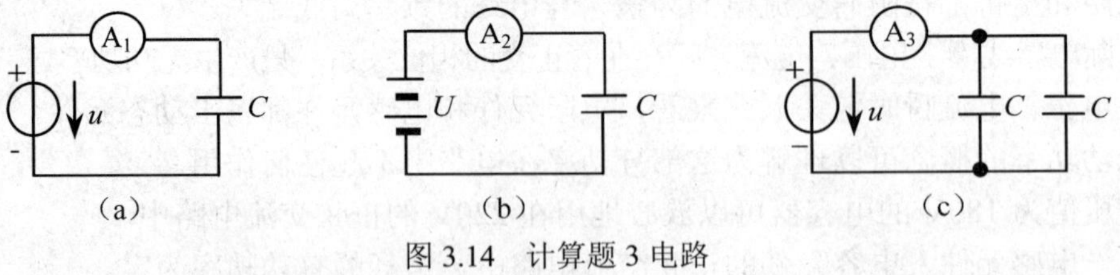

图 3.14　计算题 3 电路

4．C=140μF 的电容器接在电压为 220V、频率为 50Hz 的交流电路中，求：(1) 绘出电路图；(2) 电流 I 的有效值；(3) X_C 的值。

第 4 章 相量分析法

前面介绍了正弦交流电的基本概念及单个元件在交流电路中的性能。但是正弦交流电路的分析计算涉及三角函数的运算，运算过程较为复杂。本章将介绍一种新的分析计算正弦交流电路的方法——相量法。相量法是把正弦量复杂的三角函数运算转化成较为简单的复数运算，这种方法是线性电路正弦稳态分析的一种简便而又有效的方法。

本章主要讲述复数的运算和相量分析法，主要内容包括：复数的概念及其运算、相量法、复阻抗、相量分析、复功率等。

本章教学要求

理论教学要求：熟悉复数的几种表达方式及其加减乘除运算规则；掌握正弦量的相量表示法、相量的性能及其运算方法；掌握复阻抗和复导纳的概念；学会用相量图进行正弦量的辅助分析；正确理解正弦交流电路中的几种功率的分析。

实验教学要求：进一步熟悉和掌握交流电压、交流电流和电功率的测量方法，了解日光灯电路的组成及其各部分的功能，掌握提高感性电路功率因数的方法。

4.1 复数及其运算

学习目标

复数的运算是相量分析法的数学基础，要求了解复数的代数形式、三角形式和指数形式以及它们之间的相互转换，理解复数加、减、乘、除运算规则。

如果直接按正弦量的数学表达式或波形图分析计算正弦交流电路，是比较复杂的，而用相量法分析线性正弦稳态电路将会方便得多。在正弦交流电路中，所有响应都是与激励同频率的正弦量，分析时可以不考虑频率，问题就集中在有效值和初相这两个要素上。数学中的复数有模和幅角，让复数的模对应正弦量的有效值（或最大值），幅角对应正弦量的初相，这样，一个复数可以同时表达一个正弦量的有效值和初相，于是可以把正弦量的分析计算转换成复数的运算，使问题简单化。

复数及其表示方法

4.1.1 复数及其表示方法

数学中，把一个既有实数又有虚数的量称为复数。复数在复平面上是一个点，如图 4.1 中的复数 A。

复数 A 在复平面上实轴的投影是 a_1，在虚轴的投影是 a_2，带箭头的有向线段 a 是复数 A 的模，模与正向实轴之间的夹角 ψ 是复数 A 的辐角。

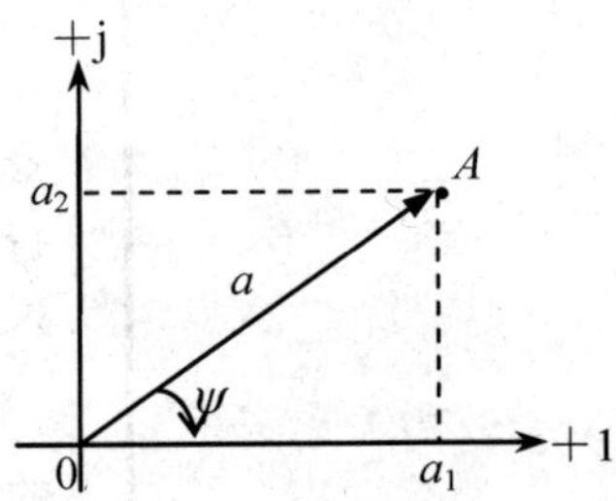

图 4.1 复数的表示

一个复数有多种表示方法，这里主要介绍电学中常用的几种。

1．复数 A 的代数形式

$$A = a_1 + \mathrm{j}a_2 \tag{4.1}$$

式（4.1）中的 a_1 是复数 A 在复平面中实轴上的投影，是代数形式表示的复数 A 的实部，以+1 为单位；a_2 是复数 A 在复平面中虚轴上的投影，是代数形式表示的复数 A 的虚部，以+j 为单位。

2．复数的指数形式

由图 4.1 可见，复数的模与它的实部与虚部数值之间的关系为

$$a = \sqrt{a_1^{\ 2} + a_2^{\ 2}}$$

复数的辐角与它的实部及虚部数值之间也具有一定的关系，即

$$\psi = \arctan\frac{a_2}{a_1}$$

这样，又可把复数 A 用指数形式表示为

$$A = a\mathrm{e}^{\mathrm{j}\psi} \tag{4.2}$$

由实部、虚部和模构成的直角三角形可知

$$a_1 = a\cos\psi \quad 和 \quad a_2 = a\sin\psi$$

所以，指数形式表示的复数 A 和代数形式表示的复数 A 之间的换算关系式为

$$A = a\mathrm{e}^{\mathrm{j}\psi} = a\cos\psi + \mathrm{j}a\sin\psi = a_1 + \mathrm{j}a_2$$

3．复数的极坐标形式

复数的极坐标形式实际上是指数形式的简化形式，写为

$$A = a\angle\psi \tag{4.3}$$

极坐标形式是电学中常用的正弦量的表示方法。

复数的这 3 种方法之间可以相互转换。

4.1.2　复数运算法则

两个复数相加减时，以代数形式表示计算起来比较简便；两个复数相乘除时，用极坐标形式来表示复数，计算时较为方便。

例 4.1　有复数 $A = -3+\mathrm{j}4$ 和复数 $B = 6-\mathrm{j}8$，求 $A+B$、$A-B$、$A\times B$ 和 $A\div B$。

解：$A+B = -3+\mathrm{j}4+(6-\mathrm{j}8) = -3+6+\mathrm{j}(4-8) = 3-\mathrm{j}4$

$A-B = -3+\mathrm{j}4-(6-\mathrm{j}8) = -3-6+\mathrm{j}(4+8) = -9+\mathrm{j}12$

$A = -3+\mathrm{j}4 = 5\angle 126.9^\circ$，$B = 6-\mathrm{j}8 = 10\angle -53.1^\circ$

$A\times B = 5\angle 126.9^\circ\times 10\angle -53.1^\circ = 50\angle 73.8^\circ$

$A\div B = 5\angle 126.9^\circ\div 10\angle -53.1^\circ = 0.5\angle 180^\circ = -0.5$

可见，两个复数相加减时应遵循的运算法则是

$$A\pm B = (a_1\pm b_1)+\mathrm{j}(a_2\pm b_2) \tag{4.4}$$

两个复数相乘除时应遵循的运算法则是

$$\begin{aligned} A\times B &= a\times b\angle\psi_{\mathrm{a}}+\psi_{\mathrm{b}} \\ A\div B &= \frac{a}{b}\angle\psi_{\mathrm{a}}-\psi_{\mathrm{b}} \end{aligned} \tag{4.5}$$

检验学习结果

4.1.1　已知：复数 $A = 4+\mathrm{j}5$，$B = 6-\mathrm{j}2$。试求 $A+B$，$A-B$，$A\times B$ 和 $A\div B$。

4.1.2　已知：复数 $A = 17\angle 24^\circ$ 和 $B = 6\angle -65^\circ$，试求 $A+B$，$A-B$，$A\times B$ 和 $A\div B$。

4.2　相量和复阻抗

相量和相量图

学习目标

掌握相量的概念，熟练正弦量的相量表示法；理解正弦量用相量图表示的方法；理解复阻抗的概念。

4.2.1　相量

如前所述，一个正弦量是由它的振幅（或有效值）、频率和初相三要素决定的。在线性正弦稳态电路中，激励是正弦量，电路中各支路的正弦稳态响应是同频率的正弦量。如果电路有多个激励且都是同频率的正弦量，则根据线性电路的叠加性质，电路中所有的稳态响应都是同频率的正弦量，因此，在电路求解的过程中，可以不考虑频率，只需用其余两个要素即可表示一个正弦量。

正弦量用复数表示时，让正弦量的有效值（或最大值）对应复数的模，正弦量的初相对应复数的幅角。例如，正弦量 $u=U_{\mathrm{m}}\sin(\omega t+45°)\mathrm{V}$，用复数可表示为 $\dot{U}_{\mathrm{m}}=U_{\mathrm{m}}\angle 45°\mathrm{V}$ 或 $\dot{U}=U\angle 45°\mathrm{V}$，前者称为正弦量的最大值相量，后者称为有效值相量。

在相量分析法中，把表示正弦量的复数称为相量，即相量特指与正弦量相对应的复数。相量表示的正弦量，最大值相量是在正弦量最大值的符号上加“•”，有效值相量是在正弦量有效值的符号上加“•”。相量在计算时，根据需要可用代数形式或极坐标形式进行表示。

相量分析法中，为了把抽象的东西形象化，往往还需把相量用带箭头的线段表示。

例如，相量 $\dot{U}=U\angle 45°\mathrm{V}$ 可用相量图表示为如图 4.2 所示。

用带箭头的线段把一个或几个相量画在同一个复平面中，必须是同一电路的、同频率的正弦量，或者说，只有同频率的正弦量才能画在同一个相量图中。

在相量分析法中，正弦量的大小用线段长度来表示，正弦量的相位则是用线段与正向实轴之间的夹角表示。因此，从相量图中可直观地看出同一电路中的各正弦量的相对大小以及它们超前、滞后的关系，对分析电路十分有益。

例 4.2 已知两支路并联的正弦交流电路中，支路电流分别为 $i_1=8\sin(314t+60°)\,\mathrm{A}$，$i_2=6\sin(314t-30°)\,\mathrm{A}$，试求总电流 i，画出电流相量图。

解：首先将各支路电流用最大值相量的代数形式来表示，即

$$\dot{I}_{1\mathrm{m}}=8\angle 60°=8\cos60°+\mathrm{j}8\sin60°=4+\mathrm{j}6.93(\mathrm{A})$$

$$\dot{I}_{2\mathrm{m}}=6\angle -30°=6\cos(-30°)+\mathrm{j}6\sin(-30°)=5.2-\mathrm{j}3(\mathrm{A})$$

利用复数的加法运算法则可得

$$\dot{I}_{\mathrm{m}}=\dot{I}_{1\mathrm{m}}+\dot{I}_{2\mathrm{m}}=4+5.2+\mathrm{j}(6.93-3)=9.2+\mathrm{j}3.93=10\angle 23.1°(\mathrm{A})$$

根据相量与正弦量之间的对应关系，可写出总电流解析式

$$i=10\sin(314t+23.1°)\mathrm{A}$$

画出电流相量图如图 4.3 所示。画相量图时，通常可把复平面省略。

复阻抗和阻抗三角形

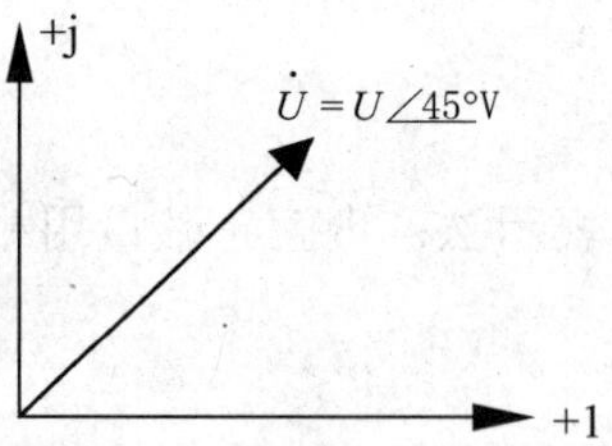

图 4.2 正弦量用相量图表示

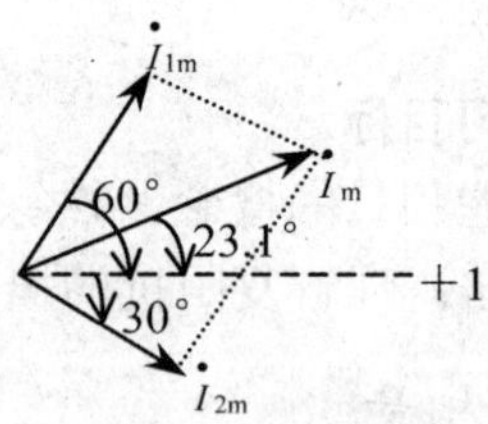

图 4.3 例 4.2 相量图

4.2.2 复阻抗

对正弦交流电路应用相量分析法计算电路响应时，正弦量用复数形式的相量表示，正弦交流电路中的电阻和电抗也用复数形式表示，用复数形式表示的电阻和电抗统称为复阻抗。这样，正弦交流电路的三角函数运算就可用复数的代数计算代替，前面所讲的电路三大基本

定律以及各种电路分析法均适用于正弦交流电路的分析和计算。

复阻抗用大写的 Z 表示，单一电阻元件的复阻抗可表示为 $Z=R$，这里的 R 看作只有实部没有虚部的复数；单一电感元件的复阻抗可表示为 $Z=\mathrm{j}X_L$，即复数形式的感抗是一个只有正值虚部而没有实部的复数；单一电容元件的复阻抗可表示为 $Z=-\mathrm{j}X_C$，即复数形式的容抗是一个只有负值虚部而没有实部的复数。

单一参数的复阻抗不是只有实部就是只有虚部，当正弦交流电路中有几个电阻、电抗相串联时，根据串联电路等效复阻抗应等于各复阻抗之和的关系，等效复阻抗必定是既有实部又有虚部的复数。

例如，电阻、电感相串联的电路复阻抗为：$Z=R+\mathrm{j}X_L$。

电阻、电容相串联的电路复阻抗为：$Z=R-\mathrm{j}X_C$。

电阻、电感、电容三元件相串联的电路复阻抗可表示为：$Z=R+\mathrm{j}(X_L-X_C)$。

同理，正弦交流电路中若几个元件相并联时，把各元件的复阻抗直接代入并联公式进行计算，即可得出并联等效复阻抗。

显然，把正弦交流电路中的电阻、电抗用复数表示后，直流电路中的所有串、并联公式均适用，只是这些公式中的实数 R 用复数 Z 代替了，原来的代数运算也以复数运算替之。

检验学习结果

4.2.1　指出下列各式的错误并改正。

（1）$u=220\sqrt{2}\sin\left(\omega t+\dfrac{\pi}{4}\right)=220\sqrt{2}\mathrm{e}^{\mathrm{j}45^\circ}\,\mathrm{A}$

（2）$\dot{I}=10\angle 36.9^\circ=10\sqrt{2}\sin(\omega t-36.9^\circ)\mathrm{A}$

（3）$U=380\angle 60^\circ\mathrm{V}$

4.2.2　把下列正弦量表示为有效值相量。

（1）$i=10\sin(\omega t-45^\circ)\,\mathrm{A}$

（2）$u=-220\sqrt{2}\sin(\omega t+90^\circ)\,\mathrm{V}$

（3）$u=220\sqrt{2}\cos(\omega t-30^\circ)\,\mathrm{V}$

4.2.3　试说明为什么复数形式的感抗为正值虚数，而复数形式的容抗为负值虚数。

4.3　正弦交流电路的相量分析法

学习目标

了解正弦交流电路的相量分析法的解题步骤；熟悉 R、L、C 串联电路复阻抗的表示方法及其计算公式，理解 RLC 并联电路复导纳的表示方法；正确理解 R、L、C 参数发生变化时对电路性能的影响；初步掌握正弦交流电路的相量分析法。

相量分析法是对一个需要分析计算的正弦交流电路，用它的相量模型来代替：相量模型电路图中，正弦交流电路中的所有电压、电流均用相量来表示，正弦交流电路中的电阻、电抗均用对应的复阻抗形式表示。然后，应用直流电路中介绍的各种电路分析方法对这个相量模型进行分析和计算，求出待求响应。需注意的是，直流电路中的计算公式和电路定律都相应转换为对应的复数形式。

4.3.1 RLC 串联电路的相量模型分析

RLC 串联的正弦交流电路如图 4.4（a）所示，对应的相量模型如图 4.4（b）所示。对相量模型进行分析的步骤如下所述。

串联电路的相量分析法

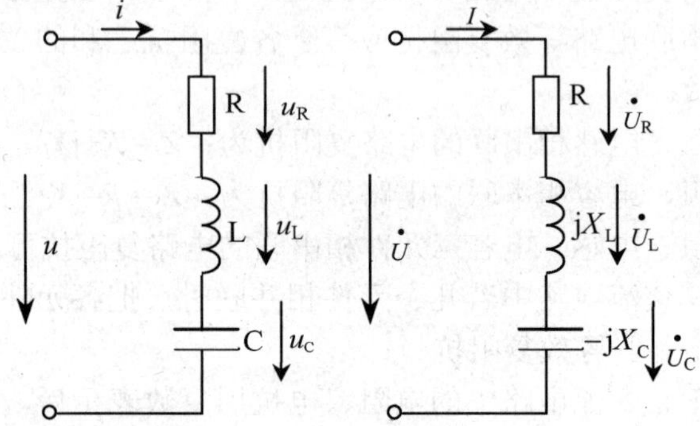

（a）电路图　　（b）相量模型

图 4.4　RLC 串联电路的电路图与相量模型

首先根据串联电路中各元件通过的电流相同这一特点，以电流为参考相量（参考相量在相量图中表示时应在水平位置）。由单一元件上电压、电流的关系式，转换成复数形式后可得

$$\dot{U}_R = \dot{I}R$$

$$\dot{U}_L = j\dot{I}X_L$$

$$\dot{U}_C = -j\dot{I}X_C$$

电路的总电压相量

$$\begin{aligned}\dot{U} &= \dot{U}_R + \dot{U}_L + \dot{U}_C \\ &= \dot{I}R + j\dot{I}X_L + (-j\dot{I}X_C) \\ &= \dot{I}[R + j(X_L - X_C)] \\ &= \dot{I}Z\end{aligned}$$

式中的复阻抗

$$\begin{aligned}Z &= R + j(X_L - X_C) \\ &= \sqrt{R^2 + (X_L - X_C)^2} \angle \arctan\frac{X_L - X_C}{R} \\ &= |Z| \angle \varphi\end{aligned}$$

复阻抗的模 $|Z| = \sqrt{R^2 + (X_L - X_C)^2}$ 等于 RLC 串联电路对正弦交流电流呈现的总的阻碍作用，是正弦交流电路的总阻抗；复阻抗的辐角在数值上等于 RLC 串联电路端电压与电流的相位差角 φ。

RLC 串联电路的相量图如图 4.5 所示。由图可看出：$\dot{U}$、$\dot{U}_R$ 和 $\dot{U}_X(\dot{U}_X=\dot{U}_L+\dot{U}_C)$ 构成了一个电压三角形，这个三角形不但反映了各电压相量之间的相位关系，同时由各电压模值的大小又反映出了各电压相量之间的数量关系，因此，电压三角形是一个相量三角形。

如果把电压三角形的各条边同除以电流相量 $\dot{I}$，即可得到一个阻抗三角形，如图 4.6 所示，阻抗三角形符合上面讲到的复阻抗的代数形式：阻抗三角形的斜边是复阻抗的模$|Z|$，数值上等于 RLC 串联电路的总阻抗，阻抗三角形的邻边等于复阻抗的实部，即正弦交流电路中的电阻 R，阻抗三角形的对边是复阻抗的虚部，数值上等于正弦交流电路的电抗，三者之间的数量关系为

$$|Z|=\sqrt{R^2+(X_L-X_C)^2}=\sqrt{R^2+(\omega L-\frac{1}{\omega C})^2} \tag{4.6}$$

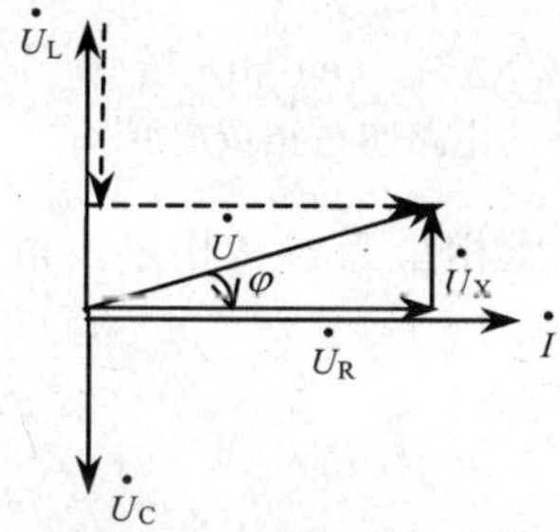

图 4.5　RLC 串联电路的相量

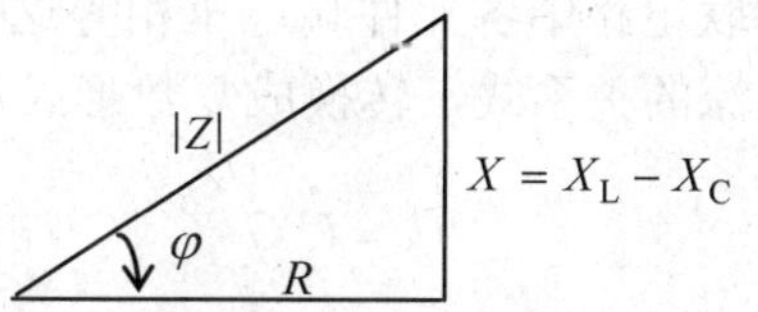

图 4.6　阻抗三角形

图 4.5 所示的阻抗三角形是以感性电路为前提画出的，但实际上随着 ω、L、C 取值的不同，RLC 串联电路分别有以下 3 种情况：

（1）当 $\omega L>\frac{1}{\omega C}$ 时，电路电抗 $X>0$，电路总电压超前电流一个 φ 角，电路呈感性，阻抗三角形为正立三角形，如图 4.6 所示；

（2）当 $\omega L<\frac{1}{\omega C}$ 时，电路电抗 $X<0$，电路总电压滞后电流一个 φ 角，电路呈容性，阻抗三角形为倒立三角形；

（3）当 $\omega L=\frac{1}{\omega C}$ 时，电路电抗 $X=0$，电路总电压与电流同相，电路呈纯阻性，阻抗三角形的斜边等于邻边。

第三种情况显然是 RLC 串联电路的一种特殊情况，在含有 L 和 C 的电路中出现电压、电流同相位的现象，称电路发生了串联谐振，有关串联谐振的详细内容将在第 5 章进一步介绍。

由上述讨论可知，电抗 X 的正、负是由ω、L、C 来决定的，其中感抗和容抗的作用显然是相互抵消的作用。如何理解这一点呢？

L 和 C 都是储能元件，但在一个电路中并不是同时吸收或释放能量，根据它们的电压、电流关系可知，在一个串联电路中，各元件上通过的电流相等，电感元件上的电压超前电流 90°，电容元件上的电压滞后电流 90°，即电感电压和电容电压反相。相位反相说明 L 和 C 互相对偶，对偶元件之间的能量可以相互补偿，即当电感吸收能量时，电容必定向外释放能量；

而当电感释放能量时，电容必定在向电路吸收能量。两元件之间的相互补偿，当达到完全补偿时，正弦交流电路中的电抗电压为零，电路总电压与电流同相；如果不是完全补偿，则多余的能量性质即为复阻抗 Z 的性质。

4.3.2 RLC 并联电路的相量模型分析

RLC 并联的正弦交流电路如图 4.7（a）所示，对应的相量模型如图 4.7（b）所示。对相量模型进行分析的步骤如下。

并联电路的相量分析法

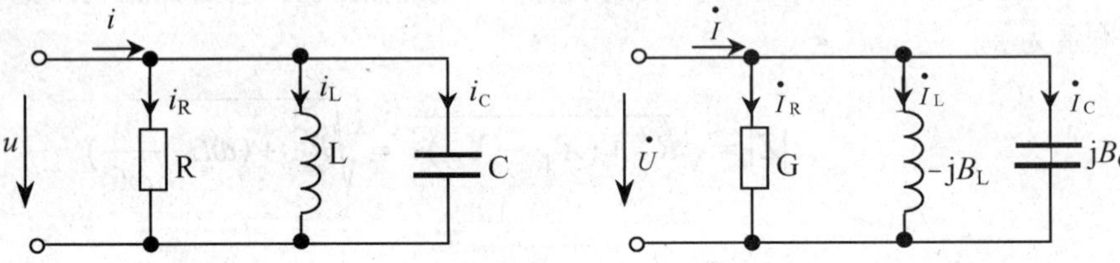

（a）电路图　　（b）相量模型

图 4.7　RLC 并联电路的电路图与相量模型

根据并联电路中各元件端电压相等这一特点，选取电压相量为参考相量。再由单一元件上电压、电流的关系式，转换成复数形式后可得

$$\dot{I}_R = \dot{U}G \qquad \dot{I}_L = -j\dot{U}B_L \qquad \dot{I}_C = j\dot{U}B_C$$

其中的 $G=\dfrac{1}{R}$ 称为电导；$-jB_L=\dfrac{1}{jX_L}=-j\dfrac{1}{\omega L}$，称为复感纳；$jB_C=\dfrac{1}{-jX_C}=j\omega C$，称为复容纳。对电路结点列复数形式的 KCL 方程，可得电路中的总电流相量

$$\begin{aligned}\dot{I} &= \dot{I}_R+\dot{I}_L+\dot{I}_C\\ &=\dot{U}G+(-j\dot{U}B_L)+j\dot{U}B_C\\ &=\dot{U}[G+j(B_C-B_L)]=\dot{I}Y\end{aligned}$$

式中的复导纳

$$\begin{aligned}Y&=G+j(B_C-B_L)\\ &=\sqrt{G^2+(B_C-B_L)^2}\angle\arctan\frac{B_C-B_L}{G}\\ &=|Y|\angle\varphi'\end{aligned}$$

复导纳的模 $|Y|=\sqrt{G^2+(B_C-B_L)^2}$ 对应 RLC 并联电路中对正弦交流电流所呈现的总电导与电纳的作用，称为导纳；复导纳的辐角 φ' 在数值上对应 RLC 并联电路的端口电流超前路端电压的相位差角。

RLC 并联电路的相量图如图 4.8 所示。由图可看出：$\dot{I}$、$\dot{I}_R$ 和 $\dot{I}_X(\dot{I}_X=\dot{I}_C+\dot{I}_L)$ 构成了一个电流三角形，这个三角形不但反映了各电流相量之间的相位关系，同时由各电流模值的大小反映出了各电流相量之间的数量关系，因此，电流三角形也是一个相量图。

让电流三角形的各条边同除以电压相量$\dot{U}$，可得到一个导纳三角形，如图 4.9 所示。

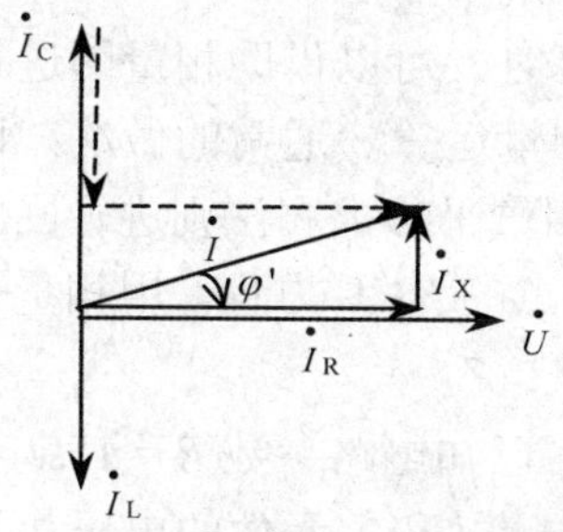

图 4.8　RLC 并联电路的相量图

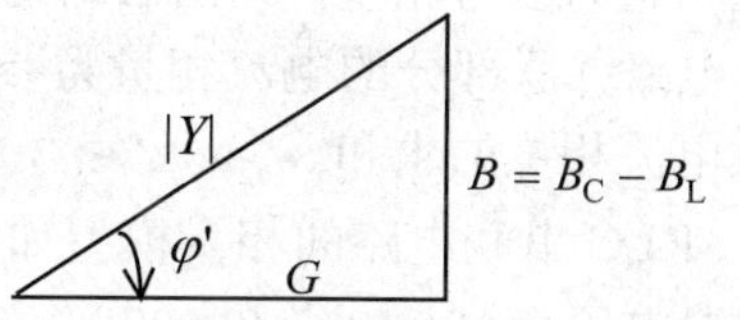

图 4.9　导纳三角形

导纳三角形的斜边是复导纳的模$|Y|$，数值上等于 RLC 并联电路的导纳，导纳三角形的邻边等于复导纳的实部，即电路中的电导 G，导纳三角形的对边是复导纳的虚部，数值上等于 RLC 并联电路的电纳，三者之间的数量关系为

$$|Y| = \sqrt{G^2 + (B_C - B_L)^2} = \sqrt{G^2 + (\omega C - \frac{1}{\omega L})^2} \tag{4.7}$$

图 4.9 所示的导纳三角形是以容性电路为前提画出的，但实际上随着ω、L、C 取值的不同，RLC 并联电路分别也有以下 3 种情况：

（1）当$\omega C > \dfrac{1}{\omega L}$时，电路电纳 $B>0$，电路总电流超前电压一个φ'角，电路呈容性，导纳三角形为正立三角形，如图 4.9 所示；

（2）当$\omega C < \dfrac{1}{\omega L}$时，电路电纳 $B<0$，电路总电流滞后电压一个φ'角，电路呈感性，导纳三角形为倒立三角形；

（3）当$\omega C = \dfrac{1}{\omega L}$时，电路电纳 $B = 0$，总电流与端电压同相，电路呈纯电阻性，导纳三角形的斜边等于邻边。

在含有 L 和 C 的电路中出现电压、电流同相位的现象，是 RLC 并联电路的一种特殊情况，称为并联谐振，有关其详细内容也将在第 5 章进一步介绍。

由上述讨论可知，电纳 B 的正、负也是由ω、L、C 来决定的，其中感纳为负、容纳为正，二者之间的作用是相互抵消的。

4.3.3　相量分析的方法与步骤

引入相量的概念和复阻抗、复导纳之后，前面介绍的线性电阻电路的各种分析法均可用来分析正弦交流电路。所不同的是，正弦交流电路分析用的方程是以相量及复阻抗形式表示的代数方程，运用的电路定理也是以相量形式出现的。

1．相量分析法的步骤

（1）建立与正弦交流电路相对应的电路相量模型，并根据需要先计算出各元件的复阻抗。

（2）确定电路分析法，并按照分析法的要求列出相应的复数形式的方程。

（3）对所列方程求解，得出相量形式的待求响应。

（4）根据电路要求，将待求响应的相量形式变换成对应的正弦量。

2．应用举例

应用相量分析法对正弦交流电路的相量模型分析计算时，可以借助相量图进行辅助电路分析，确定各正弦量相量的大小和相对位置，然后进行相量运算。通常的做法：以电路串联部分的电流相量为参考相量，列出回路的 KVL 方程，用相量平移求和法则进行回路电压相量的求和；以电路并联部分的电流相量为参考相量，列出结点的 KCL 方程，用相量平移求和法则进行结点电流相量的求和。

例 4.3 RLC 串联电路的相量模型如图 4.10（a）所示，已知电路参数 $R = 15\Omega$，$L = 12\text{mH}$，$C = 40\mu\text{F}$，端电压 $u = 20\sqrt{2}\sin(2\,500t)\ \text{V}$，试求电路中的电流 i 和各元件的电压相量，画出相量图。

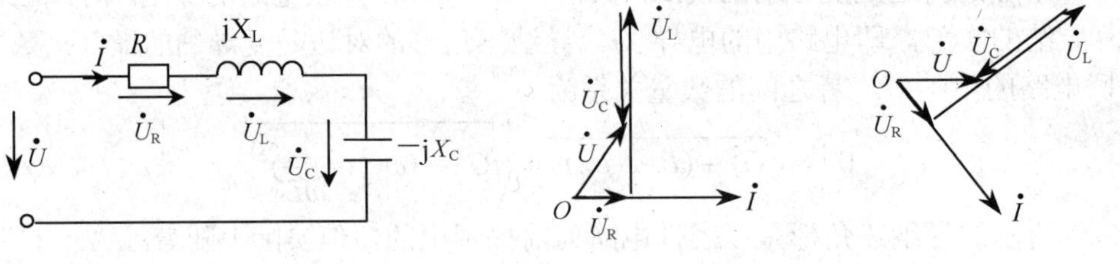

（a）（b）（c）

图 4.10 例 4.3 电路的相量图

解：先计算串联电路的复阻抗，即

$$Z = R + \text{j}\left(\omega L - \frac{1}{\omega C}\right) = 15 + \text{j}\left(2\,500 \times 0.012 - \frac{10^6}{2\,500 \times 40}\right)$$
$$= 15 + \text{j}(30 - 10) = 15 + \text{j}20$$
$$= 25\underline{/53.1^\circ}(\Omega)$$

利用相量形式的欧姆定律求电路中通过的电流

$$\dot{I} = \frac{\dot{U}}{Z} = \frac{20\underline{/0^\circ}}{25\underline{/53.1^\circ}} = 0.8\underline{/-53.1^\circ}(\text{A})$$

根据正弦量与相量的对应关系写出正弦交流电流 i

$$i = 0.8\sqrt{2}\sin(2\,500t - 53.1^\circ)(\text{A})$$

各元件电压相量为

$$\dot{U}_\text{R} = R\dot{I} = 15 \times 0.8\underline{/-53.1^\circ} = 12\underline{/-53.1^\circ}(\text{V})$$

$$\dot{U}_\text{L} = \text{j}\omega L\dot{I} = \text{j}30 \times 0.8\underline{/-53.1^\circ} = 24\underline{/36.9^\circ}(\text{V})$$

$$\dot{U}_\text{C} = \text{j}\frac{1}{\omega C}\dot{I} = -\text{j}10 \times 0.8\underline{/-53.1^\circ} = 8\underline{/-143.1^\circ}(\text{V})$$

相量图如图 4.10（b）所示。该电路为串联电路，因此以电流相量 $\dot{I}$ 为参考相量，根据电压方程 $\dot{U}=\dot{U}_R+\dot{U}_L+\dot{U}_C$ 画出各电压相量，画法如下：

先在复平面上画出电流相量 $\dot{I}$，然后从原点 O 起，按平移求和法则，逐一画出各电压相量。如先画出与电流相量 $\dot{I}$ 同相的电压相量 $\dot{U}_R$，再从 $\dot{U}_R$ 的末端画出超前电流相量 $\dot{I}$ 90°的电感电压相量 $\dot{U}_L$，然后从 $\dot{U}_L$ 末端画出滞后电流相量 $\dot{I}$ 90°的电容电压相量 $\dot{U}_C$，最后从原点 O 至最后一个电压相量 $\dot{U}_C$ 的末端画出端口电压相量 $\dot{U}$，得相量图 4.10（b），然后将整个相量图顺时针旋转 53.1°，就可以得到与运算结果一致的相量图，如图 4.10（c）所示。一般情况下，图 4.10（c）可以省略，因为图 4.10（b）所示相量图已经表明了各相量之间的大小和相位关系。

例 4.4　图 4.11（a）所示电路，已知电压表 V、V_1、V_2 的读数分别为 220V、300V 和 400V，复阻抗 $Z_2=-j100\Omega$，试求 Z_1，并画出电路相量图进行辅助分析。

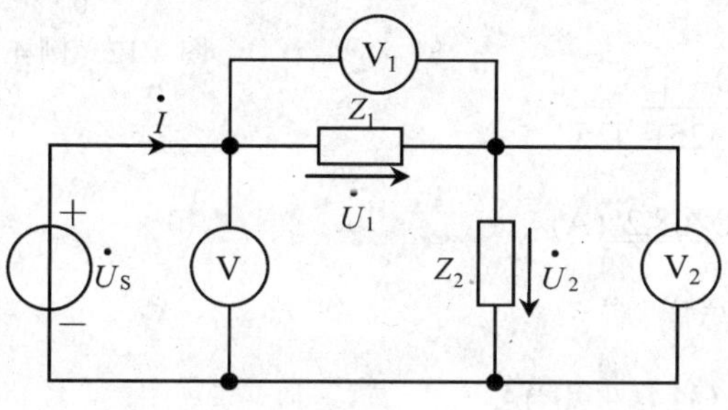

（a）电路图

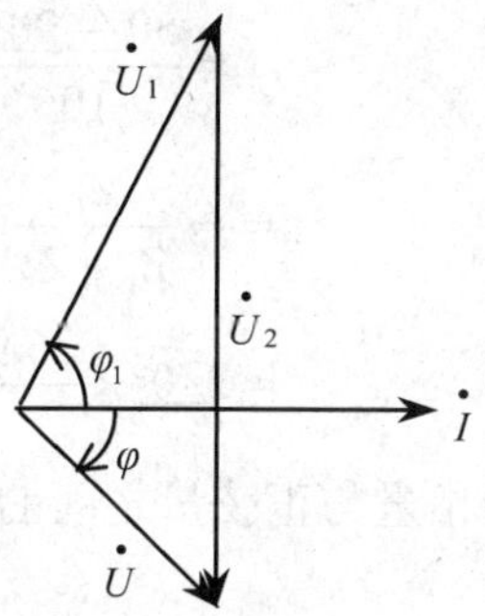

（b）相量图

图 4.11　例 4.4 电路图和相量图

解：该电路两阻抗相串联，可设电流为参考相量，根据已知量，应用欧姆定律可得

$$\dot{I}=\frac{U_2}{|Z_2|}\angle 0^\circ=\frac{400}{100}\angle 0^\circ=4\angle 0^\circ(\text{A})$$

根据电流相量和复阻抗 Z_2，可得 U_2 相量

$$\dot{U}_2=\dot{I}Z_2=4\angle 0^\circ\times(-j100)=-j400(\text{V})$$

根据 3 个电压表的测量值，画出以电流为参考相量的相量示意图如图 4.11（b）所示。其画法：先把已知的 U_2 相量固定在竖直向下的位置，根据相量平移法则，U_1 相量的箭头应和 U_2 相量的箭尾相接，而总电压相量应从 U_1 相量的箭尾出发，接至 U_2 相量的箭头，构成一个完整的封闭电压三角形。电压三角形中各条边的长度应参照 3 个电压表的读数定性画出，其中 U_2 相量线段最长，U 相量线段最短。电压三角形画出后，再把参考相量电流画在水平位置。

根据相量图分析如下：

对已知 3 条边数值的电压三角形，可利用余弦定理求出 U_1 相量与 U_2 相量之间的夹角（锐角）b，即

$$b=\arccos\frac{400^2+300^2-220^2}{2\times 400\times 300}\approx 32.9^\circ$$

根据直角三角形的 3 个角共为 180°，其中直角为 90°，可直接算出

$$\varphi_1 = |90° - 32.9°| = 57.1°$$

所以 $\dot{U}_1 = 300\angle 57.1° \text{V}$，应用相量形式的欧姆定律可求得

$$Z_1 = \frac{\dot{U}_1}{\dot{I}} = \frac{300\angle 57.1°}{4\angle 0°} = 75\angle 57.1° \approx 40.74 + \text{j}62.97(\Omega)$$

由此例可知，利用相量图进行电路分析，往往可达到事半功倍的效果。

例 4.5 电路如图 4.12（a）所示，已知 $Z_1 = 10 + \text{j}25\Omega$，$Z_2 = -\text{j}25\Omega$，$i_S = 2\sqrt{2}\sin 314t$ A，求支路电流 i_1 和 i_2、电流表的读数及恒流源两端的电压 u_{ab}。

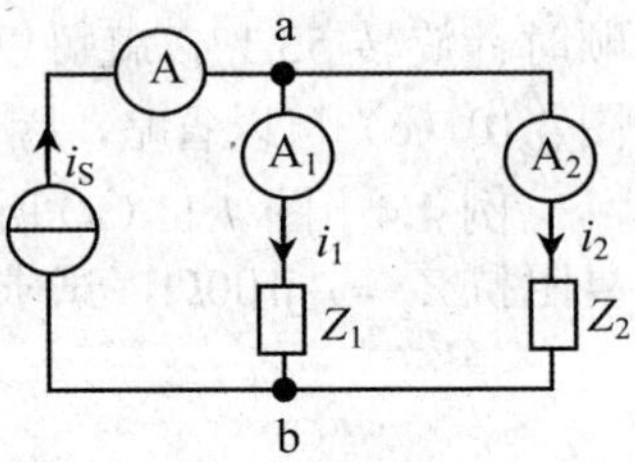

图 4.12 例 4.5 电路

解： 两阻抗为并联连接，根据分流公式可得

$$\dot{I}_1 = \dot{I}_S \frac{Z_2}{Z_1 + Z_2} = 2\angle 0° \times \frac{-\text{j}25}{10 + \text{j}25 - \text{j}25}$$

$$= \frac{50\angle -90°}{10} = -\text{j}5\text{A}$$

$$\dot{I}_2 = \dot{I}_S \frac{Z_1}{Z_1 + Z_2} = 2\angle 0° \times \frac{10 + \text{j}25}{10 + \text{j}25 - \text{j}25}$$

$$= 2\angle 0° \times \frac{26.9\angle 68.2°}{10} = 5.38\angle 68.2°(\text{A})$$

根据相量与正弦量之间的对应关系可写出

$$i_1 = 5\sqrt{2}\sin(314t - 90°)\text{A}$$
$$i_2 = 5.38\sqrt{2}\sin(314t + 68.2°)\text{A}$$

恒流源两端的电压为

$$\dot{U}_{ab} = \dot{I}_2 Z_2 = 5.38\angle 68.2° \times (-\text{j}25)$$
$$= 134.5\angle -21.8°(\text{V})$$

根据正弦量与相量的对应关系可得

$$u_{ab} = 134.5\sqrt{2}\sin(314t - 21.8°)\ \text{V}$$

例 4.6 电路如图 4.13（a）所示，已知 $R = 2\text{k}\Omega$，$C = 0.01\mu\text{F}$，输入信号电压的有效值为 1V，频率为 5kHz。试求输出电压 U_2 及它与输入电压的相位差，绘出电路相量图。

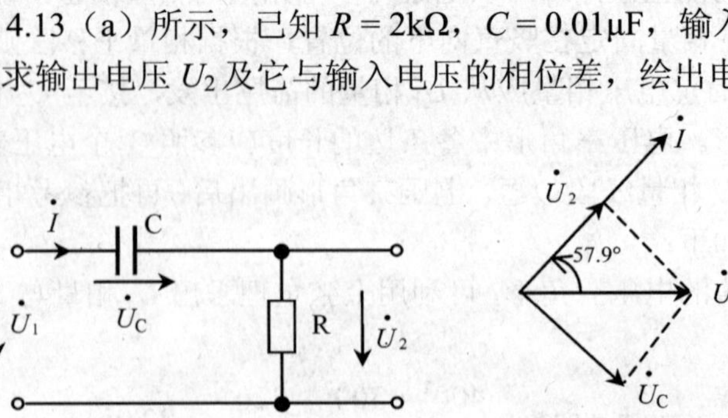

（a）电路图 （b）相量图

图 4.13 例 4.6 题电路图与相量图

解：先计算电路复阻抗

$$Z = R - \mathrm{j}\frac{1}{\omega C}$$

$$= 2\,000 - \mathrm{j}\frac{10^8}{31\,400\times 1}$$

$$\approx 3\,761\angle{57.9^\circ}(\Omega)$$

根据欧姆定律求出电路中电流

$$I = \frac{U_1}{|Z|} = \frac{1}{3\,761} \approx 0.266(\mathrm{mA})$$

输出电压

$$U_2 = IR = 0.266\times 10^{-3}\times 2\times 10^3 = 0.532(\mathrm{V})$$

由复阻抗的解可知，电路中电压 u_1 滞后电流 i 的角度等于阻抗角 57.9°，而 u_2 与电流同相，因此，输出电压 u_2 在相位上超前输入电压 u_1 电角为 57.9°。画出电路相量图如 4.13（b）所示。

此例中由于输出电压相对于输入电压发生了相位的偏移，因此也称之为 RC 移相电路。在 RC 移相电路中，若要输入电压超前输出电压，则输出电压应从电容两端引出；若要输出电压超前输入电压，输出电压就需从电阻两端引出。这种单级移相电路的相移范围不会超过 90°，如果要实现 180°的相移，就必须采用三级以上的 RC 电路构成。

例 4.7 图 4.14（a）中正弦电压有效值 $U_S = 380\,\mathrm{V}$，$f = 50\mathrm{Hz}$，电容可调，当 $C = 80.59\mu\mathrm{F}$ 时，交流电流表 A 的读数最小，其值为 2.59A，试求图中交流电流表 A_1 的读数。

解：方法一

当电容值 C 变化时，$\dot{I}_1$ 始终不变，可先定性画出电路的相量图。相量图中，首先令电压源 $\dot{U}_S = 380\angle{0^\circ}\mathrm{V}$ 为参考相量，则 $\dot{I}_1 = \dfrac{\dot{U}_S}{R + \mathrm{j}\omega L}$ 为感性电流，相位上应滞后电压 $\dot{U}_S$，电容支路的电流 $\dot{I}_C = \mathrm{j}\omega C\dot{U}_S$，超前电压源 90°。表示各电流相量构成的相量图如图 4.14（b）所示。

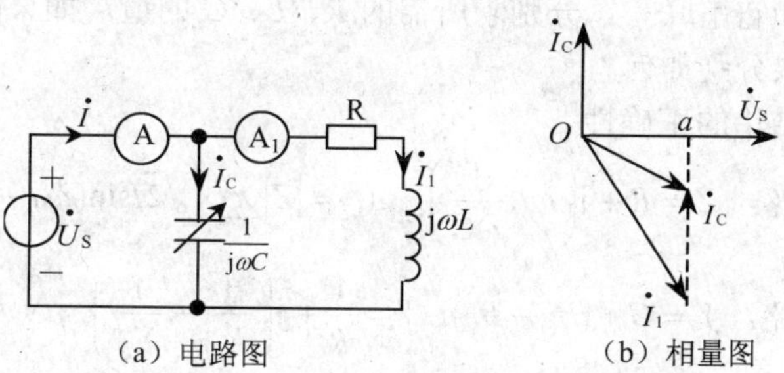

图 4.14 例 4.7 电路图与相量图

当 C 值变化时，$\dot{I}_C$ 始终与 $\dot{U}_S$ 正交，故 $\dot{I}_C$ 的末端将沿图中所示虚线变化，而到达 a 点时 $\dot{I}$ 最小且与电压源同相。此时 $I_C = \omega C U_S = 9.66\mathrm{A}$，$I = 2.59\mathrm{A}$，用相量图辅助分析，可解得电流表 A_1 的读数为

$$\sqrt{(9.66)^2 + (2.59)^2} = 10(\mathrm{A})$$

方法二

当 I 最小时，电路的输入导纳 Y 最小，也即输入阻抗 Z 最大，有

$$Y = \mathrm{j}\omega C + \frac{R}{|Z_1|^2} - \mathrm{j}\frac{\omega L}{|Z_1|^2}$$

上式中 $|Z_1| = \sqrt{R^2 + (\omega L)^2}$。当电容 C 值变化时，只改变 Y 的虚部，而导纳最小意味着虚部为零，$\dot{U}_S$ 与 $\dot{I}$ 同相。

若 $\dot{U}_S = 380\underline{/0°}\text{V}$，则 $\dot{I} = 2.59\underline{/0°}\text{A}$，而 $\dot{I}_C = \mathrm{j}\omega C\dot{U}_S = \mathrm{j}9.66\text{A}$，设 $\dot{I}_1 = I_1\underline{/\varphi_1}$，根据结点电流方程 $\dot{I} = \dot{I}_C + \dot{I}_1$ 有：$2.59\underline{/0°} = \mathrm{j}9.66\underline{/0°} + I_1\underline{/\varphi_1}$

可得
$$I_1 \sin\varphi_1 = -9.66,\ \ I_1\cos\varphi_1 = 2.59$$

解得
$$\varphi_1 = \arctan\frac{-9.66}{2.59} = -75°$$

$$I_1 = 2.59/\cos\varphi_1 \approx 10(\text{A})$$

故电流表 A_1 的读数为 10A。

根据以上数据，还可以求出参数 R、L，即

$$Z_1 = \frac{\dot{U}_S}{\dot{I}_1} = 38\underline{/75°}(\Omega)$$

故而得

$$R = Z_1\cos\varphi_1 = 9.84(\Omega)$$

$$L = \frac{Z_1\sin\varphi_1}{\omega} = \frac{36.71}{314} \approx 116.9(\text{mH})$$

检验学习结果

4.3.1　一个 110V、60W 的白炽灯接到 50Hz、220V 正弦电源上，可以用一个电阻，或一个电感，或一个电容和它串联。试分别求所需的 R、L、C 的值。如果改接到 220V 直流电源上，这 3 种情况的后果分别如何？

4.3.2　判断下列结论的正确性。

（1）RLC 串联电路：$Z = R + \mathrm{j}\left(\omega L \frac{1}{\omega C}\right)$，$u(t) = |Z|\underline{/\varphi} \times \sqrt{2}I\sin(\omega t + \psi_i)$

（2）RLC 并联电路：$Y = G + (B_C - B_L)$，$Y = \frac{1}{R} + \mathrm{j}\left(\frac{1}{X_L} - \frac{1}{X_C}\right)$

4.4　复功率

学习目标

进一步理解正弦交流电路中的瞬时功率、有功功率、无功功率所表示的意义，理解视在功率、复功率和功率因数的概念；掌握各种功率的计算公式，理解提高功率因数的意义

和方法。

4.4.1　正弦交流电路中的功率

正弦电路的功率

1．瞬时功率

对于一个无源二端网络，设端口电压和电流为

$$u = \sqrt{2}U\sin(\omega t + \psi_{\mathrm{u}})$$
$$i = \sqrt{2}I\sin(\omega t + \psi_{\mathrm{i}})$$

电路吸收的瞬时功率为

$$\begin{aligned} p = ui &= \sqrt{2}U\sin(\omega t + \psi_{\mathrm{u}}) \times \sqrt{2}I\sin(\omega t + \psi_{\mathrm{i}}) \\ &= UI\cos(\psi_{\mathrm{u}} - \psi_{\mathrm{i}}) - UI\cos(2\omega t + \psi_{\mathrm{u}} + \psi_{\mathrm{i}}) \\ &= UI\cos\varphi - UI\cos(2\omega t + 2\psi_{\mathrm{u}} - \varphi) \\ &= UI\cos\varphi - UI\cos\varphi\cos(2\omega t + 2\psi_{\mathrm{u}}) - UI\sin\varphi\sin(2\omega t + 2\psi_{\mathrm{u}}) \\ &= UI\cos\varphi\{1 - \cos[2(\omega t + \psi_{\mathrm{u}})]\} - UI\sin\varphi\sin[2(\omega t + \psi_{\mathrm{u}})] \end{aligned}$$

式中 $\varphi = \psi_{\mathrm{u}} - \psi_{\mathrm{i}}$ 为电压和电流之间的相位差，且 $\varphi \leqslant 90°$。上式说明瞬时功率有两个分量，第一项与电阻元件的瞬时功率相似，始终大于或等于零，是网络吸收能量的瞬时功率，其平均值为 $UI\cos\varphi$。第二项与电感元件或电容元件的瞬时功率相似，其值正负交替，是网络与外部电源交换能量的瞬时功率，它的最大值为 $UI\sin\varphi$。

2．有功功率

如前所述，瞬时功率在一个周期内的平均值为平均功率，又称有功功率，即

$$P = \frac{1}{T}\int_0^T p\mathrm{d}t = UI\cos\varphi$$

有功功率代表电路实际消耗的功率，“有功”二字可以理解为：电路中吸收电能并把电能转换成人们所需要的能量形式做功了，这种能量转换显然是不可逆的。从公式中，有功功率的多少不仅与电压、电流有效值的乘积有关，并且与它们之间的相位差角有关。

3．无功功率

为了衡量电路中电磁能量交换的规模，工程中引用了无功功率的概念，用大写字母 Q 表示，即

$$Q = UI\sin\varphi$$

无功功率中的“无功”二字意味着“只交换不消耗”，不能理解为“无用”。无功功率 Q 是一个代数量，对于感性网络电压超前电流，φ 值为正，网络接收或发出的无功功率为正值，称为感性无功功率；对于容性网络电压滞后电流，φ 值为负，网络无功功率为负值，称为容性无功功率，因此，二端网络内两储能元件的无功功率可以相互补偿。当 $X_{\mathrm{L}} = X_{\mathrm{C}}$ 时，无功功率 $Q = 0$，这反映了二端网络此时与外电路不再有能量的来回交换，能量交换只在二端网络内部的电感、电容之间进行，也称作完全补偿。

4．视在功率

许多电力设备的容量是由它们的额定电压和额定电流的乘积决定的，为此引用了视在功率的概念。视在功率用大写字母 S 表示，在数值上，视在功率等于电压、电流有效值的

乘积，即

$$S = UI$$

显然，单相正弦交流电路中的有功功率 P、无功功率 Q 和视在功率 S 之间存在如下关系：

$$\begin{aligned} &S = UI = \sqrt{P^2 + Q^2}, \quad \varphi = \arctan\frac{Q}{P} \\ &P = UI\cos\varphi = S\cos\varphi, \quad Q = UI\sin\varphi = S\sin\varphi \end{aligned} \tag{4.8}$$

根据公式（4.9）可知，视在功率中包括了电路中的有功功率和无功功率，是电路中的总功率，在二端网络端口处所测得的电压与端口处测出的电流是可以观察到的，它们的乘积就是视在功率，因此有时又把视在功率称为表观功率。

有功功率、无功功率和视在功率都是由电压、电流的单位决定的量纲，为了加以区别，有功功率的单位用瓦特（W），无功功率的单位用乏尔（var），视在功率的单位用伏安（V • A）。电气设备的铭牌数据上所标示的 V • A 或 kV • A 值，就是设备的总容量（视在功率）。

根据有功功率、无功功率和视在功率三者之间的数量关系，可把它们表示在图 4.15 所示的功率三角形中。图 4.15 中总的无功功率为正值，显然是感性电路；如果电路中总的无功功率为负值，则电路呈容性，功率三角形为倒立三角形；当总的无功功率等于零时，电路一定发生了谐振，谐振下电容元件和电感元件上的电磁能量达到完全补偿。

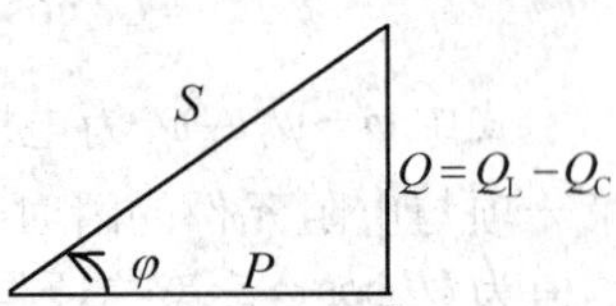

图 4.15　功率三角形

由功率三角形的讨论可看出，只有耗能元件电阻 R 才消耗有功功率，即只有同相的电压和电流才能构成有功功率 P；储能元件 L 和 C 上的电压和电流均为正交关系，具有正交关系的电压和电流只产生无功功率 Q，且感性无功功率取正，容性无功功率取负。

4.4.2　复功率

虽然正弦电流电路的瞬时功率不能用相量法讨论，但是有功功率、无功功率和视在功率三者之间的关系可以通过“复功率”来表述。

复功率是用复数形式表示的正弦交流电路中的总功率，用 $\overline{S}$ 表示，复功率具有视在功率的量纲。若二端网络的端口电压相量为 $\dot{U}$，电流相量 $\dot{I}$ 的共轭复数为 $\dot{I}^*$，定义复功率为

$$\begin{aligned} \overline{S} &= \dot{U}\dot{I}^* = UI\underline{/\psi_u - \psi_i} = UI\underline{/\varphi} \\ &= UI\cos\varphi + jUI\sin\varphi \\ &= P + jQ \end{aligned} \tag{4.9}$$

式（4.10）表明：复功率是一个辅助计算功率的复数，它的模对应正弦交流电路中的视在功率 S，它的辐角对应于正弦交流电路中总电压与电流之间的相位差角；复功率的实部是有功功率，虚部是无功功率。复功率把正弦交流稳态电路中的 3 个功率统一在一个公式中，只要计算出电路中的电压相量和电流相量及其它们的相位差角，则各种功率就可以很方便地计算出。

对于电阻元件的单一正弦交流电路，$\varphi = 0$，接受的复功率为

$$\overline{S} = UI\underline{/0^\circ} = UI = I_R^2 R = U_R^2 G$$

即电阻元件只接受有功功率 P，无功功率 Q 为零。

对于单一电感元件的正弦交流电路，$\varphi = 90°$，接受的复功率为

$$\overline{S} = UI\underline{/90°} = \mathrm{j}UI = \mathrm{j}I^2 X_{\mathrm{L}}$$

对于单一电容元件的正弦交流电路，$\varphi = -90°$，接受的复功率为

$$\overline{S} = UI\underline{/-90°} = -\mathrm{j}UI = \mathrm{j}(-I^2 X_{\mathrm{C}})$$

显然，电压、电流具有正交相位关系的储能元件上不消耗有功功率，只接受无功功率 Q。

复功率还可以写成另一种形式，即

$$\overline{S} = \dot{U}\dot{I}^* = \dot{I}Z\dot{I}^* = I^2 Z \tag{4.10}$$

式（4.11）表明正弦交流电路中，只要端电压确定，其复功率的数值仅取决于负载的大小和性质。可以证明，整个电路中的复功率守恒，而有功功率和无功功率也分别守恒，即总的有功功率等于各部分有功功率之和，总的无功功率等于各部分无功功率之代数和。

需要注意和理解的是：正弦交流电路中的视在功率不守恒，即各视在功率之间不存在和或者代数和的关系。

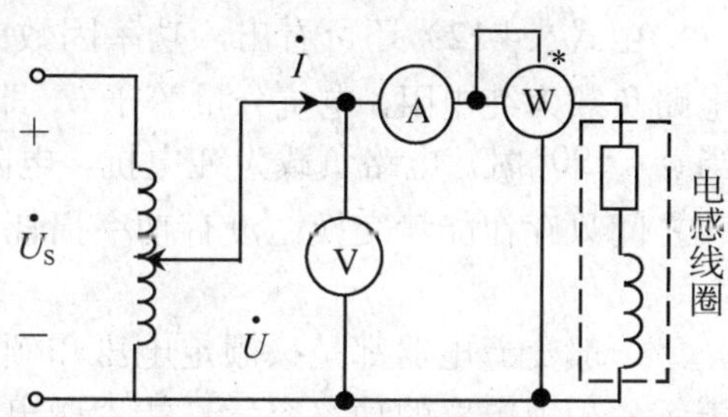

图 4.16　例 4.8 电路图

例 4.8　如图 4.16 所示，把一个线圈接到 $f = 50\mathrm{Hz}$ 的正弦电源上，分别用电压表、电流表、功率表测得电压 $U = 50\mathrm{V}$、电流 $I = 1\mathrm{A}$、功率 $P = 30\mathrm{W}$，试求 R、L 之值，并求线圈吸收的复功率。

解：根据 3 个电表的读数，可先求线圈阻抗

$$Z = |Z|\underline{/\varphi} = R + \mathrm{j}X$$

$$|Z| = \frac{U}{I} = 50(\Omega)$$

功率表的读数为线圈吸收的有功功率，则

$$P = UI\cos\varphi = 30\ (\mathrm{W})$$

$$\varphi = \arccos\left(\frac{30}{UI}\right) = 53.13°$$

解得

$$Z = 50\underline{/53.13°} = (30 + \mathrm{j}40)\Omega$$

$$R = 30\Omega，\ L = \frac{40}{\omega} = 127(\mathrm{mH})$$

还可以用另外一种方法，即

$$P = I^2 R = 30(\mathrm{W}),\ R = \frac{P}{I^2} = \frac{30}{1^2} = 30(\Omega)$$

由于$|Z| = \sqrt{R^2 + (\omega L)^2}$，故可得

$$X_{\mathrm{L}} = \omega L = \sqrt{50^2 - 30^2} = 40(\Omega)$$

复功率可根据电压相量和电流相量来计算。令$\dot{U} = 50\underline{/0°}\mathrm{V}$，则$\dot{I} = 1\underline{/53.13°}\mathrm{A}$，有

$$\overline{S}=\dot{U}\dot{I}^{*}=50\angle 0^\circ\times 1\angle 53.13^\circ=50\angle 53.13^\circ=(30+\mathrm{j}40)(\mathrm{V{\cdot}A})$$

或者
$$\overline{S}=I^2Z=1^2\times(30+\mathrm{j}40)(\mathrm{V{\cdot}A})$$

功率因数的提高

4.4.3　功率因数的提高

由功率三角形、阻抗三角形和电压三角形中，均可以得到

$$\cos\varphi=\frac{P}{S}=\frac{R}{|Z|}=\frac{U_{\mathrm{R}}}{U} \tag{4.11}$$

其中的 $\cos\varphi$ 称为功率因数。显然功率因数反映了有功功率和视在功率的比值，前者是电路实际消耗的功率，后者代表电源实际向电路提供的总功率或者电源所能输出的最大有功功率，因此功率因数表示电源功率被利用的程度。

由式（4.12）还可看出，功率因数的大小决定于电路中电阻与阻抗的比值。当 $\varphi=0^\circ$ 时，电路负载为纯电阻，电抗分量等于 0，即 $\cos 0^\circ=1$，$P=UI$，电源供出的电能全部被负载消耗；当 $\varphi=\pm 90^\circ$ 时，电路负载为纯电抗，电阻分量等于 0，即 $\cos(\pm 90^\circ)=0$，$P=0$，此时电源与负载之间只存在能量交换，没有功率损耗。通常交流负载总有一定的电抗分量，所以

$$0\leqslant\cos\varphi\leqslant 1$$

一般交流电器都是按额定电压和额定电流来设计的，用电压和电流的乘积（即视在功率 S）表示各种用电器的功率容量，能否送出额定功率，决定于负载的功率因数。

电力工程中，像白炽灯、电炉一类的电阻负载，其 $\cos\varphi=1$，但这类纯电阻性负载只占用电器中的极小一部分，大部分是做动力用的异步电动机等感性负载，这些感性负载在满载时功率因数一般可达到 0.7～0.85，空载或轻载时功率因数则很低；其他的感性负载如日光灯，功率因数通常为 0.3～0.5。只要负载的功率因数不等于 1，它的无功功率就不等于零，这意味着它从电源接受的能量中有一部分是交换而不消耗，功率因数越低，交换部分所占比例越大。

功率因数是电力技术经济中的一个重要指标。负载功率因数过低，电源设备的容量不能充分利用；另外在功率一定、电压一定的情况下，负载功率因数越低，则通过输电线路上的电流 $I=P/(U\cos\varphi)$ 越大，因此造成供电线路上的功率损耗越大。显然，提高功率因数对国民经济的发展具有很重要的意义。

为了提高功率因数，应尽量避免感性设备的空载或轻载现象，这也是自然补偿功率因数的一种方法。另外，可在感性负载两端并联适当容量的电容器，用容性无功功率补偿电路中的感性无功功率，使电源的无功“输出”减小，从而提高了线路上的功率因数，使电源供出的电流输出减小。

例 4.9　如图 4.17 所示，一个感性负载接到 220V、50Hz 的电源上，吸收功率为 10kW，功率因数为 0.6。若要使电路的功率因数提高到 0.9，求在负载两端并联的电容值。

解： 方法一

图 4.17（a）所示电路中，若要负载始终都能正常工作，应保证其 $\dot{U}$ 和 $\dot{I}_1$ 不变。所以，在负载两端并联电容 C 显然不会影响原负载支路的功率，且电容的无功功率补偿了电感 L 的无

功功率，使电源的无功功率减小，由此电路的功率因数得以提高。

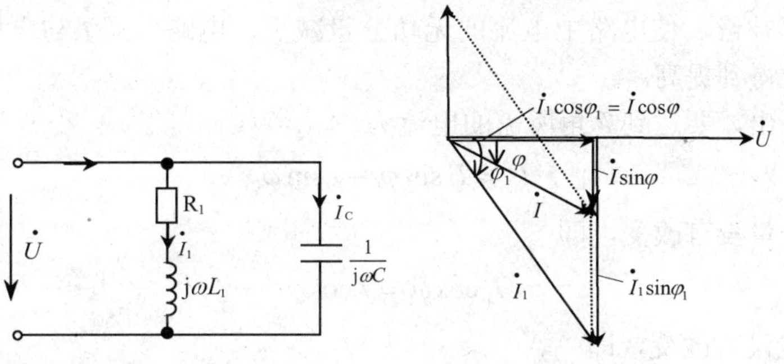

（a）电路图　　（b）相量图

图 4.17　例 4.9 电路图与相量图

设原负载吸收的复功率为 $\overline{S}_1$，电容吸收的复功率为 $\overline{S}_C$，并联电容后电路吸收的复功率为 $\overline{S}$，则有

$$\overline{S} = \overline{S}_1 + \overline{S}_C$$

并联电容前有

$$\cos\varphi_1 = 0.6,\quad \varphi_1 = 53.1°$$

$$P_1 = 10\text{kW},\qquad Q_1 = P_1\tan\varphi_1 \approx 10\times1.33 = 13.3(\text{kvar})$$

$$\overline{S} = P_1 + \text{j}Q_1 = 10 + \text{j}13.3 \approx 16.6\angle 53.1°(\text{kV•A})$$

并联电容后要求功率因数等于 0.9，则有 $\varphi = \pm25.84°$。这里正号表示欠补偿，工程上提高功率因数的最终目的是保证用电的经济性，因此通常使电路处在欠补偿状态，欠补偿状态下电路仍为感性；负号表示过补偿，说明并联的电容量过大，电路已从感性变为容性，这是很不经济的，因为并联电容是需要较大投资的。所以负号舍去，保留 $\varphi = 25.84°$。需要理解的是：并联电容前后，电源向电路提供的有功功率始终不变，并联电容后只是减少了电源向设备提供的无功功率，即

$$Q = P_1\tan\varphi = 4.84(\text{kvar})$$

$$\overline{S} = P_1 + \text{j}Q = 10 + \text{j}4.84 \approx 11.1\angle 25.84°(\text{kV•A})$$

并联电容的复功率为

$$\overline{S}_C = \overline{S} - \overline{S}_1 = 10 + \text{j}4.84 - (10 + \text{j}13.3) \approx -\text{j}8.46(\text{kvar})$$

故可计算出并联的电容量为

$$C = \frac{S_C}{\omega U^2} = \frac{8.46\times10^3}{314\times220^2} \approx 5.57\times10^{-4} = 557(\mu\text{F})$$

方法二

作相量图如图 4.17（b）所示。并联电容前的感性负载电流 $\dot{I}_1$ 即是电路电流，比电压 $\dot{U}$ 滞后 φ_1 角度，把此电流分解成有功分量 $I_1\cos\varphi_1$ 与电压 $\dot{U}$ 同相；无功分量 $I_1\sin\varphi_1$ 比电压 $\dot{U}$ 滞后

90°。并联电容后，电容电流 $\dot{I}_C$ 比 $\dot{U}$ 超前 90°。由于电容电流 $\dot{I}_C$ 与电流的无功分量反相，因此二者之间可以相互补偿，使电路中电流的无功分量减小，电路电流 $\dot{I}$ 与电压 $\dot{U}$ 的相位差 φ 减小，从而功率因数得到提高。

从图中可以看出，要达到 φ 角所需的电流为

$$I_C = I_1 \sin\varphi_1 - I\sin\varphi$$

电流的有功分量没有改变，即

$$I_1\cos\varphi_1 = I\cos\varphi$$

有功功率 P 也没有改变，即

$$P = U_1 I_1 \cos\varphi_1 = UI\cos\varphi$$

所以

$$I_C = U\omega C = \frac{P}{U\cos\varphi_1}\sin\varphi_1 - \frac{P}{U\cos\varphi}\sin\varphi$$

$$= \frac{P}{U}(\tan\varphi_1 - \tan\varphi)$$

则得

$$C = \frac{P}{\omega U^2}(\tan\varphi_1 - \tan\varphi)$$

把 $\varphi_1 = 53.1°$ 和 $\varphi = 25.8°$ 代入上式，则有

$$C = \frac{10\,000}{314\times 220^2}(\tan 53.1° - \tan 25.8°) \approx 557(\mu F)$$

对于功率因数的问题，可归纳如下两点。

① 提高功率因数的意义：提高电力系统线路的功率因数，可提高电源设备的利用率和减少线路上的功率损耗，有利于国民经济的发展。

② 提高功率的方法包括自然补偿法和人工补偿法。自然补偿法是避免感性设备的空载和尽量减少其轻载；人工补偿法则是在感性线路两端并联适当的电容。

检验学习结果

4.4.1　RL 串联电路接到 220V 的直流电源时功率为 1.2kW，接到 220V 的工频电源时功率为 0.6kW，试求它的 R、L。

4.4.2　下列结论是否正确？（1）$\overline{S} = I^2 Z^*$；（2）$\overline{S} = U^2 Y^*$。

4.4.3　已知一无源端口

（1）$\dot{U} = 48\angle 70°\text{V}$，$\dot{I} = 8\angle 100°\text{A}$；

（2）$\dot{U} = 220\angle 120°\text{V}$，$\dot{I} = 6\angle 30°\text{A}$。

试求：复阻抗、阻抗角、复功率、视在功率、有功功率、无功功率和功率因数。

小结

1. 复数有 3 种表示方法，即代数形式、指数形式和极坐标形式。复数的加减运算一般用

代数形式较为方便，复数的乘除运算一般用极坐标形式（或指数形式）较为方便。

2．用相量表示同频率正弦量的大小（即有效值）和初相后，正弦量的运算可以转化为相量的运算，即复数的运算，使正弦稳态电路的分析计算简单化。

3．电路定理的相量形式为

$$\sum \dot{I}=0,\qquad \sum \dot{U}=0$$

$$\dot{U}=R\dot{I},\qquad \dot{I}=G\dot{U}$$

4．电路的复阻抗和复导纳分别为

$$Z=\frac{\dot{U}}{\dot{I}}=\frac{U}{I}\angle\psi_{\mathrm{u}}-\psi_{\mathrm{i}}=|Z|\angle\varphi=R+\mathrm{j}X$$

$$Y=\frac{\dot{I}}{\dot{U}}=\frac{I}{U}\angle\psi_{\mathrm{i}}-\psi_{u}=|Y|\angle\varphi'=G+\mathrm{j}B$$

5．相量图可以用来辅助电路的分析计算，在相量图上，除了按比例反映各相量的模（有效值）以外，最重要的是根据各相量的相位相对地确定各相量之间的相位关系。

6．有功功率 P 是电路实际消耗的功率，无功功率 Q 是电路与电源进行能量交换的规模，视在功率 S 是电源实际向电路提供的总功率，三者的关系可用复功率来表示，即

$$\overline{S}=P+\mathrm{j}Q=S\angle\varphi$$

7．功率因数 $\cos\varphi$ 是电力工程中的一个重要指标，其大小由电路参数和电源频率所决定，若要提高电力系统中感性负载电路的功率因数，可以在线路两端并联适当的电容来实现。

技能训练

实验四　日光灯电路的连接及功率因数的提高

一、实验目的

1．了解日光灯电路的工作原理及其连接情况。

2．掌握单相交流电路提高功率因数的常用方法及电容量的选择。

3．进一步熟悉单相功率表的接线及单相调压器的使用方法。

二、实验主要设备

1．单相调压器　　一台
2．日光灯电路组件　　一套
3．万用表　　一块
4．交直流毫安表　　一块
5．电容箱　　一只

6．单相功率表　　　　　　　一块

7．电流插箱　　　　　　　　一个

8．导线　　　　　　　　　　若干

三、实验原理图

实用中的用电设备大多是感性负载，其等效电路可用 RL 串联电路来表示。电路消耗的有功功率 $P = UI\cos\varphi$，当电源电压 U 一定时，输送的有功功率 P 就一定。若功率因数低，则电源供给负载的电流就大，从而使输电线路上的线损增大，影响供电质量，同时还要多占电源容量，因此，提高功率因数有着非常重要的意义。

提高感性负载功率因数常用的方法是在电路的输入端并联电容器。这是利用电容中超前电压的无功电流去补偿 RL 支路中滞后电压的无功电流，从而减小总电流的无功分量，提高功率因数，实现减小电路总的无功功率。而对于 RL 支路的电流、功率因数、有功功率并不发生变化。

本实验的主要设备是日光灯电路，如图 4.18 所示。

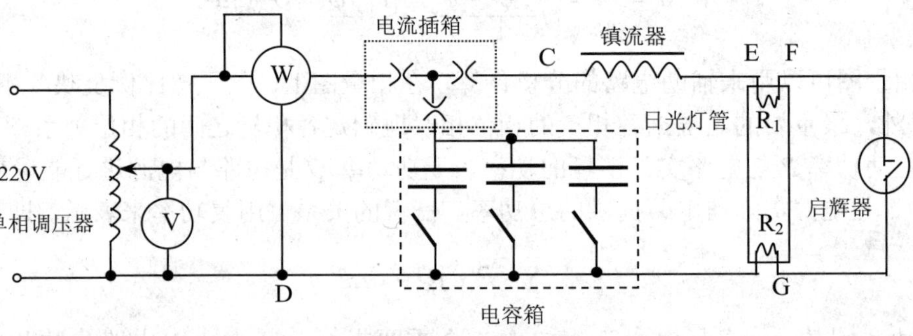

图 4.18　日光灯电路及功率因数的提高实验电路

四、日光灯电路工作原理

1．日光灯电路的组成

日光灯电路由日光灯管、镇流器、启辉器 3 部分组成。灯管是一根细长的玻璃管，内壁均匀涂有荧光粉。管内充有水银蒸汽和稀薄的惰性气体。在管子的两端装有灯丝，在灯丝上涂有受热后易发射电子的氧化物。镇流器是一个带有铁心的电感线圈。启辉器的内部结构如图 4.19 所示。

2．日光灯工作原理

当日光灯电路与电源接通后，220V 的电压不能使日光灯点燃，全部加在了启辉器两端。220V 的电压致使启辉器内两个电极辉光放电，放电产生的热量使倒 U 型双金属片受热形变后与固定触头接通。这时日光灯的灯丝与辉光管内的电极，镇流器构成一个回路。灯丝因通过电流而发热，从而使氧化物发射电子。同时，辉光管内两个电极接通的同时，电极之间的电压立刻为零，辉光放电终止。辉光放电终止后，双金属片因温度下降而恢复原状，两电极脱离。在两电极脱离的瞬间，回路中的电流突然切断而为零，因

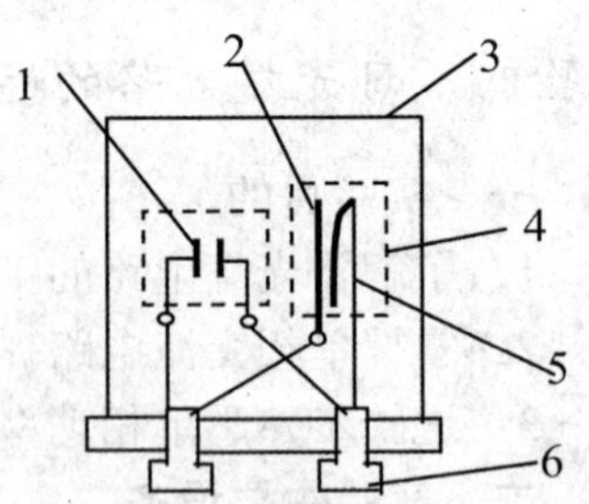

图 4.19　启辉器示意图

1—小容量的电容器　2—固定触头

3—圆柱形外壳　4—辉光管

5—辉光管内部的倒 U 型双金属片

6—插头

此在铁心镇流器两端产生一个很高的感应电压，此感应电压和 220V 电压同时加在日光灯两端，立即使管内惰性气体分子电离而产生弧光放电，管内温度逐渐升高，水银蒸汽游离，并猛烈地撞击惰性气体分子而放电。同时辐射出不可见的紫外线，而紫外线激发灯管壁的荧光物质发出可见光，即人们常说的日光。

日光灯一旦点亮后，灯管两端电压在正常工作时通常只需 110V 左右，这个较低的电压不足以使启辉器辉光放电。因此，启辉器只在日光灯点燃时起作用。日光灯一旦点亮，启辉器就会处在断开状态。日光灯正常工作时，镇流器和灯管构成了电流的通路，由于镇流器与灯管串联并且感抗很大，因此电源电压大部分降落在镇流器上，可以限制和稳定电路的工作电流，即镇流器在日光灯正常工作时起限流分压作用。

五、实验步骤

1．按照实验原理图连接实验线路。注意调压器手柄打在零位及电容箱和电流插箱的连接方法。

2．电容箱的电容全部断开，即只有日光灯管与镇流器相串联的感性负载支路与电源接通。此时调节调压器，使日光灯支路端电压从 0 增大至 220V。日光灯点燃后，用毫安表测量日光灯支路的电流 I 和功率表的有功功率 P 值，记录在自制的表格中。

3．电源电压保持 220V 不变。依次并联电容量 2μF、3μF、4μF 和 5μF，观察和记录每个电容值下的日光灯支路电流、电容支路电流以及总电流，观察功率表是否发生变化，数值全部记录在自制表格中。（注意日光灯支路的电流和电路总电流的变化情况。）

4．对所测数据进行技术分析。分别计算出各电容值下的功率因数 $\cos\varphi$，并进行对比，判断电路在各 $\cos\varphi$ 下的性质（感性或容性）。

六、问题与思考

1．通过实验，你能说出提高感性负载功率因数的原理和方法吗？

2．日光灯电路并联电容后，总电流减小，根据测量数据说明为什么当电容增大到某一数值时，总电流却又上升了？

3．说明日光灯电路中启辉器和镇流器的作用？

七、小操作：日光灯电路的故障处理

实验中常常会遇到接错线、断线等原因造成的故障，使电路不能正常工作，严重时还会损坏仪表、器材以及危及人身安全。如果实验电路出现严重短路或其他有可能损坏仪表、器材的故障时，应立即切断电源，排查故障。一般应先复查接线是否正确，在确定接线无误后，若故障不严重，可采用电压表法进行故障查找。

所为电压表法，即用电压表测量可能产生故障的各部分电压，依据电压的大小和有无，一般可查找到故障处。在实验室中，实验器材较少，相距并不太远，故可用测量各点的电位来确定故障点。即选用电源的一端为参考点，从电源的另一端钮，依回路电位降低的方向逐点进行测量判断。其中各连接导线的阻值、电流表的内阻近似为零，可认为无电位降落，否则即为开路故障点。在查找过程中应边判断边处理，直至电路恢复正常。

例如，在日光灯实验原理电路中，可以 D 为参考点，在正常工作和故障情况时，各点电位分别如表 4.1 所示。表中数据在使用不同型号的电压表或万用表时，会存在一定差异，但仍可按同理进行分析。

表 4.1　　　　测量数据表格

电路状态		测量数据				现象
		V_C/V	V_E/V	V_F/V	V_G/V	
正常情况		220	120左右	120左右	0	亮
故障情况	镇流器断路	220	0	0	0	不亮
	启辉器开路	220	220	220	0	不亮
	启辉器短路	约220	约为0	约为0	0	灯丝微亮
	灯丝 R_1 断路	220	220	0	0	不亮
	灯丝 R_2 断路	220	220	220	0	不亮

第4章　习题

一、填空题

1．相量特指与正弦量相对应的________，其中有效值相量的模对应正弦量的________，有效值相量的幅角对应正弦量的________。

2．相量分析法中，电阻元件的复阻抗 $Z=$ ________，电感元件的复阻抗 $Z=$ ________，电容元件上的复阻抗 $Z=$ ________，RL串联电路的复阻抗 $Z=$ ________。

3．复功率的模值对应正弦交流电路的________功率，其幅角对应正弦交流电路中电压与电流的________，复功率的实部对应正弦交流电路的________功率，虚部对应正弦交流电路的________功率。

4．________三角形、________三角形和________三角形是相似三角形，其中的________三角形属于相量图，当RLC串联电路处于感性时，该三角形的幅角________0，若RLC串联电路处于容性时，其三角形幅角________0，当RLC串联电路表现为纯电阻性时，三角形幅角________0。

5．已知正弦量 $i=10\sqrt{2}\sin(\omega t-60°)$ A，则它的有效值相量的模等于________A；它的有效值相量的幅角等于________。

二、判断题

1．直流电路中的各种分析方法均可直接应用于正弦交流电的相量分析法中。（　）

2．RLC串联电路的复阻抗可用三角形表示其实部、虚部及模三者之间的数量关系。（　）

3．电压三角形是相量图，所以它的各条边都是用带箭头的线段来表示的。（　）

4．当一个电路复功率的幅角等于零时，这个电路一定不消耗有功功率。（　）

5．一个多参数串联的正弦交流电路，其电路阻抗的大小与电路频率成正比。（　）

6．工程实际应用中，感性电路多于容性电路。（　）

7．感性电路的功率因数往往要比容性电路的功率因数高。（　）

8．由于感性无功功率为正，容性无功功率为负，所以它们之间可以相互补偿。　（　）

9．只要在感性设备中串入适当的电容，即可提高感性电路的功率因数。　（　）

10．线路上功率因数越低，输电线的功率损耗越大，为降低损耗必须提高功率因数。　（　）

三、选择题

1．幅角处在复平面上第二象限的复阻抗是（　　）。

A．$Z = 3+j4$　　B．$Z = 3-j4$　　C．$Z = -3+j4$　　D．$Z = -3-j4$

2．复功率的实部对应正弦交流电路的（　　）。

A．有功功率　　B．无功功率　　C．视在功率　　D．复功率

3．关于提高功率因数的几种说法，正确的是（　　）。

A．为了提高电源的利用率和降低线路上的功率损耗，必须提高线路的功率因数

B．为了提高电源的利用率和降低线路上的功率损耗，必须提高用电器的功率因数

C．为了提高电源的利用率和降低线路上的功率损耗，必须在用电器两端并联适当电容

4．线路的功率因数是（　　）。

A．线路中的无功功率和视在功率的比值

B．线路中的有功功率和视在功率的比值

C．线路中的有功功率和无功功率的比值

5．由于各条边分别表示的均为相量，所以必须用带箭头的线段来表示的三角形是（　　）。

A．阻抗三角形　　B．电压三角形　　C．功率三角形

四、简答题

1．RLC 串联电路参数不变，当频率发生变化使电路或处感性或处容性时，其电路复阻抗的模和幅角将如何对应变化？

2．相量分析法中的每个相量都是一个正弦量，所以相量分析法实质上就是正弦交流电路的分析法。这种说法对吗？为什么？

3．由于参考相量总是画在水平位置，所以要求参考相量的幅角一定是零才行。这种说法对吗？为什么？

4．试述提高功率因数的意义和方法。

五、分析计算题

1．已知 RL 串联电路的端电压 $u = 220\sqrt{2}\sin(314t + 30°)$ V，通过它的电流 $I = 5$A 且滞后电压 45°，用相量分析法求出电路参数 R 和 L。

2．电阻 $R = 40\Omega$，和一个 25μF 的电容器相串联后接到 $u = 100\sqrt{2}\sin 500t$ V 的电源上。试求电路中的复电流 $\dot{I}$，画出电路相量图。

3．已知 RLC 串联电路的参数为 $R = 20\Omega$，$L = 0.1$H，$C = 30\mu$F，当信号频率分别为 50Hz、1 000Hz 时，电路的复阻抗各为多少？两个频率下电路的性质如何？

4．已知 RLC 串联电路中，电阻 $R = 16\Omega$，感抗 $X_L = 30\Omega$，容抗 $X_C = 18\Omega$，电路端电压为 220V，试求电路中的有功功率 P、无功功率 Q、视在功率 S 及功率因数 $\cos\varphi$。

5．已知图 4.20（a）中电压表 V_1 读数为 30V；V_2 读数为 60V。图 4.20（b）中电压表 V_1

读数为 15V；V_2 读数为 80V；V_3 读数为 100V。求图 4.20 中电压 U_S。

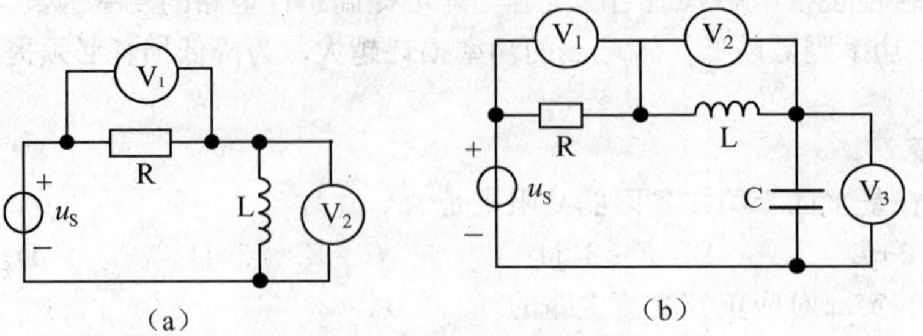

图 4.20　计算题 5 电路

第5章 谐振电路

在第4章对正弦交流稳态电路的分析中，利用相量可以实现对正弦交流稳态电路的定量分析，由于电感和电容在电路中呈现的电抗值与频率有关，所以在不同频率下电路呈现的特性各不相同。当信号频率为某一特定频率而使正弦稳态电路呈现纯电阻性质时，称电路发生了谐振。利用电路的谐振特性，可以选择所需的信号频率或抑制某些干扰信号，还可以利用电路的谐振特性来测量电抗型元件的参数。

本章教学要求

理论教学要求：本章主要从频率的角度分析 RLC 串联电路和并联电路，通过分析，掌握 RLC 电路产生谐振的条件，熟悉谐振发生时谐振电路的基本特性和频率特性，掌握谐振电路的谐振频率和阻抗等电路参数的计算，熟悉交流电路中负载获得最大功率的条件。

实验教学要求：通过实验进一步了解谐振现象，加深对谐振电路特性的认识；理解电路参数对串联谐振电路特性的影响；掌握测试通用谐振曲线的方法；理解谐振电路选频特性及应用。

5.1 串联谐振

学习目标

熟悉串联谐振电路产生谐振的条件；理解串联谐振发生时串联谐振电路的基本特性和频率特性；掌握串联谐振电路谐振频率和阻抗等电路参数的计算。

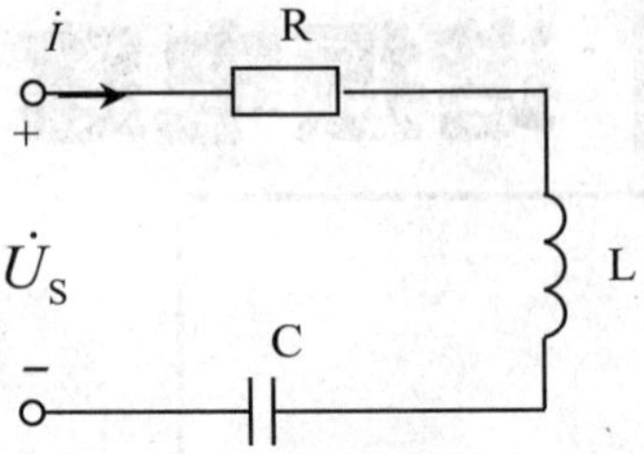

图 5.1 RLC 串联谐振电路

5.1.1 RLC 串联电路的基本关系

在图 5.1 所示的 RLC 串联电路中，当信号源为角频率 ω 的正弦电压 $\dot{U}_S = U\angle 0°$ 时，电路的复阻抗为

$$Z = R + \mathrm{j}\left(\omega L - \frac{1}{\omega C}\right) = R + \mathrm{j}X = |Z|\angle\varphi \tag{5.1}$$

其中，$X = \omega L - \dfrac{1}{\omega C}$，$|Z| = \sqrt{R^2 + X^2}$，$\varphi = \arctan\dfrac{X}{R}$

回路中的电流为

$$\dot{I} = \frac{\dot{U}_S}{Z} = \frac{U_S\angle 0°}{|Z|\angle\varphi} = \frac{U_S}{|Z|}\angle -\varphi = I\angle -\varphi \tag{5.2}$$

串联谐振的条件

5.1.2 串联谐振的条件

当回路中的电流与信号源电压的相位相同时，有 $\varphi=0$，这时复阻抗中的电抗 $X=0$，此时电路发生串联谐振。

一个 RLC 串联电路发生谐振的条件是 $X=X_L-X_C=0$，即 $\omega_0 L = \dfrac{1}{\omega_0 C}$。

由串联谐振的条件可得：

$$\omega_0 = \frac{1}{\sqrt{LC}} \quad 或 \quad f_0 = \frac{1}{2\pi\sqrt{LC}} \tag{5.3}$$

f_0 称为 RLC 电路的固有谐振频率，它只与电路的参数有关，与信号源无关。由此得到使电路发生谐振的方法有：

① 调整信号源的频率，使之等于电路的固有频率；

② 信号源的频率不变时，可以改变电路中 L 或 C 的大小，使电路的固有频率等于信号源的频率。

串联谐振电路的特性

5.1.3 串联谐振电路的基本特性

（1）串联谐振时，电路的复阻抗最小，且呈电阻特性。

分析可知，串联谐振时电抗 $X=0$，$|Z| = \sqrt{R^2 + X^2} = R$，呈纯电阻性，且阻抗最小。

若 $f<f_0$ 时，$\omega L < \dfrac{1}{\omega C}$，电路呈电容特性。

若 $f>f_0$ 时，$\omega L>\dfrac{1}{\omega C}$，电路呈电感特性。

（2）串联谐振时，回路中的电流最大，且与外加电压相位相同。

因为谐振时，复阻抗的模最小，在输入不变的情况下，电路中的电流最大；又因为谐振时的复阻抗呈纯电阻性，所以电路中的电流与电压同相。

（3）串联谐振时，电感的感抗等于电容器的容抗，且等于电路的特性阻抗，即

$$\begin{cases}\omega_0 L=\dfrac{1}{\omega_0 C}=\rho \\ \rho=\sqrt{\dfrac{L}{C}}\end{cases} \tag{5.4}$$

特性阻抗是衡量电路特性的一个重要参数。

（4）串联谐振时，电感两端的电压和电容两端的电压大小相等，相位相反，其数值为输入电压的 Q 倍。即：

$$\begin{cases}U_{\mathrm{C0}}=U_{\mathrm{L0}}=I_0 X_{\mathrm{L}}=\dfrac{U_{\mathrm{S}}}{R}X_{\mathrm{L}}=\dfrac{\omega_0 L}{R}U_{\mathrm{S}}=\dfrac{\rho}{R}U_{\mathrm{S}}=QU_{\mathrm{S}} \\ Q=\dfrac{\rho}{R}\end{cases} \tag{5.5}$$

式中，$Q=\dfrac{\omega_0 L}{R}$，Q 称为串联谐振回路的品质因数，是谐振电路的一个重要参数。Q 值的大小可达几十甚至几百。电路在谐振状态下，感抗或容抗比电阻要大得多，因此，电抗元件上的电压通常是外加电压的几十倍甚至几百倍，因此，串联谐振又称为电压谐振。

例 5.1　已知 RLC 串联电路中的 L=0.1mH，C=1 000pF，R=10Ω，电源电压 U_{S}=0.1mV，若电路发生谐振，求：电路的谐振频率、特性阻抗、品质因数、电容器两端的电压和回路中的电流各是多少?

解：

$$f_0=\frac{1}{2\pi\sqrt{LC}}=\frac{1}{2\pi\sqrt{0.1\times10^{-3}\times1\,000\times10^{-12}}}=\frac{1}{2\pi\sqrt{10^{-13}}}\approx500(\mathrm{kHz})$$

$$\rho=\sqrt{\frac{L}{C}}=\sqrt{\frac{0.1\times10^{-3}}{1\,000\times10^{-12}}}\approx316(\Omega)$$

$$Q=\frac{\rho}{R}=\frac{316}{10}=31.6$$

$$U_{\mathrm{C0}}=QU_{\mathrm{S}}=31.6\times0.1=3.16(\mathrm{mV})$$

$$I=\frac{U_{\mathrm{S}}}{R}=\frac{0.1\times10^{-3}}{10}=10(\mu\mathrm{A})$$

*5.1.4　串联谐振回路的能量特性

设 RLC 串联电路的电源电压为 $u_{\mathrm{s}}=U_{\mathrm{Sm}}\sin\omega_0 t$，$\omega_0$ 为电路的固有谐振频率，因电路处于谐

振状态，回路中的电流为

$$i = \frac{u_S}{R} = \frac{U_{Sm}}{R}\sin\omega_0 t = I_m \sin\omega_0 t \tag{5.6}$$

串谐电路的能量特性

这时电阻上的瞬时功率为

$$p_R = i^2 R = I_m^2 R \sin^2(\omega_0 t) \tag{5.7}$$

电源向电路供给的瞬时功率为

$$p = u_S i = U_{Sm}\sin\omega_0 t \cdot I_m \sin\omega_0 t = I_m^2 R\sin^2(\omega_0 t) = p_R \tag{5.8}$$

上述分析说明：谐振状态下电源供给电路的功率全部消耗在电阻上。

由于电感元件两端的电压与流过它的电流相位相差 90°，电感元件两端的电压为

$$u_L = \omega_0 L I_m \sin\left(\omega_0 t + 90°\right) = \sqrt{\frac{L}{C}} I_m \cos\omega_0 t \tag{5.9}$$

电感中的磁场能量为

$$w_L = \frac{1}{2}Li^2 = \frac{1}{2}LI_m^2 \sin^2(\omega_0 t) \tag{5.10}$$

同理，电容元件两端的电压为

$$u_C = \frac{1}{\omega_0 C} I_m \sin(\omega_0 t - 90°) = -\sqrt{\frac{L}{C}} I_m \cos\omega_0 t \tag{5.11}$$

电容中的电场能量为

$$w_C = \frac{1}{2}Cu_C^2 = \frac{1}{2}C\left(-\sqrt{\frac{L}{C}} I_m \cos\omega_0 t\right)^2 = \frac{1}{2}LI_m^2 \cos^2(\omega_0 t) \tag{5.12}$$

电场能量与磁场能量的总和为

$$\begin{aligned} W = w_L + w_C &= \frac{1}{2}LI_m^2 \sin^2(\omega_0 t) + \frac{1}{2}LI_m^2 \cos^2(\omega_0 t) \\ &= \frac{1}{2}LI_m^2 = \frac{1}{2}CU_m^2 \end{aligned} \tag{5.13}$$

上式说明：在串联谐振时，电感元件两端的电压与电容元件两端的电压大小相等，相位相反。电场能量和磁场能量相互转换，且总的存储能量保持不变。

5.1.5 串联谐振电路的频率特性

串谐电路的频率特性

一个 RLC 串联电路，当外加信号源的电压幅度不变而频率发生变化时，串联电路的电抗值将随信号源的频率发生变化，电抗的变化将导致电路中的电流、各元件的电压随之发生变化，这种电路参数随信号源频率变化的关系，称为频率特性。

1. 回路阻抗与频率之间的特性曲线

图 5.2 所示为阻抗和电抗随频率变化的关系曲线。根据感抗、容抗与频率的关系可知，感

抗与频率成正比，可用一条直线来表示；容抗与频率成反比且为负值，因此用一条负的反比曲线来表示；电阻不随频率变化，所以用一条虚直线表示。

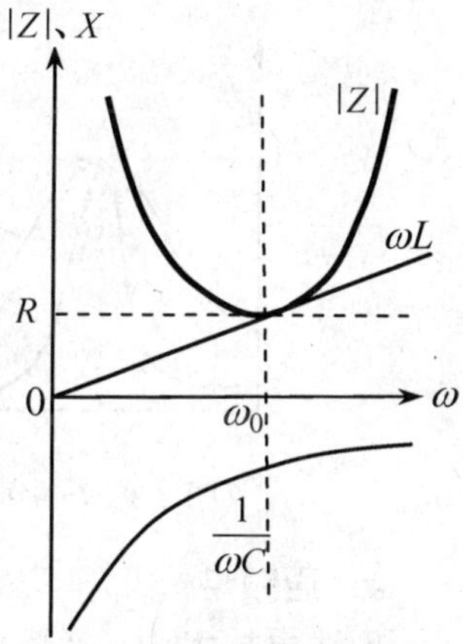

图 5.2　串联谐振电路的频率特性

在描述回路阻抗与频率的关系时，通常用复阻抗的模表示，复阻抗的模随频率变化的关系为

$$|Z|=\sqrt{R^2+\left(\omega L-\frac{1}{\omega C}\right)^2}$$

由图 5.2 中可看出正弦交流电路的阻抗随频率变化的曲线是一个 U 型，当$\omega=\omega_0$时，$|Z|=R$，电路阻抗最小，且为纯电阻性质。随着 ω 偏离 ω_0，根号内第二项越来越大，因此阻抗随之增大：在 0～ω_0 的一段频率范围，感抗大于容抗，总电抗 $X>0$，电路呈感性；过 ω_0 后频率增加的范围内，容抗绝对值大于感抗，总电抗 $X<0$，电路呈容性。

2．回路电流与频率的关系曲线

由式（5.2）可知，串联谐振回路中电流的大小为

$$I=\frac{U_S}{|Z|}=\frac{U_3}{\sqrt{R^2+\left(\omega L-\frac{1}{\omega C}\right)^2}}=\frac{U_S}{R\sqrt{1+\left[\frac{\omega_0 L}{R}\left(\frac{\omega}{\omega_0}-\frac{\omega_0}{\omega}\right)\right]^2}}$$

当 $\omega=\omega_0$ 时，电路发生谐振，电路中的电流最大，$I=I_0=\frac{U_S}{R}$。为了便于比较不同参数的 RLC 串联电路的特性，通常用 $\frac{I}{I_0}$ 表示电流的频率特性。

$$\frac{I}{I_0}=\frac{1}{\sqrt{1+Q^2\left(\frac{\omega}{\omega_0}-\frac{\omega_0}{\omega}\right)^2}}=\frac{1}{\sqrt{1+Q^2\left(\frac{f}{f_0}-\frac{f_0}{f}\right)^2}}\tag{5.14}$$

式（5.14）表示的谐振特性曲线如图 5.3 所示。从谐振特性曲线可以看出，$I-\omega$ 曲线是将$|Z|-\omega$ 曲线倒过来，最大值出现在ω_0 处。ω 偏离 ω_0 越远，$|Z|$越大，电流 I 也就越小。对于 Q 值不同的谐振电路，在偏离谐振频率相同的数值时，电流 I 的大小会各不相同。Q 值越高的谐振电路，谐振曲线的顶部越尖锐，$\frac{I}{I_0}$衰减得越快；Q 值越低的谐振电路，谐振曲线的顶部越圆钝，$\frac{I}{I_0}$衰减得越慢。可见，品质因数 Q 值越大的谐振电路，其选频能力越强，即对非谐振频率下的电流具有较强的抑制能力。

3．回路电流相位与频率的关系曲线

若输入电压的初相位为 0，回路电流的初相等于复阻抗相位的负值。即

$$\varphi_i=-\arctan\frac{\omega L-\frac{1}{\omega C}}{R}=-\arctan\frac{\omega_0 L}{R}\left(\frac{\omega}{\omega_0}-\frac{\omega_0}{\omega}\right)=-\arctan Q\left(\frac{\omega}{\omega_0}-\frac{\omega_0}{\omega}\right)\tag{5.15}$$

回路电流的相频特性曲线如图 5.4 所示。

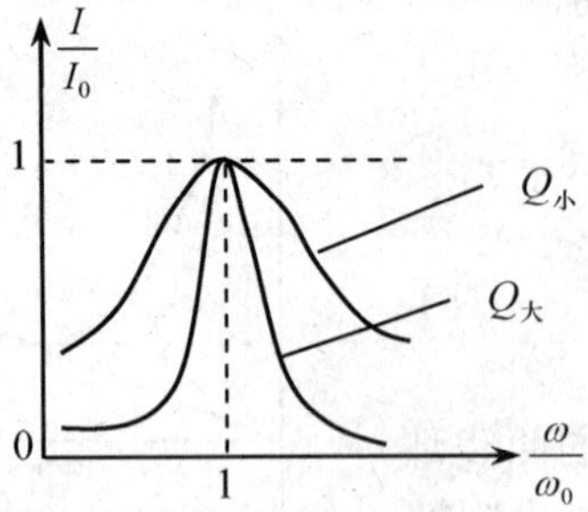

图 5.3　I～ω谐振曲线

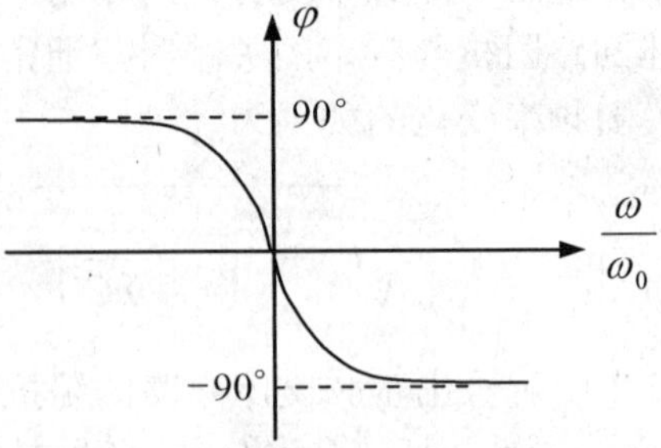

图 5.4　回路电流的相频特性曲线

4．通频带

无线电技术中，实际的传输信号都占有一定的频率范围，如电话线路中传输的音频信号，其频率传输范围一般为 20Hz～3.4kHz；收音机和电视机中播放的音乐信号，其传输频率为30Hz～20kHz。若要不失真的对信号进行传输，需保证信号中所有的频率成分都能顺利通过电路。为达这一目的，通常对谐振电路的频率通带（简称通频带）做一定的规定：谐振曲线上，当电流衰减到最大值的$\frac{1}{\sqrt{2}}$时，$\frac{I}{I_0}\geqslant\frac{1}{\sqrt{2}}$所对应的频率范围称为谐振电路的通频带，如图 5.5 所示。图中对应曲线最高点的电流为串联谐振电路谐振时的最大电流 I_0，I_0 对应的频率点是谐振频率 f_0；当电流沿曲线向左衰减到其最大值的$\frac{1}{\sqrt{2}}$时所对应的频率为 f_1，f_1 称为谐振电路的下限频率；当电流沿曲线向右衰减到其最大值的$\frac{1}{\sqrt{2}}$时所对应的频率为 f_2，f_2 称为谐振电路的上限频率，谐振电路的通频带用 BW 表示，即 $BW=f_2-f_1$。

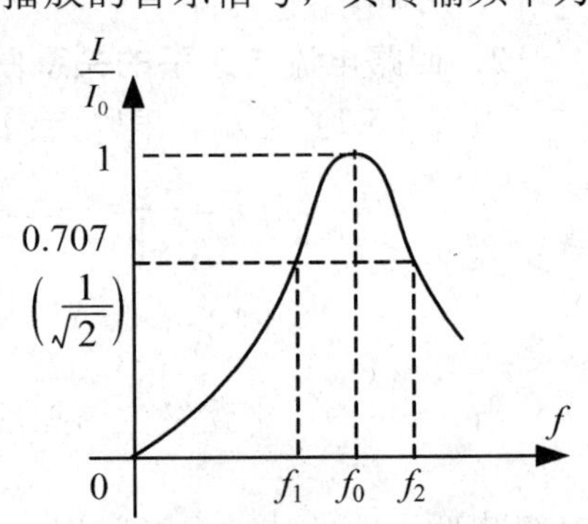

图 5.5　串联谐振电路的通频带

通频带 BW 与品质因数 Q 的关系可以通过式 5.14 求得。首先把公式中的角频率均用频率表示

令

$$\frac{I}{I_0}=\frac{1}{\sqrt{1+Q^2\left(\frac{f}{f_0}-\frac{f_0}{f}\right)^2}}=\frac{1}{\sqrt{2}}$$

解得

$$f_1=-\frac{f_0}{2Q}+\sqrt{\left(\frac{f_0}{2Q}\right)^2+f_0^2}$$

$$f_2=\frac{f_0}{2Q}+\sqrt{\left(\frac{f_0}{2Q}\right)^2+f_0^2}$$

通频带的宽度为

$$BW = f_2 - f_1 = \frac{f_0}{Q} \tag{5.16}$$

由式（5.16）可知，在一定的谐振频率 f_0 下，Q 值越高，通频带越窄，谐振曲线顶部越尖锐，电路的选择性就越好；反之，Q 值越低，通频带越宽，谐振曲线顶部越圆钝和平滑，电路的选择性就越差。因此，电路的选择性和通频带之间存在着矛盾。

实用电子技术中，从减小信号传输过程中的失真考虑，往往要求通频带宽一些，这时的电路品质因数 Q 值必定会低一些；从抑制干扰信号的观点出发，往往要求电路谐振曲线的顶部越尖锐越好，即希望电路的 Q 值尽量高。如收音机调台电路，为了防止电台串音现象，要求具有很好的选择性，这时就需采用品质因数 Q 值较高的串联谐振电路。如何解决上述矛盾呢？实际应用中，二者均要兼顾，要根据具体情况的主要矛盾选择适当的 Q 值和通频带。

例 5.2　RLC 串联调谐回路的电感量为 310μH，欲接收载波频率为 540kHz 的电台信号，问这时的调谐电容为多大？若回路的 Q=50，频率为 540kHz 的电台信号在线圈中的感应电压为 1mV，同时进入输入调谐回路的另一电台信号频率为 600kHz，在线圈中的感应电压也为 1mV，求两信号在回路中产生的电流各为多大？

解：（1）欲接收载波频率为 540kHz 的电台信号，就应使输入调谐回路的谐振频率也为 540kHz，由式 $f_0 = \frac{1}{2\pi\sqrt{LC}}$ 可推出

$$C = \frac{1}{(2\pi f_0)^2 L} \approx \frac{1}{(2\times3.14\times540\times10^3)^2\times310\times10^{-6}} = 280(\text{pF})$$

（2）由于电路对频率为 540kHz 的信号产生谐振，所以回路的电流 I_0 为

$$I_0 = \frac{U}{R} = \frac{U}{\frac{\rho}{Q}} = \frac{QU}{2\pi f_0 L} \approx \frac{50\times1\times10^{-3}}{2\times3.14\times540\times10^3\times310\times10^{-6}} = 47.5\times10^{-6}(\text{A}) = 47.5(\mu\text{A})$$

频率为 600kHz 的电压产生的电流为

$$I = I_0\frac{1}{\sqrt{1+Q^2\left(\frac{f}{f_0}-\frac{f_0}{f}\right)^2}} = \frac{47.5}{\sqrt{1+50^2\left(\frac{600}{540}-\frac{540}{600}\right)^2}} = 4.48(\mu\text{A})$$

此例说明，当电压值相同、频率不同的两个信号通过串联谐振电路时，电路对信号的选择能力使两信号在回路中产生的电流相差 10 倍以上，显然弱小信号会被抑制掉。

检验学习结果

5.1.1　RLC 串联电路发生谐振的条件是什么？如何使 RLC 串联电路发生谐振？

5.1.2　串联谐振电路谐振时的基本特性有哪些？

5.1.3　串联谐振电路的品质因数 Q 与电路的频率特性曲线有什么关系？是否影响通频带？

5.1.4　已知 RLC 串联电路的品质因数 Q=200，当电路发生谐振时，L 和 C 上的电压值均大于回路的电源电压，这是否与基尔霍夫定律有矛盾？

5.2 并联谐振

学习目标

了解并联谐振电路产生谐振的条件；理解并联谐振发生时并联谐振电路的基本特性和频率特性；掌握并联谐振电路谐振频率、谐振阻抗、品质因数等电路参数的计算。

工程实际中，一个线圈和一个电容器首尾相连构成一个闭环，就可构成一个最简单的并联谐振电路。由于实际线圈的铜耗电阻通常不能忽略，所以实际线圈可用电感 L 和电阻 R 的串联等效作为其电路模型；实际电容器的损耗（漏电流）极小，即其漏电阻通常可以忽略不计，因此可用一个理想电容 C 作为其电路模型。这样，并联谐振电路的电路模型如图 5.6（a）所示。

并谐电路的谐振条件

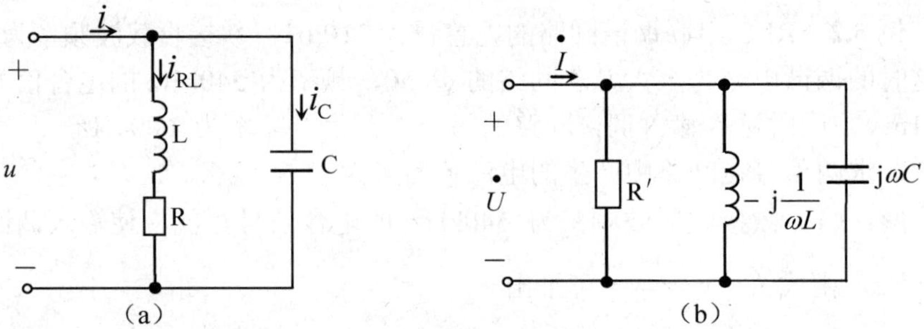

图 5.6　并联谐振电路及其等效相量模型

5.2.1　并联谐振电路的谐振条件

1．并联谐振电路的等效电路

图 5.6（a）电路中，由于实际线圈的铜耗电阻 R 往往很小，谐振时满足 $\omega_0 L>>R$ 的条件，因此谐振时电路阻抗的计算公式可简化为

$$Z_0=R'=\frac{1}{|Y_0|}=\frac{R^2+(\omega_0 L)^2}{R}\approx\frac{(\omega_0 L)^2}{R}=\frac{\frac{1}{LC}\cdot L^2}{R}=\frac{L}{RC} \tag{5.17}$$

图 5.6（b）所示电路为实际并联谐振电路等效电路的相量模型。图 5.6（a）中的电阻 R 和图 5.6（b）中 R'显然不是同一电阻，两个电阻之间的关系如式（5.17）所示，即

$$R=\frac{L}{R'C} \tag{5.18}$$

并联谐振电路的品质因数 Q 为

$$Q=\frac{\omega_0 L}{R}=\frac{1}{R\omega_0 C}=\omega_0 CR'=\frac{R'}{\omega_0 L}=R'\sqrt{\frac{C}{L}} \tag{5.19}$$

由式（5.19）可知，无论是并联谐振电路还是串联谐振电路，电路的品质因数 Q 的数值都是由线圈的品质所决定，这一点必须要明确。

2．并联谐振电路的谐振频率

由图 5.6（b）所示的并联谐振电路的等效相量模型，可得并联谐振电路的复导纳

$$Y=\frac{1}{R'}+\frac{1}{\mathrm{j}\omega L}+\mathrm{j}\omega C=G+\mathrm{j}\left(\omega C-\frac{1}{\omega L}\right)=G+\mathrm{j}B$$

显然，并联谐振电路当复导纳的虚部为零时发生谐振。令电路中的电纳 B=0 可得

$$\omega_0 C-\frac{\omega_0 L}{r^2+(\omega_0 L)^2}\approx\omega_0 C-\frac{1}{\omega_0 L}=0$$

$$\omega_0=\frac{1}{\sqrt{LC}}\quad 或\quad f_0=\frac{1}{2\pi\sqrt{LC}}\tag{5.20}$$

此结果表明，同样大小的 L、C 组成串联谐振电路，和它们组成并联谐振电路时的谐振频率近似相等。所以，一般可用式（5.20）计算并联电路的谐振频率。

5.2.2　并联谐振电路的基本特性

并谐电路的基本特性

1．电路发生并联谐振时，由于电纳 B=0，所以电路中的导纳 $|Y_0|=G$ 最小，且电路呈电阻性；此时电路的阻抗 $|Z_0|=\dfrac{1}{|Y_0|}=R'$ 达到最大，由式（5.17）可推得此时电路的谐振阻抗

$$R'=\frac{L}{RC}=Q^2R\tag{5.21}$$

即并联谐振时电路呈高阻特性。如果线圈电阻可忽略时，并联谐振电路成为理想并谐电路，对理想并谐电路而言，谐振时电路阻抗为无穷大。

2．并联谐振电路谐振时由于呈高阻特性，因此电路中电源提供的总电流最小，且与电路端电压同相。通常与高内阻的信号电流源相接。谐振时由于电路呈高阻特性，因此电路两端的电压最大，且与信号源电流同相。

3．并联谐振时，由图 5.6（b）可得各电抗支路上电流为

$$\dot{I}_{\mathrm{C}}=\mathrm{j}B_{\mathrm{C}}\dot{U}=\mathrm{j}\omega_0 C\dot{U}=\mathrm{j}\omega_0 C\dot{I}R'=\mathrm{j}Q\dot{I}$$

同理

$$\dot{I}_{\mathrm{L}}=-\mathrm{j}B_{\mathrm{L}}\dot{U}=\frac{\dot{U}}{\mathrm{j}\omega_0 L}=-\mathrm{j}\frac{R'}{\omega_0 L}\dot{I}=-\mathrm{j}Q\dot{I}$$

显然，谐振时两电抗的支路电流大小相等，相位相反，均为电路总电流的 Q 倍。

即谐振时，电感和电容两条支路的电流在两个电抗元件中来回振荡，能量完全补偿。

5.2.3　信号源内阻对并联谐振电路的影响

在实际的应用电路中，并联谐振电路的激励信号源都有一定内阻，如图 5.7 所示。那么，信号源中的内阻对谐振电路会产生什么影响呢？

在未接信号源时，电路谐振时的阻抗为 R'；当接入信号源后，电路谐振时的阻抗变为

$R'//R_S$，即谐振阻抗减小。由于品质因数由 $Q_0=\dfrac{R'}{\omega_0 L}$ 变为 $Q=\dfrac{R'//R_S}{\omega_0 L}$，使并联谐振电路的选择性变差，通频带变宽。

为了尽量减小信号源内阻对并联谐振电路的影响一般采用部分接入的方式，如图 5.8 所示。图 5.8 中的 R_S 等效至 R 两端时，其等效电阻为

$$R_S'=\left(\frac{L_1+L_2}{L_1}\right)^2 R_S=\frac{1}{p_L^2}R_S$$

阻值变大，使信号源内阻对并联谐振电路的影响大大减小。式中的 p_L 称为接入系数。如果只改变电感中心的抽头位置而不改变总电感量时，电路的谐振频率不变。

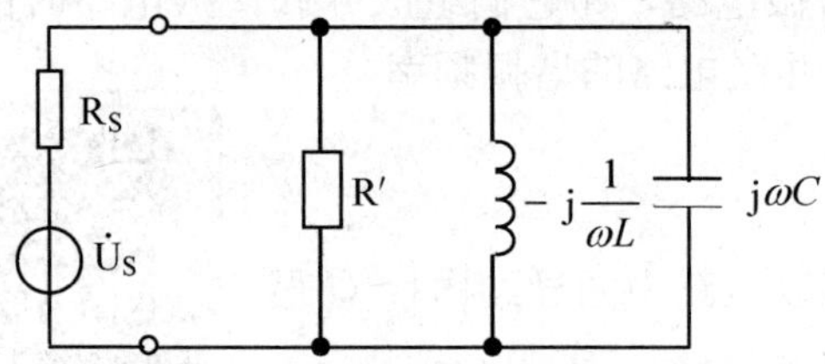

图 5.7　信号源的内阻对谐振电路影响

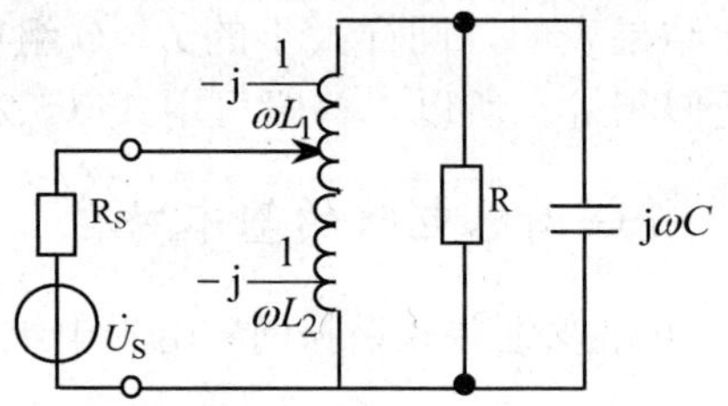

图 5.8　部分接入方式

例 5.3　图 5.9 所示电路中的电感之间无互感，R_1=10Ω 为电感线圈内阻，L_1=5mH，L_2=1mH，C=1 000pF。

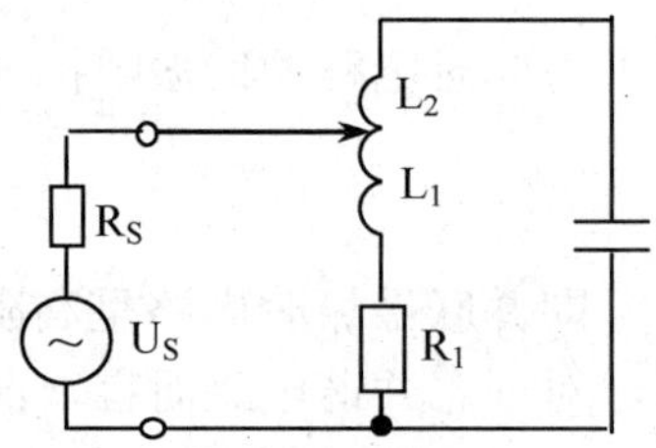

图 5.9　例 5.3 电路

求：①并联电路的固有谐振角频率；

② 电路未接信号源时的品质因数 Q_0；

③ 将一内阻为 R_S=100kΩ 的信号源接入后，电路的品质因数变为多大？

④ 信号源接入前后，并联谐振电路的通频带各为多少？

解：①由式（5.18）得

$$\omega_0 L_1+\omega_0 L_2-\frac{1}{\omega_0 C}=0$$

$$\omega_0=\frac{1}{\sqrt{(L_1+L_2)C}}=\frac{1}{\sqrt{(1+5)\times10^{-3}\times10^{3}\times10^{-12}}}\approx4.08\times10^{5}\,(\text{rad/s})$$

② 由式（5.19）得

$$Q_0=\frac{1}{R_1\omega_0 C}=\frac{1}{10\times4.08\times10^{5}\times10^{3}\times10^{-12}}\approx245$$

③ 将 R_1 等效到电容两端时的电阻为

$$R_1'=\frac{L_1+L_2}{R_1 C}=\frac{(5+1)\times10^{-3}}{10\times10^{3}\times10^{-12}}=6\times10^{5}\,(\Omega)$$

将 R_S 等效到电容两端时的电阻为

$$R_S'=\left(\frac{L_1+L_2}{L_1}\right)^2 R_S=\left(\frac{5+1}{5}\right)^2\times100=144(\text{k}\Omega)$$

$$R_1'//R_S' = 600//144 = 116.13(\text{k}\Omega)$$

$$Q_S = \left(R_1'//R_S'\right)\omega C = 116.13\times10^3\times4.08\times10^5\times10^3\times10^{-12} = 47.3$$

④ 谐振频率为 $f_0 = \dfrac{\omega_0}{2\pi} = \dfrac{4.08\times10^5}{2\times3.14} = 65(\text{kHz})$

信号源接入前通频带为

$$BW = \frac{f_0}{Q} = \frac{65\,000}{245} = 265.3(\text{Hz})$$

信号源接入后通频带为

$$BW_S = \frac{f_0}{Q_S} = \frac{65\,000}{47.3} = 1\,374.2(\text{Hz})$$

显然，信号源接入电路后，由于信号源内阻的影响，电路通频带得以展宽，但同时品质因数 Q 值降低。

5.2.4　并联谐振电路的一般分析方法

设并联谐振电路各支路的阻抗分别为 $Z_1=R_1+jX_1$，$Z_2=R_2+jX_2$，如图 5.10 所示。则各支路的导纳为

$$Y_1 = \frac{1}{Z_1} = \frac{R_1}{R_1^2+X_1^2} - j\frac{X_1}{R_1^2+X_1^2}$$

$$Y_2 = \frac{1}{Z_2} = \frac{R_2}{R_2^2+X_2^2} - j\frac{X_2}{R_2^2+X_2^2}$$

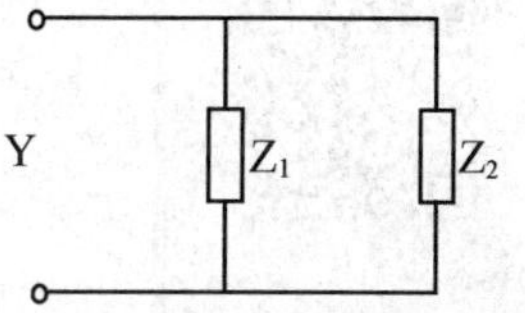

图 5.10　一般并联谐振电路

两支路并联后的总导纳为

$$Y = Y_1 + Y_2 = \frac{R_1}{R_1^2+X_1^2} + \frac{R_2}{R_2^2+X_2^2} + j\left(\frac{-X_1}{R_1^2+X_1^2} + \frac{-X_2}{R_2^2+X_2^2}\right) = G + jB$$

电路发生并联谐振的条件为 $B=0$。当各支路的 Q 值较高时，有 $|X_1|>>R_1$，$|X_2|>>R_2$，因此并联谐振条件可以简化为

$$X_1+X_2=0 \quad 或 \quad X_1=-X_2 \tag{5.22}$$

即并联谐振电路发生谐振时，回路中所有元件电抗值的代数和为零。或者说一条支路的总电抗与另一条支路的总电抗大小相等，符号相反。

在谐振条件下，电纳 $B=0$，各支路的谐振电抗 $|X_{10}|>>R_1$，$|X_{20}|>>R_2$，这时并联谐振电路的总阻抗为

$$Z_0 = \frac{1}{Y_0} = \frac{X_{10}^2}{R_1+R_2} = \frac{X_{20}^2}{R_1+R_2} \tag{5.23}$$

利用式（5.22）和式（5.23）可以解决一般并联谐振电路的计算问题。

检验学习结果

5.2.1　如果信号源的频率大于、小于及等于并联谐振回路的谐振频率，问回路将呈现何种性质？

5.2.2　为什么称并联谐振为电流谐振？相同的 Q 值并联谐振电路，在长波段和短波段，通频带是否相同？

5.2.3　RLC 并联谐振电路的两端并联一个负载电阻 R_L 时，是否会改变电路的 Q 值？

5.3　正弦交流电路的最大功率传输

学习目标

理解并掌握正弦交流电路负载获得最大功率的条件。

在正弦稳态电路中的某些技术领域里，需要负载从信号源获取最大功率，这时电路的参数和负载之间应具备什么关系呢？

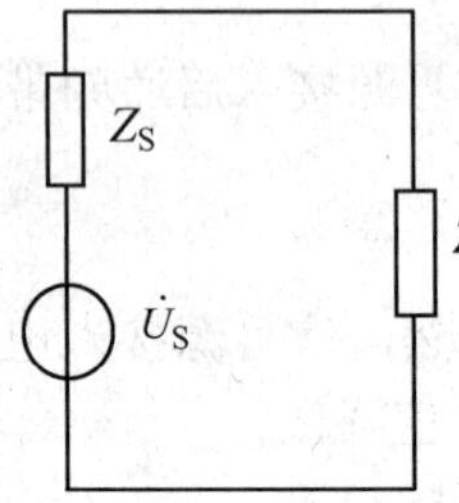

图 5.11　最大功率传输原理电路

在图 5.11 所示电路中，$\dot{U}_S$ 和 $Z_S=R_S+jX_S$ 为等效电源的电压相量和复数形式的内阻抗，负载阻抗的复数形式为 $Z_L=R_L+jX_L$，这时流过负载的电流为

$$\dot{I}=\frac{\dot{U}_S}{Z_S+Z_L}=\frac{\dot{U}_S}{(R_S+R_L)+j(X_S+X_L)}$$

最大功率传输条件

电流的有效值为

$$I=\frac{U_S}{\sqrt{(R_S+R_L)^2+(X_S+X_L)^2}}$$

负载从电源获取的有功功率为

$$P_L=I^2R_L=\frac{U_S^2R_L}{(R_S+R_L)^2+(X_S+X_L)^2}$$

当 R_L 不变时，若 $X_S+X_L=0$，则 P_L 有极大值，这时

$$P_{Lm}=\frac{U_S^2R_L}{(R_S+R_L)^2}$$

如果要得到负载获取的最大功率，可令 $\frac{dP_L}{dR_L}=0$

$$\frac{dP_L}{dR_L}=\frac{U_S^2\left[(R_S+R_L)^2-R_L\cdot 2(R_S+R_L)\right]}{(R_S+R_L)^4}=0$$

解之得　　　　$R_S-R_L=0$

所以负载获取最大功率的条件是

$$\begin{cases}X_L=-X_S\\R_L=R_S\end{cases}\quad 或\quad Z_L=Z_S^*\ （Z_S^*\ 为\ Z_S\ 的共轭复数）\tag{5.24}$$

负载获取的最大功率为

$$P_{\mathrm{L}}=\frac{U_{\mathrm{S}}^{2}}{4R_{\mathrm{S}}} \tag{5.25}$$

当负载为纯电阻时，同样的方法，可以得到负载获取最大功率的条件为

$$R_{\mathrm{L}}=\sqrt{R_{\mathrm{S}}^{2}+X_{\mathrm{S}}^{2}}=|Z_{\mathrm{S}}|$$

负载获取的最大功率为

$$P_{\max}=\frac{U_{\mathrm{S}}|Z_{\mathrm{S}}|}{\left(R_{\mathrm{S}}+|Z_{\mathrm{S}}|\right)^{2}+X_{\mathrm{S}}^{2}}$$

检验学习结果

5.3.1　在电源内阻抗不同的条件下，负载获得最大功率的条件各是什么？

5.3.2　当电源内阻抗为感性阻抗而负载为纯电阻时，怎样才能使负载电阻获得最大的功率？

5.4　谐振电路的应用

学习目标

了解谐振电路的应用场合及一般使用方法。

谐振电路的应用主要体现在以下几个方面。

1．用于信号的选择

信号在传输的过程中，不可避免要受到一定的干扰，使信号中混入了一些不需要的干扰信号。利用谐振的特性，就可以将大部分干扰信号滤除。

在图 5.12 中，设信号频率为 f_0，远离信号频率的干扰频率为 f_1，将串联谐振电路和并联谐振电路的谐振频率都调整为 f_0。当信号传送过来时，由于并联谐振电路对频率 f_0 的信号阻抗大，而串联谐振电路对频率 f_0 的信号阻抗小，所以频率为 f_0 的信号可以顺利地传送到输出端；对于干扰频率 f_1，并联谐振电路对其阻抗小，而串联谐振电路对其阻抗大，所以只有很小的干扰信号被送到输出端，干扰信号被大大削弱了，达到了滤除干扰信号的目的。如电视机中的全电视信号，在同步分离后送往鉴频器或预视放前，要经过滤波，取出需要的信号频率，而将其他无用频率滤除。

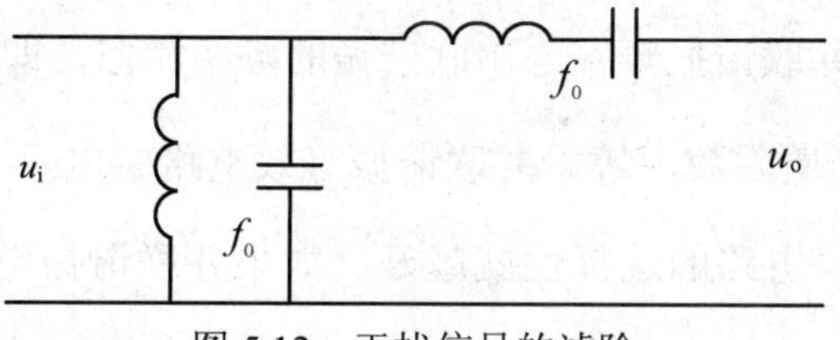

图 5.12　干扰信号的滤除

2．用于元器件的测量

利用谐振的特性，是测量电抗型元件集总参数的一种有效方法，Q 表就是一个典型的例

子，其原理电路如图 5.13 所示。

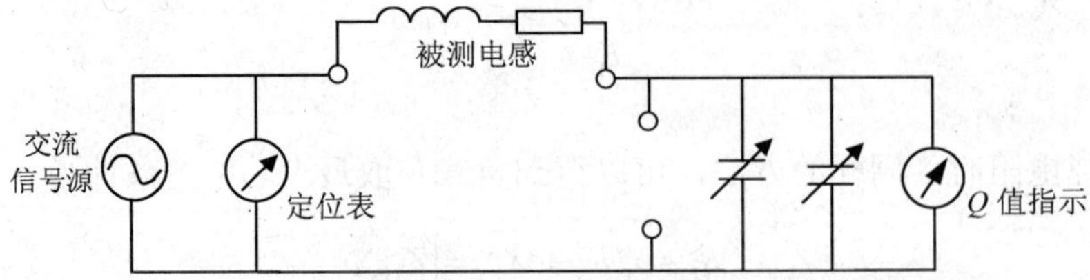

图 5.13　Q 表原理图

首先调整信号源的频率和大小，使定位表指示在规定的数值上。接入被测电感，调整电容器的容量大小，使电路发生谐振。由于信号源的频率不再改变，所以电容器的变化量和被测电感之间有一一对应的关系。通过谐振状态时电容器两端的电压和信号源电压的关系，可以测量出电感上 Q 值的大小及电感量的大小。如果被测电感上接一个标准电感时，也可以用来测量电容器的电容量。

3．提高功率的传输效率

利用在谐振状态下，电感的磁场能量与电容器的电场能量可实现完全交换这一特点，电源输出的功率全部消耗在负载电阻上，从而实现最大功率的传送。

小结

1．谐振现象是同时含有电感 L 和电容 C 的正弦交流电路中的一种特殊现象。当电路满足一定条件时，电路的端电压和总电流同相，电路呈现纯电阻性。通过调节电源频率或改变电抗元件的参数可使电路达到谐振。

2．串联谐振的特点是：电路的阻抗最小，电流最大，在电感和电容元件两端出现过电压现象。串联谐振发生的条件是 $\omega_0 L=\dfrac{1}{\omega_0 C}$；谐振频率为 $f_0=\dfrac{1}{2\pi\sqrt{LC}}$。

3．串联谐振电路的品质因数等于谐振时线圈的感抗和电阻的比值，即 $\dfrac{\omega_0 L}{R}$。品质因数越高电路的选择性越好，但不能无限制地加大品质因数，否则通频带会变窄，致使接收的信号产生失真。

4．并联谐振的特点：电路呈现高阻抗特性，即 $|Z_0|=\dfrac{L}{rC}$，因此电流最小，在电感和电容支路上出现过电流现象。并联谐振频率与串联谐振的频率相似，即 $f_0=\dfrac{1}{2\pi\sqrt{LC}}$。

5．并联谐振电路的品质因数，等于并联谐振等效电路中电阻 R 与线圈电抗的比值，即 $Q=\dfrac{R}{\omega_0 L}$。品质因数越高，电路的选择性就越好。如果并联谐振电路与低内阻的信号电压源相连，则由于信号电压源内阻的影响，会使电路的品质因数大大降低。所以，并联谐振电路只适合于高内阻信号。

6．正弦交流电路中负载获得最大功率的条件是 $X_{\rm L}=-X_{\rm S}$，$R_{\rm L}=R_{\rm S}$；或 $Z_{\rm L}=Z_{\rm S}^*$。

技能训练

实验五　串联谐振的研究

一、实验目的

1．学习用实验方法绘制 RLC 串联电路的幅频特性曲线。

2．加深理解电路发生谐振的条件、特点，掌握电路品质因数 Q 的物理意义及其测定方法。

二、原理说明

1．在图 5.14 所示的 RLC 串联电路中，当正弦交流信号源的频率 f 改变时，电路中的感抗、容抗随之而变，电路中的电流也随 f 而变。取电阻 R 上的电压 u_o 作为响应，当输入电压 u_i 的幅值维持不变时，在不同频率的信号激励下，测出 u_o 有效值，然后以 f 为横坐标，以 U_O/U_I 为纵坐标（因 U_I 不变，故也可直接以 U_O 为纵坐标），绘出光滑的曲线，此即为幅频特性曲线，也称谐振曲线，如图 5.15 所示。

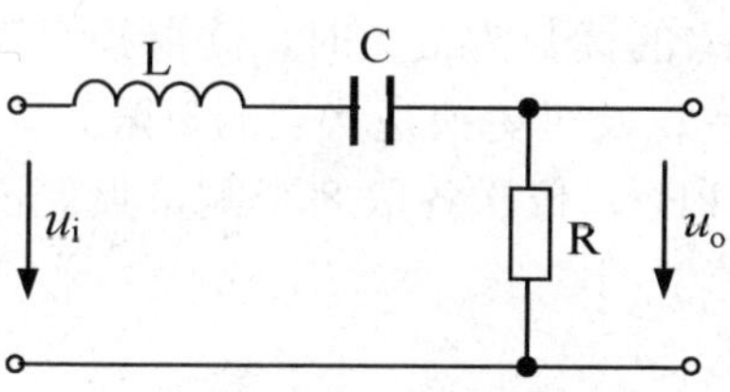

图 5.14　RLC 串联电路

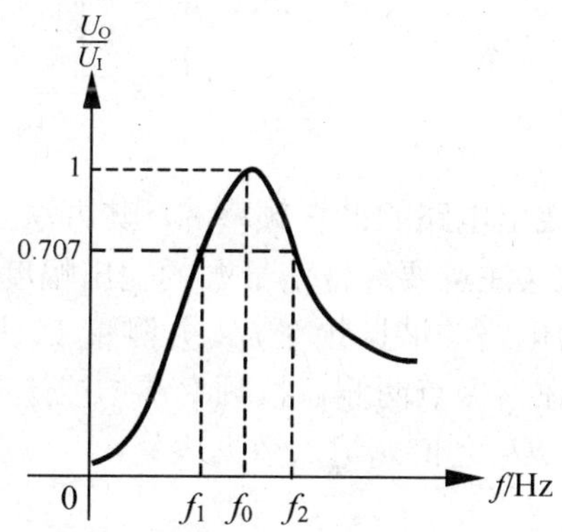

图 5.15　谐振曲线

2．在 $f = f_0 = \dfrac{1}{2\pi\sqrt{LC}}$ 处，即幅频特性曲线尖峰所在的频率点称为谐振频率。此时 $X_L=X_C$，电路呈纯阻性，电路阻抗的模为最小。在输入电压 u_i 为定值时，电路中的电流达到最大值，且与输入电压 u_i 同相位。从理论上讲，此时 $u_i=u_R=u_o$，$u_L=u_C=Qu_i$，式中的 Q 称为电路的品质因数。

3．电路品质因数 Q 值的两种测量方法

一是根据公式 $Q=\dfrac{U_C}{U_O}=\dfrac{U_L}{U_O}$ 测定，U_C 与 U_L 分别为谐振时电容器 C 和电感线圈 L 上的电压；另一方法是通过测量谐振曲线的通频带宽度 $\Delta f=f_2-f_1$，再根据 $Q=\dfrac{f_0}{f_2-f_1}$ 求出 Q 值。式中 f_0 为谐振频率，f_2 和 f_1 是失谐时，亦即输出电压的幅度下降到最大值的 $1/\sqrt{2}=0.707$ 倍时的上、下频率点。Q 值越大，曲线越尖锐，通频带越窄，电路的选择性越好。在恒压源供电时，电路的品质因数、选择性与通频带只决定于电路本身的参数，而与信号源无关。

三、实验设备

1．函数信号发生器；

2．交流毫伏表（0～600V）；

3．谐振实验电路板 R=200Ω，C=0.01μF，L≈30mH；

4．交流电路实验装置一套。

四、实验内容

1．按图 5.16 组成测量电路。先选用 C_1、R_1，用交流毫伏表测电压，用双踪示波器监视信号源输出。令信号源输出电压 U_i=3V，保持不变。

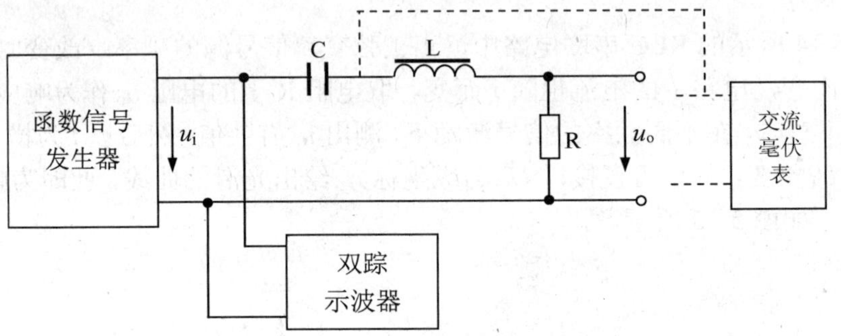

图 5.16　测量电路

2．找出电路的谐振频率 f_0，其方法是将毫伏表接在 R(200Ω)两端，令信号源的频率由小逐渐变大（注意要维持信号源的输出幅度不变），当 U_o 的读数为最大时，读得频率计上的频率值即为电路的谐振频率 f_0，并测量 U_C 与 U_L 之值（注意及时更换毫伏表的量限）。

3．在谐振点两侧，按频率递增或递减 500Hz 或 1kHz，依次各取 8 个测量点，逐点测出 U_O，U_L，U_C 之值，记入数据表格。

表 5.1

f/kHz														
U_O/V														
U_L/V														
U_C/V														

U_{iPP}=3V，C=0.01μF，R=200Ω，f_o=　　，f_2–f_1=　　，Q=

4．选 C_1=0.01μF，R_2=1kΩ，重复步骤 2、3 的测量过程。

表 5.2

f/kHz														
U_O/V														
U_L/V														
U_C/V														

U_{iPP}=3V，C=0.01μF，R=1kΩ，f_0=　　，f_2–f_1=　　，Q=

五、实验注意事项

1．测试频率点的选择应在靠近谐振频率附近多取几点。在变换频率测试前，应调整信号输出幅度（用示波器监视输出幅度），使其 U_{iPP} 维持在 2.828V。

2．测量 U_C 和 U_L 数值前，应将毫伏表的量限改大，而且在测量 U_L 与 U_C 时毫伏表的“+”端接 C 与 L 的公共点，其接地端分别触及 L 和 C 的近地端 N_2 和 N_1。

3．实验中，信号源的外壳应与毫伏表的外壳绝缘（不共地）。如能用浮地式交流毫伏表测量，则效果更佳。

六、预习及思考题

1．根据实验线路板给出的元件参数值，估算电路的谐振频率。

2．改变电路的哪些参数可以使电路发生谐振，电路中 R 的数值是否影响谐振频率值？

3．如何判别电路是否发生谐振？测试谐振点的方案有哪些？

4．电路发生串联谐振时，为什么输入电压不能太大，如果信号源给出 3V 的电压，电路谐振时，用交流毫伏表测 U_L 和 U_C，应该选择用多大的量限？

5．要提高 RLC 串联电路的品质因数，电路参数应如何改变？

6．本实验在谐振时，对应的 U_L 与 U_C 是否相等？如有差异，原因何在？

七、实验报告

1．根据测量数据，绘出不同 Q 值时 3 条幅频特性曲线，即：

$$U_O=f(f)，U_L=f(f)，U_C=f(f)$$

2．计算出通频带与 Q 值，说明不同 R 值时对电路通频带与品质因数的影响。

3．对两种不同的测 Q 值的方法进行比较，分析误差原因。

第 5 章　习题

一、填空题

1. RLC 串联电路出现________与________同相的现象称电路发生了串联谐振。串联谐振时，电路的________最小，且等于电路中的________，电路中的________最大，动态元件 L 和 C 两端的电压是路端电压的________倍，谐振电路的特征阻抗ρ=________。

2．电路发生并联谐振时，电路中的________最大，且呈________性质，________最小，且与________同相位，动态元件 L 和 C 两支路的电流是输入总电流的________倍。

3. 谐振电路的品质因数 Q 值越大，则电路的________越好，谐振曲线的顶部越________，但会使________变窄，造成接收信号部分频率丢失而产生失真。

4．并联谐振回路的通频带与回路的品质因数成________，与谐振频率成________。

5．实际的并联谐振电路中，其信号源总是存在内阻的。因此，在电路接入信号源后，电路中的________就会减小，________因此也减小，但是电路的________变宽。

二、判断说法的正确与错误（每小题 1 分，共 10 分）

1．串联谐振电路在谐振发生时，电路中的阻抗最大、电流最小。（　　）

2．信号传输中可利用谐振特性构成各种滤波电路，将大部分干扰信号滤除。（　　）

3．串联谐振发生时，动态元件 L 和 C 两端的电压可达到总电压的 Q 倍。（　　）

4．若正弦交流电路中出现了阻抗最小、电流最大的现象，则电路一定发生了谐振。（　　）

5．谐振时的频率只与动态元件的参数有关，与电路中的电阻无关。（　　）

6．谐振电路的品质因数越高，选择性越好，因此谐振电路中的 Q 值越大越好。（　　）

7．并联谐振时呈高阻特性，因此电路向电源取用的电流很小，支路电流也很小。（　　）

8．并联谐振电路与串联谐振电路的特性截然不同，因此它们的谐振频率差别很大。（　　）

9．谐振电路通频带较窄时可造成信号的失真，因此通频带选择越宽越好。（　　）

10．谐振状态下L和C的能量可实现完全交换，从而电路实现最大功率的传输。（　　）

三、选择题

1．谐振电路中，品质因数 Q 对选择性和通频带的影响是（　　）。

A．品质因数 Q 值越大，电路选择性越好，通频带越宽

B．品质因数 Q 值越大，电路选择性越好，通频带越窄

C．品质因数 Q 值越大，电路选择性越差，通频带越窄

2．在RLC串联谐振电路中，已知 Q=100，路端电路 U_S=30mV，则 U_L=（　　）。

A．30mV　　B．30V　　C．3V

3．电子技术中，并联谐振电路两端并联一电阻后，回路的通频带将会（　　）。

A．变窄　　B．展宽　　C．不变

4．串联谐振电路的特征是（　　）。

A．电路中总阻抗最小，电流最大，L和C两端的电压为零

B．电路中总阻抗最小，电流最大，L和C两端的电压是总电压的 Q 倍

C．电路中总阻抗最小，电流最大，L和C两端的电压等于总电压

5．并联谐振电路的特征是（　　）。

A．电路呈现的阻抗最大，总电流最小，L和C支路的电流为零

B．电路呈现的阻抗最大，总电流最小，L和C支路的电流是总电流的 Q 倍

C．电路呈现的阻抗最小，总电流最大，L和C支路的电流是总电流的 Q 倍

四、简答题

1．何谓串联谐振电路的电流谐振曲线？说明品质因数 Q 值的大小对谐振曲线的影响。

2．谐振电路的通频带是如何定义的？它与哪些量有关？

3．某RLC串联电路处于谐振状态，如果改变电路参数 R、L 或 C 时，电路的性质是否有改变？为什么？

4．串联谐振电路和并联谐振电路的品质因数计算式是否相同？电路发生并联谐振时具有什么特征？

五、分析计算题

1．在RLC串联回路中，电源电压为5mV，试求回路谐振时的频率，谐振时元件L和C上的电压以及回路的品质因数。

2．一个串联谐振电路的特性阻抗为100Ω，品质因数为100，谐振时的角频率为1 000rad/s，试求 R、L 和 C 的值。

3．一个线圈与电容串联后加1V的正弦交流电压，当电容为100pF时，电容两端的电压为100V且最大，此时信号源的频率为100kHz，求线圈的品质因数和电感量。

4．有 L=100μH，R=20Ω 的线圈和一电容C并联，调节电容的大小使电路在720kHz发生

谐振，问这时电容为多大？回路的品质因数为多少？

5．一个电阻为 12Ω 的电感线圈，品质因数为 125，与电容器相连后构成并联谐振电路，当再并上一只 100kΩ 的电阻，电路的品质因数降低为多少？

6．在 RLC 串联电路中，已知 L=100mH，R=3.4Ω，电路在输入信号频率为 400Hz 时发生谐振，求电容 C 的电容量和回路的品质因数。

7．一个正弦交流电源的频率为 1 000Hz，U=10V，R_S=20Ω，L_S=10mH，问负载为多大时可以获得最大的功率？最大功率为多少？

8．一个 R=13.7Ω，L=0.25mH 的电感线圈，与 C=100pF 的电容器分别接成串联和并联谐振电路，求谐振频率和两种谐振情况下电路呈现的阻抗。

第6章 互感耦合电路和变压器

交流电路中一般都存在互感现象。但是，当交流电流在回路中产生的磁通变化较小可以忽略时，可认为该交流电路无互感。

工程实际应用中，常常根据互感在电路中的影响来利用互感传送信号。含有互感的交流电路的分析方法，与前面所讲的无互感正弦交流电路的分析方法大相径庭。本章将主要讨论正弦交流电路中的磁耦合现象，含有耦合电感的交流电路中电压、电流的关系，在此基础上分析具有互感的正弦交流电路的分析与计算，介绍空心变压器、理想变压器、全耦合变压器的概念及其电路特点。

本章教学要求

理论教学要求：了解互感的含义，掌握具有互感的两线圈中电压与电流的关系；理解同名端的概念，掌握互感线圈串、并联的计算及互感的等效；理解空心变压器、理想变压器以及全耦合变压器的概念；熟悉含有理想变压器电路的计算方法，理解全耦合变压器的变比与理想变压器变比的差别；掌握全耦合变压器在电路中的分析处理方法。

实验教学要求：通过实验进一步掌握互感与自感的区别与联系，学会用实验的方法判断同名端和掌握互感电路的简单计算。

6.1　耦合电感电路基础

学习目标

了解互感现象，掌握耦合电感线圈的电压方程；理解耦合系数的含义，掌握同名端的判别方法及其与互感电压极性之间的关系。

6.1.1　自感电压与自感系数

通电线圈之间通过彼此的磁场相互影响、相互联系的现象称为磁耦合。存在磁耦合关系的两个通电线圈称为耦合线圈或互感线圈。图 6.1 所示为两个耦合线圈的示意图。

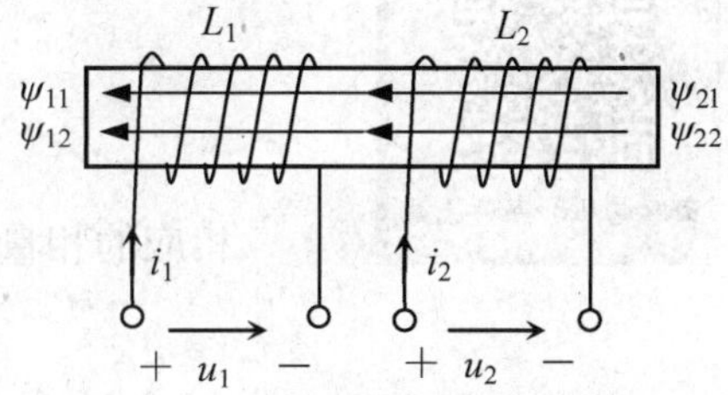

图 6.1　磁场增强的互感线圈

由法拉利电磁感应定律可知，当电感线圈中通过的电流发生变化时，必然在该线圈中引起感应电压，由于此感应电压产生的原因是由本线圈中电流的变化引起时，所以称为自感电压。当自感电压与通过本线圈中变化的电流之间参考方向关联时，两线圈中的自感电压可写作

$$u_{L1} = L_1 \frac{\mathrm{d}i_1}{\mathrm{d}t} \qquad u_{L2} = L_2 \frac{\mathrm{d}i_2}{\mathrm{d}t}$$

自感电压的相量表达式为 $\dot{U}_{L1} = \mathrm{j}\dot{I}_1 X_{L1} \qquad \dot{U}_{L2} = \mathrm{j}\dot{I}_2 X_{L2}$

自感电压中的 L_1 和 L_2 称为耦合电感的自感系数，其大小表明了耦合电感线圈建立磁场的能力，定义式为：$L_1 = \frac{\psi_1}{i_1}$，$L_2 = \frac{\psi_2}{i_2}$。式中的 Ψ 称为磁链，$\psi = N\Phi$，即电流在 N 匝线圈中产生的磁通总量，磁链的单位和磁通相同，都是韦伯（Wb）；式中电流单位取安培（A），自感系数的单位是亨利（H）。

对于线性电感而言，自感系数通常确定不变，因此电流产生的磁链多少取决于通过线圈的电流；自感电压的大小取决于线圈电流的变化率。

互感现象

6.1.2　互感电压与互感系数

相邻线圈中的电流变化，使本线圈中穿过的磁通量发生变化，从而在本线圈中引起的电磁感应现象称为互感，由互感现象而产生的感应电压称为互感电压。

设图 6.1 中的两个互感线圈的匝数分别为 N_1 和 N_2，当线圈 L_1 通以交变的电流 i_1 时，i_1 产生的交变磁链 ψ_{11} 穿过线圈 L_1 时，在 L_1 中必将引起自感电压 u_{L1}；交变磁链 ψ_{11} 中有相当一部分 ψ_{21} 同时要穿过线圈 L_2，交变的 ψ_{21} 同样会在线圈 L_2 中产生互感电压 u_{M2}。同理，当线圈 L_2 通以交变的电流 i_2 时，i_2 产生的交变磁链 ψ_{22} 穿过线圈 L_2 时，必将在 L_2 中引起自感电压 u_{L2}；交变磁链 ψ_{22} 中相当一部分 ψ_{12} 还要穿过线圈 L_1，交变的 ψ_{12} 同样会在线圈 L_1 中产生互感电压 u_{M1}。为讨论问题的方便，规定两线圈的端电压与通过线圈的电流采取关联参考方向，各线圈中的电流和由电流产生的磁链符合右手螺旋定则。

各磁链与电流的关系为：$\psi_{11}=L_1 i_1$，$\psi_{22}=L_2 i_2$，$\psi_{21}=M_{21} i_1$，$\psi_{12}=M_{12} i_2$。

式中的$M_{21}=M_{12}$，是两线圈之间的互感系数，简称互感，互感系数的单位与自感系数的单位相同，都是亨利（H）。对两个相互之间具有互感的线圈来讲，它们互感系数的大小是相同的，即

$$M = M_{12} = \frac{\psi_{12}}{i_2} = M_{21} = \frac{\psi_{21}}{i_1} \tag{6.1}$$

显然，互感系数 M 的大小不但与两个线圈的几何尺寸、线圈的匝数、线圈所处位置媒质的导磁率有关，还与两互感线圈之间的相互位置有关。

由上述讨论可知，两个具有互感的线圈，当通过它们的电流是交变电流时，两互感线圈的端电压 u_1 和 u_2 显然都是自感电压和互感电压的叠加。图 6.1 中，两线圈的端电压

互感电压和互感系数

$$u_1 = L_1\frac{\mathrm{d}i_1}{\mathrm{d}t} + M\frac{\mathrm{d}i_2}{\mathrm{d}t}$$

$$u_2 = L_2\frac{\mathrm{d}i_2}{\mathrm{d}t} + M\frac{\mathrm{d}i_1}{\mathrm{d}t}$$

相应的相量形式为

$$\dot{U}_1 = \mathrm{j}\dot{I}_1 X_{L1} + \mathrm{j}\dot{I}_2 X_M$$

$$\dot{U}_2 = \mathrm{j}\dot{I}_2 X_{L2} + \mathrm{j}\dot{I}_1 X_M$$

图 6.1 中的两互感电压前面之所以在方程式中取“+”号，是因为 i_1、i_2 产生的磁链方向一致，即互感磁链与自感磁链的方向相同，它们的磁场相互加强。

若改变线圈 L_2 中电流 i_2 的方向，则线圈 L_2 两端的电压也随之发生改变，因为它们之间总是取关联参考方向，如图 6.2 所示。

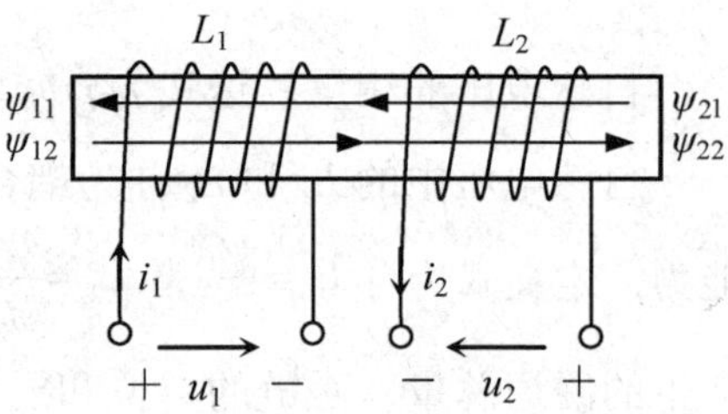

图 6.2　磁场削弱的互感线圈

观察图 6.2 可知，两线圈中电流产生的磁链方向相反，因此互感磁场削弱自感磁场，互感线圈的电压方程为

$$u_1 = L_1\frac{\mathrm{d}i_1}{\mathrm{d}t} - M\frac{\mathrm{d}i_2}{\mathrm{d}t}$$

$$u_2 = L_2\frac{\mathrm{d}i_2}{\mathrm{d}t} - M\frac{\mathrm{d}i_1}{\mathrm{d}t}$$

相应的相量形式为

$$\dot{U}_1 = \mathrm{j}\dot{I}_1 X_{L1} - \mathrm{j}\dot{I}_2 X_M$$

$$\dot{U}_2 = \mathrm{j}\dot{I}_2 X_{L2} - \mathrm{j}\dot{I}_1 X_M$$

从上述讨论可知，两个具有互感的线圈，通常它们的端电压都是由两部分构成的，一部分是自感电压，一部分是互感电压。实际工程应用中，为了小电流获得强磁场，总是把两个互感线圈按照磁场增强的原则相连接。

耦合系数和同名端

6.1.3　耦合系数和同名端

1．耦合系数

所谓“耦合”，是指具有互感的两个线圈之间磁场的联系和影响。当两互感线圈平行

且距离较近时，它们之间的磁场联系紧密，漏磁通较小，互感磁链和自感磁链的数值相近，互感电压较大；若两个线圈距离较远或线圈轴线相互垂直时，它们之间的磁场联系疏松，漏磁通较大，互感电压较小或为零。显然，漏磁通的多少表明了两互感线圈之间耦合的紧密程度。

两个互感线圈耦合的松紧程度，工程中用耦合系数 K 表示。即

$$K=\frac{M}{\sqrt{L_1L_2}} \tag{6.2}$$

通常一个线圈产生的磁通不能全部穿过另一个线圈，但是，当漏磁通很小且可忽略不计时，耦合系数 K=1，称为全耦合；若两线圈之间无互感，则 M=0，K=0。因此，耦合系数 K 的取值范围是 $0\leqslant K\leqslant 1$。

2．同名端

图 6.1、图 6.2 均标明了互感线圈的绕向，因此确定互感电压的符号较为简单。工程实际应用中，线圈通常密封在铁壳内，无法看到其绕向，在电路图中也不会画出线圈绕向，为了解决这一问题，电路中通常采用“同名端”标记来表示绕向一致的线圈端子。

图 6.3（a）中，绕向一致的两个端子用“·”作为同名端标记。

图 6.3（b）中，两互感线圈看不到绕向，但是，由图 6.1 和图 6.2 可知，当两互感线圈的电流同时由同名端流入（或流出）时，两互感线圈的磁场彼此增强；如果两互感线圈的电流流入端子不是同名端，则它们的磁场彼此削弱。假设图 6.3（b）中两电流的磁场是彼此增强的，因此可判断端子 1 和端子 2 是一对同名端，采用“*”作为同名端标记。显然，端子 1′和端子 2′ 也是一对同名端。

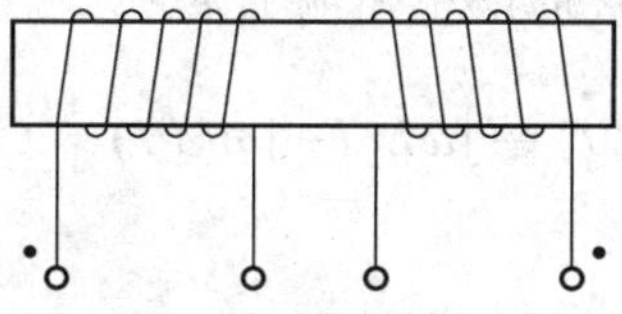

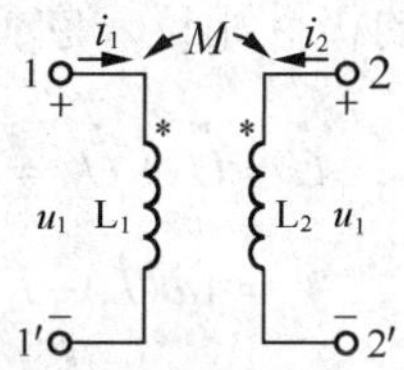

（a）　　　　　　（b）

图 6.3　两线圈绕向与同名端的关系

检验学习结果

6.1.1　自感系数和互感系数的大小各取决于哪些因素？

6.1.2　耦合系数 K=1 和 K=0 各表示两个线圈之间怎样的关系？

6.1.3　两个有互感的线圈，一个线圈两端接直流电压表，当另一线圈与直流电源相接通的瞬间，电压表指针正偏，试判断同名端。

6.2　互感电路的分析方法

学习目标

熟悉和理解互感线圈串联、并联时等效电感量的分析和计算；掌握正确写出互感线圈端

电压表达式的方法；了解互感线圈 T 型等效的方法。

6.2.1 互感线圈的串联

具有互感的两个线圈在串联连接时有两种情况：一种是互感线圈中间连接的两线圈端子为一对异名端，如图 6.4（a）所示，这样的连接方法称为顺接串联；另一种是互感线圈中间连接的两线圈端子为一对同名端，如图 6.4（b）所示，这种接法为反接串联。

互感线圈的串联

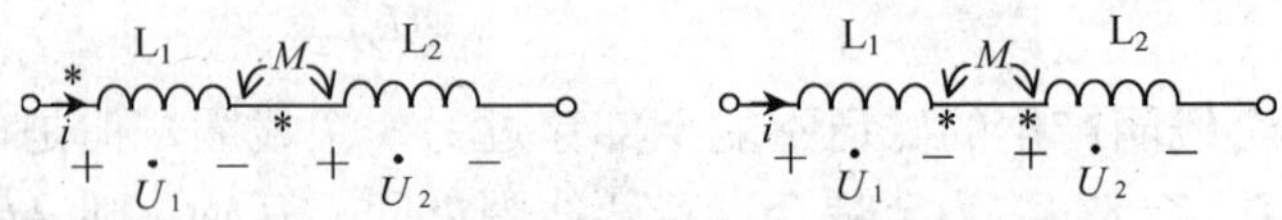

（a）顺接串联　（b）反接串联

图 6.4 互感线圈的串联

设图 6.4（a）中顺接串联的两互感线圈的电感量分别为 L_1 和 L_2，它们之间的互感系数为 M。由于顺接串联时两互感线圈的磁场彼此增强，因此，该串联线圈电路的端电压为

$$
\begin{aligned}
\dot{U} = \dot{U}_1 + \dot{U}_2 &= (\mathrm{j}\omega L_1 \dot{I} + \mathrm{j}\omega M \dot{I}) + (\mathrm{j}\omega L_2 \dot{I} + \mathrm{j}\omega M \dot{I}) \\
&= \mathrm{j}\omega(L_1 + L_2 + 2M)\dot{I} \\
&= \mathrm{j}\omega L_{顺} \dot{I}
\end{aligned}
$$

即顺接串联时，两个互感线圈的等效电感量

$$L_{顺}=L_1+L_2+2M \tag{6.3}$$

图 6.4（b）中反接串联的两互感线圈，由于电流从两线圈的异名端流入，所以自感电压的极性与互感电压的极性相反，它们彼此削弱，这时的电路端电压为

$$
\begin{aligned}
\dot{U} = \dot{U}_1 + \dot{U}_2 &= (\mathrm{j}\omega L_1 \dot{I} - \mathrm{j}\omega M \dot{I}) + (\mathrm{j}\omega L_2 \dot{I} - \mathrm{j}\omega M \dot{I}) \\
&= \mathrm{j}\omega(L_1 + L_2 - 2M)\dot{I} \\
&= \mathrm{j}\omega L_{反} \dot{I}
\end{aligned}
$$

即反接串联时两个具有互感的线圈，其等效电感量为

$$L_{反}= L_1+L_2-2M \tag{6.4}$$

由以上分析可知，具有互感的两个线圈在顺接串联时的等效电感 $L_{顺}$ 大于无互感情况下两线圈的等效电感 $L=L_1+L_2$；反接串联时的等效电感 $L_{反}$ 小于无互感情况下两线圈的等效电感 $L=L_1+L_2$。利用这一结论可用来判断两个线圈的同名端。

工程上为了获取小电流下的强磁场，当需要互感线圈串联时，通常采取顺向串接的方法；在去耦电路中，则采取反向串接的方法。

互感线圈的并联

6.2.2 互感线圈的并联

具有互感的两个线圈相并联时也有两种情况：一种是把两互感线圈的两对同名端分别接在端口的两个端钮上，称为同侧相并，如图 6.5（a）所示；另一种是分别把同名端接在端口的异侧端钮上，称为异侧相并，如图 6.5（b）所示。

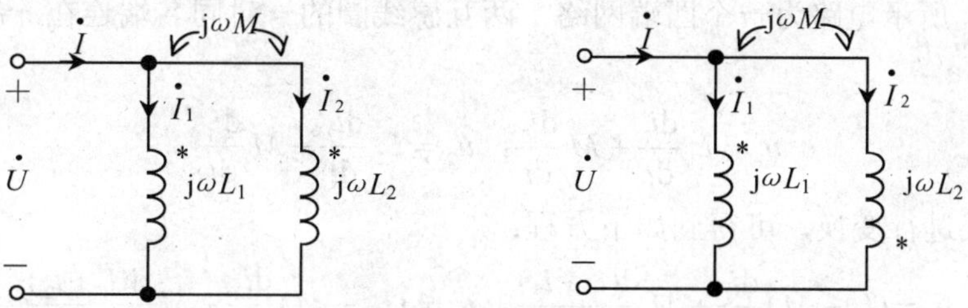

（a）同侧相并　　　　（b）异侧相并

图 6.5　互感线圈的并联

根据图 6.5（a）所示电路中各量的参考方向，可列出电压、电流方程组

$$\begin{cases} j\omega L_1 \dot{I}_1 + j\omega M \dot{I}_2 = \dot{U} \\ j\omega L_2 \dot{I}_2 + j\omega M \dot{I}_1 = \dot{U} \end{cases}$$

$$\dot{I} = \dot{I}_1 + \dot{I}_2$$

联立求解方程组，可得输入阻抗

$$Z = \frac{\dot{U}}{\dot{I}} = j\omega \frac{L_1 L_2 - M^2}{L_1 + L_2 - 2M}$$

因此，同侧相并时两互感线圈的等效电感量为

$$L_{同} = \frac{L_1 L_2 - M^2}{L_1 + L_2 - 2M} \tag{6.5}$$

同理可推出图 6.5（b）电路的等效电感为

$$L_{异} = \frac{L_1 L_2 - M^2}{L_1 + L_2 + 2M} \tag{6.6}$$

同理，工程实际中需要把两互感线圈相并时，通常采取同侧相并的方法增大线圈电路的电抗，以减小通过线圈的电流。

互感线圈的T型等效

6.2.3　互感线圈的去耦等效电路

对含有耦合电感的正弦交流电路进行分析时，关键是如何处理互感和互感电压，若能正确解决这一问题，耦合电感电路的分析就与前面所讲的一般正弦交流电路完全相同了。互感电路通过一定的方法消除了互感后的等效电路，称为去耦等效电路。

实际应用中，去耦方法不同，所得的去耦等效电路也各不相同。如两个互感耦合线圈串联或并联时，用它们的串联或并联等效电感代替耦合电感后所得的电路即为去耦电路。

如果两个耦合电感线圈只有一个公共端，它们的另一端钮接其他元件形成一个多端电路时，可以根据耦合关系，写出各线圈两端的电压，但为了分析方便，通常利用去耦等效法将其转换为无互感电路。以图 6.6 电路为例，说明互感线圈的 T 型去耦等效法。

图 6.6（a）所示电路为一个四端网络，两互感线圈的一对同名端连在一起，左、右两端口电压：

$$u_1 = L_1\frac{\mathrm{d}i_1}{\mathrm{d}t} + M\frac{\mathrm{d}i_2}{\mathrm{d}t}，\ u_2 = L_2\frac{\mathrm{d}i_2}{\mathrm{d}t} + M\frac{\mathrm{d}i_1}{\mathrm{d}t}$$

对上述两式进行变换，可得到如下方程：

$$u_1 = (L_1 - M)\frac{\mathrm{d}i_1}{\mathrm{d}t} + M\frac{\mathrm{d}(i_1 + i_2)}{\mathrm{d}t}，\ u_2 = (L_2 - M)\frac{\mathrm{d}i_2}{\mathrm{d}t} + M\frac{\mathrm{d}(i_1 + i_2)}{\mathrm{d}t}$$

根据这两个电压方程，可得到如图 6.6（b）所示的 T 型去耦等效电路。在此去耦等效电路中，各电感元件相互之间不再具有互感作用，它们的等效电感量分别为 L_1-M，L_2-M 和 M，由于这 3 个无互感线圈连接成 T 型结构形式，因此称为互感线圈的 T 型去耦等效电路。

注意：图 6.6（b）所示电路与图 6.6（a）所示电路相比较，原来具有互感的 L_1 和 L_2 的位置由 L_1-M 和 L_2-M 取代，而由 L_1 和 L_2 同名端相连接的一端多了一个电感量为 M 的电感元件，这种去耦等效法，等效电路的参数只与同名端有关。

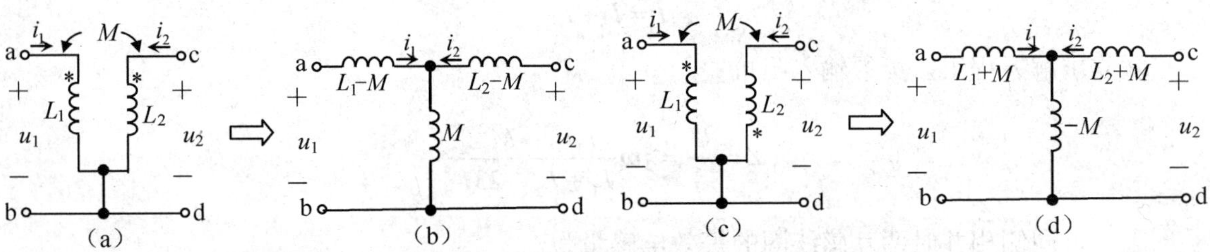

图 6.6　互感线圈的 T 型去耦等效法示意图

对图 6.6（c）所示的二端口网络，两互感线圈的一对异名端连在一起，左、右两端口电压：

$$u_1 = L_1\frac{\mathrm{d}i_1}{\mathrm{d}t} - M\frac{\mathrm{d}i_2}{\mathrm{d}t}，\ u_2 = L_2\frac{\mathrm{d}i_2}{\mathrm{d}t} - M\frac{\mathrm{d}i_1}{\mathrm{d}t}$$

对上述两式进行变换，可得到如下方程：

$$u_1 = (L_1 + M)\frac{\mathrm{d}i_1}{\mathrm{d}t} - M\frac{\mathrm{d}(i_1 + i_2)}{\mathrm{d}t}$$

$$u_2 = (L_2 + M)\frac{\mathrm{d}i_2}{\mathrm{d}t} - M\frac{\mathrm{d}(i_1 + i_2)}{\mathrm{d}t}$$

根据两个电压方程，可得到如图 6.6（d）所示的 T 形去耦等效电路。在此去耦等效电路中，各电感元件相互之间不再具有互感作用，它们的等效电感量分别为 L_1+M，L_2+M 和$-M$，这 3 个无互感线圈也连接成 T 型去耦等效电路。

显然，当互感线圈的一对同名端相连时，和它们的一对异名端相连时的 T 型等效电路相比较，其中的各无互感元件的参数发生了变化。

例 6.1　求图 6.7（a）所示电路的输入阻抗。

依照去耦等效法，可直接画出例 6.1 电路的去耦等效电路如图 6.7（b）所示，再根据此等效电路图写出去耦等效电路的复阻抗

$$Z = -\mathrm{j}\omega M + \frac{[R_1 + \mathrm{j}\omega(L_1 + M)][R_2 + \mathrm{j}\omega(L_2 + M)]}{[R_1 + \mathrm{j}\omega(L_1 + M)] + [R_2 + \mathrm{j}\omega(L_2 + M)]}$$

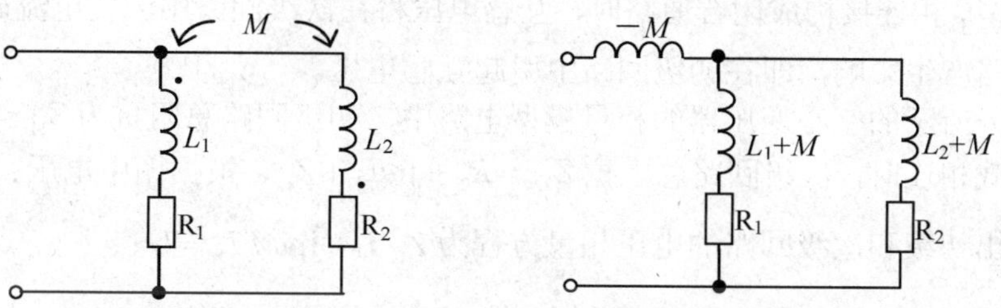

（a）电路图　　（b）去耦等效电路

图 6.7　例 6.1 电路与去耦等效电路

检验学习结果

6.2.1　互感线圈的串联和并联有哪几种形式？其等效电感分别为多少？

6.2.2　画出互感线圈顺接串联的去耦等效电路，并根据去耦等效电路求出等效电感。

6.2.3　画出互感线圈同名端并联的 T 型等效电路，并根据等效电路求出等效电感。

6.3　空心变压器

空心变压器

学习目标

了解空心变压器的概念，掌握空心变压器反射阻抗及其电路计算。

两个具有互感的线圈，一个线圈与电源相接，另一线圈与负载相连，就构成一个最简单的变压器。变压器是通过互感来实现从一个电路向另一个电路传输能量或信号的器件。当变压器线圈的芯子为非铁磁材料时，称其为空心变压器。

空心变压器中的两个具有互感的线圈，构成一个二端口网络，其中一个线圈端口与电源 u_S 相连，这个线圈称为变压器的原线圈或一次侧，也可以叫作变压器的初级；端口与负载 $|Z|_L$ 相连接的线圈称为变压器的副线圈或二次侧，也常叫作变压器的次级。空心变压器的两个互感线圈绕在非磁性材料制作的芯子上，它们在电路上没有任何联系，通过两线圈之间的磁耦合进行能量传递。空心变压器电路如图 6.8（a）所示。对空心变压器电路进行分析时，通常采用直接列写方程的方法。

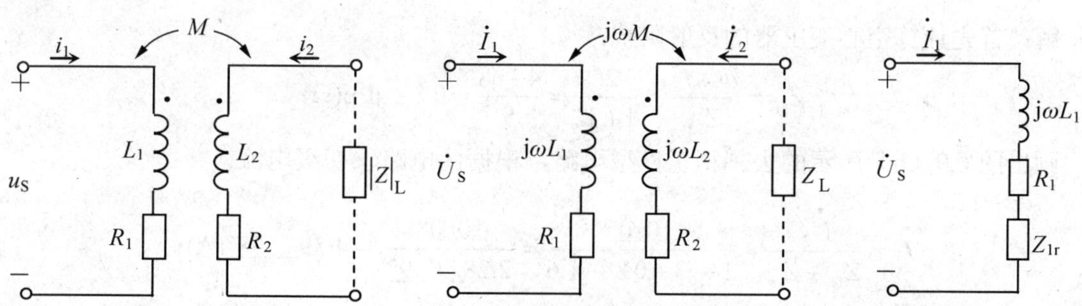

（a）　空心变压器电路示意图　　（b）　空心变压器的相量模型示意图　　（c）空心变压器去耦电路的相量模型

图 6.8　空心变压器电路及其相量模型示意图

在空心变压器电路中，当信号源 u_S 接入电路后，初级线圈上产生电流 i_1，由于两个线圈之间存在互感，电流 i_1 不仅会在初级产生自感电压，还会在次级线圈上产生互感电压；若次级回路与负载 $|Z|_L$ 相连接构成闭合通路时，互感电压将在次级回路中激发电流 i_2；i_2 通过互感又会对初级回路产生影响，即在初级回路中引起互感电压。

图 6.8（b）所示的空心变压器的相量模型电路中，初级回路总阻抗为 $Z_{11}=R_1+j\omega L_1$，当次级回路与负载相连时，次级回路总阻抗 $Z_{22}=R_2+j\omega L_1+Z_L$，根据图中电压、电流相量的参考方向，可写出初级和次级回路的电压相量方程为 $Z_{11}\dot{I}_1+j\omega M\dot{I}_2=\dot{U}_S$

$$j\omega M\dot{I}_1+Z_{22}\dot{I}_2=0$$

联立方程式可解得

$$\dot{I}_1=\frac{\dot{U}_S}{Z_{11}+\dfrac{\omega^2M^2}{Z_{22}}}\qquad \dot{I}_2=\frac{-j\omega M\dot{I}_1}{Z_{22}}$$

令上式中的 $\dfrac{\omega^2M^2}{Z_{22}}=Z_{1r}$，称为次级回路对初级回路的反射阻抗。反射阻抗 Z_{1r} 反映了次级回路通过互感对初级回路产生的影响，把反射阻抗与初级回路相串联，可得到空心变压器去耦电路的相量模型如图 6.8（c）所示。

注意：空心变压器反射阻抗的大小与同名端无关，且电抗性质与次级回路总阻抗 Z_{22} 的电抗性质相反。

例 6.2　空心变压器电路的相量模型如图 6.9（a）所示，求次级回路电流 $\dot{I}_2$。

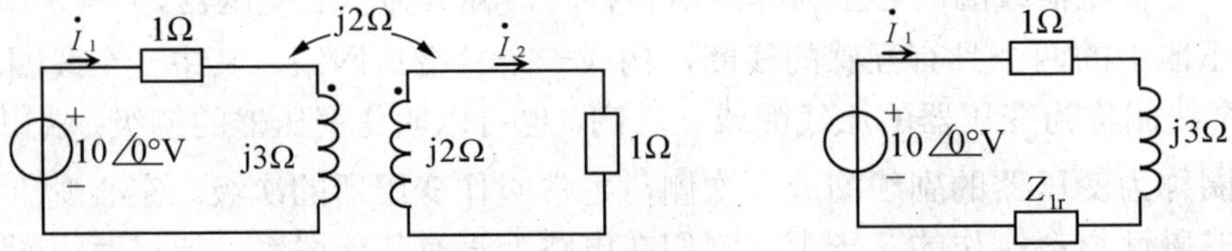

（a）电路的相量模型　　　　（b）去耦相量模型电路

图 6.9　例 6.2 电路的相量模型及去耦等效相量模型电路

解：首先计算空心变压器的反射阻抗：

$$Z_{1r}=\frac{\omega^2M^2}{Z_{22}}=\frac{2^2}{1+j2}=\frac{4-j8}{5}=0.8-j1.6(\Omega)$$

画出图 6.9（b）所示的去耦相量模型电路，根据此电路求初级电流

$$\dot{I}_1=\frac{\dot{U}_S}{Z_{11}+Z_{1r}}=\frac{10\angle 0^\circ}{1+j3+0.8-j1.6}=\frac{10\angle 0^\circ}{2.28\angle 37.9^\circ}\approx 4.39\angle -38^\circ(A)$$

根据互感原理，次级回路电流应等于初级电流在次级产生的互感电压除以次级回路总阻抗，即

$$\dot{I}_2=\frac{\mathrm{j}\omega M\dot{I}_1}{Z_{22}}=\frac{\mathrm{j}2\times4.39\angle-38^\circ}{1+\mathrm{j}2}=\frac{8.78\angle52^\circ}{2.24\angle63.4^\circ}\approx3.92\angle-11.4^\circ(\mathrm{A})$$

注意：空心变压器的反射阻抗折合到一次侧时，是与一次侧回路相串联的，且反射阻抗的性质与二次侧回路总阻抗的性质相反。这一点实际上反映了空心变压器次级回路总是通过磁耦合向初级回路吸取电能的本质。

检验学习结果

在图 6.8（a）中，若 i_2 的参考方向与图示参考方向对同名端不一致时，则反射阻抗的表达式是否改变？

理想变压器

6.4　理想变压器

学习目标

熟悉理想变压器的条件，掌握理想变压器的性能及由理想变压器构成的电路分析法。

工程实际中的变压器大多是铁心的，这是因为铁心的导磁率很高，采用铁心可使两互感线圈相互耦合的程度更紧，以减少变压器在能量传递过程中的损耗。

两个互感线圈绕制在同一铁心上，可构成一个最简单的铁心变压器。由于实际工程概算中，为了简化计算，通常在误差允许的范围内，将铁心变压器作为一个无损耗的电压、电流、阻抗转换器，这种理想化的铁心变压器称为理想变压器。

6.4.1　理想变压器的条件

理想变压器在电路理论中也是一种基本的理想电路元件。

理想变压器的电路模型如图 6.10 所示。图中的 N_1、N_2 分别为理想变压器的初级线圈匝数和次级线圈匝数，而图中的 $n=N_2/N_1$ 称为匝数比，也称作变比。之所以叫作理想变压器，是指这个铁心变压器上不存在漏磁现象，无铜损、无铁损，并且变压器铁心的导磁能力非常强、趋近于无穷大而不需要电路提供能量产生铁心中的工作主磁通。

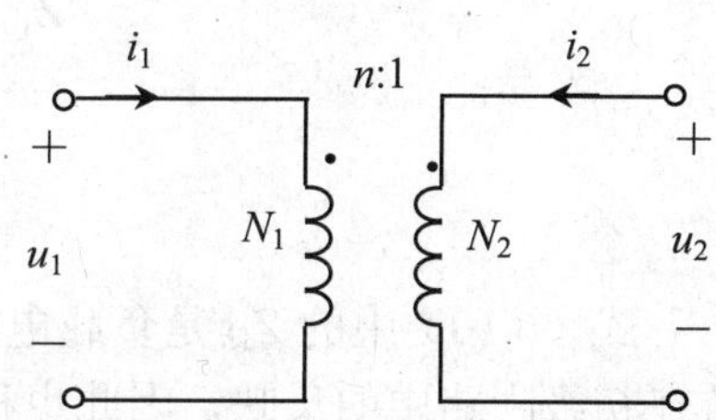

图 6.10　理想变压器电路模型

因此，理想变压器应满足 3 个条件：

① 无损耗；

② 全耦合，即耦合系数 K=1；

③ 线圈的电感量 L_1、L_2 和互感量 M 均为无穷大，但 $\sqrt{\dfrac{L_1}{L_2}}=n$ 为常数。

显然，理想变压器与耦合电感在本质上已大相径庭。耦合电感是依据电磁感应原理工作的，需要 3 个参数 L_1，L_2 和 M 来描述，是动态元件；而理想变压器只有一个变比 n 来描述，不再有电磁感应的痕迹，属于静态元件。理想变压器是电路的基本无源元件之一。工程实际中使用的铁心变压器，在精确度要求不高时，均可用理想变压器作为其电路模型进行分析与计算。

6.4.2 理想变压器的主要性能

1．变压关系

理想变压器可以用来变换电压。设端口电压、电流的参考方向如图 6.10 所示：两端口电压、电流方向关联且对同名端一致，此时端口电压 u_1 和 u_2 有效值之间的关系为

$$\frac{U_1}{U_2}=\frac{N_1}{N_2}=n \tag{6.7}$$

若图 6.10 中两个端口电压的参考方向对同名端不一致时，则 u_1 和 u_2 的相位就会出现 180°的相位差。因此，变压器次级输出电压与初级输入电压可以同相，也可以反相，取决于输出端的接法（对输入端口来讲，其电压、电流总是方向关联）。

2．变流关系

理想变压器在电路中变换电压的同时，还可以变换电流。

由于理想变压器无损耗，所以电源送入变压器的功率与变压器输出的功率相等。根据图 6.10 的参考方向有 $u_1i_1=u_2i_2$，则其变流的关系可描述为

$$\frac{I_2}{I_1}=\frac{U_1}{U_2}=n \tag{6.8}$$

由此得出结论：理想变压器初级与次级的电流有效值与其匝数成反比。

3．变阻关系

理想变压器在电路中还可以变换阻抗。当理想变压器的次级接负载电阻 Z_L 时，则

$$Z_L=\frac{\dot{U}_2}{\dot{I}_2}=-\frac{\dfrac{\dot{U}_1}{n}}{n\dot{I}_1}=\frac{1}{n^2}\frac{\dot{U}_1}{\dot{I}_1}=\frac{1}{n^2}Z_{1n} \tag{6.9}$$

或
$$Z_{1n}=n^2Z_L \tag{6.10}$$

式（6.10）中的 Z_{1n} 是负载电阻折合到初级线圈两端的等效阻抗，也是变压器次级回路阻抗在初级回路中的反映，因此也称作反射阻抗。

当理想变压器次级输出端短路时，$Z_L\to 0$，所以反射阻抗 $Z_{1n}\to 0$，即初级线圈也相当于短路；当理想变压器次级输出端开路时，$Z_L\to\infty$，所以 $Z_{1n}\to\infty$，初级线圈也相当于开路。

应当指出：理想变压器的 Z_{1n} 虽然也是次级阻抗在初级的反映，但它与空心变压器的反射阻抗却有所不同。首先，空心变压器的反射阻抗 Z_{1r} 与初级回路的自阻抗 Z_{11} 相串联，共同构成互感电路的输入阻抗；而理想变压器的反射阻抗 Z_{1n} 是直接跨接于初级两端，与初级相并联。其次，空心变压器次级对初级反射阻抗的性质与次级回路总阻抗的性质相反，而理想变压器反射阻抗的性质与负载阻抗的性质相同。

归纳：理想变压器有两个重要的基本性质：

① 理想变压器既不耗能，也不储能，任一时刻进入理想变压器的功率等于零。

② 当理想变压器次级回路阻抗是 Z_L 时，折合到初级回路的输入阻抗 $Z_{1n}=n^2Z_L$。

例 6.3　电路如图 6.11 所示。当变比 n 为多大时，10Ω 电阻可获得最大功率？

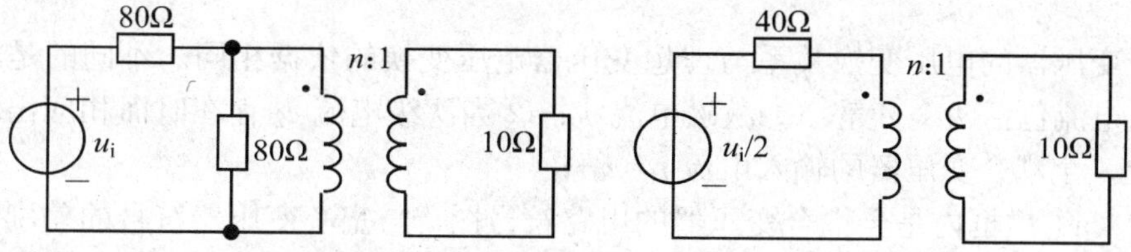

（a）电路图　　　　　　　　　　　（b）等效电路图

图 6.11　例 6.3 题电路图与等效电路图

解：先将初级回路中的信号电压 u_i 和电阻部分利用戴维南定理求出其加在初级绕组两端的等效信号源，即

$$u_i' = \frac{80u_i}{80+80} = \frac{u_i}{2} \quad 和 \quad R_S' = 80 // 80 = 40(\Omega)$$

画出如图 6.11（b）所示的等效电路图。根据负载获得最大功率的条件可知，当 $R_{in}=R_S'$ 时，负载可获得最大功率，即

$$n^2 R_L = R_S' \quad 有 \quad n^2 = 40/10 = 2^2$$

则

$$n = 2$$

当理想变压器的变比等于 2 时，10Ω 电阻上可获得最大功率。

检验学习结果

6.4.1　理想变压器必须满足什么条件？

6.4.2　理想变压器具有什么性能？

6.4.3　在图 6.11 电路图中，若 n=4，则接多大的负载电阻可获得最大功率？

6.5　全耦合变压器

全耦合变压器

学习目标

了解全耦合变压器的概念，理解全耦合变压器的等效电路，掌握全耦合变压器与理想变压器的差别以及全耦合变压器的电路分析法。

6.5.1　全耦合变压器的定义

理想变压器与实际铁心变压器的差别较大。为了寻求一种比理想变压器更接近实际铁心变压器的电路模型，在理想变压器的基础上提出了全耦合变压器的概念。

当实际铁心变压器的损耗很小可以忽略，并且其初、次级线圈耦合很紧漏磁通极小可忽略不计时，可用全耦合变压器作为其电路模型。

理想变压器的电感量和互感量都是无穷大，因此磁路工作时不需要电流激磁，显然这一点和实际铁心变压器的差距比较大。全耦合变压器的电感量和互感量都是有限值，因此，全耦合变压器是一个满足理想变压器 3 个条件中前两个条件的变压器。在实际电路的分析中，全耦合变压器要比理想变压器更接近实际铁心变压器的情况。

6.5.2 全耦合变压器的等效电路

全耦合变压器的电压变换关系与理想变压器电压变换的依据相同。不同的是，全耦合变压器的输入电流包括两个分量：①激磁电流 i_0；②当次级电流 i_2 存在时而相应出现的初级电流 i_1'。因此，全耦合变压器的输入电流 $i_1=i_0+i_1'$。

图 6.12（a）虚框内是全耦合变压器的电路符号图，与空心变压器符号的差别在于两个互感耦合线圈之间多了一个表示铁心的竖线。利用理想变压器反映阻抗的概念，可得到一个如图 6.12（b）所示的全耦合变压器的等效电路及图 6.12（c）所示的等效电路。

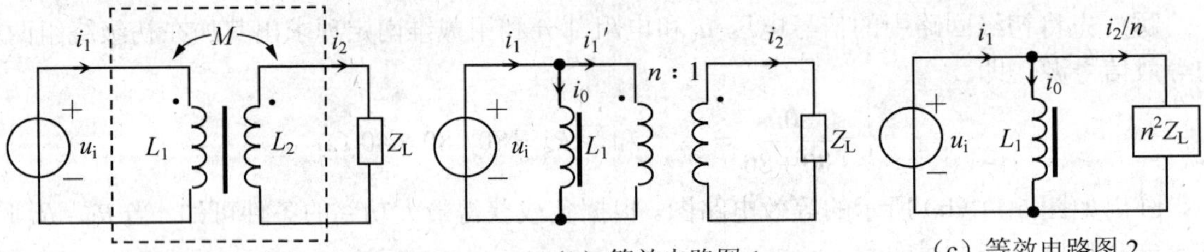

（a）电路图　（b）等效电路图 1　（c）等效电路图 2

图 6.12　全耦合变压器的电路图与等效电路图

由图 6.12（a）到图 6.12（b），可看出 L_2 消失了，这是因为次级电流经过次级绕组时产生的磁动势与初级电流产生的磁动势相抵消后，仅剩下维持产生铁心工作主磁通的磁势。图 6.12（b）中出现的激磁电流 i_0 就已经含有 L_2 的作用，而 i_0 又是通过初级绕组的，因此，不必画出 L_2。换言之，图 6.12（b）所示等效电路的差别反映了理想变压器和全耦合变压器的不同点，理想变压器的工作磁通不需要激磁，全耦合变压器的工作磁通需要电源提供电流激磁。根据理想变压器反射阻抗的概念，又可得出图 6.12（c）等效电路。

6.5.3 全耦合变压器的变换系数

全耦合变压器的 K=1，即 $M=\sqrt{L_1L_2}$，所以

$$\frac{L_1}{L_2}=\frac{L_1L_2}{{L_2}^2}=\frac{M^2}{{L_2}^2} \tag{6.11}$$

根据自感和互感的定义

$$L_2=\frac{N_2\psi_{22}}{i_2},\quad M=\frac{N_1\psi_{21}}{i_2}=\frac{N_1\psi_{22}}{i_2}$$

将上述关系代入式（6.11）可得

$$\frac{L_1}{L_2}=\frac{M^2}{{L_2}^2}=\frac{N_1^2\dfrac{{\psi_{22}}^2}{{i_2}^2}}{N_2^2\dfrac{{\psi_{22}}^2}{{i_2}^2}}=\frac{{N_1}^2}{{N_2}^2}=n^2$$

即全耦合变压器的变换系数为

$$n=\sqrt{\frac{L_1}{L_2}} \tag{6.12}$$

例 6.4　在图 6.12（a）所示电路中，若负载阻抗 $Z_L = 1 - j2\Omega$，初级线圈感抗为 $j2\Omega$，次级感抗为 $j1\Omega$，输入电压 $\dot{U}_i = 10\angle 0°V$，求 $\dot{I}_1$。

解：根据全耦合变压器等效电路的分析方法，先计算图 6.12（c）所示等效电路的参数 $n^2 Z_L$ 为

$$n^2 = \frac{\omega L_1}{\omega L_2} = \frac{2}{1} = 2，则 n^2 Z_L = 2\times(1 - j2) = 2 - j4 = 4.47\angle -63.4°(\Omega)$$

$$Z_i = \frac{j2\times 4.47\angle -63.4°}{2 - j4 + j2} = \frac{8.94\angle 26.6°}{2.83\angle -45°} \approx 3.16\angle 71.6°(\Omega)$$

$$\dot{I}_1 = \frac{\dot{U}_i}{Z_i} = \frac{10\angle 0°}{3.16\angle 71.6°} \approx 3.16\angle -71.6°(A)$$

检验学习结果

6.5.1　具备什么条件的变压器称作全耦合变压器？画出全耦合变压器的等效电路。

6.5.2　一个全耦合变压器的初级线圈并联一电容 C，次级线圈接电阻 R_L，当初级线圈接理想电压源时电路处于谐振状态，若改变匝数比 n 的值，电路是否仍然谐振？为什么？

小结

1．当流过一个线圈中的电流发生变化时，在相邻线圈中产生感应电压的现象叫互感。

2．在列写自感电压和互感电压的表达式时，自感电压的正、负与端口电压和电流的参考方向是否关联有关：关联时取正，否则取负。互感电压的正、负与电流的参考方向和同名端有关：电流都是流入同名端时，互感取正，否则取负。

3．互感线圈串联时，若为顺接串联，等效电感为 L_1+L_2+2M；反接串联时，等效电感为 L_1+L_2-2M。

4．互感线圈并联时，同侧相并情况下，其等效电感为 $\dfrac{L_1L_2 - M^2}{L_1 + L_2 - 2M}$；异侧相并时，等效电感为 $\dfrac{L_1L_2 - M^2}{L_1 + L_2 + 2M}$。

5．当两个互感线圈只有一端连接时，就可以采用 T 型去耦等效法进行分析，两互感线圈的一对同名端连接时，3 条支路的自感系数分别为 M，L_1-M，L_2-M；一对异名端连接时，3 条支路的自感系数分别为 $-M$，L_1+M，L_2+M。

6．空心变压器由两个具有互感的耦合线圈构成。空心变压器的电路分析中，一般用反射阻抗 $\dfrac{\omega^2 M^2}{Z_{22}}$ 表示次级对初级回路的影响，初级对次级回路的影响用互感电压 $j\omega M\dot{I}_1$ 表示，这样初、次级两个端口回路可以等效为无互感电路进行分析。

7．理想变压器应具备①无损耗；②耦合系数 $K=1$；③线圈的电感量和互感量为无穷大 3 个条件。理想变压器具有变压特性：$U_1 = nU_2$；变流特性：$I_2 = nI_1$；变阻抗特性：$Z_{1n} = n^2 Z_L$。分析理想变压器电路时，应根据已知条件，利用其基本特性进行分析。

8．全耦合变压器可以等效为一个由初级线圈确定的电感与一个理想变压器的并联组合，其中，理想变压器的匝数比 $n=\sqrt{\dfrac{L_1}{L_2}}$；全耦合变压器需满足①无损耗；②耦合系数 K=1；③线圈的电感量为有限值 3 个条件。

技能训练

实验六　变压器参数测定及绕组极性的判别

一、实验目的

1．学习单相变压器的空载、短路的实验方法。

2．掌握利用单相变压器的空载、短路实验测定单相变压器的参数。

3．掌握变压器同极性端的测试方法。

二、实验主要仪器设备

1．单相小功率变压器　　　　一台

2．交流 380/220V 电源及单相调压器　　　　一台

3．交流电流表　　　　一块

4．交流电压表、直流电压表　　　　各一块

5．单相功率表和数字万用表　　　　各一块

6．电流插箱及导线

三、实验原理图及实验步骤

1．单相变压器空载实验原理图

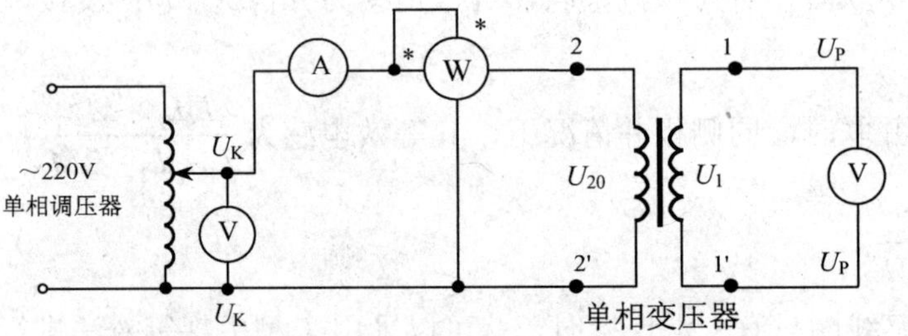

图 6.13　单相变压器空载实验原理电路图

利用空载实验可以测出变压器的变压比：$\dfrac{U_1}{U_{20}}=n$。空载实验应在低压侧进行，即低压端接电源，高压端开路。

2．空载实验步骤

（1）按图 6.13 连线，注意单相调压器旋柄处零位，经检查无误后才能闭合电源开关。

（2）用电压表观察 U_K 读数，调节单相调压器使 U_K 读数逐渐升高到变压器额定电压的 50%。

（3）读取变压器 U_{20} 和 U_1 电压值，记录在表 6.1 中，计算出变压器的变比。

（4）继续升高电压至额定值的 1.2 倍，然后逐渐降低电压，把空载电压 U_0（电压表读数）、

空载电流 I_0（电流表读数）及空载损耗 P_0（功率表的读数）记录下来，要求在 0.3～1.2 倍额定电压的范围内读取 6～7 组数据，记录在表 6.1 中。

表 6.1

序号	实验数据					计算数据		
	U_0/ V	I_0/A	U_{20}/ V	U_1/ V	P_0/ W	U_0^*	I_0^*	$\cos\varphi_0$
1								
2								
3								
4								
5								
6								

表中：$U_0^*=U_0/U_N$；$I_0^* = I_0/I_N$；$\cos\varphi_0 = P_0/U_0I_0$。

3．单相变压器短路实验原理图

单相变压器短路实验原理图如图 6.14 所示。

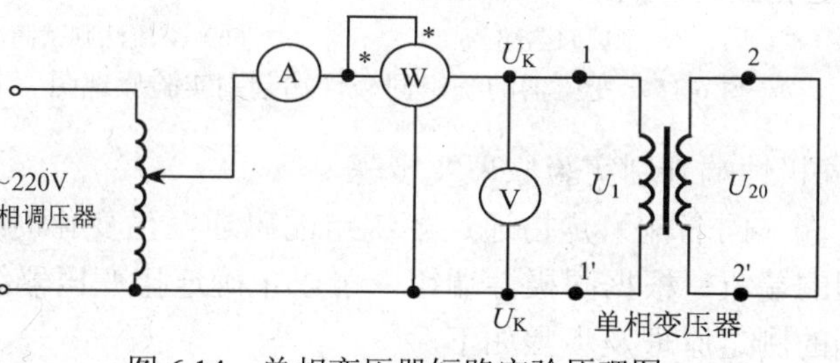

图 6.14　单相变压器短路实验原理图

短路实验一般在高压侧进行，即高压端经调压器接电源，低压端直接短路。

4．短路实验步骤

（1）为避免出现过大的短路电流，在接通电源之前，必须先将调压器调至输出电压为零的位置，然后才能合上电源开关。

（2）电压从零开始增加，调节过程要非常缓慢，开始时稍加一个较低的小电压，检查各仪表是否正常。

（3）各仪表正常后，逐渐缓慢地增加电压数值，并监视电流表的读数，使短路电流升高至额定值的 1.1 倍，把各表读数记录在表 6.2 中。

（4）缓慢逐次降低电压，直至电流减小至额定值的 0.5 倍。在从 $1.1I_N$ 向 $0.5I_N$ 调节的过程中取电流表（一次侧电流 I_D）、电压表（一次侧电压 U_D）及功率表的读数（$P_0=P_{Fe}+P_{Cu}$）的 5～6 组数据，包括额定电流 I_N 点对应的各电表数值，记录在表 6.2 中。

注意：①在空载实验在升压过程中，要单方向调节，避免磁滞现象带来的影响；②不要带电作业，有问题要首先切断电源，再进行操作；③短路实验应尽快进行，否则绕组过热，绕组电阻增大，会带来测量误差。

表 6.2

序号	实验数据			计算数据
	U_D/V	I_D/A	P_0/W	$\cos\varphi_0$
1				
2				
3				
4				
5				

5．变压器绕组同极性端判别实验原理图

变压器绕组同极性端判别实验原理图如图 6.15 所示。

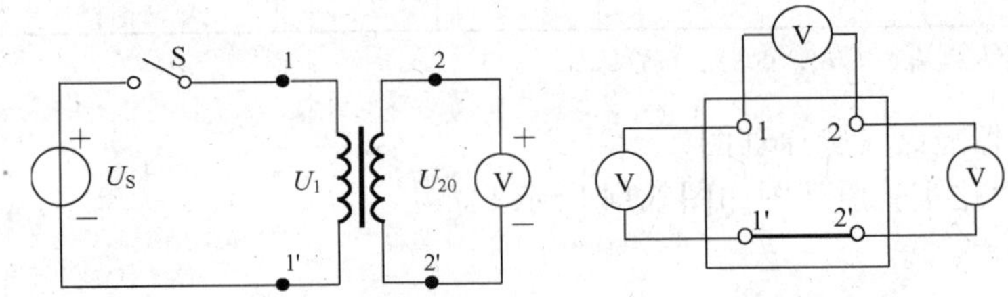

（a）直流法则试同名端　　（b）交流法则试同名端

图 6.15　变压器的绕组同极性端判别实验原理图

6．变压器绕组同极性端判别实验原理及步骤

变压器的同极性端（同名端）是指通过各绕组的磁通发生变化时，在某一瞬间，各绕组上感应电压极性相同的端钮。根据同极性端钮，可以正确连接变压器绕组。

变压器同极性端的测定原理及步骤如下。

（1）直流法测试同名端

① 按照图 6.15（a）所示电路原理图接线。直流电压的数值根据实验变压器的不同而选择合适的值，一般可选择 6V 以下数值。直流电压表先打在 20V 量程，注意其极性。

② 电路连接无误后，闭合电源开关，在 S 闭合瞬间，一次侧电流由无到有，必然在一次侧绕组中引起感应电压 u_{L1}，根据楞次定律判断 u_{L1} 的方向应与一次侧电流方向关联；S 闭合瞬间，交变的一次侧电流产生的交变磁通不但穿过一次侧，由于磁耦合同时穿过二次侧，因此在二次侧也会引起一个互感电压 u_{M2}，u_{M2} 的极性可由接在二次侧的直流电压表的偏转方向而定：当电压表正向偏转时，极性电压表标定的极性一致；如指针反偏，则表示 u_{M2} 的极性与电压表上标定的极性相反。

③ 把测试结果填写在自制的表格中。

（2）交流法测试同名端

① 按照图 6.15（b）所示电路原理图接线。可在一次侧接交流电压源，电压的数值根据实验变压器的不同而选择合适的值。

② 电路原理图中 1'和 2'之间的黑色实线表示将变压器两侧的一对端子进行串联，可串接在两侧任意一对端子上。

③ 连接无误后接通电源。用电压表分别测量两绕组的一次侧电压、二次侧电压和总电压。如果测量结果为 $U_{12}=U_{11'}+U_{22'}$ 时，则导线相连的一对端子为异名端；若测量结果为 $U_{12}=U_{11'}-U_{22'}$ 时，则导线相连的一对端子为同名端。

④ 把测试结果填写在自制的表格中。

四、思考题

1．变压器进行空载试验时，连接原则有哪些？短路实验时，连接原则有哪些？

2．用直流法和交流法测得变压器绕组的同名端是否一致？为什么要研究变压器的同极性端？其意义如何？

3．你能从变压器绕组引出线的粗细区分原副绕组吗？

第 6 章　习题

一、填空题

1．穿过本线圈中的电流变化而在本线圈两端产生的感应电压称为________电压；由相邻线圈中的电流变化而在本线圈两端产生的感应电压称为________电压。

2．当端口电压、电流为________参考方向时，自感电压取正；当端口电压、电流参考方向为________时，自感电压取负。

3. 两线圈之间耦合的紧密程度可由________的多少来表明，量化后可用________K 表示。当两个互感线圈之间无互感时，K=________，两个互感线圈之间达到全耦合时，K=________。

4．两个具有互感的线圈，它们绕向一致的端子称为________。

5．两个全耦合的互感线圈，电感分别是 0.4H 和 1.6H，则它们之间的互感系数是________；当它们顺向串接时，其等效电感 $L_{顺}$=________，当它们反向串接时，其等效电感 $L_{反}$=________。

6．理想变压器的变压比 n=________，全耦合变压器的变压比的平方 n^2=________。

7．理想变压器应具备 3 个条件：①________，②________，③________均为无穷大。

8．当实际变压器的________很小可忽略、且耦合系数 K=________，其线圈的电感量为有限值时，可用________变压器做其电路模型。

9．________变压器和________变压器相比，更接近实际铁心变压器。

10．空心变压器的反射阻抗与初级回路相________联，且与次级回路总阻抗的性质________；理想变压器的反射阻抗与初级回路相________联，性质与次级回路阻抗性质________。

二、判断题

1．由于线圈本身的电流变化而在线圈两端引起感应电压的现象称为互感。（　　）

2．两个相邻较近的线圈之间不可避免地存在互感。（　　）

3．由同一电流在两线圈中引起的感应电压，极性始终保持一致的端子称为同名端。（　　）

4．两互感线圈感应电压的极性，只与电流流向有关，与线圈绕向无关。（　　）

5．两个相串联的互感线圈，它们的等效电感量等于它们的自感量之和。（　　）

6．两线圈同侧相并，其等效电感量比异侧相并的两线圈的等效电感量大。（　　）

7．当两线圈中的电流同时由同名端流入或流出时，它们产生的磁场相互削弱。（　　）

8．空心变压器和理想变压器的反射阻抗计算式相同。（　　）

9．无论是空心变压器、全耦合变压器还是理想变压器，其变压比都是 N_1/N_2。（　　）

10．全耦合变压器和理想变压器都是无损耗且耦合系数 K=1 的变压器。（　　）

三、选择题

1．符合无损耗、耦合系数 K=1 和参数无穷大 3 个条件的变压器是（　　）。

A．空心变压器　　B．全耦合变压器　　C．理想变压器

2．线圈几何尺寸确定后，其互感电压的大小正比于相邻线圈中电流的（　　）。

A．大小　　B．变化量　　C．变化率

3．两互感线圈的耦合系数 K=（　　）。

A．$\dfrac{\sqrt{M}}{L_1L_2}$　　B．$\dfrac{M}{\sqrt{L_1L_2}}$　　C．$\dfrac{M}{L_1L_2}$

4．反射阻抗的性质与次级回路总阻抗性质相反的变压器是（　　）。

A．空心变压器　　B．全耦合变压器　　C．理想变压器

5．两互感线圈顺向串联时，其等效电感量 $L_{顺}$=（　　）。

A．L_1+L_2-2M　　B．L_1+L_2+2M　　C．L_1+L_2-M

四、简答题

1．试述同名端的概念。两互感线圈在串联和并联时为什么必须注意它们的同名端？

2．何谓耦合系数？什么是全耦合？

3．理想变压器和全耦合变压器的区别是什么？相同之处又是什么？

4．如果误把本应顺向串接的两个线圈反串，会发生什么现象？为什么？

5．何谓同侧相并？何谓异侧相并？哪一种并联方式获得的等效电感量大？

五、分析计算题

1．具有互感的两个线圈顺接串联时总电感为 0.6H，反接串联时总电感为 0.2H，若两线圈的电感量相同时，求互感和线圈的电感。

2．求图 6.16 所示电路中的电流。

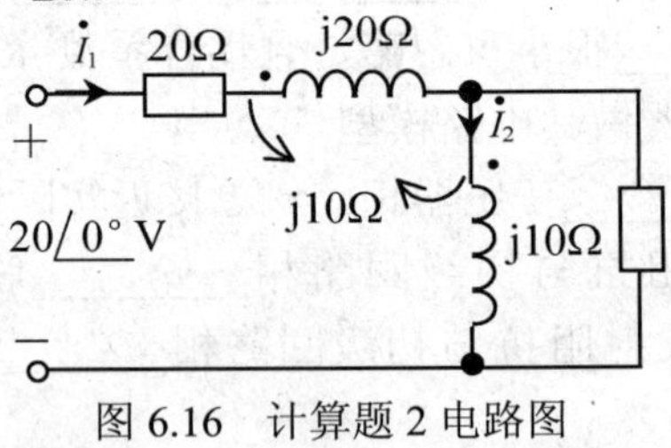

图 6.16　计算题 2 电路图

3．在图 6.17 所示电路中，变压器为理想变压器，$\dot{U}_S=10\angle 0^\circ$V，求电压 $\dot{U}_C$。

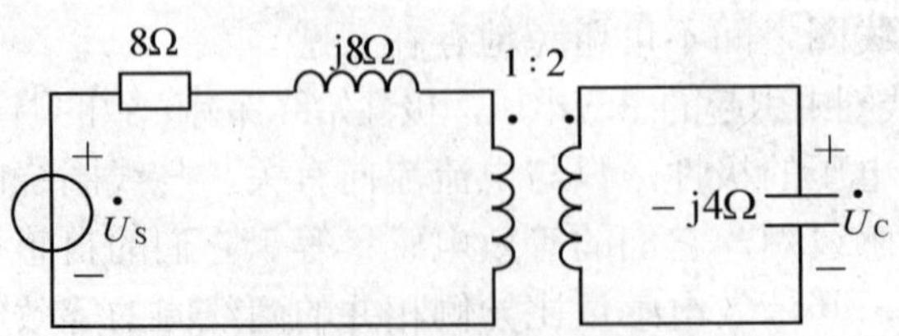

图 6.17　计算题 3 电路

4．由理想变压器组成的电路如图 6.18 所示，已知 $\dot{U}_S = 16\angle 0°\text{V}$，求：$\dot{I}_1$，$\dot{U}_2$ 和 R_L 吸收的功率。

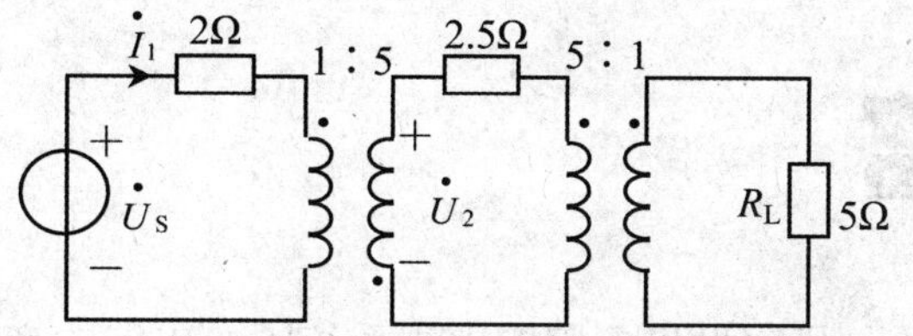

图 6.18　计算题 4 电路

5．图 6.19 所示为全耦合变压器电路模型，求 10Ω 和 40Ω 两个电阻的端电压。

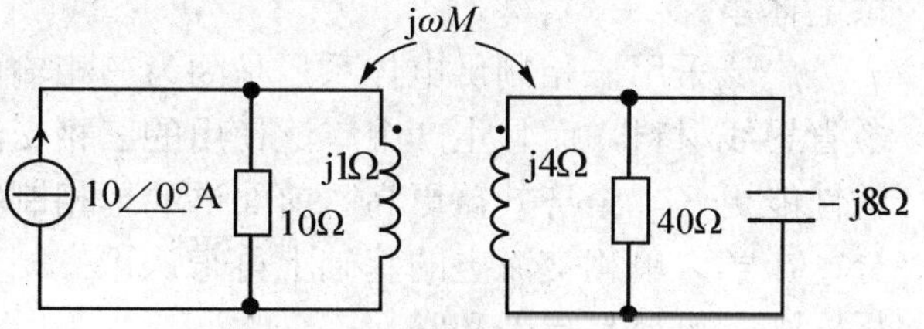

图 6.19　计算题 5 电路

第 7 章 三相电路

目前世界各国的电力系统中，电能的产生、传输和供电方式绝大多数都采用三相制，我国电力系统中的供电方式也几乎全部采用三相制。所谓三相制，就是 3 个频率相同而相位不同的电压源作为电源的供电体系。

广泛采用三相制供电体系，是因为三相输电线路比单相输电线路节省导线材料，而且生产中广泛使用的三相交流电机比单相交流电机的性能更好，经济效益更高。前面讲的单相制实际上是三相制的一部分，在学习单相交流电的基础上再来认识三相交流电的基本特征和分析方法，更容易接受和掌握。

本章主要介绍三相正弦交流电路中电压、电流的相值和线值之间的关系，对称三相电路和不对称三相电路的分析法，三相电路功率的计算和测量方法等。

本章教学要求

理论教学要求：熟悉三相电路的两种接线方式，掌握三相电路中电压、电流的相值与线值之间的大小关系和相位关系，掌握三相电路对称电路的分析与计算，理解不对称三相电路的分析计算法，掌握三相电路中各种功率关系，理解并掌握相量分析法在三相电路中的应用。

实验教学要求：学会三相电源和三相负载的Y和△连接方法，通过对三相电路电压、电流的测量，进一步理解和掌握两种连接方式的线电压与相电压、线电流与相电流之间的数量关系和相位关系。

7.1　三相交流电的基本概念

学习目标

了解三相交流电的产生，掌握对称三相交流电的特点。

三相交流电是由三相发电机产生的。图 7.1 所示是三相发电机的原理示意图。由图可知，三相交流发电机主要由固定不动的定子和旋转的转子两大部分组成。定子铁心槽内均匀嵌入 3 个结构上完全相同、空间位置上互差 120° 的线圈，3 个线圈的一端用 A、B、C 表示，称为首端；另一端用 X、Y、Z 表示，叫作末端，AX、BY、CZ 构成了三相发电机的对称三相绕组。由激磁绕组和铁心构成发电机的转子磁极，转子磁极与发电机的原动机同轴。发电机磁极产生的磁感应强度在定子与转子中间的气隙中按正弦规律分布。

当发电机的原动机带动转子磁极 N、S 绕轴旋转时，固定不动的定子绕组与旋转的磁场之间相切割，三相定子绕组内就会感应 3 个按正弦规律变化的三相电压，当发电机与外电路相连时，即可供出三相交流电。

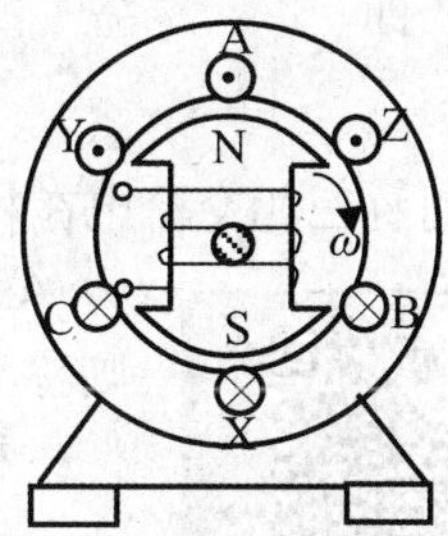

图 7.1　三相发电机原理示意图

三相感应电压 u_A、u_B、u_C 的正方向从绕组首端指向末端。由于与三相绕组切割的磁极是同一转子磁极，因此三相定子绕组与气隙磁场相切割的速度相同，即三相感应电压的频率相同；又由于三相绕组的几何形状、尺寸和匝数完全相同，因此三相定子绕组内感应电压的最大值 U_m 相等；另外三相定子绕组在空间的位置互差 120°。若转子磁极从如图 7.1 所示位置开始旋转，那么在计时始 A 相绕组中产生的感应电压达到最大值，B 相绕组的感应电压在相位上滞后 A 相 120°，C 相定子绕组的感应电压在相位上滞后 B 相 120°。

以 A 相绕组的感应电压为参考正弦量，则发电机的三相感应电压的解析式为

$$
\begin{aligned}
u_A &= \sqrt{2}U\sin(\omega t) \\
u_B &= \sqrt{2}U\sin(\omega t-120^\circ) \\
u_C &= \sqrt{2}U\sin(\omega t-240^\circ)=\sqrt{2}U\sin(\omega t+120^\circ)
\end{aligned}
\tag{7.1}
$$

对称三相交流电的概念

发电机三相定子绕组产生的三相感应电压，其波形如图 7.2（a）所示。

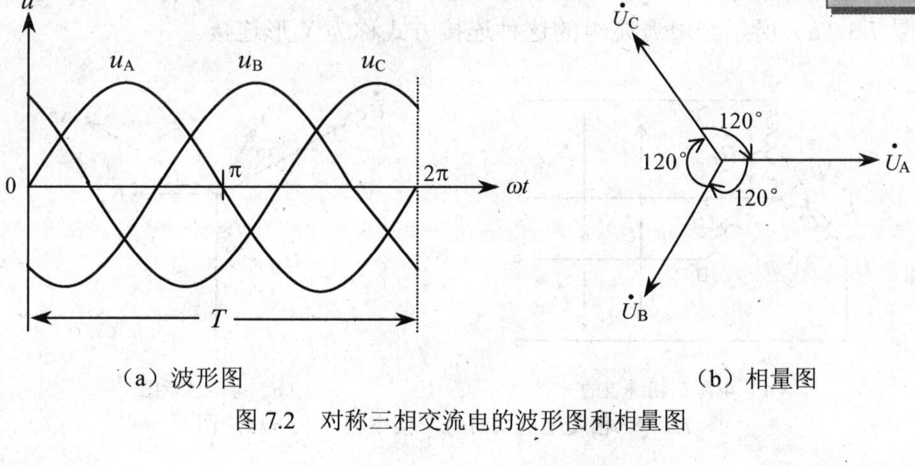

（a）波形图　（b）相量图

图 7.2　对称三相交流电的波形图和相量图

电学上把这样 3 个角频率（或频率、周期）相同，最大值（或有效值）相等，相位上互差 120° 的正弦电压或正弦电流称为对称三相交流电。从对称三相交流电的波形图可看出，任一瞬间，对称三相交流电的瞬时值之和恒等于零，即

$$u_A + u_B + u_C = 0 \tag{7.2}$$

对称三相感应电压对应的相量表达式为

$$\begin{aligned} \dot{U}_A &= U\angle 0^\circ \\ \dot{U}_B &= U\angle -120^\circ \\ \dot{U}_C &= U\angle 120^\circ \end{aligned} \tag{7.3}$$

对称三相感应电压的相量图如图 7.2（b）所示。显然，三相对称交流电的相量和也恒等于零，即

$$\dot{U}_A + \dot{U}_B + \dot{U}_C = 0 \tag{7.4}$$

对称三相交流电在相位上的先后次序称为它们的相序。图 7.2 所示的三相感应电压的相序为 A→B→C，这种排列的相序称为正序或顺序；若相序为 A→C→B 时，则称为负序或逆序。电力系统一般采用正序。

三相电源的连接

检验学习结果

对称三相电源已知 $\dot{U}_B = 220\angle 30^\circ$V。(1) 试写出 $\dot{U}_A$，$\dot{U}_C$；(2) 写出 $u_A(t)$，$u_B(t)$，$u_C(t)$ 的表达式。(3) 作相量图。

7.2　三相电源的连接

学习目标

掌握三相电源星形（Y）连接和三角形（△）连接方式的特点，了解三相电路中线电压、相电压的概念，掌握两种连接方式下线电压和相电压的大小及相位关系。

7.2.1　三相电源的 Y 形连接

发电机三相绕组的末端 X、Y、Z 连在一起，首端 A、B、C 分别作为与外电路相连接的端点，如图 7.3（a）所示。电源绕组的这种连接方式称为 Y 形连接。

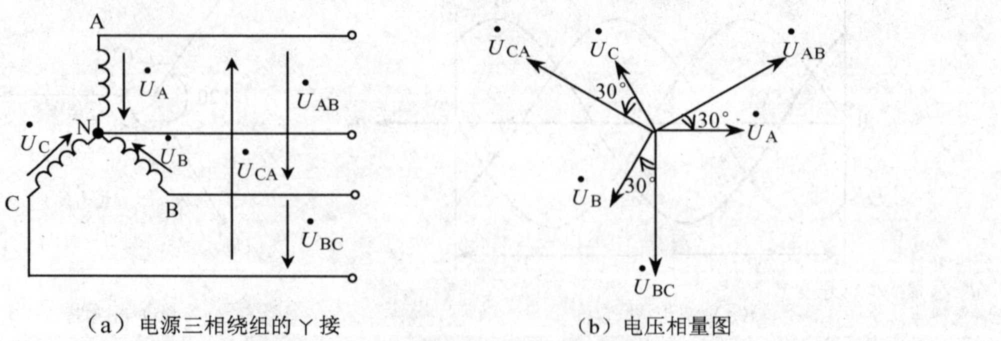

（a）电源三相绕组的 Y 接　　（b）电压相量图

图 7.3　三相发电机绕组的 Y 接电路及电压相量图

图 7.3（a）中，电源三相绕组的末端公共连接点 N 点称为电源中点（或零点），从中点引出的导线称为中线（或零线），若中线与“地”相连时，又把中点称为“地”点。从电源首端 A、B、C 引出的 3 根导线称为端线（或相线），俗称火线。通常将电源首端引出的 3 根端线分别用黄、绿、红 3 种颜色标记。

电源作 Y 形连接时形成的供电方式称为三相四线制供电体系。如果电源中线不向外引出，则构成三相三线制。

电源三相绕组每一相由首端指向末端的感应电压称为相电压（U_P），如图 7.3（a）中电压相量$\dot{U}_A$、$\dot{U}_B$、$\dot{U}_C$，也可以表示为$\dot{U}_{AN}$、$\dot{U}_{BN}$、$\dot{U}_{CN}$。端线 A、B、C 之间的电压称为线电压（U_L），如图中电压相量$\dot{U}_{AB}$、$\dot{U}_{BC}$、$\dot{U}_{CA}$。端线上通过的电流称为线电流。三相电气设备铭牌数据上所指的电流，通常指线电流。

设电源绕组尾端连接点（中点）的电位为零，则首端电位显然等于各相电压，根据电压等于两点电位之差，可得各线电压分别为

$$u_{AB} = u_A - u_B$$
$$u_{BC} = u_B - u_C$$
$$u_{CA} - u_C - u_A$$

对应相量关系式可由图 7.3（b）导出，即

$$\begin{aligned}\dot{U}_{AB} &= \dot{U}_A - \dot{U}_B = \sqrt{3}\dot{U}_A\underline{/30^\circ} \\ \dot{U}_{BC} &= \dot{U}_B - \dot{U}_C = \sqrt{3}\dot{U}_B\underline{/30^\circ} \\ \dot{U}_{CA} &= \dot{U}_C - \dot{U}_A = \sqrt{3}\dot{U}_C\underline{/30^\circ}\end{aligned} \tag{7.5}$$

式（7.5）说明：线电压在数量上是相电压的$\sqrt{3}$倍，在相位上超前与其相对应的相电压 30° 相角。

发电机的三相感应电压（即相电压）总是对称的，因此，3 个线电压也依次三相对称，即$\dot{U}_{AB}+\dot{U}_{BC}+\dot{U}_{CA}=0$。实际计算时只要计算出线电压$\dot{U}_{AB}$，依照对称关系即可写出$\dot{U}_{BC}$，$\dot{U}_{CA}$，然后根据线电压与相电压的关系又可写出 3 个相电压。

三相电源 Y 接时可向用户提供线电压和相电压两种电压，对用户较为方便。例如，Y 形连接电源相电压为 220V 时，线电压为$\sqrt{3}$×220V=380V，其中 380V 线电压供动力负载使用，220V 相电压供照明电路或其他单相负载使用。

7.2.2　三相电源的△形连接

图 7.4（a）为三相电源作△形连接的电路图，简称△形电源。即把三相电源绕组依次首尾相接连成一个闭合回路，如 A 与 Z 连接、B 与 X 连接、C 与 Y 连接，再从端子 A、B、C 引出 3 根端线。从概念上讲，三角形连接的电源，其线电压、相电压的概念与星形连接的电源相同，但三角形电源没有中线，故只能构成三相三线制供电系统。

从图 7.4（a）可看出，电源绕组作△形连接时，任意两根端线都是由一相绕组的两端引出，因此，线电压等于相电压，即

$$u_{AB}=u_A,\ u_{BC}=u_B,\ u_{CA}=u_C$$

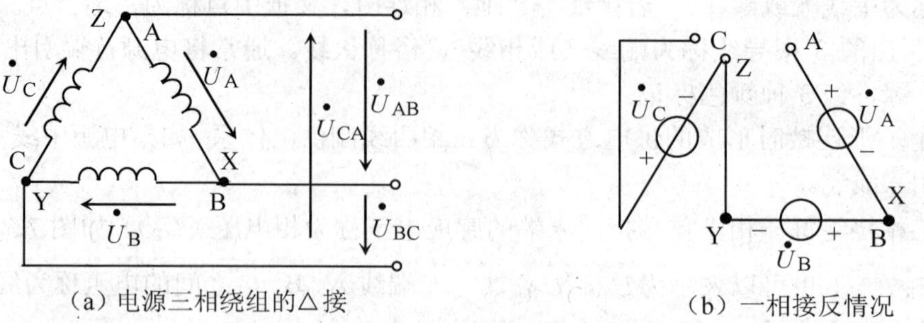

（a）电源三相绕组的△接　　（b）一相接反情况

图 7.4　三相电压源的三角形连接

由于三相电源的相电压对称，所以 3 个线电压也必定对称。

实际三相电源作△形连接时，如果接法正确，电源回路中没有电流。但是如果有一相绕组接反，如 C 相接反，把 Z 端错误的与 Y 端连接，如图 7.4（b）所示，则当 A、C 还未连接时，有开口电压

$$\dot{U}_{AC}=\dot{U}_A+\dot{U}_B-\dot{U}_C=-2\dot{U}_C$$

即开口处的电压有效值是一相电源绕组感应电压的 2 倍，而各相电源绕组的阻抗均很小，若一相绕组的首尾端接反时，电源绕组的三角形环路中就会产生很大的环流以致烧坏电源。因此，实际三相电源作三角形连接时，为确保连接无误，应先把 3 个绕组接成开口三角形，再经过一个量程大于两倍电源相电压的电压表把开口闭合。由于电压表的内阻很大，无论三相绕组的连接是否正确，电源回路中的电流都很小，不会损坏绕组。如果电压表的读数为零，就判断电源绕组接线正确。

检验学习结果

7.2.1　三相电源的相电压有效值为 220V，若把 X、Y 连接，U_{AB} 等于多少？把 Y、C 连接，U_{BZ} 等于多少？

7.2.2　三相电源线电压有效值为 380V，每相绕组的复阻抗为 0.5+j1Ω，作△连接。

（1）如果有一相接反，试求电源回路的电流。

（2）如果有两相接反，试求电源回路的电流。

7.3　三相负载的连接

学习目标

理解对称三相负载 Y 接和△接时，电路中的线电流和相电流的关系；掌握对称三相电路归结为一相的计算方法；理解三相电路不对称时中线的作用，熟悉不对称三相电路的分析方法。

三相电路的负载由 3 部分组成，其中每一部分都可看作是一相负载，负载阻抗相等的三相负载叫对称三相负载。三相用电器一般都是对称三相负载，如三相电动机、三相变压器和三相电炉等，对称三相负载的条件是

$$Z_A=Z_B=Z_C=|Z|\angle\varphi$$

三相负载的连接也有 Y 形和△形两种。

7.3.1　三相负载的 Y 形连接

1．三相电路的基本概念

图 7.5 所示是电源和负载均为 Y 形连接的三相电路。

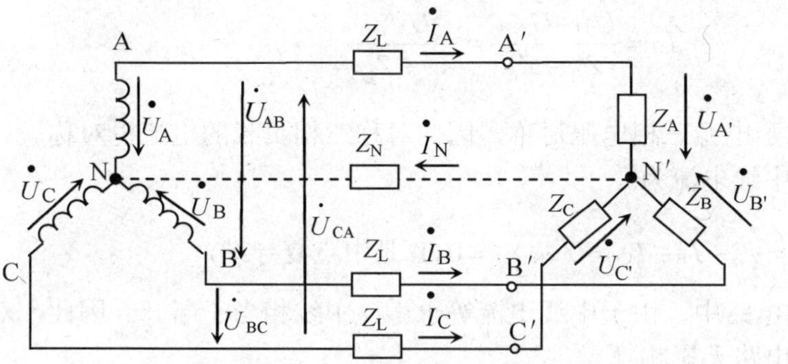

图 7.5　Y 形连接的三相电路

对称三相负载的 Y 形连接

如果忽略线路阻抗时，各相负载的端电压就等于三相电源的相电压；如果线路阻抗必须考虑时，则各相负载的端电压如图 7.5 中 $\dot{U}_{A'}$、$\dot{U}_{B'}$ 和 $\dot{U}_{C'}$。三相电路分析时，一般把三相负载的端电压称作相电压，而电源电压通常只给出线电压。

三相电路中的各相负载上通过的电流称为相电流，3 根端线上通过的电流称为线电流，由电路的连接方式可知，Y 形连接的三相电路中，负载和端线相串联，因此线电流等于相电流，分别用 $\dot{I}_A$、$\dot{I}_B$ 和 $\dot{I}_C$ 表示。负载中点 N′到电源中点 N 之间的电压称为中点电压，用 $\dot{U}_{N'N}$ 表示。图中 Z_L 为端线阻抗，Z_N 为中线阻抗，中线上通过的电流称为中线电流，用 $\dot{I}_N$ 表示。

电源通常都是对称的。当三相负载 $Z_A= Z_B= Z_C=|Z|\angle\varphi$ 符合对称条件，且端线复阻抗相等时，此时构成的三相电路称为对称三相电路。不满足上述条件的三相负载称为不对称负载，由不对称三相负载构成的三相电路称为不对称三相电路。

2．对称 Y 接三相电路的分析与计算

三相交流电路实际上是正弦交流电路的特殊情况。所以对三相交流电路而言，前面讨论的正弦交流电路的分析方法仍然适用。

观察图 7.5 所示对称三相四线制电路，电路只具有电源中点 N 和负载中点 N′两个结点，选 N 为参考结点，根据弥尔曼定理可得中点电压 $\dot{U}_{N'N}$ 为

$$\dot{U}_{N'N}=\frac{\dfrac{\dot{U}_A}{Z_A+Z_L}+\dfrac{\dot{U}_B}{Z_B+Z_L}+\dfrac{\dot{U}_C}{Z_C+Z_L}}{\dfrac{1}{Z_N}+\dfrac{1}{Z_A}+\dfrac{1}{Z_B}+\dfrac{1}{Z_C}} \tag{7.6}$$

由于三相电路对称，所以上式中分子为零，故 $\dot{U}_{N'N}=0$，电源中点 N 和负载中点 N′等电

位。此时，各相负载中通过的电流分别为

$$\begin{aligned}\dot{I}_A &= \frac{\dot{U}_A - \dot{U}_{N'N}}{Z_A + Z_L} = \frac{\dot{U}_A}{Z_A + Z_L} \\ \dot{I}_B &= \frac{\dot{U}_B - \dot{U}_{N'N}}{Z_B + Z_L} = \frac{\dot{U}_B}{Z_B + Z_L} \\ \dot{I}_C &= \frac{\dot{U}_C - \dot{U}_{N'N}}{Z_C + Z_L} = \frac{\dot{U}_C}{Z_C + Z_L}\end{aligned} \tag{7.7}$$

由式（7.7）可知，由于电源三相电压对称，因此对称三相负载的电流也对称。

对称三相负载电路的中线电流为

$$\dot{I}_N = \dot{I}_A + \dot{I}_B + \dot{I}_C = \dot{U}_{N'N} Y_N = 0\ (Y_N\text{是中点复导纳}) \tag{7.8}$$

可见，对称 Y-Y 三相电路中，由于中线电流等于零，中线相当于断开。因此，对称三相电路中，把中线去掉后对电路无影响。

归纳：对称三相电路中，三相负载对称，三相负载的相电压对称，三相负载中的电流必然对称，此时中线可以省略。

3．三相电路的一相归算法

经上述讨论可得出如下结论。

（1）对称 Y-Y 连接中，由于三相电源和三相负载的对称性，所以各相负载的端电压和电流均对称。只要求得其中一相的电压和电流，其他两相即可根据对称关系直接写出。

（2）由于 $\dot{U}_{N'N} = 0$，所以各相电路的计算具有独立性，即每相都可视为独立的单相交流电路，这样，对称三相电路的计算就可以归结为一相来计算，其他两相按对称性可根据计算结果直接写出。

在三相电路的一相归算法中，一般取 A 相电路为参考，画出一相计算电路如图 7.6 所示。

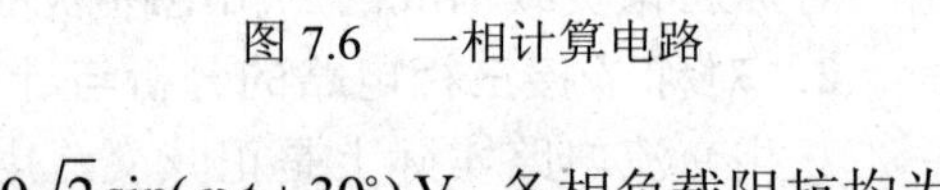

图 7.6　一相计算电路

注意，对一相电路的计算中，中线阻抗 Z_N 不起作用，N 点和 N′点等电位，用一根短接线连接。

例 7.1　对称三相电路如图 7.5 所示，已知 $u_{AB} = 380\sqrt{2}\sin(\omega t + 30^\circ)$ V，各相负载阻抗均为 Z=5+j6Ω，中线阻抗为 Z_L=1+j2Ω，试求三相负载上的各电流相量。

解：根据已知条件，得线电压和相电压相量分别为

$$\dot{U}_{AB} = 380\angle 30^\circ(\text{V}),\ \dot{U}_A = \frac{\dot{U}_{AB}}{\sqrt{3}}\angle{-30^\circ} = 220\angle 0^\circ(\text{V})$$

画出一相（A 相）计算电路如图 7.6 所示，可得

$$\dot{I}_A = \frac{\dot{U}_A}{Z + Z_L} = \frac{220\angle 0^\circ}{6 + \text{j}8} = 22\angle{-53.1^\circ}(\text{A})$$

根据对称性可以写出另外两相电流相量为

$$\dot{I}_B = 22\angle -173.1^\circ(\mathrm{A})$$

$$\dot{I}_C = 22\angle 66.9^\circ(\mathrm{A})$$

4．Y 形不对称三相电路的分析与计算

Y 接不对称三相电路的分析

不对称三相负载所构成的三相电路，称为不对称三相电路。如照明负载接入三相电源后很难做到三相对称，又如对称三相负载电路的某一相负载发生短路或开路时，都会造成三相电路不对称。不对称三相电路不再具有对称性的特点，所以，三相化归一相电路的计算方法失效。

Y 形不对称三相电路分两种情况进行讨论。

（1）Y 接不对称三相电路无中线

若图 7.5 所示电路中输电线的阻抗 $Z_L\approx 0$ 时，该电路就可简化为图 7.7（a）所示电路。设该电路 $Z_N=\infty$，$Y_N=0$，无中线时，显然 $\dot{I}_N=0$。由于三相电路不对称，故有 $\dot{U}_{N'N}\neq 0$，即电源中点 N 和负载中点 N′电位不相等。此时先利用（7.6）式计算出中点电压 $\dot{U}_{N'N}$，然后再求出实际加在各相负载的端电压。

由图 7.7（b）所示相量图可以清楚地看到 N′点和 N 点不重合，这一现象称为中点偏移。在电源对称的情况下，可以根据中点偏移的程度来判断负载不对称的程度。当中点位移较大时，会引起负载端相电压的严重不对称，使有的负载相电压低于电源相电压，有的负载相电压高于电源相电压，甚至可能高过电源线电压，从而造成各相负载工作不正常。

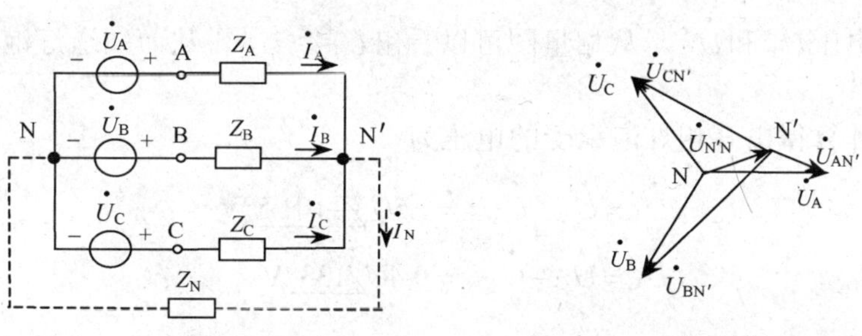

（a）　　　　　　（b）

图 7.7　不对称三相电路

由图 7.7（b）还可看出，三相电路不对称且又无中线时，各相负载的端电压相互牵制。因此，三相负载中只要有一相因某种原因发生变化，中点电压就要随之变化，三相负载彼此都会相互影响，即完全失去了独立性和对称性。各相负载的端电压要单独计算，即

$$\begin{aligned}\dot{U}'_A &= \dot{U}_A - \dot{U}_{N'N}\\ \dot{U}'_B &= \dot{U}_B - \dot{U}_{N'N}\\ \dot{U}'_C &= \dot{U}_C - \dot{U}_{N'N}\end{aligned}\tag{7.9}$$

再根据电压、电流关系式进而求出各相负载上通过的电流。

例 7.2　图 7.8（a）所示电路为测定三相电源相序的相序指示器，任意指定一相电源为 A

相后，指示器指示出其他两相中的 B 相和 C 相。图 7.8 中指示器由两个白炽灯和一个电容器组成 Y 接。把电容器接到指定的 A 相，两个白炽灯分别接另外两相。由于这组负载不对称，两个白炽灯的电压不等，亮度不同，可以决定相序。设电容器的容纳 $\omega C=G$，试问较亮的白炽灯所接的是 B 相还是 C 相？

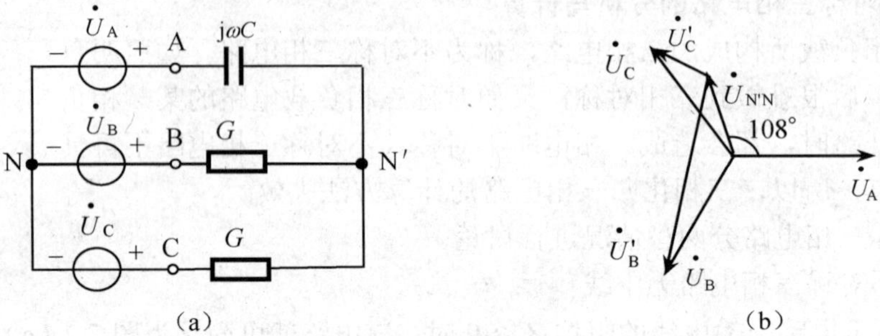

图 7.8　例 7.2 电路图和相量图

解： 设 $\dot{U}_A=U\angle 0°$V，$\dot{U}_B=U\angle -120°$V，$\dot{U}_C=U\angle 120°$V，则中点电压为

$$\dot{U}_{N'N}=\frac{jG\dot{U}_A+G(\dot{U}_B+\dot{U}_C)}{jG+G+G}$$
$$=(-0.2+j0.6)U=0.63U\angle 108.4°\text{V}$$

作相量图如图 7.8（b）所示，先作 $\dot{U}_A$、$\dot{U}_B$、$\dot{U}_C$，再按所得结果作出 $\dot{U}_{N'N}$，然后就可以作出两个白炽灯的电压 $\dot{U}'_B$ 和 $\dot{U}'_C$。从相量图可以看出 $\dot{U}'_B>\dot{U}'_C$，从而知道灯泡较亮的一相为 B 相，较暗的为 C 相。

也可以通过计算得出 B 相灯泡承受的电压为

$$\dot{U}'_B=\dot{U}_B-\dot{U}_{N'N}=1.5U\angle -101.5°\text{V}$$
$$\dot{U}'_C=\dot{U}_C-\dot{U}_{N'N}=0.4U\angle 133°\text{V}$$

则有

$$\frac{U'_B}{U'_C}=\frac{1.5}{0.4}=3.75$$

显然 $U'_B>U'_C$，B 相的灯泡比 C 相的亮。

（2）Y 接不对称三相电路有中线

设图 7.7（a）Y 接不对称三相电路有中线，且输电线阻抗 $Z_L\approx 0$，中线阻抗 $Z_N\approx 0$，即可做到强制 $\dot{U}_{N'N}=\dot{I}_N Z_N\approx 0$，从而克服了中点偏移现象。这时，尽管三相电路不对称，但由于电源对称，根据式（7.9）可知，各相负载的端电压就等于电源相电压，并且不随负载的变化而变化，各相保持独立性而互不影响，可以分别独立计算。

例 7.3　已知 Y 接对称三相电路（三相三线制）的电源线电压为 380V，各相负载阻抗 $Z=8+j6\Omega$，求：

（1）正常情况下负载相电压及相电流的有效值；

（2）一相短路时，另两相的相电压及相电流的有效值；

（3）一相开路时，其余两相的相电压及相电流的有效值；

（4）如果电路是三相四线制，再求（2）、（3）。

解：（1）正常情况下，电路为对称三相电路，三相负载的相电压和相电流的有效值相等，可归结为一相计算。有

$$U_{\mathrm{P}}=\frac{U_{\mathrm{L}}}{\sqrt{3}}=\frac{380}{1.732}=220(\mathrm{V})$$

$$I_{\mathrm{P}}=\frac{U_{\mathrm{P}}}{|Z|}=\frac{220}{\sqrt{8^2+6^2}}=22(\mathrm{A})$$

（2）一相短路时，线电压通过短路线直接加在另外两相负载端，因此其余两相负载的端电压就等于电源线电压 380V，相电流为

$$I_{\mathrm{P}}=\frac{U_{\mathrm{P}}}{|Z|}=\frac{380}{\sqrt{8^2+6^2}}=38\mathrm{A}$$

（3）一相开路时，其余两相构成串联连接，由于两相阻抗相等，所以平分电源线电压，即

$$U_{\mathrm{P}}=\frac{U_{\mathrm{L}}}{2}=\frac{380}{2}=190(\mathrm{V})$$

$$I_{\mathrm{P}}=\frac{U_{\mathrm{P}}}{|Z|}=\frac{190}{\sqrt{8^2+6^2}}=19(\mathrm{A})$$

（4）如果有中线，在（2）、（3）情况下，负载的端电压仍等于电源相电压，因此除短路或断路相的负载电流增大或等于零时，其余两相的端电压和电流不发生变化。

由此可知，在负载为 Y 接的对称三相电路中，一相负载短路或断路时，各相负载的端电压就不再对称了。当一相负载短路时，其余两相负载的相电压就等于电源的线电压，流过的电流是正常情况下的 $\sqrt{3}$ 倍，造成过载。当一相负载断路时，其余两相负载的端电压低于正常情况下的端电压，不能正常工作。但如果不对称三相电路有中线时，中线可使不对称 Y 接负载的端电压仍然保持对称。因此，在三相不对称负载情况下，中线的作用非常重要，为确保中线的可靠性，一般在中线上加装钢心，使其具有足够的机械强度，同时中线上不允许安装保险丝和开关。

7.3.2　三相负载的△形连接

三相负载的三角形连接

3 个负载阻抗首尾相接连接成一个闭环，3 个连接点分别与电源的 3 根火线相连，就构成了负载的三角形连接，如图 7.9 所示。这种方式称为 Y–△连接方式，另外还有△–△连接方式。对于△形负载，线电压就等于相电压。图中负载中的相电流为 $\dot{I}_{\mathrm{A'B'}}$、$\dot{I}_{\mathrm{B'C'}}$、$\dot{I}_{\mathrm{C'A'}}$，而线电流为 $\dot{I}_{\mathrm{A}}$、$\dot{I}_{\mathrm{B}}$、$\dot{I}_{\mathrm{C}}$。因为三相电源对称，三相负载也对称，所以 3 个相电流必然对称。有

$$\dot{I}_{\mathrm{A'B'}}=I\angle 0^\circ,\ \dot{I}_{\mathrm{B'C'}}=I\angle -120^\circ,\ \dot{I}_{\mathrm{C'A'}}=I\angle 120^\circ$$

根据 KCL，线电流与相电流之间的关系为

$$\dot{I}_{\mathrm{A}}=\dot{I}_{\mathrm{A'B'}}\ \dot{I}_{\mathrm{C'A'}}=\sqrt{3}\,\dot{I}_{\mathrm{A'B'}}\angle{-30^\circ}$$
$$\dot{I}_{\mathrm{B}}=\dot{I}_{\mathrm{B'C'}}\ \dot{I}_{\mathrm{A'B'}}=\sqrt{3}\,\dot{I}_{\mathrm{B'C'}}\angle{-30^\circ} \tag{7.10}$$
$$\dot{I}_{\mathrm{C}}=\dot{I}_{\mathrm{C'A'}}\ \dot{I}_{\mathrm{B'C'}}=\sqrt{3}\,\dot{I}_{\mathrm{C'A'}}\angle{-30^\circ}$$

式（7.10）说明：数值上，线电流是相电流的 $\sqrt{3}$ 倍；相位上，线电流滞后与其相对应的相电流 30°。由于三相对称，因此

$$\dot{I}_{\mathrm{A}}+\dot{I}_{\mathrm{B}}+\dot{I}_{\mathrm{C}}=0$$

实际计算时，显然只需计算出一相电流 $\dot{I}_{\mathrm{A}}$，就可以依次写出另两相电流。对于对称△形负载，不能直接应用前面三相归结为一相的计算方法，应先将△形负载等效变换为 Y 形之后才能归结为一相进行计算。因为三相负载对称，即

$$Z_{\mathrm{Y}}=\frac{1}{3}Z_{\triangle} \tag{7.11}$$

例 7.4 对称三相电路如图 7.9 所示。已知 Z_{L}=1+j2Ω，Z=19.2+j14.4Ω，线电压 U_{AB}=380 V，求负载端的相电压和相电流。

解：先进行星形和三角形的等效互换，得 Y-Y 电路如图 7.10 所示。有

$$Z_{\mathrm{Y}}=\frac{Z_{\triangle}}{3}=\frac{19.2+\mathrm{j}14.4}{3}=(6.4+\mathrm{j}4.8)\Omega$$

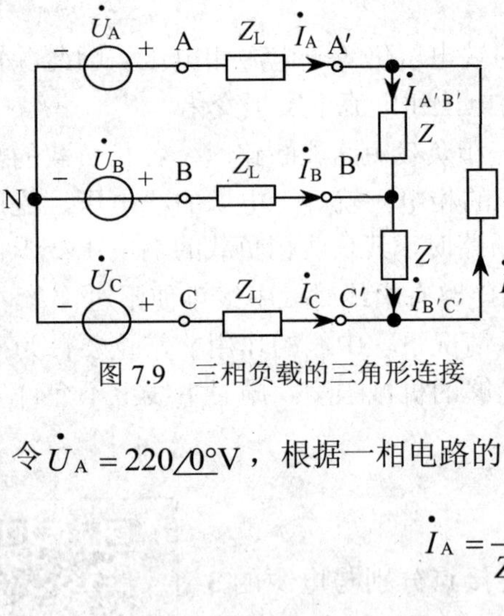

图 7.9　三相负载的三角形连接

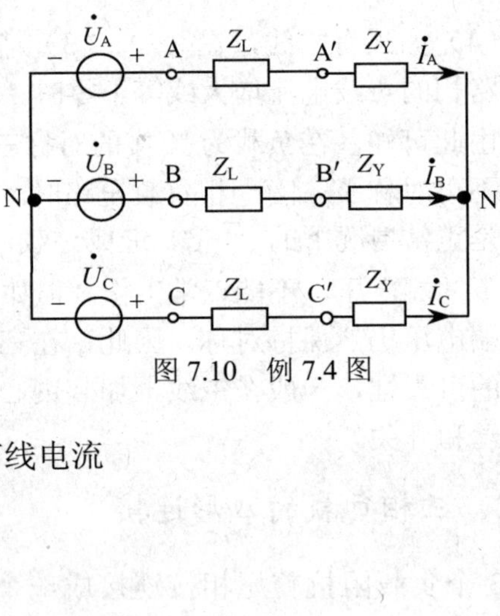

图 7.10　例 7.4 图

令 $\dot{U}_{\mathrm{A}}=220\angle{0^\circ}$V，根据一相电路的计算方法，有线电流

$$\begin{aligned}\dot{I}_{\mathrm{A}}&=\frac{\dot{U}_{\mathrm{A}}}{Z_{\mathrm{Y}}+Z_{\mathrm{L}}}\\&=\frac{220\angle{0^\circ}}{(6.4+\mathrm{j}4.8)+(1+\mathrm{j}2)}\\&\approx 22\angle{-42.58^\circ}(\mathrm{A})\end{aligned}$$

根据对称性得另外两相的线电流为

$$\dot{I}_{\mathrm{B}}=22\angle{-162.58^\circ}(\mathrm{A})$$
$$\dot{I}_{\mathrm{C}}=22\angle{77.42^\circ}(\mathrm{A})$$

先求出负载端的相电压，再利用线电压和相电压的关系求出负载端的线电压。则

$$\dot{U}_{\mathrm{A'N'}} = \dot{I}_{\mathrm{A}} Z_{\mathrm{Y}} = 176\angle -5.7^\circ(\mathrm{V})$$

$$\dot{U}_{\mathrm{A'B'}} = \sqrt{3}\dot{U}_{\mathrm{A'N'}}\angle 30^\circ = 304.8\angle 24.3^\circ(\mathrm{V})$$

根据对称性可写出另外两相为

$$\dot{U}_{\mathrm{B'C'}} = 304.8\angle -95.7^\circ(\mathrm{V})$$

$$\dot{U}_{\mathrm{C'A'}} = 304.8\angle 144.3^\circ(\mathrm{V})$$

依据负载端的线电压，再返回到原电路，可求得负载中的相电流为

$$\dot{I}_{\mathrm{A'B'}} = \frac{\dot{U}_{\mathrm{A'B'}}}{Z_{\triangle}} = \frac{304.8\angle 24.3^\circ}{19.2 + \mathrm{j}14.4} = 12.7\angle -12.57^\circ(\mathrm{A})$$

$$\dot{I}_{\mathrm{B'C'}} = 12.7\angle -132.57^\circ(\mathrm{A})$$

$$\dot{I}_{\mathrm{C'A'}} = 12.7\angle 107.4^\circ(\mathrm{A})$$

也可以利用对称三角形连接的线电流和相电流的关系直接求得，即

$$\dot{I}_{\mathrm{A'B'}} = \frac{1}{\sqrt{3}}\dot{I}_{\mathrm{A}}\angle 30^\circ = 12.7\angle -12.57^\circ(\mathrm{A})$$

检验学习结果

7.3.1　一台三相异步电动机正常运行时作△连接，为了减小启动电流，启动时先把它作 Y 连接，转动后再改成△连接。试求 Y 接启动和直接做△连接启动两种情况的线电流的比值。

7.3.2　为什么三相电动机的电源可用三相三线制，而三相照明电源则必须用三相四线制?

7.4　三相电路的功率

三相电路的功率

学习目标

掌握对称与不对称三相电路中有功功率、无功功率、视在功率和复功率的计算方法以及功率的测量方法。

由前面介绍的内容可知，单相正弦交流电路中有功功率 $P = UI\cos\varphi$ ，无功功率 $Q = UI\sin\varphi$ ，视在功率 $S = UI = \sqrt{P^2 + Q^2}$ 。

三相交流电路可以看成是 3 个单相交流电路的组合。因此，三相交流电路的有功功率、无功功率和视在功率均可用下式来计算

$$\begin{aligned} P &= P_{\mathrm{A}} + P_{\mathrm{B}} + P_{\mathrm{C}} \\ Q &= Q_{\mathrm{A}} + Q_{\mathrm{B}} + Q_{\mathrm{C}} \\ S &= \sqrt{P^2 + Q^2} \end{aligned} \qquad (7.12)$$

当三相负载对称时，无论负载是星形连接还是三角形连接，各相功率都是相等的，因此三相功率是每相功率的 3 倍，即

$$P = 3U_{\rm P}I_{\rm P}\cos\varphi_{\rm p} = \sqrt{3}U_{\rm L}I_{\rm L}\cos\varphi_{\rm p}$$
$$Q = 3U_{\rm P}I_{\rm P}\sin\varphi_{\rm p} = \sqrt{3}U_{\rm L}I_{\rm L}\sin\varphi_{\rm p} \quad (7.13)$$
$$S = 3U_{\rm P}I_{\rm P} = \sqrt{3}U_{\rm L}I_{\rm L}$$

式中，$U_{\rm P}$为相电压；$U_{\rm L}$为线电压；$I_{\rm P}$为相电流；$I_{\rm L}$为线电流。

三相电路的瞬时功率为各相负载瞬时功率之和。当电路对称时，三相瞬时功率之和是一个常量，其值等于三相电路的平均功率，即

$$p = p_{\rm A} + p_{\rm B} + p_{\rm C} = 3U_{\rm P}I_{\rm P}\cos\varphi \quad (7.14)$$

习惯上常把这一性能称为瞬时功率平衡。正是这种性能，使三相电动机的稳定性高于单相电动机。

例 7.5 一台三相异步电动机，铭牌上额定电压是 220/380V，接线是△/Y，额定电流是 11.2/6.48A，$\cos\varphi = 0.84$。试分别求出电源线电压为 380V 和 220V 时，电动机的输入功率。

解：（1）电源线电压为 380V，按铭牌规定电动机绕组应连接成星形，输入功率

$$P_1 = \sqrt{3}U_{\rm L}I_{\rm L}\cos\varphi$$
$$= 1.732 \times 380 \times 6.48 \times 0.84$$
$$= 3\,577({\rm W}) \approx 3.6({\rm kW})$$

（2）电源线电压为 220V，按铭牌规定电动机绕组应连接成三角形，输入功率

$$P_1 = \sqrt{3}U_{\rm L}I_{\rm L}\cos\varphi$$
$$= 1.732 \times 220 \times 11.2 \times 0.84$$
$$= 3\,584({\rm W}) \approx 3.6({\rm kW})$$

通过此例可知，只要按照铭牌的规定去接线，电动机的输入电功率是一样的。

例 7.6 某台电动机的额定功率是 2.5kW，绕组△接，如图 7.11 所示电路。当 $\cos\varphi = 0.866$，线电压为 380V 时，求图中两个功率表的读数。

解：这是用二瓦计法测量三相功率的例题。在三相三线制电路中，不论对称与否，都可以用两个功率表来测量三相功率。两个功率表的连接如图 7.11 所示。

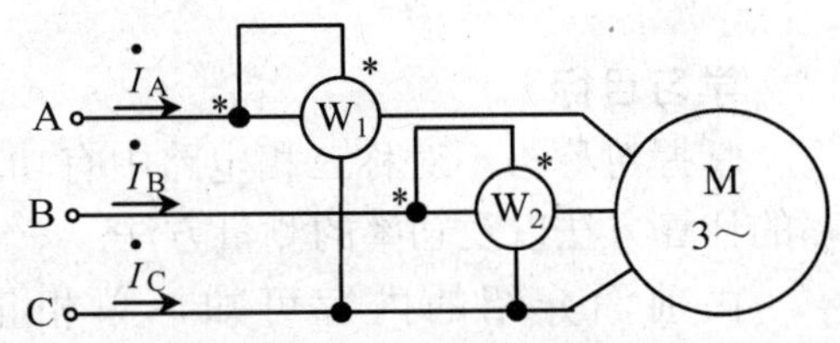

图 7.11 例 7.6 电路图

理论和实践都可以证明图中两个功率表的读数之和就等于三相电路吸收的平均功率，其中的功率表 W_1 的读数 $P_1 = U_{\rm AC}I_{\rm A}\cos(\varphi - 30°)$，功率表 W_2 的读数 $P_2 = U_{\rm BC}I_{\rm B}\cos(\varphi + 30°)$。为求得两个功率表的读数 P_1 和 P_2，需先求出

$$I_{\rm L} = \frac{P_{\rm N}}{\sqrt{3}U_{\rm L}\cos\varphi} = \frac{2.5 \times 10^3}{1.732 \times 380 \times 0.866} \approx 4.39({\rm A})$$
$$\varphi = \arccos 0.866 = 30°$$

电动机为对称三相负载，所以 3 个线电流的有效值相同，即 $I_{\rm A}=I_{\rm B}$=4.39A；电源线电压总是对称的，因此根据题中给出的线电压数值可得 $U_{\rm AC}=U_{\rm BC}=U_{\rm L}$=380V。

所以两个功率表的读数分别为

$$P_1 = U_{AC} I_A \cos(\varphi - 30°) = 380 \times 4.39 \times \cos(30° - 30°) \approx 1\,668(\text{W})$$
$$P_2 = U_{BC} I_B \cos(\varphi + 30°) = 380 \times 4.39 \times \cos 60° \approx 834(\text{W})$$

电路的三相总有功功率为

$$P = P_1 + P_2 = 1\,668 + 834 = 2\,502(\text{W}) \approx 2.5(\text{kW})$$

计算结果与给定的 2.5kW 基本相符，微小的误差是由计算的精度造成的。

本例所述的二瓦计法只适用于三相三线制电路功率的测量。三相四线制电路的功率需要用三瓦计法测量，即用单相功率表分别测量各相的功率，最后将所测结果相加。

三相电路的功率测量时，分别有下面几种情况。

（1）对于 $\varphi=0$ 的电阻性负载，两功率表读数相等，三相有功功率 $P=P_1+P_2$。

（2）对于 $\varphi = \pm 60°$ 的感性和容性负载，$\cos\varphi=0.5$，两功率表中有一只表的读数为零，则三相有功功率 $P=P_1$ 或 $P=P_2$。

（3）对于 $|\varphi| > 60°$ 时的负载，$\cos\varphi<0.5$，两表中有一只表读数为负值，即功率表反偏转。为了得到读数，应将此功率表的电流线圈两个接头调换一下。此时三相有功功率等于两表读数之差，即 $P=P_1-P_2$。因此，三相电路的总功率等于这两个功率表读数的代数和。

显然，在二瓦特计法中，单独一个功率表的读数是没有意义的。对于三相四线制，除对称运行外，不能用二瓦特计法来测量三相功率。

检验学习结果

7.4.1　将对称三相负载接到三相电源，试比较作 Y 接和△接两种情况下负载的总功率。

7.4.2　怎样计算三相对称负载的功率？功率计算公式中 $\cos\varphi$ 的 φ 角表示什么？

小结

1．对称三相电路 Y 形连接时，电压和电流之间关系为

$U_L = \sqrt{3} U_P$，线电压超前相电压 30°

$$I_L = I_P$$

2．对称三相电路△形连接时，电压和电流之间关系为

$$U_L = U_P$$

$I_L = \sqrt{3} I_P$，线电流滞后相电流 30°

3．对称三相正弦量的瞬时值之和或相量之和均等于零。

4．对称三相电路的计算方法为：把给定的对称三相电路化为 Y-Y 系统，利用归结为一相的计算方法，求出一相的电压和电流，然后根据对称关系直接得到其他两相的电压和电流。最后利用 Y-△的等值变换，求出原电路的电压和电流。

5．对称三相电路的优越性能之一就是对称三相功率的瞬时功率是一个常量，即

$$p = p_A + p_B + p_C = 3 U_P I_P \cos\varphi$$

此式说明，三相瞬时功率等于三相电路吸收的平均功率 P。习惯上把这一性能称为瞬时功率平衡。

三相三线制电路无论对称与否，都可以用二瓦计法测量三相总有功功率。

技能训练

实验七　三相电路电压、电流的测量

一、实验目的

1. 通过实验进一步熟悉三相负载的星形和三角形接法。
2. 加深记忆三相负载 Y 接和△接的线、相电压，线、相电流之间的数量关系。
3. 加深对中线作用的理解。
4. 掌握三相电路中电压、电流的测量方法。

二、实验主要仪器设备

1. 电工实验台　　一台
2. 三相调压器　　一台
3. 交流电流表　　一只
4. 数字万用表　　一块
5. 电流插箱、插头　　一套
6. 三相负载灯箱　　一个

三、实验原理

1. 三相电路的星形连接

图 7.12 所示为星形连接的三相三线制电路。当线路阻抗忽略不计时，负载的线电压等于电源的线电压。若负载对称，则负载中性点 N′和电源中性点 N 之间的电压为零。此时负载相电压对称，线电压与相电压满足 $U_L=\sqrt{3}\,U_P$ 的关系。若负载不对称，N′与 N 两中性点间的电压不再等于零，负载端的各相电压不再对称。其数值可通过计算得到，也可通过实验测出。

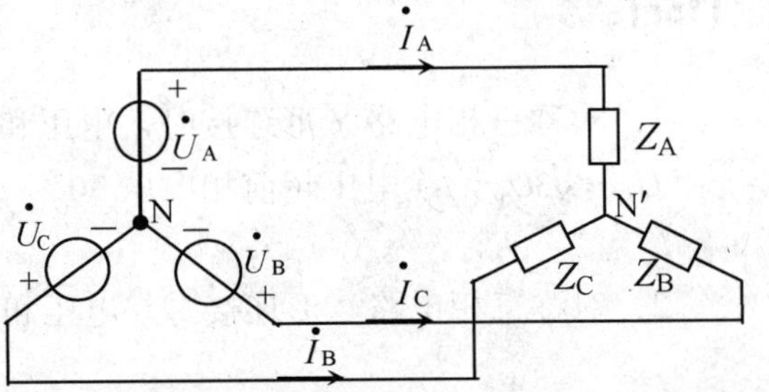

图 7.12　星形连接的三相三线制电路

在图 7.12 电路中，若把电源中性点和负载中性点之间用中性线连接起来，就成为三相四线制电路。在负载对称情况下，中性线电流等于零，其工作情况与三相三线制相同。负载不对称时，忽略线路阻抗，则负载端相电压仍然对称，但这时中性线电流不再为零，它可用计算方法或实验方法确定。

2. 三相电路的三角形连接

图 7.13 所示为三角形连接的三相负载，电源虽然不变，但只能是三线制供电。忽略线路阻抗时，负载的相电压等于电源的线电压。线电流与相电流的关系为

$$\dot{I}_A=\dot{I}_{AB}-\dot{I}_{CA},\ \dot{I}_B=\dot{I}_{BC}-\dot{I}_{AB},\ \dot{I}_C=\dot{I}_{CA}-\dot{I}_{BC}$$

当电源对称、负载也对称时，线电流、相电流都对称，且满足 $I_L=\sqrt{3}\,I_P$ 的关系。若负载不对称，由于电源的线电压是对称加在三相负载上，所以三相负载电压仍对称，各相负载都

能正常工作，但此时线电流与相电流之间不再具有 $\sqrt{3}$ 倍的数量关系。

四、实验内容及步骤

1．按照图 7.14 接好线路，测量电源的线电压和相电压，测量中点电压和各相电流、线电流的数值（注意 $U_{NN'}$和 I_N 数值），记录在自制的表格中。

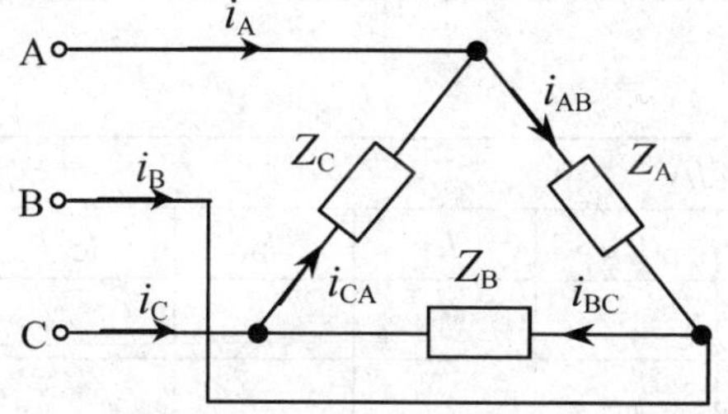

图 7.13　三相负载的三角形连接

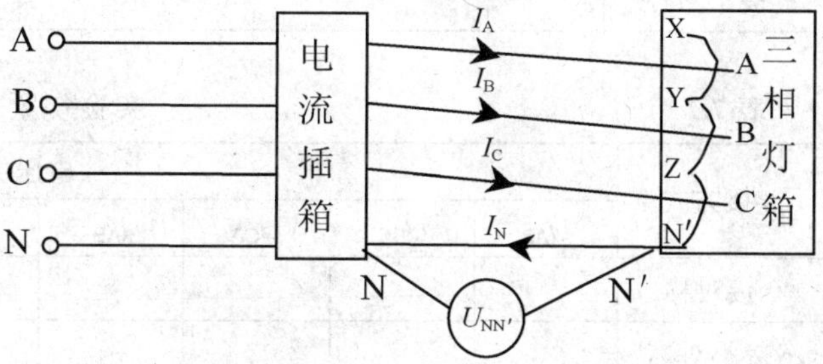

图 7.14　星形连接线路图

2．三相灯负载分别取不同的灯盏数，使之构成不对称三相 Y 接负载。先测量不对称负载情况下有中线时的各相电流、中线电流及各相电压、线电压及中线电压 $U_{NN'}$。记录并填写在表 7.1 中。

3．把中线从 N′处断开，注意 N 处不要断开。再测量 Y 接不对称且无中线时的各相电流、中线电流、各相电压、各线电压及中线电压 $U_{NN'}$，记录在表 7.1 中。

4．三相灯负载改为三角形连接。首先调整电源线电压的数值，为保证灯负载不超过其额定电压，电源线电压应调整在 220V。

5．三相灯负载各取两盏灯，构成三相对称负载。按如图 7.15 所示电路正确连线。

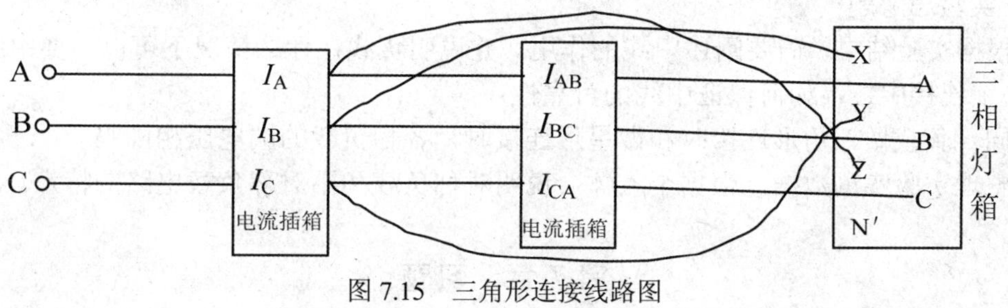

图 7.15　三角形连接线路图

6．测量对称情况下的相电流和线电流，验证是否符合 $I_L = \sqrt{3}I_P$ 的关系。记录并填写在表 7.2 中。

7．把三相灯负载连接成不对称情况，测量不对称情况下的相电流和线电流，验证此时线、相电流是否仍遵循 $I_L = \sqrt{3}I_P$ 的数量关系，把测量数据填写在表 7.2 中。

8．请指导教师审阅各实验小组的实验数据，合理时方可结束实验，测量数据如出现不合理的情况，应重新测量。

9．实验结束，整理实验设备及打扫实验室环境卫生。

10．按要求认真写出实验报告。

表 7.1　　实验数据

连接方式	电压/V，电流/A										
	U_{AB}	U_{BC}	U_{CA}	$U_{NN'}$	U_A	U_B	U_C	I_A	I_B	I_C	I_N
Y 接对称											
Y 接不对称											

表 7.2　　实验数据

连接方式	电压/V，电流/A								
	U_{AB}	U_{BC}	U_{CA}	I_{AB}	I_{BC}	I_{CA}	I_A	I_B	I_C
△接对称									
△接不对称									

五、注意事项

1．在对称三相电路中，灯箱负载为纯电阻负载，功率因数等于1。

2．实验中记录好各相负载灯泡数及其瓦数，根据已知的电源电压和灯负载的数量，计算各种情况下的相电压、相电流、中性线电流等的大小，并与实验所得数据相比较。

3．进一步熟悉电流插箱的原理及使用方法

电流插箱是为了使电流表实现一表多用而设计和制作的一种实验辅助设备。电流插箱的每一个插孔在电流表的插头未插入时相当于短路，即插孔的左右两个端子相当短接，当与电流表连接的电流插头插入插孔内时，相当于把电流表串入了插孔两边端子之间，此时电流表的读数，即为该插孔所连接支路的电流数值。

六、实验思考题

1．根据实验结果，简要阐述中线的作用。并说明负载在什么情况下可以不要中线，什么情况下必须连接中线，如何保证中线的可靠性。

2．同一负载做三角形连接时和做星形连接时，各相负载的端电压相同吗？

3．整理实验实测数据，根据个人体会说明对称负载和不对称负载电路的特点。

第7章　习题

一、填空题

1．3个________相等、________相同、________上互差120°的正弦交流的组合称之为________交流电。

2．三相四线制供电系统中，电源可以向负载提供________和________两种不同的电压值。其中________是________的$\sqrt{3}$倍，且相位上超前与其相对应的________30°电角。

3．电源绕组作星形连接时，其线电压是相电压的________倍；电源绕组作三角形连接时，线电压是相电压的________倍。对称三相Y接电路中，中线电流等于________。

4．Y接对称三相负载的每相阻抗均为22Ω，功率因数$\cos\varphi = 0.8$，现测出负载中通过的电流是10A，那么三相电路的有功功率是________W；无功功率为________var；视在功率等于________V·A。

5．三相三线制电路通常采用________法测量三相总有功功率，对于三相四线制电路，除对称运行外，不能用________法来测量三相总有功功率。

6．已知 Y 接对称三相电路中的线电流 $i_A = 7.07\sin(314t + 30°)$A，则 i_B=________A，i_C=________A，中线电流 i_N=________A。

二、判断题

1．三相四线制电路对称时，可改为三相三线制而对负载无影响。（　　）

2．三相用电器正常工作时，加在各相的端电压等于电源线电压。（　　）

3．对称三相负载作 Y 形连接时，总有 $U_L = \sqrt{3}U_P$ 关系成立。（　　）

4．三相负载做 Y 接时，无论负载对称与否，线电流总等于相电流。（　　）

5．三相电源向电路提供的视在功率为 $S = S_A + S_B + S_C$。（　　）

6．中线的作用就是使不对称 Y 接三相负载的端电压保持对称。（　　）

7．三相不对称负载越接近对称，中线上通过的电流就越小。（　　）

8．为保证中线可靠，不能安装保险丝和开关，且中线截面较粗。（　　）

9．三相负载作△形连接时，总有 $i_L = \sqrt{3}i_P$ 关系式成立。（　　）

10．三相电路无论对称与否，三相总有功功率均为 $P = 3U_P I_P \cos\varphi_P$。（　　）

三、选择题

1．对称三相电路是指（　　）。

A．三相电源对称的电路

B．三相负载对称的电路

C．三相电源和三相负载都是对称的电路

2．三相四线制供电线路，已知作星形连接的三相负载中 A 相为纯电阻，B 相为纯电感，C 相为纯电容，通过三相负载的电流均为 10A，则中线电流为（　　）。

A．30A　　B．10A　　C．7.32A

3．在电源对称的三相四线制电路中，若三相负载不对称，则三相负载的各相电压（　　）。

A．不对称　　B．仍然对称　　C．不一定对称

4．三相电源绕组接成三相四线制，测得 3 个相电压 $U_A=U_B=U_C=220$V，3 个线电压 $U_{AB}=380$V，$U_{BC}=U_{CA}=220$V，这说明（　　）。

A．A 相绕组接反了　　B．B 相绕组接反了　　C．C 相绕组接反了

5．三相对称交流电路的瞬时功率是（　　）。

A．一个随时间变化的量

B．一个常量，其值恰好等于有功功率

C．为零

6．三相四线制中，中线的作用是（　　）。

A．保证三相负载对称　　B．保证三相功率对称

C．保证三相电压对称　　D．保证三相电流对称

四、简答或分析题

1．三相发电机作 Y 连接，如果有一相接反（如 C 相），设相电压为 U，试问 3 个线电压

分别是多少？

2．教学大楼的照明电路发生故障，第二层和第三层楼的所有电灯突然暗下来，只有第一层楼的电灯亮度未变，试问这是什么原因？与此同时，发现第三层楼的电灯比第二层楼的还要暗些，这又是什么原因？你能说出此教学大楼的照明电路是按何种方式连接的吗？这种连接方式符合照明电路安装原则吗？

3．如图 7.16 所示，已知 V_1 表的读数为 380V。指出其他各表读数。

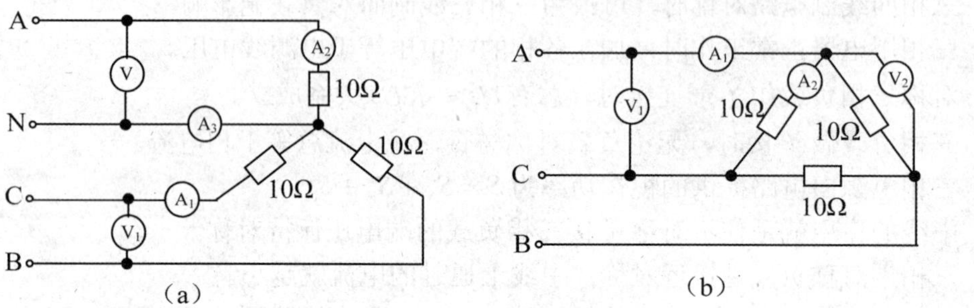

图 7.16　简答或分析题 3 电路

五、计算题

1．已知三相对称负载连接成三角形，接在线电压为 220V 的三相电源上，火线上通过的电流均为 17.3A，三相功率为 4.5kW。求各相负载的电阻和感抗。

2．已知 $u_{AB}=380\sqrt{2}\sin(314t+60°)\text{V}$，试写出 u_{BC}、u_{CA}、u_A、u_B、u_C 的解析式。

3．三相对称负载，已知 Z=3+j4Ω，接于线电压等于 380V 的三相四线制电源上，试分别计算作星形连接和作三角形连接时的相电流、线电流、有功功率、无功功率、视在功率各是多少？

4．图 7.17 所示电路中，当开关 S 闭合时，各安培表读数均为 3.8A。若将 S 打开，问安培表读数各为多少？

5．图 7.18 所示为三相对称的 Y-△三相电路，当开关闭合时，U_{AB}=380V，Z=27.5+j47.64Ω，求图中功率表的读数，问：两表测量数值之和有无意义？

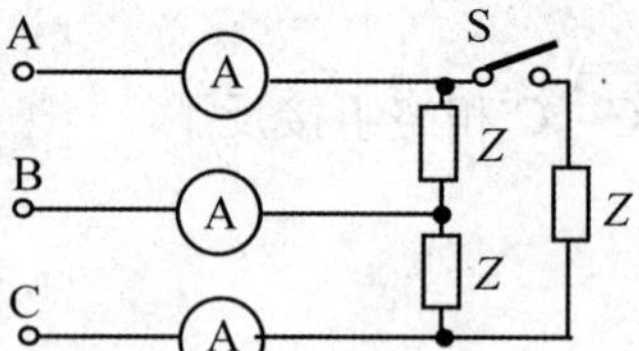

图 7.17　计算题 2 电路

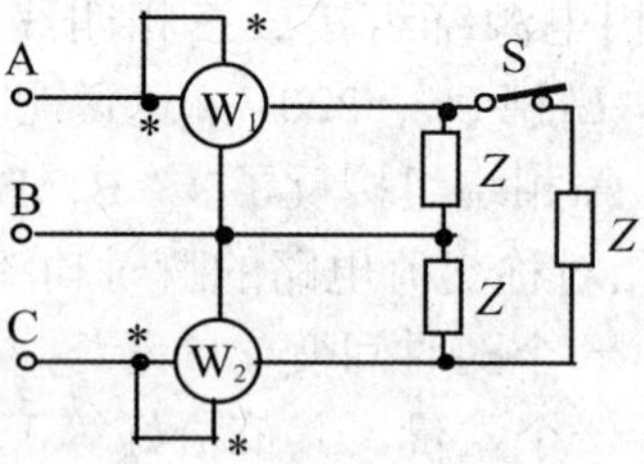

图 7.18　计算题 3 电路

第8章

电路的暂态分析

暂态过程的理论，广泛应用于自动化“控制”技术和电子技术中。所谓“控制”，就是一个寻找各种期望的稳态值和缩短暂态时间，并减少暂态过程中出现危害的过程。因此，本章研究的问题是为后续的电子技术、控制理论课程打基础。

“暂态”相对于“稳态”而言。恒定的直流、交流量是稳态，物体处于匀速运动状态也是稳态；直流量的大小和方向发生变化时是暂态，交流量三要素中的一个或一个以上发生变化时也是暂态，物体运动的速度发生变化时同样是暂态。显然，暂态是指从一种稳态过渡到另一种稳态所经历的过程。

电路的暂态过程实际上非常复杂，但在电路分析理论中研究它时，仅仅是对暂态过程中普遍遵循的最简单、最基本的规律进行研究和探讨，目的是让学习者建立起关于暂态的概念，并在认识“暂态”的过程中充分理解暂态过程中的三要素。

本章教学要求

理论教学要求：了解“稳态”与“暂态”之间的区别与联系；理解电路“换路”的概念，牢固掌握换路定律；理解暂态分析中有关“零输入响应”“零状态响应”“全响应”“阶跃响应”等概念；充分理解一阶电路中暂态过程中响应的规律；熟练掌握一阶电路暂态分析的三要素法；了解二阶电路自由振荡的过程。

实验教学要求：利用实验室电工实验装置以及双踪示波器、函数信号发生器、万用表、直流稳压电源等研究一阶电路的过渡过程，学会从响应的曲线中求出 RC 电路的时间常数τ，了解电路参数对充放电过程的影响。

8.1 换路定律

学习目标

换路定律

了解“暂态”分析中的一些基本概念；理解“换路”这一名词的含义；熟悉换路定律的内容并理解其内涵，初步掌握换路定律的应用。

8.1.1 基本概念

基本概念就是共同语言，也是认识事物规律的开始。

1. 状态变量

代表物体所处状态的可变化量称为状态变量。如电感元件的磁场能 $w_L = \frac{1}{2}Li_L^2$、电容元件的电场能 $w_C = \frac{1}{2}Cu_C^2$，两式中的电感元件上通过的电流 i_L 和电容元件的极间电压 u_C 就是状态变量。状态变量的大小显示了动态元件上能量储存的状态。

状态变量 i_L 的大小不仅能够反映出电感元件上磁场能量储存的情况，同时它还反映出电感元件上的电流不能发生跃变这一事实；同理，电容元件上的状态变量 u_C 的大小不但反映了电容元件的电场能量储存情况，同时也反映了电容元件极间电压不能跃变这一特性。

2. 换路

在含有动态元件 L 和 C 的电路中，电路的接通、断开，接线的改变或是电路参数、电源的突然变化等，统称为“换路”。

3. 暂态

由于动态元件 L 中的磁场能量及 C 中的电场能量只能连续变化而不能发生跃变。因此，当电路发生“换路”时，必将引起动态元件上响应的变化。这些变化持续的时间一般非常短暂，因此称之为“暂态”。

4. 零输入响应

电路发生换路前，动态元件中已储有原始能量。换路时，外部输入激励等于零，仅在动态元件原始储能下引起的电路中电压、电流发生变化的情况，称为零输入响应。

5. 零状态响应

动态元件中的原始储能为零，仅在外输入激励的作用下引起电路中的电压、电流发生变化的情况，称为零状态响应。

6. 全响应

电路中的动态元件中存在原始能量，且又有外部激励，这种情况下引起的电路中电压、电流发生变化的情况称为全响应。对线性电路：全响应=零输入响应+零状态响应。

7. 阶跃响应

当电路中的激励是阶跃形式（通常指变化前后都是恒定值的激励，如直流电源突加、突减的供电方式）时，在电路中引起的电压、电流发生变化的情况称为阶跃响应。

8.1.2　换路定律

初始值的计算

根据能量的建立和消失不能突变的自然规律，储能元件 L 和 C 在电路换路时，其储能必然对应一个吸收与释放的过程，这些过程显然需要时间。由此可提出一个重要的基本规律：在电路发生换路后的一瞬间，电感元件上通过的电流 i_L 和电容元件的极间电压 u_C，都应保持换路前一瞬间的原有值不变。此规律称为换路定律。

设换路发生在 $t=0$ 时刻，换路前一瞬间（电路状态为换路前的情况）可记为 $t=0_-$，换路后一瞬间（电路状态为换路后的情况）则记为 $t=0_+$，它们均与 $t=0$ 时刻的时间间隔无限接近而趋近于零。这时换路定律可用数学式表示为

$$\begin{cases} i_L(0_+)=i_L(0_-) \\ u_C(0_+)=u_C(0_-) \end{cases} \tag{8.1}$$

式（8.1）所表达的换路定律，实质上反映了在含有动态元件的电路发生换路时，动态元件的状态变量不会发生变化这一必然规律。其中的“0_+”数值称作初始值。注意这个初始值对应的是一个稳定状态而不是暂态过程中的变量。

例 8.1　电路如图 8.1（a）所示。设在 $t=0$ 时开关 S 闭合，此前已知电感和电容中均无原始储能。求 S 闭合后各电压、电流的初始值。

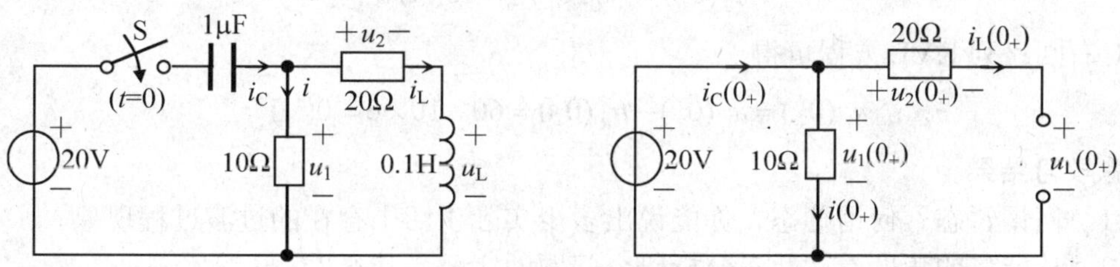

（a）例 8.1 电路　　（b）$t=0_+$ 等效电路

图 8.1　例 8.1 电路图

解：根据电路给定的电感和电容中均无原始储能这一条件，可得

$$i_L(0_+)=i_L(0_-)=0$$
$$u_C(0_+)=u_C(0_-)=0$$

由于 $t=0_+$ 这一瞬间电容元件两端的电压等于零，从电路产生电流的观点来看，电容元件此时相当于短路；电感元件的电流在换路后一瞬间仍等于它换路前一瞬间的零值，相当于开路。于是，可画出图 8.1（b）所示的 $t=0_+$ 时的等效电路，根据此电路可求得

$$u_1(0_+)=20(\text{V})$$
$$i_C(0_+)=i(0_+)=\frac{20}{10}=2(\text{A})$$
$$u_2(0_+)=20i_L(0_+)=0$$
$$u_L(0_+)=u_1(0_+)=20(\text{V})$$

例 8.2　电路如图 8.2（a）所示，设换路前电路已达稳态。$t=0$ 时开关 S 打开，求 S 打开

后动态元件两端的电压与通过动态元件中的电流初始值。

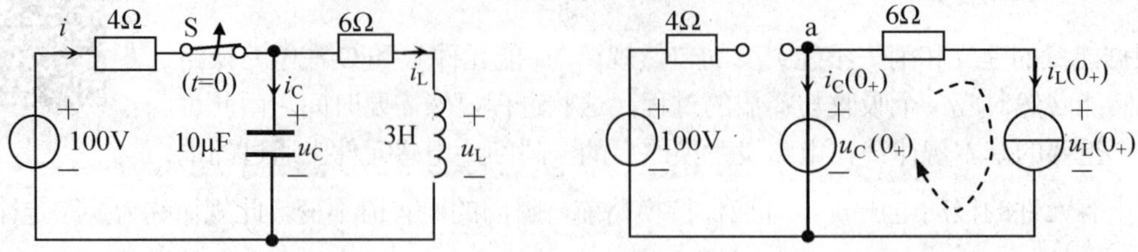

（a）例 8.2 电路　　（b）t=0₊时的等效电路

图 8.2　例 8.2 电路图

解：由于开关 S 打开前电路已达稳态，因此，直流稳态下的电容元件相当于开路，电感元件相当于短路，可得

$$i_L(0_+) = i_L(0_-) = i(0_-) = \frac{100}{4+6} = 10(\text{A})$$

$$u_C(0_+) = u_C(0_-) = i_L(0_-) \times 6 = 10 \times 6 = 60(\text{V})$$

根据此计算结果，可画出开关 S 打开后一瞬间，$t = 0_+$ 的等效电路如图 8.2（b）所示，图中电容元件等效为一个电压值等于 60V 的恒压源，电感元件等效为一个电流值等于 10A 的恒流源。

由于开关 S 断开，所以电感与电容此时相当于串联，因此

$$i_C(0_+) = -i_L(0_+) = -10(\text{A})$$

再对右回路列 KVL 方程可得

$$u_L(0_+) = u_C(0_+) - u_R(0_+) = 60 - 10 \times 6 = 0(\text{V})$$

检验学习结果

8.1.1　何谓暂态？何谓稳态？你能说出多少实际生活中存在的过渡过程现象？

8.1.2　从能量的角度看，暂态分析研究问题的实质是什么？

8.1.3　何谓换路？换路定律阐述问题的实质是什么？换路定律是否也适用于暂态电路中的电阻元件？

8.1.4　动态电路中，在什么情况下电感 L 相当于短路？电容 C 相当于开路？又在什么情况下，L 相当于一个恒流源？C 相当于一个恒压源？

8.2　一阶电路的暂态分析

学习目标

理解 RC 串联电路、RL 串联电路的过渡过程中电压或电流随时间变化的规律；深刻理解影响过渡过程快慢的电路参数——时间常数 τ 的概念及其物理意义；初步掌握一阶电路暂态分析的三要素法及其应用。

一阶电路的零输入响应

8.2.1　一阶电路的零输入响应

只含有一个储能元件的动态电路称为一阶电路，通常有 RC 一阶电路和 RL 一阶电路两大类。

1．RC 电路的零输入响应

RC 电路的零输入响应，实质上就是指具有一定原始能量的电容元件在放电过程中，电路中电压和电流的变化规律。

根据换路定律可知，当电容元件原来已经储存一定能量，若电路发生换路时，电容元件的极间电压不会发生跃变，必须自原来的数值开始连续地增加或减少，而电容元件中的充、放电电流是可以跃变的。

图 8.3（a）所示的 RC 放电电路。开关 S 在位置 1 时电容 C 被充电，充电完毕后电路处于稳态。$t=0$ 时换路，开关 S 由位置 1 迅速投向位置 2，放电过程开始。

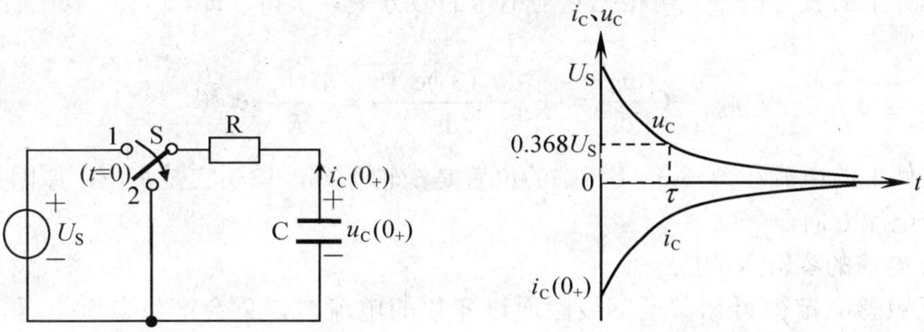

（a）RC 放电电路　　　　（b）RC 零输入响应波形图

图 8.3　RC 放电电路和零输入响应波形图

放电过程开始一瞬间，根据换路定律可得 $u_C(0_+)=u_C(0_-)=U_S$。此时电路中的电容元件与 R 相串后经位置 2 构成放电回路，由 KVL 定律可得

$$RC\frac{\mathrm{d}u_C}{\mathrm{d}t}+u_C=0$$

这是一个一阶的常系数线性齐次微分方程，对其求解可得

$$u_C(t)=U_S\mathrm{e}^{-\frac{t}{RC}}=u_C(0_+)\mathrm{e}^{-\frac{t}{\tau}} \tag{8.2}$$

式中，U_S 为过渡过程开始时电容电压的初始值 $u_C(0_+)$；$\tau=RC$ 称为电路的时间常数。

如果用许多不同数值的 R、C 及 U_S 来重复上述放电实验可发现，不论 R、C 及 U_S 的值如何，RC 一阶电路中的响应都是按指数规律变化的，如图 8.3（b）所示。由此可推论：RC 一阶电路零输入响应的规律是指数规律。

观察电路响应的变化还可发现，当 R 和 C 值越大时，放电过程进行得越慢，R 和 C 值越小时，放电过程进行得越快。也就是说，RC 一阶电路放电速度的快慢，取决于 R 和 C 乘积的大小。因此，时间常数 $\tau=RC$ 是反映过渡过程进行快慢程度的物理量。

让式（8.2）中的 t 值分别等于 1τ、2τ、3τ、4τ、5τ，可得出 u_C 随时间变化的数值表，如表 8.1 所示。

表 8.1　　　　电容电压随时间衰减表

t	τ	2τ	3τ	4τ	5τ
U_S	e^{-1} $0.368U_S$	e^{-2} $0.135U_S$	e^{-3} $0.050U_S$	e^{-4} $0.018U_S$	e^{-5} $0.007U_S$

由表中数据可知，当放电过程经历了一个τ的时间，电容电压就衰减为初始值的 36.8%，经历了 2τ后衰减为初始值的 13.5%，经历了 3τ就衰减为初始值的 5%，经历了 5τ后则衰减为初始值的 0.7%。理论上，根据指数规律，必须经过无限长时间，过渡过程才能结束，但实际上，过渡过程经历了 3τ～5τ的时间后，剩下的电容电压值已经微不足道了。因此，在工程上一般认为此时电路已经进入了稳态。

由此也可得出：时间常数τ是过渡过程经历了总变化量的 63.2%所需要的时间，其单位是秒（s）。

电容元件上的放电电流，可根据它与电压的微分关系求得，即

$$i_C = -C\frac{du_C}{dt} = -C\frac{du_C(0_+)e^{-\frac{t}{RC}}}{dt} = \frac{u_C(0_+)}{R}e^{-\frac{t}{RC}} \tag{8.3}$$

电容元件上的电流在图 8.3（b）中的位置是横轴下方，说明它是负值，原因是电容放电时其电压与电流方向非关联。

2．RL 电路的零输入响应

根据电磁感应定律可知，电感线圈通过变化的电流时，总会产生自感电压，自感电压限定了电流必须是从零开始连续地增加，而不会发生不占用时间的跳变，不占用时间的变化率将是无限大的变化率，这在事实上是不可能的。同理，本来在电感线圈中流过的电流也不会跳变消失。实际应用中，含有电感线圈的电路拉断开关时，触点上总会产生电弧就是此原因。

图 8.4（a）所示电路，在 t<0 时通过电感中的电流为 I_0。设在 t=0 时开关 S 闭合，根据换路定律，电感中仍具有初始电流 I_0，此电流将在 RL 回路中逐渐衰减，最后为零。在这一过程中，电感元件在初始时刻的原始能量 $W_L=0.5LI_0^2$ 逐渐被电阻消耗，转化为热能。

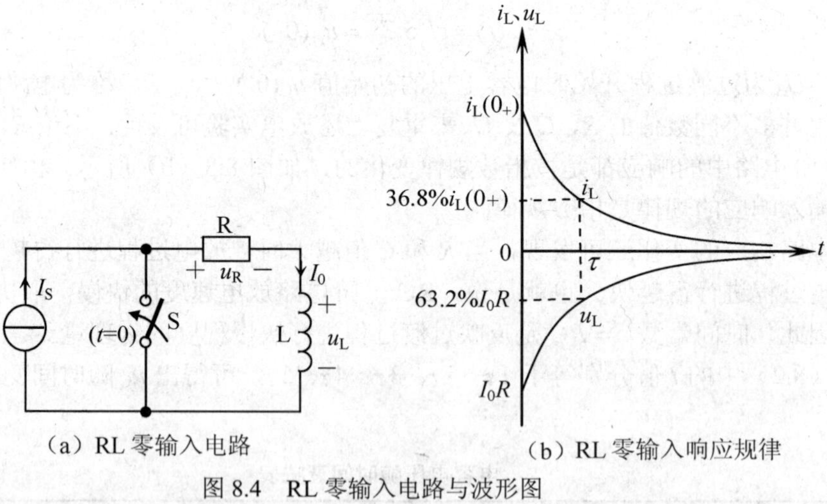

（a）RL 零输入电路　　（b）RL 零输入响应规律

图 8.4　RL 零输入电路与波形图

根据图示电路中电压和电流的参考方向及元件上的伏安关系，应用 KVL 定律可得

$$Ri + L\frac{di}{dt} = 0 \quad (t\geqslant 0)$$

若以储能元件 L 上的电流 i_L 作为待求响应，则可解得

$$i_{\mathrm{L}}(t)=I_0\mathrm{e}^{-\frac{R}{L}t}=i_{\mathrm{L}}(0_+)\mathrm{e}^{-\frac{t}{\tau}} \tag{8.4}$$

式中，$\tau=\dfrac{L}{R}$，τ 是 RL 一阶电路的时间常数，其单位也是秒（s）。显然，在 RL 一阶电路中，L 值越小、R 值越大时，过渡过程进行得越快，反之越慢。

电感元件两端的电压

$$u_{\mathrm{L}}(t)=L\frac{\mathrm{d}i}{\mathrm{d}t}=-RI_0\mathrm{e}^{-\frac{t}{\tau}} \tag{8.5}$$

电路中响应的波形如图 8.4（b）所示，显然它们也都是随时间按指数规律衰减的曲线。

对一阶电路的零输入响应归纳为以下几点。

（1）一阶电路的零输入响应都是随时间按指数规律衰减到零的，这实际上反映了在没有电源作用的条件下，储能元件的原始能量逐渐被电阻消耗掉的物理过程。

（2）零输入响应取决于电路的原始能量和电路的特性，对于一阶电路来说，电路的特性是通过时间常数 τ 来体现的。

（3）原始能量增大 A 倍，则零输入响应将相应增大 A 倍，这种原始能量与零输入响应的线性关系称为零输入线性。

8.2.2　一阶电路的零状态响应

一阶电路的零状态响应

零状态响应是指储能元件的初始能量等于零，仅在外激励作用下引起的电路响应。

1．RC 电路的零状态响应

电容上的原始能量为零时称为零状态。实际上，零状态响应研究的就是 RC 电路充电过程中响应的变化规律，其电路如图 8.5（a）所示。

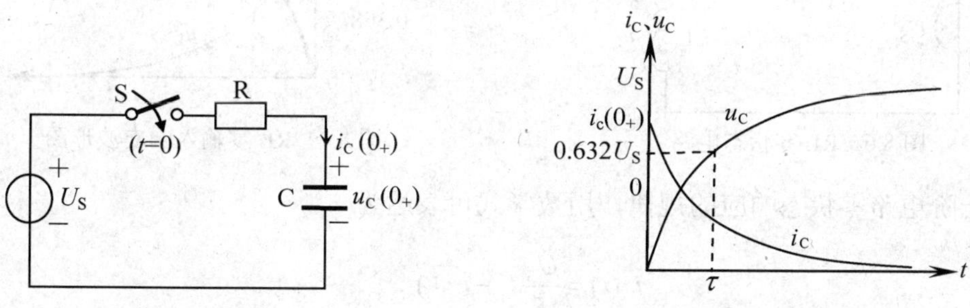

（a）RC 零状态电路　　（b）RC 零状态响应规律

图 8.5　RC 零状态电路与波形图

从理论上讲，当开关 S 闭合后，经过足够长的时间，电容的充电电压才能等于电源电压 U_S，充电过程结束，充电电流 i_C 也才能衰减到零。

对电路图 8.5（a）可列出其 KVL 方程式为

$$RC\frac{\mathrm{d}u_{\mathrm{C}}}{\mathrm{d}t}+u_{\mathrm{C}}=U_{\mathrm{S}}$$

这是一个一阶的线性非齐次方程，对此方程进行求解可得到方程的解为

$$u_C(t)=u_C(\infty)(1-e^{-\frac{t}{RC}})=U_S(1-e^{-\frac{t}{RC}}) \tag{8.6}$$

式中，$u_C(\infty)$是充电过程结束时电容电压的稳态值，数值上等于电源电压。

显然，一阶电路的零状态响应规律也是指数规律，如图 8.5（b）所示。充电开始时，由于电容的电压不能发生跃变，$U_C=0$；随着充电过程的进行，电容电压按指数规律增长，经历 3τ～5τ 时间后，过渡过程基本结束，电容电压 $u_C(\infty)=U_S$，电路达稳态。

由于电容的基本工作方式是充放电，因此电容支路的电流不是放电电流就是充电电流，即电容电流只存在于过渡过程中，因此电路只要达到稳态，i_C 必定等于零，因此在这一充电过程中，i_C 仍按指数规律衰减。充电过程中电压、电流为关联方向，因此在横轴上方。

2．RL 电路的零状态响应

图 8.6 所示电路，在 t=0 时开关闭合。换路前由于电感中的电流为零，根据换路定律，换路后 $t=0_+$瞬间 $i_L(0_+)=i_L(0_-)=0$。电流为零，说明此时的电感元件相当于开路；过渡过程结束，电路重新达到稳态时，由于直流情况下的电流恒定，电感元件上不会引起感抗，它又相当于短路，这一点恰好与电容元件的作用相反。

在 8.6 图所示的 RL 零状态响应电路中，$t=0_+$时由于电流等于零，因此电阻上电压 $u_R=0$，由 KVL 定律可知，此时电感元件两端的电压 $u_L(0_+)=U_S$。当达到稳态后，自感电压 u_L 一定为零，电路中电流将由零增至 U_S/R 后保持恒定。显然在这一过渡过程中，自感电压 u_L 是按指数规律衰减的，而电流 i_L 则是按指数规律上升的，电阻两端电压始终与电流成正比，因此，u_R 从零增至 U_S。其变化规律如图 8.7 所示。

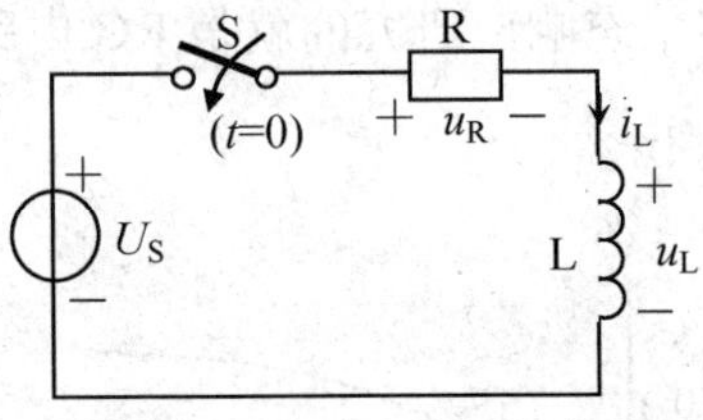

图 8.6　RL 零状态电路

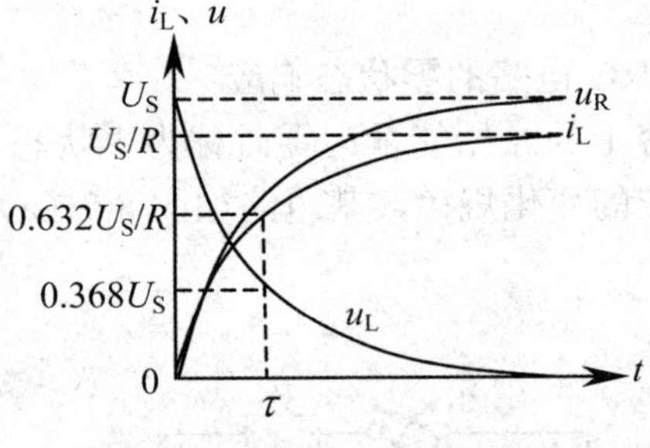

图 8.7　RL 零输入响应波形图

RL 一阶电路零状态响应的规律，用数学式可表达为

$$\begin{aligned} i_L(t)&=\frac{U_S}{R}(1-e^{-\frac{t}{\tau}}) \\ u_R(t)&=Ri_L=U_S(1-e^{-\frac{t}{\tau}}) \\ u_L(t)&=L\frac{di_L}{dt}=U_Se^{-\frac{t}{\tau}} \end{aligned} \tag{8.7}$$

对一阶电路的零状态响归纳如下。

（1）一阶电路的零状态响应都是随时间按指数规律上升，这实际上反映了在外激励作用的条件下，储能元件的能量积累过程。

（2）零状态响应取决于电路的外激励和电路特性，对于一阶电路来说，电路的特性是通过时间常数τ来体现的。

8.2.3　一阶电路的全响应

一阶电路的全响应

电路中动态元件为非零初始状态，且又有外输入激励，在它们的共同作用下所引起的电路响应，称为全响应。因此全响应可用下式来表达：

全响应＝零输入响应+零状态响应

例 8.3　电路如图 8.8 所示，在t=0 时 S 闭合。已知$u_C(0_-)$=12V，C=1mF，R=1kΩ，R_L=2kΩ，试求t≥0 时的u_C和i_C。

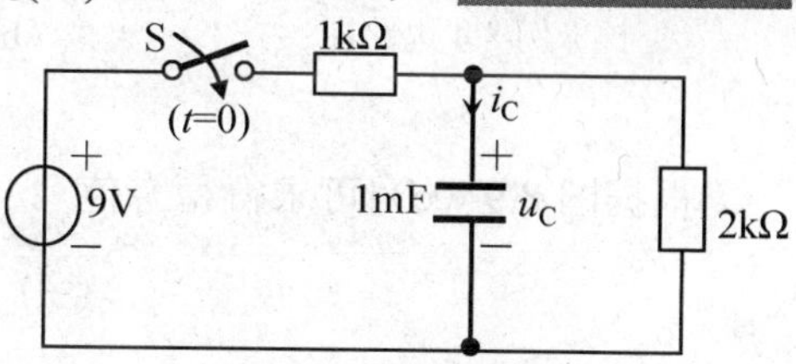

图 8.8　RC 全响应电路

解：既然 RC 电路的全响应是由零输入响应和零状态响应两部分构成的，我们就可分别进行求解。

首先求零输入响应u_C'。

当输入为零时，u_C从初始值 12V 按指数规律衰减，根据式（8.2）可求得零输入响应为

$$u_C'(t)=12e^{-\frac{t}{\tau}}\ (\text{V})$$

其中

$$\tau=RC=\frac{1\times2}{1+2}\times10^3\times1\times10^{-3}=\frac{2}{3}\ (\text{s})$$

再求零状态响应u_C''。

电容初始状态为零时，在 9V 电源作用下引起的电路响应可由式（8.6）求得

$$u_C''(t)=6(1-e^{-\frac{t}{\tau}})\ \text{V}$$（其中的时间常数与零输入响应相同）

因此全响应为

$$u_C(t)=u_C'+u_C''=12e^{-1.5t}+6-6e^{-1.5t}=6+(12-6)e^{-1.5t}=6+6e^{-1.5t}(\text{V})$$

其中第一项是常量 6V，它等于电容电压的稳态值$u_C(\infty)$，因此也称为全响应的稳态分量，而第二项是按指数规律衰减的，只存在于暂态过程中，因之称为全响应的暂态分量，由此也可把全响应写为

全响应＝稳态分量＋暂态分量

电容支路的电流

$$i_C(t)=C\frac{du_C}{dt}=1\times10^{-3}\times\frac{d(6+6e^{-1.5t})}{dt}=9e^{-1.5t}(\text{mA})$$

例 8.4　电路如图 8.9（a）所示。在t=0 时 S 打开。开关打开前电路已达稳态。已知U_S=24V，L=0.6H，R_1=4Ω，R_2=8Ω。试求开关 S 打开后电流i_L和电压u_L。

解：由于换路前电路已达稳态，因此电感元件相当于短路，故可得出换路前等效电路如图 8.4（b）所示。由图 8.4（b）可求得电流的初始值。

$$i_L(0_+)=i_L(0_-)=\frac{U_S}{R_1}=\frac{24}{4}=6(\text{A})$$

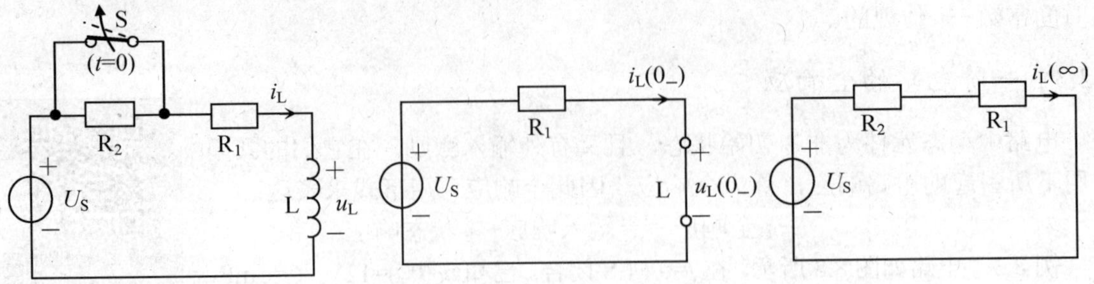

（a）例 8.4 电路图　　（b）t=0₋时等效电路图　　（c）t=∞时等效电路图

图 8.9　例 8.4 电路

根据图 8.9（c）可求得稳态值

$$i_L(\infty)=\frac{U_S}{R_1+R_2}=\frac{24}{4+8}=2(\text{A})$$

时间常数τ值为

$$\tau=\frac{L}{R_1+R_2}=\frac{0.6}{4+8}=0.05(\text{s})$$

则零输入响应i_L'为

$$i_L'(t)=6\mathrm{e}^{-20t}\ (\text{A})$$

零状态响应i_L''为

$$i_L''(t)=2(1-\mathrm{e}^{-20t})(\text{A})$$

全响应为

$$i_L(t)=i_L'+i_L''=6\mathrm{e}^{-20t}+2-2\mathrm{e}^{-20t}=2+4\mathrm{e}^{-20t}\ (\text{A})$$

根据电感元件上的伏安关系可求得

$$u_L(t)=L\frac{\mathrm{d}i}{\mathrm{d}t}=0.6\times\frac{\mathrm{d}(2+4\mathrm{e}^{-20t})}{\mathrm{d}t}=-48\mathrm{e}^{-20t}\ (\text{V})$$

8.2.4　一阶电路暂态分析的三要素法

一阶电路的全响应可表述为零输入响应和零状态响应之和，也可表述为稳态分量和暂态分量之和，其中响应的初始值、稳态值和时间常数τ称为一阶电路的三要素。

一阶电路响应的初始值 $i_L(0_+)$和 $u_C(0_+)$，必须在换路前 t=0₋的等效电路图中进行求解，然后根据换路定律得出；如果是其他各量的初始值，则应根据 t=0₊的等效电路图去进行求解。

一阶电路暂态分析的三要素法

一阶电路响应的稳态值均应根据换路后重新达到稳态时的等效电路图进行求解。

一阶电路的时间常数 τ 则应在换路后 $t\geqslant 0$ 时的等效电路中求解。求解时首先将 $t\geqslant 0$ 时的等效电路除源（所有电压源短路，所有电流源开路处理），然后让动态元件断开，并把断开处看作是无源二端网络的两个对外引出端，对此无源二端网络求出其入端电阻 R_0。当电路为 RC 一阶电路时，则时间常数 $\tau=R_0C$；若为 RL 一阶电路，则 $\tau=L/R_0$。

将上述求得的三要素代入下式，即可求得一阶电路的任意响应。

$$f(t)=f(\infty)+[f(0_+)-f(\infty)]e^{-\frac{t}{\tau}} \tag{8.8}$$

式（8.8）称为一阶电路任意响应的三要素法一般表达式。应用此式可方便地求出一阶电路中的任意响应。

例 8.5　应用一阶电路的三要素法重新求解例 8.3 中的电容电压 u_C。

解： 首先根据换路定律可得出电容电压的初始值

$$u_C(0_+)=u_C(0_-)=12(V)$$

再根据如图 8.10（a）所示的 $t\geqslant 0$ 时的等效电路图求出电容电压的稳态值

$$u_C(\infty)=9\times\frac{2}{1+2}=6(V)$$

将图 8.10（a）除源后，求动态元件两端的等效电阻 R_0，由图 8.10（b）可得

$$R_0=1\,/\!/\,2=2/3\ (k\Omega)$$

$$\tau=R_0C=2/3\times10^3\times1\times10^{-3}=2/3\,(s)$$

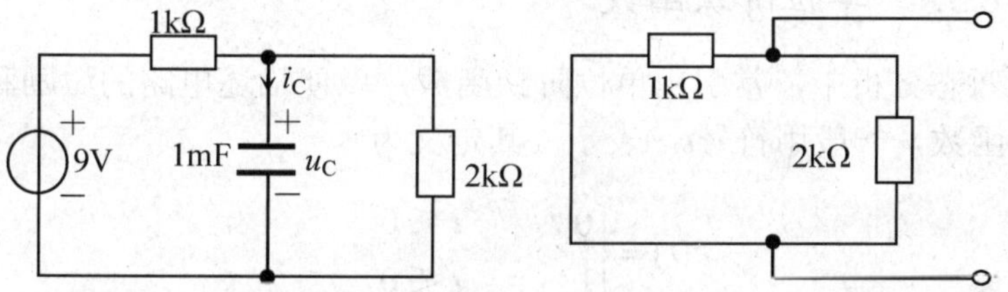

（a）$t\geqslant 0$ 时的等效电路　　（b）求 R_0 时的等效电路

图 8.10　例 8.5 等效电路图

将上述求得的三要素值代入式（8.8）可得

$$\begin{aligned}u_C(t)&=u_C(\infty)+[u_C(0_+)-u_C(\infty)]e^{-1.5t}\\&=6+(12-6)e^{-1.5t}\\&=6+6e^{-1.5t}\,(V)\end{aligned}$$

例 8.6　应用一阶电路的三要素法重新求解例 8.4 中的电感电流 i_L。

解： 例 8.4 前三步已求得电路的三要素，把它们直接代入到式（8.8）可得

$$\begin{aligned}i_L(t)&=i_L(\infty)+[i_L(0_+)-i_L(\infty)]e^{-20t}\\&=2+[6-2]e^{-20t}\\&=2+4e^{-20t}\,(A)\end{aligned}$$

计算结果与例 8.4 完全相同，所不同的是，计算步骤大大简化。

检验学习结果

8.2.1　一阶电路的时间常数 τ 由什么来决定？其物理意义是什么？

8.2.2　一阶电路响应的规律是什么？电容元件上通过的电流和电感元件两端的自感电压

有无稳态值？为什么？

8.2.3　能否说一阶电路响应的暂态分量等于它的零输入响应？稳态分量等于它的零状态响应？为什么？

8.2.4　说明一阶电路的零输入响应规律，零状态响应规律及全响应的规律。

8.2.5　你能正确画出一阶电路 $t=0_+$ 和 $t=\infty$ 时的等效电路图吗？图中动态元件如何处理？

8.2.6　何谓一阶电路的三要素？试述其物理意义。试述三要素法中的几个重要环节应如何掌握？

8.2.7　一阶电路中的 0、0_-、0_+ 这 3 个时刻有何区别？$t=\infty$ 是个什么概念？它们的实质各是什么？在具体分析时如何取值？

8.3　一阶电路的阶跃响应

单位阶跃函数

学习目标

理解单位阶跃函数的概念及物理意义，明确单位阶跃响应的实质，了解单位阶跃响应在电路分析中的作用。

8.3.1　单位阶跃函数

在动态电路的暂态分析中，常引用单位阶跃函数，以便描述电路的激励和响应。单位阶跃函数是一种奇异函数，一般用符号 $\varepsilon(t)$ 表示，其定义为

$$\varepsilon(t)=\begin{cases}0 & t\leqslant 0_- \\ 1 & t\leqslant 0_+\end{cases} \tag{8.9}$$

单位阶跃函数的波形如图 8.11 所示。显然，单位阶跃函数在 $t=0$ 处不连续，函数值由 0 跃变到 1。

单位阶跃函数既可以表示电压，也可以用来表示电流，它在电路中通常用来表示开关在 $t=0$ 时刻的动作。

如图 8.12（a）、（c）所示电路中的开关 S 的动作，完全可以用图 8.12（b）、（d）中阶跃电压或阶跃电流来描述。

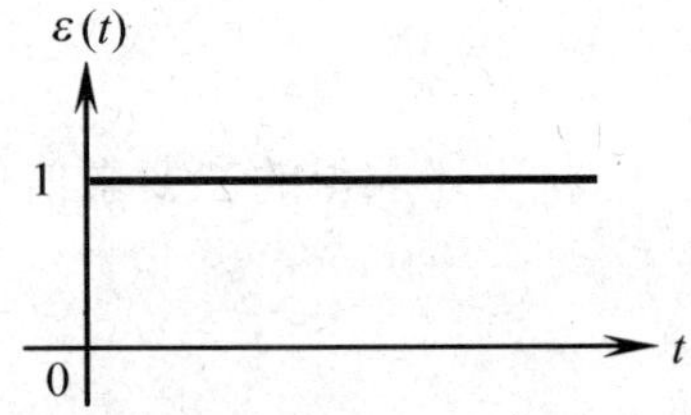

图 8.11　单位阶跃函数

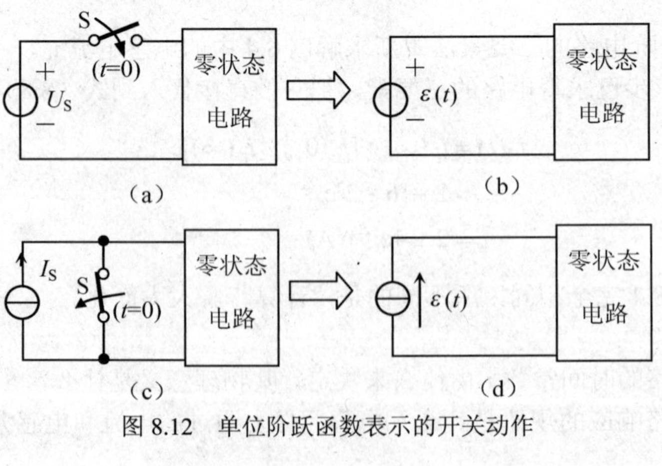

图 8.12　单位阶跃函数表示的开关动作

单位阶跃函数实质上反映了电路中在 t=0 时刻把一个零状态电路与一个 1V 或 1A 的独立源相接通的开关动作。

单位阶跃函数 $\varepsilon(t)$表示的是从 t=0 时刻开始的阶跃，如果阶跃发生在 t=t_0 时刻，则可以认为是 $\varepsilon(t)$在时间上延迟了 t_0 后得到的结果，把此时的阶跃称为延时单位阶跃函数，并记作 $\varepsilon(t-t_0)$，其定义为

$$\varepsilon(t-t_0)=\begin{cases}0 & t\leqslant t_{0-}\\ 1 & t>t_{0+}\end{cases} \tag{8.10}$$

延时单位阶跃函数的波形图如图 8.13 所示。

对于一个如图 8.14 所示的矩形脉冲波，我们可以把它看成是由一个 $\varepsilon(t)$与一个 $\varepsilon(t-t_0)$共同组成的，即

$$f(t)=\varepsilon(t)-\varepsilon(t-t_0)$$

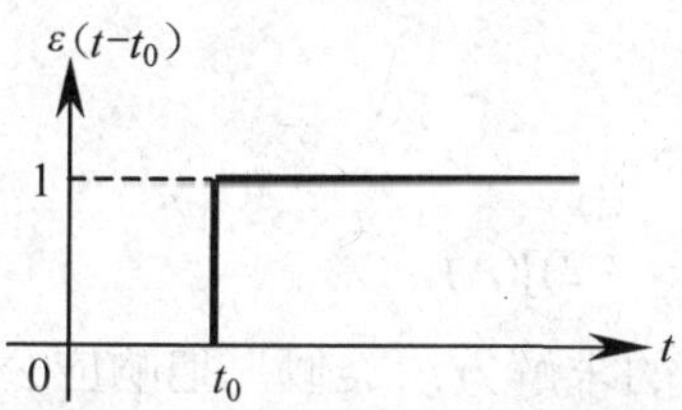

图 8.13　延时单位阶跃函数

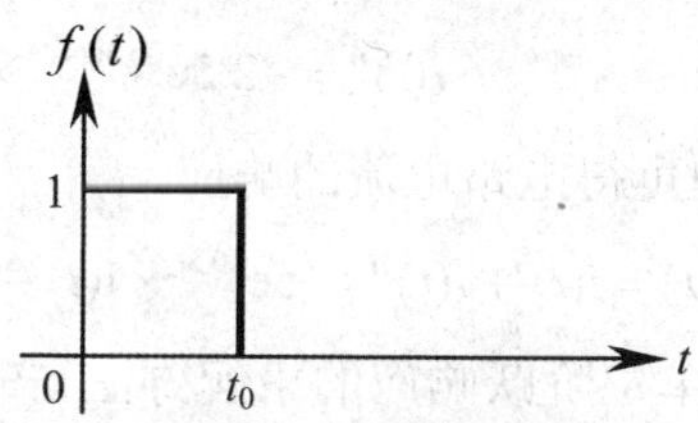

图 8.14　矩形脉冲波

单位阶跃响应

同理，对图 8.15 所示的幅度为 1 的矩形脉冲波，则可表示为

$$f(t)=1(t-t_1)+1(t-t_2)$$

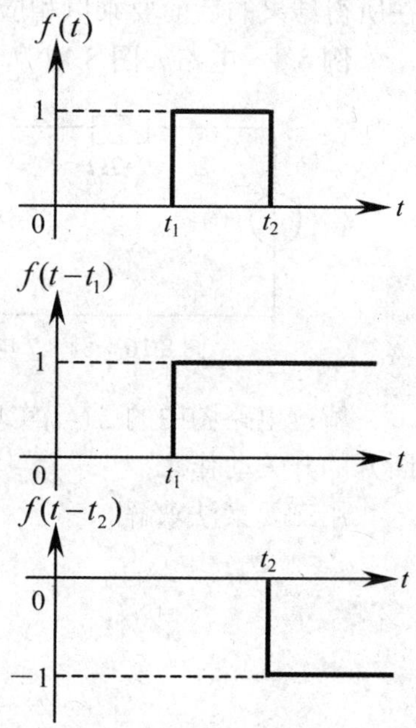

图 8.15　矩形脉冲的组成

8.3.2　单位阶跃响应

零状态电路对单位阶跃信号的响应称为单位阶跃响应，简称阶跃响应，一般用 $S(t)$表示。

如前所述，单位阶跃函数 $\varepsilon(t)$作用于电路时相当于单位独立源（1V 或 1A）在 t=0 时与零状态电路接通，因此，电路的零状态响应实际上就是单位阶跃响应。只要电路是一阶的，均可采用三要素法进行求解。

例 8.7　电路如图 8.16 所示，已知 $u(t)=5\times1(t-2)$V，$u_C(0_+)=10$V，试求电路响应 $i(t)$。

解： 该电路是 RC 一阶电路，因此电路达到稳态时电流 $i(\infty)=0$，所以电流响应只有瞬态分量而没有稳态分量，而此瞬态分量又是由电容电压和电源电压两部分共同作用下产生的，因此需用叠加定理求解。

① 电容电压作用的时间为 t=0 时刻，因此电容电压作用下的电流初始值为

$$i(0_+)=\frac{10}{2}\times 1(t)=5\times 1(t)\text{A}$$

电路的时间常数

$$\tau=RC=2\times 1=2(\text{s})$$

电容电压作用下电流的阶跃响应

$$i(t)'=5\text{e}^{-0.5t}\times 1(t)(\text{A})$$

②电源电压作用的时间是 t=2s，因此电源电压作用下的电流初始值

$$i(2_+)=\frac{-5}{2}\times 1(t-2)=-2.5\times 1(t-2)(\text{A})$$

电流的参考方向与电源作用的电流实际方向相反，因此公式中取负号。

该响应的时间常数

$$\tau=RC=2\times 1=2(\text{s})$$

电源电压作用下电流的阶跃响应

$$i(t)''=-2.5\text{e}^{-0.5(t-2)}\times 1(t-2)(\text{A})$$

③ 应用叠加定理可得电路电流的响应

$$i(t)=i(t)'+i(t)''=[5\text{e}^{-0.5t}\times 1(t)-2.5\text{e}^{-0.5(t-2)}\times 1(t-2)](\text{A})$$

由此例可看出，单位阶跃响应的求解方法与一阶电路响应的求解方法类似，把响应公式中的输入改为单位阶跃响应 $\varepsilon(t)$，就可获得该电路的阶跃响应，为表示响应适用的时间范围，在所得结果的后面要乘以相应的单位阶跃函数。

例 8.8 电路如图 8.17 所示，已知 I_0=3mA，试求 $t\geqslant 0$ 时的电容电压 $u_C(t)$。

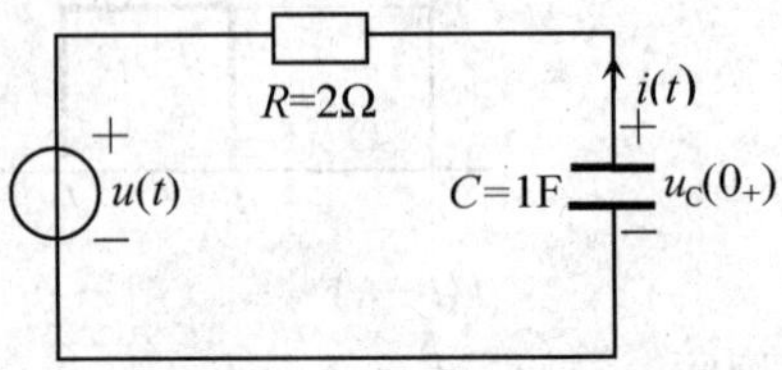

图 8.16 例 8.7 电路

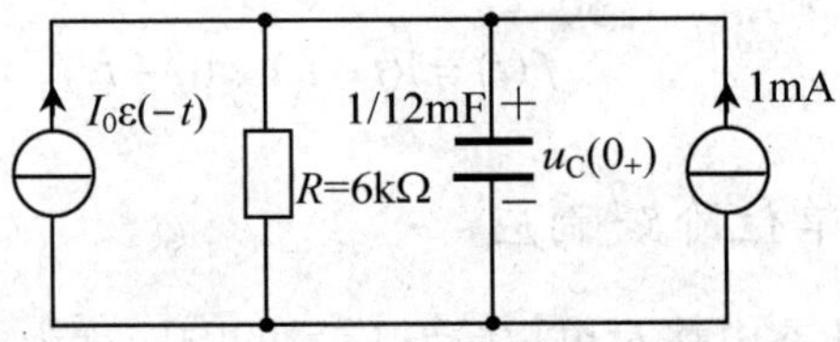

图 8.17 例 8.8 电路

解：电路图中的 $\varepsilon(-t)$实质上是指 1A 的电流源在 $t\leqslant 0_-$时作用于电路，在 $t\geqslant 0_+$时与电路断开的开关动作。

用三要素法求解

$$u_C(0_+)=u_C(0_-)=(3+1)\times 6=24(\text{V})$$

$$u_C(\infty)=1\times 6=6(\text{V})$$

$$\tau=RC=\frac{1}{12}\times 6=0.5(\text{s})$$

所以

$$u_C(t)=u_C(\infty)+[u_C(0_+)-u_C(\infty)]\text{e}^{-\frac{t}{\tau}}=[6+18\text{e}^{2t}](\text{V})\ \ (t\geqslant 0)$$

即电容电压响应不是阶跃响应，电路中的阶跃函数只在 $t\leqslant 0_-$ 时作用于电路。

检验学习结果

8.3.1　单位阶跃函数是如何定义的？其实质是什么？它在电路分析中有什么作用？

8.3.2　说明（$-t$）、（$t+2$）和（$t-2$）各对应时间轴上的哪一点。

8.3.3　试用阶跃函数分别表示图 8.18 所示的电流和电压的波形。

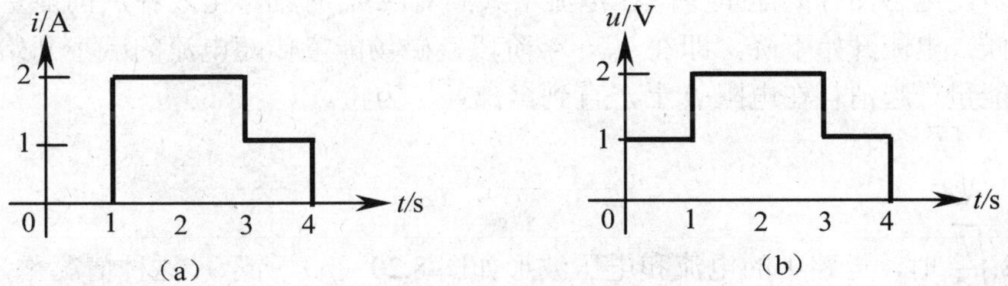

图 8.18　检验题 8.3.3 波形图

8.4　二阶电路的零输入响应

学习目标

了解二阶电路的概念，理解二阶零输入响应的 3 种情况。

一阶电路只含有一个储能元件（电感或电容）。含有两个储能元件的电路需用二阶线性常微分方程来描述，因此称为二阶电路。

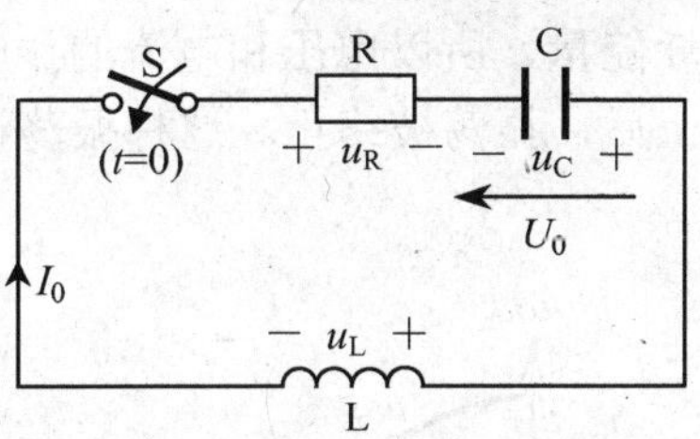

图 8.19　二阶零输入响应电路

图 8.19 所示为 RLC 相串联的零输入响应电路，已知电容电压的初始值 $u_C(0_-)=U_0$，电流的初始值 $i(0_-)=I_0$，在 $t=0$ 时开关 S 闭合，电路中的过渡过程开始，根据 KVL 定律，过渡过程可用下式描述

$$LC\frac{\mathrm{d}^2u_C}{\mathrm{d}t^2}+RC\frac{\mathrm{d}u_C}{\mathrm{d}t}+u_C=0$$

显然此式是一个以 u_C 为变量的二阶线性齐次微分方程式，其特征方程为

$$LCS^2+RCS+1=0$$

$$S=\frac{-R}{2L}+\sqrt{(\frac{R}{2L})-\frac{1}{LC}}=-\delta\pm\sqrt{\delta^2-{\omega_0}^2}\ (\text{其中}\ \delta=\frac{R}{2L},\ \ \omega_0=\frac{1}{\sqrt{LC}})$$

当电路中出现 $\delta>\omega_0$（即 $R>2\sqrt{\frac{L}{C}}$）、$\delta<\omega_0$（即 $R<2\sqrt{\frac{L}{C}}$）和 $\delta=\omega_0$（即 $R=2\sqrt{\frac{L}{C}}$）三种关系时，电路的响应将各不相同。

1．$R>2\sqrt{\frac{L}{C}}$

当 $R>2\sqrt{\frac{L}{C}}$ 时，电路中的电流和电压波形如图 8.20（a）所示，这种情况称为“过阻尼”

状态。过阻尼状态下，电容电压 u_C 单调衰减而最终趋于零，一直处于放电状态；放电电流 i_C 则从零逐渐增大，达到最大值后又逐渐减小到零，没有正、负交替状况，因此响应是非振荡的。

“过阻尼”状态下，电路既要满足换路定律，还要满足 u_C 和 i_C 最终为零的条件，所以它们不再按指数规律变化了。从能量的角度上看，在 $0\sim t_m$ 阶段，电容器原来储存的电场能量逐渐放出，一部分消耗在电阻上，一部分随着电流上升而使电感储能增加，由于电阻 R 较大，消耗的能量多，电感储存的能量少。在电流增大到对应 t_m 时刻，电场释放的能量满足不了电阻消耗的时候，电流开始下降，即在 $t_m\sim\infty$ 阶段，磁场能量伴随电流的减小开始释放，电场能量和磁场能量一起消耗在电阻 R 上，直到全部耗尽为止。

2. $R<2\sqrt{\dfrac{L}{C}}$

当 $R<2\sqrt{\dfrac{L}{C}}$ 时，电路中的电流和电压波形如图 8.20（b）所示，这种情况称为“欠阻尼”状态。欠阻尼状态下，随着电容器的放电，电容电压逐渐下降，电流的绝对值逐渐增大，电场放出的能量一部分转化为磁场能量，另一部分转化为热能消耗于电阻上；在电容放电结束时，电流并不为零，仍按原方向继续流动，但绝对值在逐渐减小。当电流衰减为零时，电容器上又反向充电到一定电压，这时又开始放电，送出反方向的电流。此后，电压、电流的变化与前一阶段相似，只是方向与前阶段相反。由此周而复始地进行充放电，就形成了电压、电流的周期性交变，这种现象称为电磁振荡。在振荡过程中，由于电阻的存在，要不断地消耗能量，所以电压和电流的振幅逐渐减小，直至为零，即电路中的原始能量全部消耗在电阻上后，振荡被终止。这种振荡称为减幅振荡。

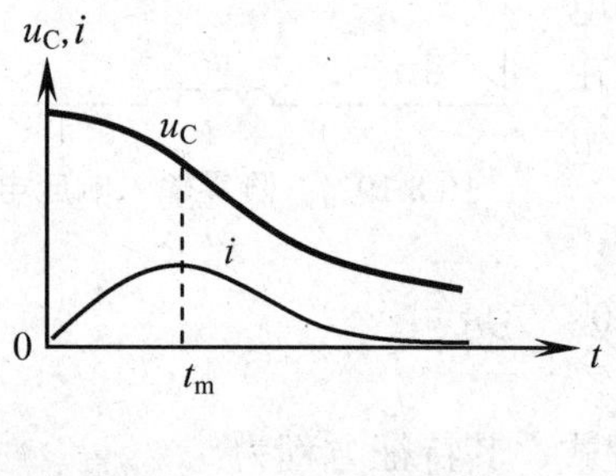

(a)“过阻尼”状态波形图

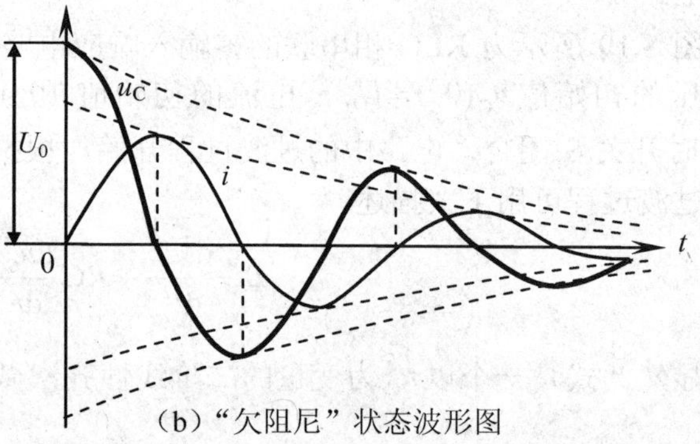

(b)“欠阻尼”状态波形图

图 8.20 “过阻尼”和“欠阻尼”情况下的波形图

减幅振荡现象属于一种基本的电磁现象，在电子技术中得到广泛应用。例如，外差式收音机、电视机等，只是在实际电路中，为了使减幅振荡成为不减幅的振荡，一般常采用另外的晶体管或其他电路来补偿电阻上的损耗。

3. $R=2\sqrt{\dfrac{L}{C}}$

当 $R=2\sqrt{\dfrac{L}{C}}$ 时，电流和电压的波形仍是非振荡的，其能量转换过程与“过阻尼”状态相同。只是此状态下电路响应临近振荡，故称此时为“临界阻尼”状态。

4．$R=0$

$R=0$ 是一种理想的电路状态，由于电阻为零，因此电路中没有能量损耗。这种情况下，电容元件通过电感元件反复充放电所达到的电压值始终等于 U_0，因此电路中的电流振幅也不会减小，电场能量与磁场能量之间的相互转换永不停息，这时的振荡就成了按正弦规律变化的等幅振荡。在等幅振荡情况下，两个动态元件上的电抗必然相等，即 $X_L=X_C$，由此可导出 LC 等幅振荡时电路的固有频率为

$$f_0=\frac{1}{2\pi\sqrt{LC}}$$

如果电路中存在电阻，所产生的减幅振荡的频率就与电阻有关，上述公式就不能使用。

以上讨论的情况仅适用于 RLC 串联电路的零输入状态，在恒定输入下的全响应与零输入响应类似，仍按以上 3 种情况判断电路是否产生振荡。显然，一个电路是否振荡并不取决于何种激励，而是由电路元件的参数所决定的。

检验学习结果

8.4.1　二阶电路的零输入响应有几种情况？各种情况下响应的表达式如何？条件是什么？

8.4.2　图 8.21 所示电路处于临界阻尼状态，如将开关 S 闭合，问电路将成为过阻尼还是欠阻尼状态？

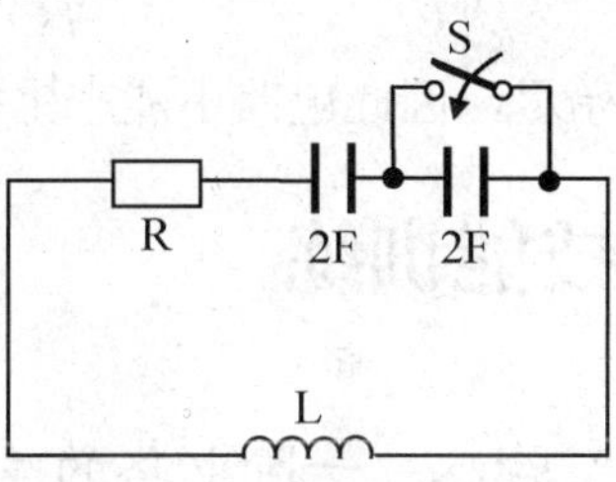

图 8.21　检验题 8.4.2 电路

小结

1．由于电感元件和电容元件上的电压和电流是微分或积分的动态关系，因而将它们称为动态元件。在含有动态元件的电路中，发生换路时，一般不能从原来的稳定状态立刻变化到新的稳定状态，而是必须经历一个过渡过程，对过渡过程中响应的分析过程，称为暂态分析。

2．一阶电路发生换路时，状态变量不能发生跃变，一般遵循换路定律，即

$$u_C(0_+)=u_C(0_-)$$
$$i_L(0_+)=i_L(0_-)$$

3．只含有一个动态元件的电路可以用一阶微分方程进行描述，因而称为一阶电路。一阶电路的响应，既可以只由外加激励引起（零状态响应），也可只由动态元件本身的原始储能引起（零输入响应），还可由二者共同作用引起（全响应）。

4．时间常数 τ 体现了一阶电路过渡过程进行的快慢程度。对于 RC 一阶电路，$\tau=RC$；对于 RL 一阶电路，$\tau=L/R$，同一电路中只有一个时间常数。式中的 R 等于从动态元件两端看进去的戴维南等效电路中的等效电阻。时间常数 τ 的取值决定于电路的结构和参数。

5．一阶电路的过渡过程可以用三要素法来求解，一般表达式为

$$f(t)=f(\infty)+[f(0_+)-f(\infty)]\mathrm{e}^{-\frac{t}{\tau}}$$

式中，$f(t)$ 为待求响应；$f(\infty)$ 为待求响应的稳态值；$f(0_+)$ 为待求响应的初始值；τ 为电路的时间常数。三要素法使直流激励下的一阶电路的求解过程大大简化，应该熟练掌握。

6．单位阶跃函数具有一种起始的性质。电路对单位阶跃函数的零状态响应，称为阶跃响应，用 $s(t)$ 表示。延迟的阶跃函数激励下的响应也要延迟出现，这就是它的延迟性质。

7．零输入状态下 RLC 电路过渡过程的性质，取决于电路元件的参数。若 $R>2\sqrt{\dfrac{L}{C}}$ 时，电路发生非振荡过程，也称“过阻尼”状态；$R<2\sqrt{\dfrac{L}{C}}$ 时，电路出现振荡过程，称之为“欠阻尼”状态；$R=2\sqrt{\dfrac{L}{C}}$ 时，电路为临界非振荡过程，称“临界阻尼”状态；

当电阻为零时，电路出现等幅振荡。在 RLC 串联的零输入电路中产生振荡的必要条件是 $R<2\sqrt{\dfrac{L}{C}}$。如果 $R>2\sqrt{\dfrac{L}{C}}$ 或 $R=2\sqrt{\dfrac{L}{C}}$ 时，由于电阻较大，电容放电一次，能量就被电阻消耗殆尽，因此电路不能产生振荡。

技能训练

实验八　一阶电路的响应测试

一、实验目的

1．测定 RC 一阶电路的零输入响应、零状态响应及完全响应。

2．学习电路时间常数的测量方法。

3．掌握有关微分电路和积分电路的概念。

二、实验设备

1．普通双踪示波器　　　一台

2．函数信号发生器　　　一台

3．电阻箱　　　　　　　一只

4．电容箱　　　　　　　一只

三、原理说明

1．动态网络的过渡过程是十分短暂的单次变化过程。要用普通示波器观察过渡过程和测量有关的参数，就必须使这种单次变化的过程重复出现。为此，利用信号发生器输出的方波来模拟阶跃激励信号，即利用方波输出的上升沿作为零状态响应的正阶跃激励信号；利用方波的下降沿作为零输入响应的负阶跃激励信号。只要选择方波的重复周期远大于电路的时间常数 τ，那么电路在这样的方波序列脉冲信号的激励下，它的响应就和直流电接通与断开的过渡过程基本相同。

2．含动态元件的电路，其电路方程为微分方程：用一阶微分方程描述的电路，称一阶电路。图 8.22 所示电路为一阶 RC 电路。

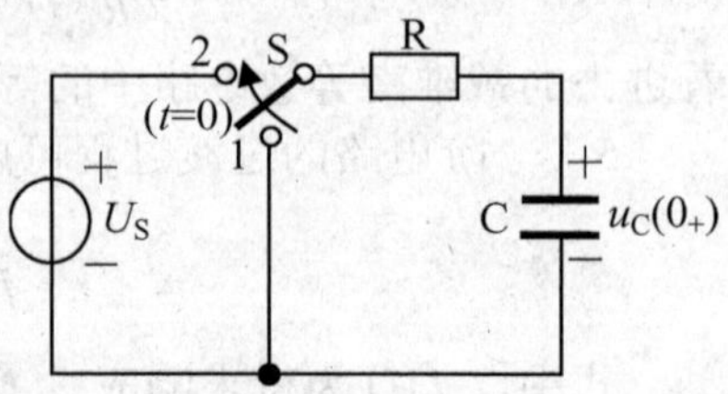

图 8.22　一阶 RC 电路

首先将开关 S 的位置打向“1”，使电路处于零状态，在 $t=0$ 时刻把开关 S 由位置“1”扳向位置“2”，电路对激励 U_S 的响应为零状态响应，有

$$u_C(t) = U_S - U_S e^{-\frac{\tau}{RC}}$$

这一暂态过程为电容充电的过程，充电曲线如图 8.23（a）所示。

若开关 S 的位置首先置于“2”，使电路处于稳定状态，在 $t = 0$ 时刻把开关 S 由位置“2”扳向位置“1”，电路发生的响应为零输入响应，有

$$u_C(t) = U_S e^{-\frac{\tau}{RC}}$$

这一暂态过程为电容放电的过程，放电曲线如图 8.23（b）所示。

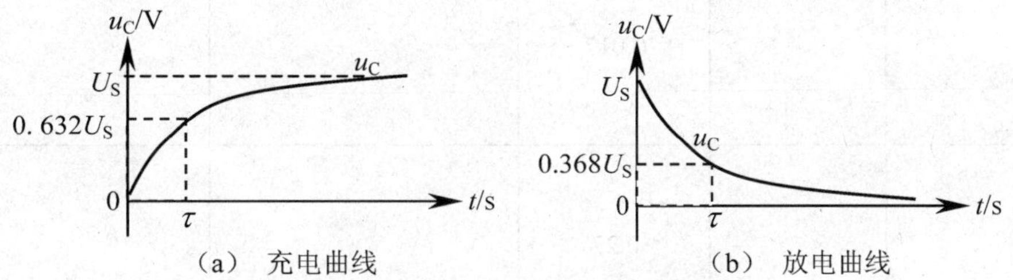

图 8.23　RC 一阶电路的充、放电曲线

动态电路的零状态响应和零输入响应之和称为全响应。

3．动态电路在的换路以后，一般经过一段时间的暂态。由于这一过程不是重复的，所以不易用普通示波器来观察其动态过程（普通示波器只能用来观察周期性的波形）。为了能利用普通示波器研究上述电路的充放电过程，可由方波激励实现一阶 RC 电路重复出现的充放电过程。若方波激励的半周期 $T/2$ 与时间常数 $\tau(=RC)$ 之比保持在 5:1 左右，可使电容每次充放电的暂态过程基本结束，再开始新一次的充放电过程，如图 8.24 所示。

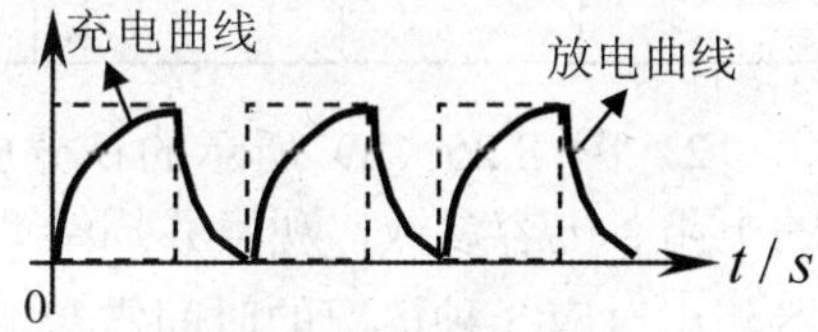

图 8.24　方波激励 RC 一阶电路的充、放电曲线

4．RC 电路充放电的时间常数 τ 可以通过示波器观察的响应波形计算。设时间坐标单位确定，对于充电曲线，幅值由零上升到终值的 63.2%所需要的时间为时间常数 τ。对于放电曲线幅值下降到初值的 36.8%所需要的时间也为时间常数 τ。

5．一阶 RC 动态电路在一定条件下，可近似构成微分电路和积分电路。当时间常数 τ 远远小于方波周期 T 时，可近似构成图 8.25（a）所示的微分电路；当时间常数 τ 远远大于方波周期 T 时，可近似构成图 8.25（b）所示的积分电路。

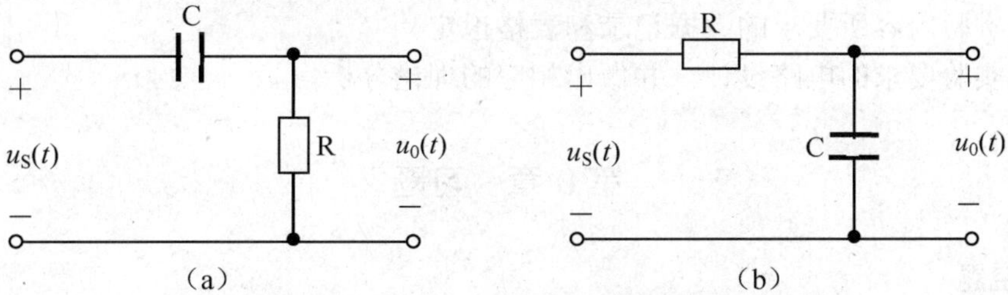

图 8.25　RC 一阶微分电路和积分电路

四、实验内容

1．图 8.25（a）微分电路接至峰—峰值一定、周期一定的方波信号源，调节电阻箱阻值和电容箱的电容值，观察并描绘 $\tau = 0.01T$、$\tau = 0.2T$ 和 $\tau = T$ 三种情况下 $U_S(t)$和$u(t)$ 波形。用示波器测出对应 3 种情况的时间常数，记录于表 8.2 中，与理论值相比较。

表 8.2　　一阶微分电路的研究（T= 　　ms）

参数值		时间常数		波形	
R/kΩ	C/μF	τ（理论值）	τ（测试值）	$U_S(t)$	$u_0(t)$
			$0.01T$		
			$0.2T$		
			T		

2．图 8.25（b）所示的积分电路接至峰—峰值一定、周期一定的方波信号源，选取合适的电阻、电容参数，观察并描绘 $\tau = T$、$\tau = 3T$ 和 $\tau = 5T$ 三种情况下 $U_S(t)$和$u(t)$ 波形。用示波器测出对应 3 种情况的时间常数，自拟与表 8.2 类似的表格，记录有关数据和波形，与给定的理论值相比较。

3．设计一个简单的一阶网络实验线路，要求观察到该网络的零输入响应、零状态响应和全响应。研究零输入响应、初始状态、零状态响应与激励之间的关系。

五、预习与思考

1．将方波信号转换为尖脉冲信号，可以通过什么电路来实现？对电路的参数有什么要求？

2．为什么说本实验中所介绍的 RC 微分、积分电路是近似的微分、积分电路？最大误差在什么地方？

3．将方波信号转换成三角波信号，可以通过什么电路来实现？对电路参数有什么要求？

4．完成实验内容所要求的数据记录和表格拟定。

5．完成实验要求的电路设计，并做出相应的理论分析。

第 8 章　习题

一、填空题

1．电感元件的状态变量是________，电容元件的状态变量是________，状态变量的大小不仅能够反映动态元件上的能量储存情况，同时还反映出动态元件上的________不能发生跃变这一事实。

2．含有动态元件的电路中，电路的接通、断开、接线的改变或是电路参数、电源的突然变化等，统称为________。

3．在电路发生换路后的一瞬间，电感元件的________和电容元件的________都应保持换路前一瞬间的原有值不变，此规律称________定律。

4．仅在动态元件原始能量的作用下所引起的电路响应称为________响应；当动态元件的原始能量为零，仅在外激励作用下引起的电路响应称为________响应；动态元件既存在原始能量，又有外输入激励时在电路中引起的响应称为________。

5．一阶电路的暂态分析中，响应的________、________和________称为一阶电路的________。

6．在二阶电路中，当 $R>2\sqrt{\dfrac{L}{C}}$ 时的情况称为________状态；当 $R<2\sqrt{\dfrac{L}{C}}$ 时的情况称为________状态；当 $R=2\sqrt{\dfrac{L}{C}}$ 时的情况称为________状态。

7．RL 一阶电路的时间常数 τ=________，RC 一阶电路的时间常数 τ=________，在过渡过程中，时间常数 τ 的数值越大，过渡过程所经历的时间________。

二、判断题

1．LC 一阶电路在电路突然接通或突然断开时将出现“暂态”过程。（ ）

2．一阶电路原始能量为零、仅在外输入激励下引起的响应称为零输入响应。（ ）

3．外输入激励为零、仅在动态元件原始能量作用下引起的响应为零输入响应。（ ）

4．时间常数 τ 体现了一阶电路过渡过程进行的快慢程度。（ ）

5．无论是一阶电路还是二阶电路，都可以用三要素法来求解。（ ）

6．过阻尼状态下，二阶电路中的电容元件一会儿充电一会儿放电。（ ）

7．二阶电路中的电阻为零时，电场和磁场之间的振荡为等幅振荡。（ ）

8．RLC 串联的零输入电路产生振荡的必要条件是 $R>2\sqrt{\dfrac{L}{C}}$。（ ）

9．当电路发生换路时，电容元件的电流不能发生跃变，按指数规律衰减。（ ）

10．一阶电路发生过渡过程时，状态变量都是按指数规律变化。（ ）

三、选择题

1．状态变量是指（ ）。

A．一阶电路中电感元件上通过的电流和电容元件的极间电压

B．一阶电路中电感元件的端电压和通过电容元件的电流

C．一阶电路中电感元件上通过的电流和电容元件上通过的电流

2．RC 一阶电路的暂态过程中，电容元件上的电流变化规律是（ ）。

A．在零输入响应中，i_C 按指数规律衰减，零状态响应中，i_C 按指数规律上升

B．在零输入响应中，i_C 按指数规律上升，零状态响应中，i_C 按指数规律衰减

C．无论是零状态响应还是零输入响应，i_C 均按指数规律衰减

3．对一阶电路时间常数 τ 值正确的说法是（　　）。

A．一阶电路时间常数 τ 的数值越大，过渡过程进行地时间越短

B．一阶电路时间常数 τ 的数值越大，过渡过程进行地时间越长

C．一阶电路时间常数 τ 的数值大小，并不影响过渡过程进行的快慢

4．RL 一阶电路的暂态过程中，通过电感元件的电流变化规律是（　　）。

A．零状态响应中，i_L 按指数规律衰减；零输入响应中，i_L 按指数规律上升

B．零状态响应中，i_L 按指数规律上升；零输入响应中，i_L 按指数规律衰减

C．无论是零输入响应还是零状态响应，i_L 均按指数规律衰减

5．若使二阶电路发生欠阻尼状态，条件是（　　）。

A．$R>2\sqrt{\dfrac{L}{C}}$　　　B．$R<2\sqrt{\dfrac{L}{C}}$　　　C．$R=2\sqrt{\dfrac{L}{C}}$

四、名词解释

1．暂态

2．换路

3．全响应

4．阶跃响应

五、简答题

1．什么叫电路的过渡过程？包含有哪些元件的电路存在过渡过程？

2．在 RC 一阶电路中，如何确定电容元件上电压的初始值？

3．RC 一阶电路的全响应中，电容电压和电容电流分别按什么规律如何变化？

4．何谓一阶电路响应的暂态分量？稳态分量？什么是一阶电路的三要素？

六、计算题

1．图 8.26 所示各电路已达稳态，开关 S 在 $t=0$ 时动作，试求各电路中各元件电压的初始值。

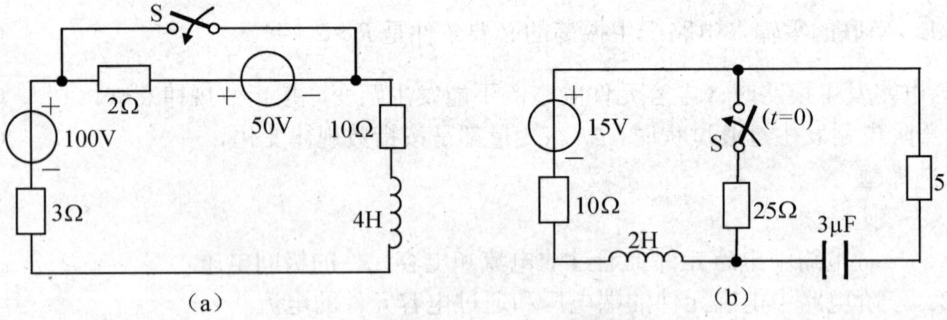

图 8.26　计算题 1 电路

2．图 8.27 所示电路在 $t=0$ 时开关 S 闭合，闭合开关之前电路已达稳态。求 $u_C(t)$。

3．在图 8.28 所示电路中，$R_1=R_2=100\text{k}\Omega$，$C=1\mu\text{F}$，$U_S=3\text{V}$。开关 S 闭合前电容元件上原始储能为零，试求开关闭合后 0.2s 时电容两端的电压为多少？

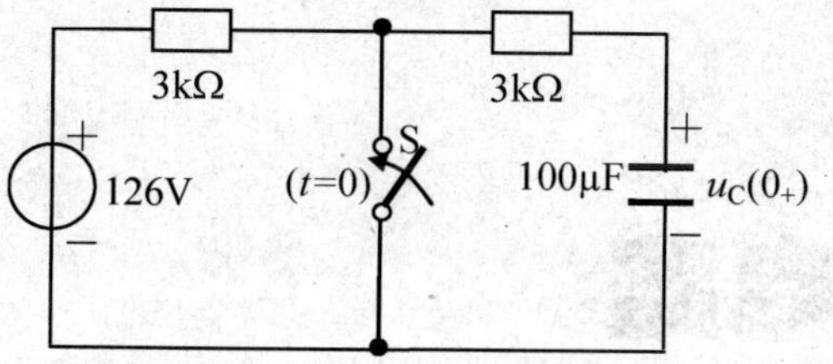

图 8.27　计算题 2 电路

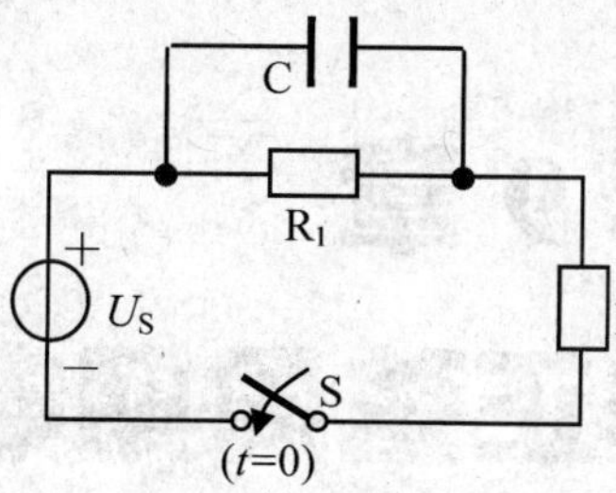

图 8.28　计算题 3 电路

4．图 8.29 所示电路在换路前已达稳态，$t=0$ 时开关 S 闭合。试求电路响应 $u_C(t)$。

5．图 8.30 所示电路在换路前已达稳态，$t=0$ 时开关 S 动作。试求电路响应 $u_C(t)$。

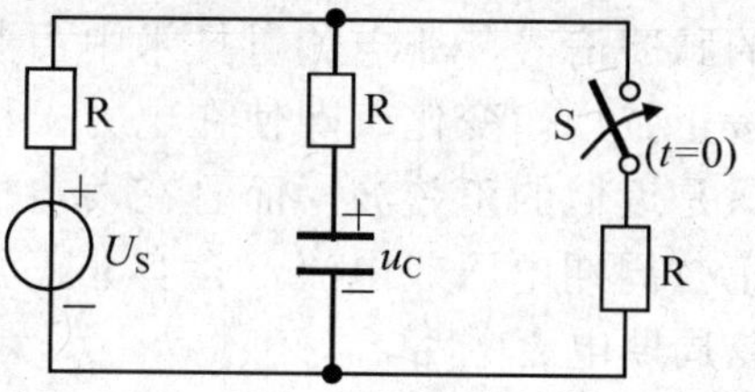

图 8.29　计算题 4 电路

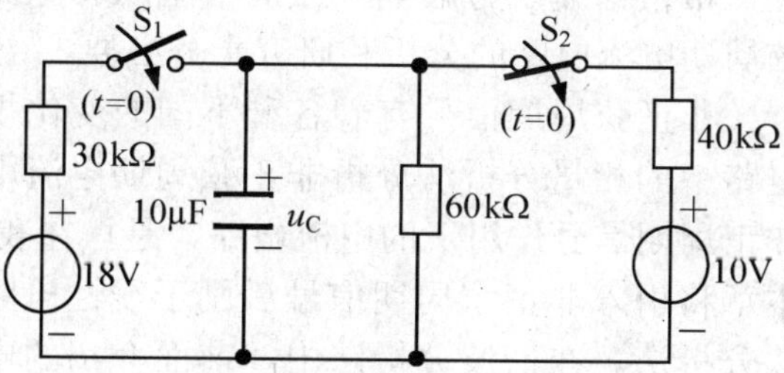

图 8.30　计算题 5 电路

第 9 章
非正弦周期电流电路

工程实际电路中，除了有正弦交流量外，还有很多不按正弦规律变化的电压和电流。例如，无线电工程及通信技术中，由语言、音乐、图像等转换过来的电信号、自动控制技术以及电子计算机中使用的脉冲信号、非电测量技术中由非电量变换过来的电信号等，都不按正弦规律变化；即使在电力工程中应用的正弦电压，严格地讲也只是近似的正弦波，而且在发电机和变压器等主要设备中都存在非正弦周期电压或电流，含有非正弦周期电压和电流的电路称为非正弦周期电流电路。

无论是分析电力系统的工作状态还是分析电子工程技术中的问题，常常都需要考虑非正弦周期电压和电流的作用。因此，对非正弦周期电流电路的分析和研究十分必要。

非正弦周期信号有着各种不同的变化规律，直接应用正弦交流电路中的相量分析法分析非正弦周期电流电路显然不行。如何分析非正周期信号作用下的电流电路，是摆在我们面前的新问题。为此，本章将引入非正弦周期信号激励于线性电路的一种分析方法——谐波分析法。在谐波分析法中，前面介绍的电路基本定律仍然适用于非正弦周期电流电路。

本章教学要求

理论教学要求：了解非正弦周期量与正弦周期量之间存在的特定关系；理解和掌握非正弦周期信号的谐波分析法；明确非正弦周期量的有效值与各次谐波有效值的关系及其平均功率计算式；掌握简单线性非正弦周期电流电路的分析法。

实验教学要求：利用电工实验装置上的直流电压源和信号发生器，分别取一个直流电压和一个正弦交流电压连接在电路中，用双踪示波器进行观察；让上述两电源共同作用于一个自己设计的电路中，观察元件两端电压的波形和元件中通过的电流波形，并加以说明。

9.1　非正弦周期信号

学习目标

理解非正弦周期信号与一系列不同频率的正弦波信号之间的关系，掌握谐波的概念。

非正弦周期信号的产生

9.1.1　非正弦周期信号的产生

当电路中激励是非正弦周期信号时，电路中的响应也是非正弦的。例如，实验室里的信号发生器，它除了产生正弦波信号，还能产生方波信号和三角波信号等，如图 9.1 所示。

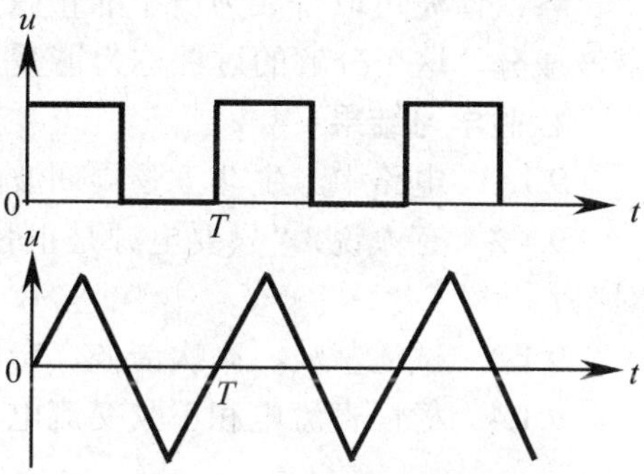

图 9.1　信号发生器产生的波形

非正弦周期信号加到电路中，在电路中产生的电压和电流当然也是非正弦波。若一个电路中同时有几个不同频率的正弦激励共同作用，电路中的响应一般也不是正弦量。

例如，晶体管交流放大电路，它工作时既有为静态工作点提供能量的直流电源，又有需要传输和放大的正弦输入信号，则放大电路中各电流既不是直流，也不是正弦交流，而是非正弦周期电流。

电路中含有非线性元件时，即使激励是正弦量，电路中的响应也可能是非正弦周期函数。例如，半波整流电路，加在输入端的电压是正弦量，但是通过非线性元件二极管时，正弦量的负半波被削掉，输出成为非正弦的半波整流；另外在正弦激励下，通过铁心线圈中的电流一般也是非正弦波。

非正弦周期信号的波形变化具有周期性，这是它们的共同特点。

非正弦周期信号的谐波概念

9.1.2　非正弦周期信号

图 9.2（a）中的粗黑实线所示方波是一种常见的非正弦周期信号，图中虚线所示的 u_1 是一个与方波同频率的正弦波，显然，两个波形的形状相差甚远。图中虚线所示还有一个振幅是 u_1 的 1/3、频率是 u_1 3 倍的正弦波 u_3，将这两个正弦波进行叠加，即可得到一个如图 9.2（a）中细实线所示的合成波 u_{13}，这个 u_{13} 与 u_1 相比，波形的形状比较接近方波。

如果再在 u_{13} 上叠加一个振幅是 u_1 的 1/5、频率是 u_1 的 5 倍的正弦波 u_5，如图 9.2（b）中虚线所示两波形，又可得到如图 9.2（b）中细实线所示的合成波 u_{135}，这个 u_{135} 显然更加接近方波的波形。依此类推，把振幅为 u_1 的 1/7，1/9，…，7 倍，9 倍，…于 u_1 的高频率正弦波继续叠加到合成波 u_{135}，u_{1357}，…上，最终的合成波肯定与图中方波完全相同。

此例说明，一系列振幅不同，频率成整数倍的正弦波，叠加后可构成一个非正弦周期波。把这些频率不同的正弦波称为非正弦周期波的谐波，其中 u_1 的频率与方波相同，称为方波的基波，是构成方波的基本成分；其余的叠加波按照频率为基波的 K 次倍而分别称为 K 次谐波，如 u_3 称为方波的 3 次谐波、u_5 称为方波的 5 次谐波等。K 为奇数的谐波又称为奇次谐波，K 为偶数的谐波称为偶次谐波；基波可称作一次谐波，高于一次谐波的正弦波均可称为高次谐波。

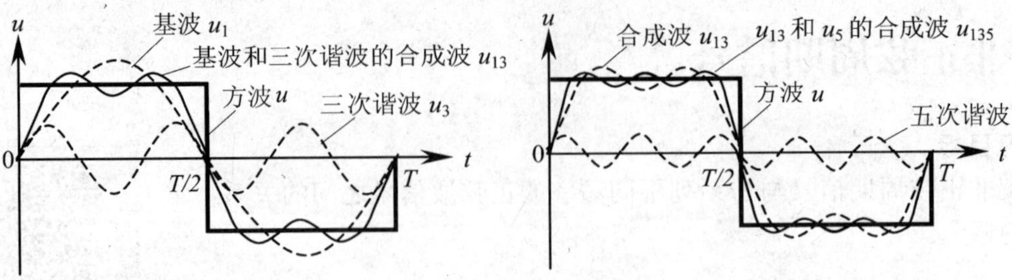

（a）　　　　　　　　　　　　（b）

图 9.2　方波电压的合成

各次谐波可以合成为一个非正弦周期波，反之，一个非正弦周期波也可分解为无限多项谐波成分，这个分解的过程称为谐波分析，谐波分析的数学基础是傅里叶级数。

检验学习结果

9.1.1　电路中产生非正弦周期波的原因是什么？试举例说明。

9.1.2　有人说："只要电源是正弦的，电路中各部分的响应也一定是正弦波"，这种说法对吗？

9.1.3　试述基波、高次谐波、奇次谐波、偶次谐波的概念。

9.1.4　稳恒直流电和正弦交流电有谐波吗？什么样的波形才具有谐波？试说明。

9.2　谐波分析和频谱

学习目标

了解非正弦周期信号谐波分析的概念，理解常用非正弦周期信号及其谐波表达式；熟悉频谱的概念，掌握波形的对称性与谐波成分的关系，理解波形的平滑性概念。

非正弦周期信号有各自的变化规律，为了能从这些不同的变化规律中寻找它们和正弦周期信号之间的固有关系，就需对非正弦周期信号进行谐波分析和频谱分析，以便弄清它们是由哪些频率成分构成，以及各个频率分量所占的比例等。这些问题搞清楚后，就可以在非正弦周期信号的分析和计算中引入正弦电路分析法，从而使问题大大简化。

非正弦周期信号的谐波分析

9.2.1　非正弦周期信号的傅里叶级数表达式

由上节内容可知，方波实际上是由振幅按 1，1/3，1/5…规律递减，频率按基波的 1，3，5…奇数递增的一系列正弦谐波分量所合成的。方波的谐波分量表达式为

$$u = U_{\mathrm{m}}\sin\omega t + \frac{1}{3}U_{\mathrm{m}}\sin 3\omega t + \frac{1}{5}U_{\mathrm{m}}\sin 5\omega t + \frac{1}{7}U_{\mathrm{m}}\sin 7\omega t + \cdots \qquad (9.1)$$

上述谐波表达式在数学上称为傅里叶级数展开式，其中的 $\omega = \dfrac{2\pi}{T}$，是非正弦周期信号基波的角频率，T 为非正弦周期信号的周期。

具有其他波形的非正弦周期信号，也都是由一系列正弦谐波分量所合成的。但是，不同的非正弦周期信号波形，它们所包含的各次谐波成分在振幅和相位上也各不相同。所谓谐波

分析，就是对一个已知波形的非正弦周期信号，找出它所包含的各次谐波分量的振幅和初相，写出其傅里叶级数表达式的过程。

电工电子技术中经常遇到的一些非正弦周期信号所具有的波形和谐波成分，列于表 9.1 中，而对于它们的傅里叶级数求解步骤，在此不一一赘述。

表 9.1　　一些典型非正弦周期信号的波形及其傅里叶级数

序号	$f(t)$的波形图	$f(t)$的傅里叶级数表达式
1	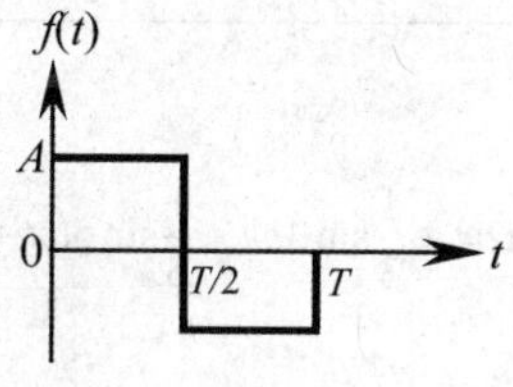	$f(t)=\frac{4A}{\pi}\left(\sin\omega t+\frac{1}{3}\sin 3\omega t+\frac{1}{5}\sin 5\omega t+\cdots\right)$
2	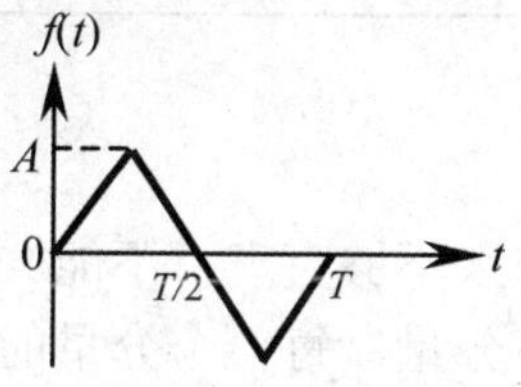	$f(t)=\frac{8A}{\pi^2}\left(\sin\omega t-\frac{1}{9}\sin 3\omega t+\frac{1}{25}\sin 5\omega t-\cdots\right)$
3	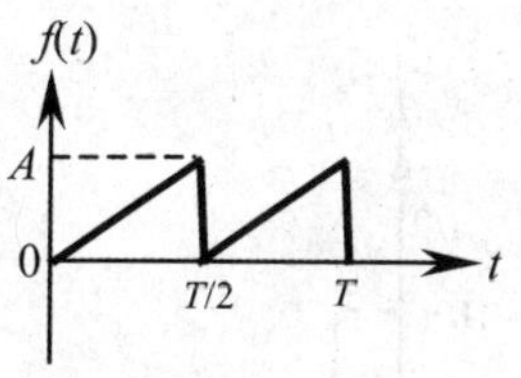	$f(t)=\frac{A}{2}-\frac{A}{\pi}\left(\sin 2\omega t+\frac{1}{2}\sin 4\omega t+\frac{1}{3}\sin 6\omega t+\cdots\right)$
4	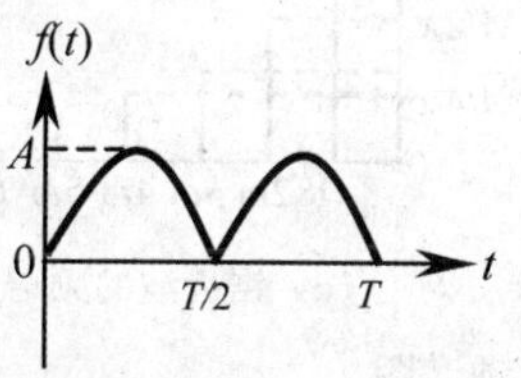	$f(t)=\frac{4A}{\pi}\left(\frac{1}{2}-\frac{1}{3}\cos 2\omega t-\frac{1}{15}\cos 4\omega t-\frac{1}{35}\cos 6\omega t-\cdots\right)$
5	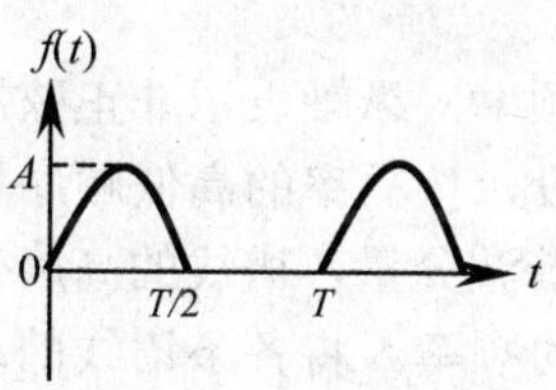	$f(t)=\frac{2A}{\pi}\left(\frac{1}{2}+\frac{\pi}{4}\cos\omega t-\frac{1}{3}\cos 2\omega t-\frac{1}{15}\cos 4\omega t-\cdots\right)$
6	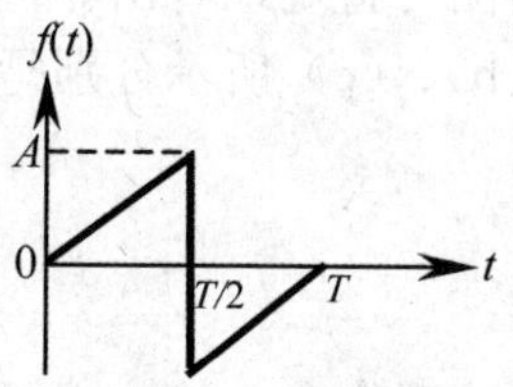	$f(t)=\frac{2A}{\pi}\left(\sin\omega t-\frac{1}{2}\sin 2\omega t+\frac{1}{3}\sin 3\omega t-\cdots\right)$

续表

序号	f(t)的波形图	f(t)的傅里叶级数表达式
7	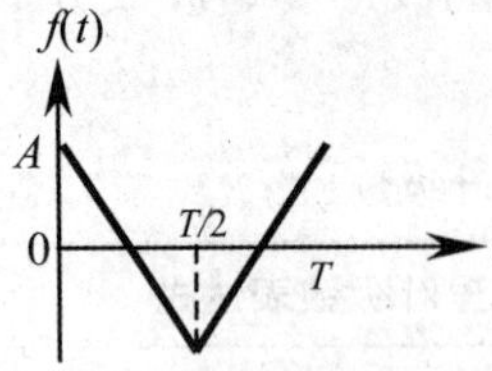	$f(t)=\dfrac{8A}{\pi^2}\left(\cos\omega t+\dfrac{1}{9}\cos 3\omega t+\dfrac{1}{25}\cos 5\omega t+\cdots\right)$
8	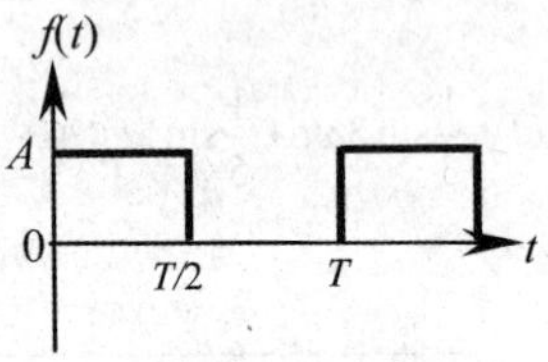	$f(t)=A\left[\left(\dfrac{1}{2}+\dfrac{2}{\pi}(\sin\omega t+\dfrac{1}{3}\sin 3\omega t+\dfrac{1}{5}\sin 5\omega t+\cdots\right)\right]$

9.2.2 非正弦周期信号的频谱

非正弦周期信号虽然可以展开成傅里叶级数，但是看起来不够直观，不能一目了然。为了能够更直观地表示出一个非正弦周期信号中包含哪些频率分量，每一个分量的相对幅度有多大，常常采用图 9.3（a）所示的频谱图进行说明。

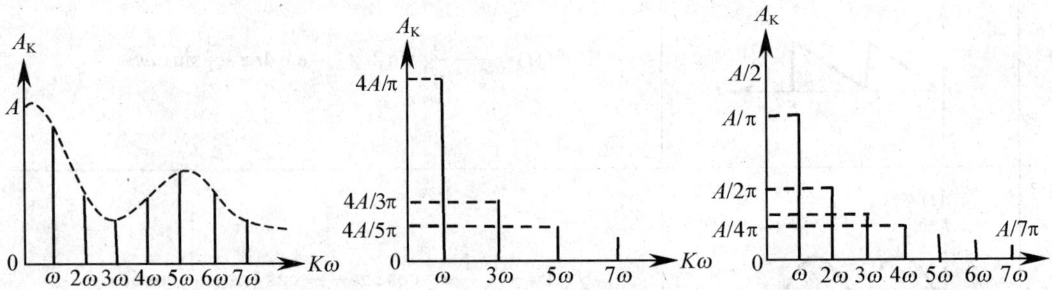

（a）振幅频谱图　（b）方波的频谱图　（c）锯齿波的频谱图

图 9.3　振幅频谱图及方波、锯齿波的频谱图

频谱图的画法：建立直角坐标系，横轴表示频率或角频率，纵轴表示非正弦周期信号的振幅。用一些长度与基波和各次谐波振幅大小相对应的线段，按频率的高低顺序依次排列，如图 9.3（a）所示。图中每一条谱线代表一个相应频率的谐波分量，谱线的高度代表这一谐波分量的振幅，谱线所在的横坐标位置代表这一谐波分量的频率。将各条谱线的顶点连接起来的曲线（图中虚线所示），称为振幅的包络线。由振幅频谱图可直观地看出非正弦周期信号包含了哪些谐波分量，以及各分量所占的“比重”。图 9.3（b）、（c）所示分别是方波、锯齿波的振幅频谱图。

9.2.3 波形的对称性与谐波成分的关系

谐波分析是根据已知波形来进行的。非正弦周期信号的波形本身，就决定了这个信号含有哪些频率的谐波以及这些谐波的幅度与相位。实际问题中遇到的各种不同波形的周期信号，在某些特殊情况下，根据给出的波形用直观的方法就可判断出它们所含有的谐波成分，因此就不必对其进行具体地谐波分析，从而给所研究的问题带来了方便。

非正弦周期波含有的谐波成分，按频率可分为两类，一类是频率为基波频率的 1，3，5，…倍的谐波，称为奇次谐波；另一类是频率为基波频率的 2，4，6，…倍的谐波，称为偶次谐波。有些周期信号中还存在一定的直流成分，称为零次谐波，零次谐波属于偶次谐波。

观察表 9.1 所示的 1、2、7 三种非正弦周期波的波形，发现它们的共同特点是波形的后半周与波形的前半周具有镜像对称关系，因此这些波形具有奇次对称性，具有奇次对称性的周期信号只具有奇次谐波成分，不存在直流成分以及偶次谐波成分；表中的波形 8，当横轴向上移动 $A/2$ 时，就成为方波，因此它除了具有奇次谐波，还具有直流成分；表中所示的 3、4，两种波形，它们的共同特点是波形的后半周完全重复波形前半周的变化，具有偶次对称性。具有偶次对称性的非正弦周期信号的谐波，除了含有恒定的直流成分以外，还包含一系列的偶次谐波，而没有奇次谐波成分。

综上所述，具有偶次对称性的非正弦周期信号的傅里叶级数中，包含直流成分和各偶次谐波成分，具有奇次对称性的非正弦周期信号的傅里叶级数中，仅包含奇次谐波成分。而不具有上述两种对称性的半波整流，既有奇次谐波分量又有偶次谐波分量。

9.2.4　波形的平滑性与谐波成分的关系

从表 9.1 中还可看出，不同的波形，各次谐波分量之间幅度的比例也不同。如锯齿波的四次谐波振幅是二次谐波振幅的 1/2，而正弦全波整流的四次谐波振幅是二次谐波振幅的 1/5。再比较一下方波和等腰三角波，方波的三次谐波振幅是基波振幅的 1/3，五次谐波振幅是基波振幅的 1/5，其 n 次谐波振幅是基波振幅的 $1/n$；等腰三角波的三次谐波振幅是基波振幅的 $\left(\dfrac{1}{3}\right)^2$，五次谐波振幅是基波振幅的 $\left(\dfrac{1}{5}\right)^2$，其 n 次谐波振幅是基波振幅的 $\left(\dfrac{1}{n}\right)^2$，显然方波包含的谐波幅度比等腰三角波显著。

观察方波和等腰三角波的波形，可看出前者的平滑程度差。这是因为方波在正、负半周交界处，其瞬时值突然从 $+A$ 陡变为 $-A$，发生了跳变；而等腰三角波则在半个周期内按直线规律从 $+A$ 下降为 $-A$，或从 $-A$ 上升为 $+A$，整个波形没有突出的跳变点。由此可以说，等腰三角波的波形平滑性较方波好。显然，平滑性较好的非正弦周期波所含有的高次谐波成分相应较小。于是可得出另一个结论：一个非正弦周期信号所包含的高次谐波的幅度是否显著，取决于波形的平滑程度。

波形的平滑性对电路的影响可从两个方面阐述，在输出直流电压或要求输出正弦信号的场合，高次谐波成为不利因素，因此要设法排除，这时需采取措施尽量提高输出波形的平滑度；在另一些场合下，希望得到一种极不平滑的波形，以便利用其所含有的大量不同频率的高次谐波成分，这时应尽量减小输出波形的平滑度。

通信技术中载波机上的谐波发生器，就是一个利用大量高次谐波进行工作的例子。为了将不同话路的话音信号加在不同的载波频率上，先要用振荡器来产生所需的载波频率。但每一条话路设置一个振荡器显得很不经济，所以一般使用谐波振荡器来产生载波。谐波振荡器中只有一个振荡器，用它来产生具有一定频率的正弦波。当正弦波通过非线性元件之后，就变成了周期性的双向尖顶窄脉冲。这些双向的尖顶窄脉冲具有奇次对称性，跳变幅度很大且持续时间又短，因此平滑度极差，其中包含了大量的振幅相差不多的奇次谐波。将这些双向尖顶窄脉冲进行全波整流，得到的单方向尖顶窄脉冲又具有偶次对称性质，其中含有一系列丰富的偶次谐波。利用滤波器将这些不同频率的谐波分开之后，即成为谐波发生器的输出信号。这些不同频率的高次谐波信号分别被用来作为各个不同话路的载波频率，由此可节省不少的振荡器。

检验学习结果

9.2.1　非正弦周期信号电流，其中基波分量为 i_1，二次谐波分量为 i_2，三次谐波分量为 i_3，则下列两式哪个是正确的？为什么？

（1） $i = i_1 + i_2 + i_3$　　　　（2） $\dot{I} = \dot{I}_1 + \dot{I}_2 + \dot{I}_3$

9.2.2　非正弦周期信号的谐波表达式是什么形式？其中每一项的意义是什么？

9.2.3　举例说明什么是奇次对称性？什么是偶次对称性？波形具有偶半波对称时是否一定有直流成分？何谓波形的平滑性？它与谐波成分有什么关系？方波和等腰三角波的三次谐波相比，哪个较大？为什么？

9.2.4　脉冲技术中常有“方波的前沿和后沿代表高频成分”这句话，你如何理解这句话？

9.3　非正弦周期信号的有效值、平均值和平均功率

学习目标

熟悉非正弦周期信号有效值的计算式，了解它与正弦量有效值的区别和联系；熟悉非正弦量平均值的含义及其计算方法；掌握非正弦量平均功率的意义及其计算式。

非正弦周期信号的有效值、平均值和平均功率

9.3.1　非正弦周期量的有效值和平均值

非正弦周期量的有效值，在数值上等于与它热效应相同的直流电的数值。这一点表明其有效值的定义与正弦量有效值的定义相同。

假设一个非正弦周期电流为已知，即

$$i = I_0 + \sqrt{2}I_1\sin(\omega t + \varphi_1) + \sqrt{2}I_2\sin(2\omega t + \varphi_2) + \cdots$$

其中的 I_0 为直流分量，I_1，I_2，…为各次谐波的有效值。经数学推导，非正弦周期量的有效值等于它的各次谐波有效值的平方和的开方，即

$$I = \sqrt{I_0^{\ 2} + I_1^{\ 2} + I_2^{\ 2} + \cdots} \tag{9.2}$$

非正弦量的有效值也可以直接用仪表来测量，如用电磁式、电动式等仪表都可以测出它的有效值。但是当我们用晶体管或电子管伏特计来测量非正弦周期量时，必须注意：由于这种仪器经常测量的是正弦量，因此常常把最大值除以 $\sqrt{2}$，直接换算成有效值刻在表盘上，测非正弦量时，这种伏特计的读数并不是待测量的有效值。为此，引入非正弦周期量的平均值的概念。

一般规定，正弦量的平均值按半个周期计算，而非正弦周期量的平均值要按一个周期计

算。因为正弦量在一个周期内的平均值为零，但半个周期内的平均值则不为零，其值

$$I_{\mathrm{av}}=\frac{2}{\pi}I_{\mathrm{m}}=0.637I_{\mathrm{m}}$$

这个平均值的计算公式在非正弦量半波整流或全波整流电路中都是有用的。对于非正弦周期信号，其平均值可按傅里叶级数分解后，求其恒定分量（即零次谐波），即非正弦周期信号在一个周期内的平均值就等于它的零次谐波分量。用数学式可表达为

$$I_{\mathrm{av}}=\frac{1}{T}\int_0^T\left|i(t)\right|\mathrm{d}t \tag{9.3}$$

非正弦周期信号的一些特点，在某种程度上可用波形因数和波顶因数来描述。

波形因数是非正弦周期量的有效值与平均值之比，即

$$K_{\mathrm{f}}=\frac{有效值}{平均值}$$

波顶因数等于非正弦周期量的最大值与有效值之比，即

$$K_{\mathrm{A}}=\frac{最大值}{有效值}$$

这两个因数均大于 1，一般情况下 $K_{\mathrm{A}}>K_{\mathrm{f}}$ 。当非正弦周期量的波形顶部越尖时，这两个因数越大；而非正弦周期量波形顶部越平时，这两个因数则越小。

9.3.2　非正弦周期量的平均功率

非正弦周期量通过负载时，负载上也要消耗功率，此功率与非正弦量的各次谐波有关。理论计算证明：只有同频率的电压和电流谐波分量（包括直流电压和直流电流）才能构成平均功率。换言之，不同频率的电压和电流，不能产生平均功率。非正弦量的平均功率表达式为

$$\begin{aligned}P&=U_0I_0+U_1I_1\cos\varphi_1+U_2I_2\cos\varphi_2+\cdots\\&=P_0+P_1+P_2+\cdots\end{aligned} \tag{9.4}$$

式中，第一项 P_0 表示零次谐波响应所构成的有功功率；第二项以后均表示同频率的各次谐波电压和电流构成的有功功率。显然除 P_0 外，其他各次谐波分量有功功率的计算方法，与正弦交流电路中所用的方法完全相同；$\varphi_1,\varphi_2,\cdots$ 为各次谐波电压与电流的相位差角。由上式可知，非正弦周期量的平均功率就等于它的各次谐波所产生的平均功率之和。

例 9.1　已知有源二端网络的端口电压和电流分别为

$$u=[50+85\sin(\omega t+30°)+56.6\sin(2\omega t+10°)](\mathrm{V})$$
$$i=[1+0.707\sin(\omega t-20°)+0.424\sin(2\omega t+50°)](\mathrm{A})$$

求该电路所消耗的平均功率。

解：电路中的电压和电流分别包括零次谐波、一次谐波和二次谐波，因此其平均功率为

$$\begin{aligned}P&=50\times1+\frac{85\times0.707}{2}\cos[30°-(-20°)]+\frac{56.6\times0.424}{2}\cos[10°-(50°)]\\&=50+19.3+9.2\\&=78.5(\mathrm{W})\end{aligned}$$

检验学习结果

9.3.1　非正弦周期量的有效值和正弦周期量的有效值在概念上是否相同？其有效值与它的最大值之间是否也存在$\sqrt{2}$倍的数量关系？其有效值计算式与正弦量有效值计算式有何不同？

9.3.2　何谓非正弦周期函数的平均值？如何计算？

9.3.3　非正弦周期函数的平均功率如何计算？不同频率的谐波电压和电流能否构成平均功率？

9.4　非正弦周期信号作用下的线性电路分析

学习目标

了解在一定条件下，非正弦周期信号作用下的线性电路的分析方法；掌握其简单计算。

非正弦周期信号作用下的线性电路分析

非正弦周期信号具有各种各样的波形，看起来很复杂，把其加在线性电路后，再来计算电路中的响应似乎相当困难。但掌握了非正弦周期电流电路的谐波分析法之后，就可在一定条件下将一个非正弦周期信号转化为一系列正弦谐波分量之叠加。换言之，非正弦周期信号虽然是非正弦的，但它的各次谐波分量却是正弦的，因此对于每一个正弦谐波分量而言，正弦交流电路中所介绍的相量分析法仍旧适用。

根据线性电路的叠加性，对线性非正弦周期电流电路的分析，可转化为对它的各次谐波的相量分析法，求出非正弦周期波各次正弦谐波分量的响应，再把各次谐波响应的结果进行叠加，即可求出非正弦周期电流电路的响应。具体计算时应掌握以下几点：

1．当直流分量单独作用时，遇电容元件按开路处理；遇电感元件按短路处理；

2．当任意一次正弦谐波分量单独作用时，电路的计算方法与单相正弦交流电路的计算方法完全相同。须注意的是：对不同频率的谐波分量，电容元件和电感元件上所呈现的容抗和感抗各不相同，应分别加以计算；

3．用相量分析法计算出来的各次谐波分量的结果一般是用复数表示的，不能直接进行叠加。必须要把复数形式的各次谐波响应转化为瞬时值表达式，之后才能进行叠加。不同频率的电路响应不能画在同一个相量图上，当然也不能把它们直接相加减。

例 9.2　将图9.4（a）所示方波电压加在一个电感元件两端。已知L=20mH，方波电压的周期T=10ms，幅值为5V，试求通过电感元件的电流，并画出电流的波形图。

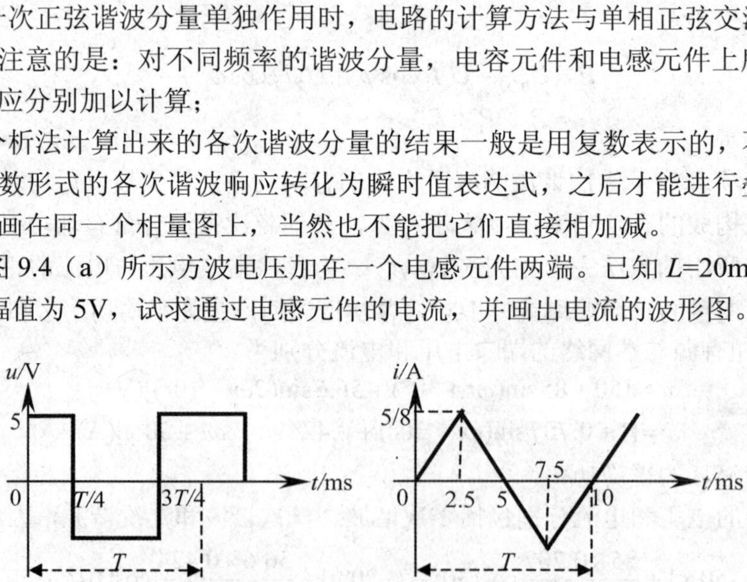

（a）方波电压波形图　　（b）电流的波形图

图9.4　例9.2波形图

解：图 9.4（a）所示方波电压的波形与表 9.1 中方波的波形相比，只是纵坐标向左移了 $\frac{1}{4}$ 周期，最大值等于 5V，因此其谐波表达式可直接写出

$$u=\frac{20}{\pi}\left[\sin\omega\left(t+\frac{\pi}{2}\right)+\frac{1}{3}\sin3\omega\left(t+\frac{\pi}{2}\right)+\frac{1}{5}\sin5\omega\left(t+\frac{\pi}{2}\right)+\cdots\right]\text{V}$$

考虑到 $\omega=\frac{2\pi}{T}$ 以及三角公式

$$\sin\left(\alpha+\frac{\pi}{2}\right)=\cos\alpha$$

$$\sin\left(\alpha+\frac{3\pi}{2}\right)=-\cos\alpha$$

故上式又可表达为

$$u=\frac{20}{\pi}\left(\cos\omega t-\frac{1}{3}\cos3\omega t+\frac{1}{5}\cos5\omega t-\cdots\right)\text{V}$$

然后对各次谐波分别进行计算。当一次谐波电压单独作用时，电感元件对基波所呈现的感抗

$$Z_1=\text{j}\omega_1L=\text{j}\frac{2\pi\times20}{10}=\text{j}4\pi(\Omega)$$

基波电压的最大值相量 $\dot{U}_{\text{m1}}=\text{j}\frac{20}{\pi}\text{V}$，于是基波电流的最大值相量为

$$\dot{I}_{\text{m1}}=\frac{\dot{U}_{\text{m1}}}{Z_1}=\frac{\text{j}\frac{20}{\pi}}{\text{j}4\pi}=\frac{5}{\pi^2}(\text{A})$$

对应的解析式为

$$i_1=\frac{5}{\pi^2}\sin\omega t(\text{A})$$

当三次谐波电压单独作用时，其感抗

$$Z_3=\text{j}3\omega L=\text{j}\frac{3\times2\pi\times20}{10}=\text{j}12\pi(\Omega)$$

三次谐波电压的最大值相量 $\dot{U}_{\text{m3}}=-\text{j}\frac{20}{3\pi}\text{V}$，于是三次谐波电流的最大值相量为

$$\dot{I}_{\text{m3}}=\frac{\dot{U}_{\text{m3}}}{Z_3}=\frac{-\text{j}\frac{20}{3\pi}}{\text{j}12\pi}=-\frac{5}{9\pi^2}(\text{A})$$

对应的解析式为

$$i_3=-\frac{5}{9\pi^2}\sin3\omega t(\text{A})$$

当五次谐波电压单独作用时，其感抗

$$Z_5 = \mathrm{j}5\omega L = \mathrm{j}\frac{5\times 2\pi\times 20}{10} = \mathrm{j}20\pi\Omega$$

五次谐波电压的最大值相量 $\dot{U}_{\mathrm{m5}} = \mathrm{j}\frac{20}{5\pi} = \mathrm{j}4/\pi(\mathrm{V})$，于是五次谐波电流的最大值相量为

$$\dot{I}_{\mathrm{m5}} = \frac{\dot{U}_{\mathrm{m5}}}{Z_5} = \frac{\mathrm{j}\frac{4}{\pi}}{\mathrm{j}20\pi} = \frac{5}{25\pi^2}(\mathrm{A})$$

对应的解析式为

$$i_5 = \frac{5}{25\pi^2}\sin 5\omega t(\mathrm{A})$$

其他更高次谐波均可依此方法计算出来，实际工程应用上，一般计算至 3～5 次谐波就可以了。将上述求解结果用它们的瞬时值表达式叠加起来，就构成了电感中电流的傅里叶级数表达式，即

$$i = \frac{5}{\pi^2}\left(\sin\omega t - \frac{1}{9}\sin 3\omega t + \frac{1}{25}\sin 5\omega t - \cdots\right)\mathrm{A}$$

参照表 9.1 可知，电流是一个等腰三角波，其峰值 $A=\frac{5}{8}\mathrm{A}$，电流波形如图 9.4（b）所示。

此例说明，在非正弦周期信号作用下，电感两端的电压与其中的电流具有不同的波形。原因是电感元件对各次谐波呈现的感抗各不相同，谐波频率越高呈现的感抗值越大，则电感中电流的幅度就会相应减小。显然，电感元件中的电流波形总是比电压波形的平滑性要好一些。

图 9.5（a）所示电路为 π 型低通滤波器。其中的电容 C_1 和 C_2 对信号的高次谐波有很大的分流作用，L 对高次谐波呈现的感抗较大，所以通过负载 R_L 上的电流主要是直流和低次谐波成分。反之，如图 9.5（b）所示电路为 π 型高通滤波器。其中的电感 L_1 和 L_2 对信号直流和低次谐波近似短路，C 可以阻碍低次谐波电流通过负载，所以负载 R_L 上的电流主要为高次谐波。

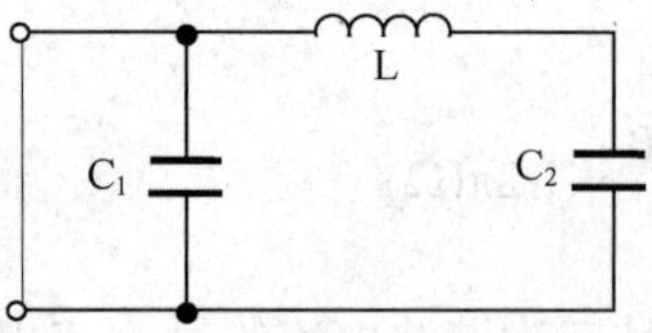

（a）低通滤波器电路

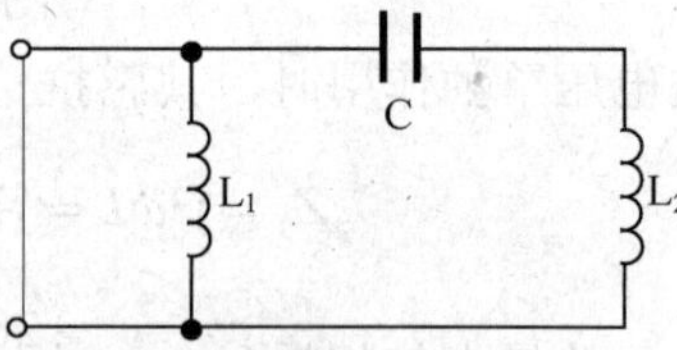

（b）高通滤波器电路

图 9.5　常用的滤波器电路

检验学习结果

9.4.1　对非正弦周期信号作用下的线性电路应如何计算？计算方法根据什么原理？若已知基波作用下的复阻抗 $Z = 30 + \mathrm{j}20\,\Omega$，求在三次和五次谐波作用下负载的复阻抗又为多少？

9.4.2　某电压 $u = 30 + 60\sin 314t\,(\mathrm{V})$，接在 R=3Ω，L=12.7mH 的 RL 串联电路上，求电流有效值和电路中所消耗的功率。

小结

1．非正弦周期信号均可分解为一系列振幅按一定规律递减、频率成整数倍增加的正弦谐波分量，正确找出非正弦周期量的各次谐波的过程称为谐波分析法。谐波表达式的形式是傅里叶级数。

2．频谱是描述非正弦周期信号特性的一种方式，一定形状的波形与一定结构的频谱相对应。非正弦周期信号的频谱是离散频谱。

3．非正弦周期信号各次谐波的存在与否与波形的对称性有关。直流分量 A_0 是一个周期内的平均值，与计时起点的选择无关。

① $f(t)=-f(-t)$ 的波形具有奇次对称性，称为奇函数。奇函数的傅里叶级数表达式中只包含奇次谐波分量，与计时起点的选择无关；若波形还对原点对称，则只含有奇次正弦谐波，与计时起点的选择有关；

② $f(t)=f(-t)$ 的波形具有偶次对称性，称为偶函数。偶函数时其傅里叶级数中将包含包括直流成分在内的各偶次谐波，与计时起点的选择无关；若波形还对纵轴对称，则只含有各次余弦谐波与直流分量，且与计时起点的选择有关。

4．不同频率谐波分量振幅之间的比例，取决于波形的平滑性。有跳变的波形比没有跳变的波形平滑性差。平滑性差的波形，各次谐波的振幅相对较大。

5．本章研究的问题仍限制在线性电路的稳态，因此线性元件 R、L 和 C 均为常数，无论电压、电流如何变化，这些元件上的伏安关系仍然遵循

$$u_{\mathrm{R}}=iR\,,\quad u_{\mathrm{L}}=L\frac{\mathrm{d}i}{\mathrm{d}t}\,,\quad i_{\mathrm{C}}=C\frac{\mathrm{d}u_{\mathrm{C}}}{\mathrm{d}t}$$

在非正弦周期信号作用下的电路中，电阻元件上的电压与电流波形相同；电感元件上由于电流不能发生跳变，其波形的平滑性比电压好；电容元件上由于电压不能发生跳变，因此电压波形的平滑性比电流波形的平滑性好。

6．非正弦周期电流电路的分析和计算是按照线性电路的叠加性进行的，对它的各次谐波响应的求解中，前面介绍的各电路定律仍然适用。

非正弦周期量的有效值等于它的恒定分量和各次谐波有效值的平方之和的平方根，即

$$I=\sqrt{{I_0}^2+{I_1}^2+{I_2}^2+\cdots}$$
$$U=\sqrt{{U_0}^2+{U_1}^2+{U_2}^2+\cdots}$$

非正弦电路的总功率等于它的各次谐波单独作用时产生的平均功率之和。即

$$P=U_0I_0+U_1I_1\cos\varphi_1+U_2I_2\cos\varphi_2+\cdots$$

7．非正弦周期量的平均值定义式为 $f_{\mathrm{av}}=\dfrac{1}{T}\int_0^T\left|f(t)\right|\mathrm{d}t$，平均值与它的直流分量是两个不同的概念，由平均值引出了波形因数和波顶因数的概念。

8．应用叠加定理计算非正弦周期信号作用下的线性电路时，首先要对已知非正弦周期信号进行谐波分析，将其分解为傅里叶级数；然后对各次谐波单独作用下的电路进行求解：对

于恒定分量可按直流电路分析，注意直流情况下电感元件和电容元件分别作短路和开路处理；对交流谐波分量则可运用相量分析法，注意电感元件和电容元件对不同频率的谐波所呈现的电抗值各不相同。最后根据叠加定理，把各次谐波响应的结果（交流分量应化为解析式）进行叠加即可得到非正弦周期电路的响应。

技能训练

实验九　非正弦周期电流电路研究

一、实验目的

1．观察周期性非正弦电压的谐波分解

2．通过实验理解基波与三次谐波的合成

二、实验设备

1．函数信号发生器

2．双踪示波器

3．自制相关实验装置

三、实验电路

非正弦周期信号的研究实验电路原理图如图 9.6 所示。

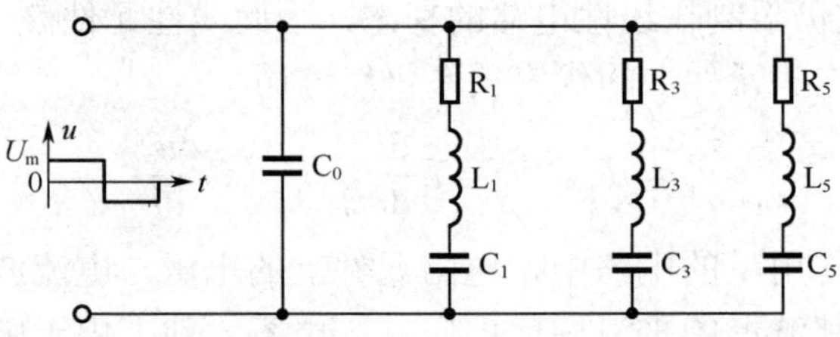

图 9.6　非正弦周期信号的研究实验电路原理图

四、实验原理与说明

图 9.7（a）所示是由函数信号发生器产生的方波，根据表 9.1 可得其傅里叶级数展开式为

$$f(t)=\frac{4U_{\rm m}}{\pi}\left(\sin\omega t+\frac{1}{3}\sin 3\omega t+\frac{1}{5}\sin 5\omega t+\cdots\frac{1}{k}\sin k\omega t\right)\quad（k\text{ 为奇数}）$$

该方波的基波和各次谐波振幅按波次成反比降低。通过对其基波、3 次谐波和 5 次谐波的 R、L、C 串联谐振电路的调谐，可以从电阻 R 两端获得基波波形、3 次谐波波形和 5 次谐波波形，以及它们的合成波波形，如图 9.7（b）、（c）所示。

需要理解的是：由于实验电容不可避免的具有一定程度的漏电现象，因此电容不是滞后于电源电压 $\pi/2$，而是滞后一个角度，致使各次谐波初相出现差异，其基波、三次谐波、五次谐波相叠加后的合成波的波形可能会出现略微不对称的情况。

由于各谐波电路 Q 值不同，因而获得的基波，三次谐波电压振幅也不成 $1/k$ 倍的关系。方波的高次谐波通过 C_0 滤去。

五、实验步骤

1. 在图 9.6 的实验电路中，由函数信号发生器产生一个方波信号，信号的频率为 f=35kHz，连接于实验电路的输入端。

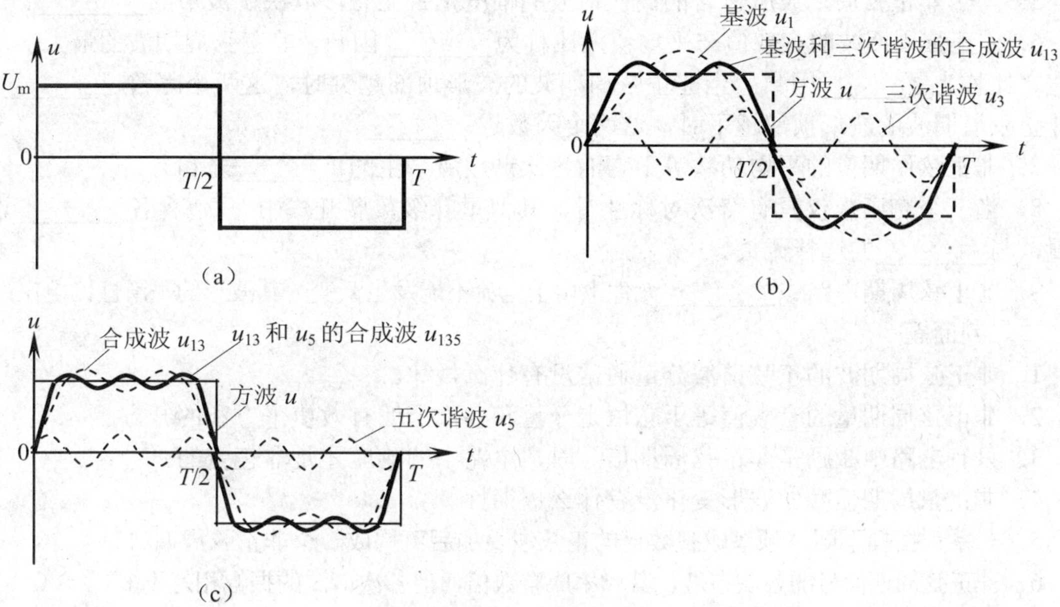

图 9.7　方波电压的合成

2．调整好双踪示波器，让其 CH1 踪探头与函数信号发生器输出相连，观察方波信号波形。

3．双踪示波器的 CH2 踪探头取 R_1 信号，同时调节 C_1 值，使基波幅度达到最大，观察之。

4．将 CH1 踪探头换接至 R_3 上，同时调节 C_3 值，让三次谐波幅度最大，观察之。

5．用双踪示波器的求和键观察基波和三次谐波的合成波。

6．再用 CH1 踪探头取 R_5 上信号，观察五次谐波。

7．在同一坐标上绘出方波、基波、三次谐波及合成波的波形。

六、实验注意事项

1．接线时切忌信号源短路。

2．使用双踪示波器注意双踪探头需共“地”。

3．仔细调节各电容的数值，注意观察。

第 9 章　习题

一、填空题

1．一系列________不同、________成整数倍的正弦波，叠加后可构成一个非正弦周期波。非正弦周期波所具有的共同特点是：它们的波形变化具有________。

2．一个非正弦周期波可分解为无限多项________成分，这个分解的过程称为________分析，其数学基础是________。

3．与方波频率相同的谐波成分称为________，是构成方波的基本成分。非正弦周期波中，如果谐波频率是基波频率的奇数倍时，称为________谐波，若谐波频率是基波频率的偶数倍时，称为________谐波，二次或二次以上的谐波分量统称为________谐波。

4．振幅频谱图中，将各条谱线的顶点连接起来的曲线称为振幅的________。

5．一个非正弦周期波所包含的高次谐波的幅度是否显著，取决于波形的________。

6．非正弦周期波的有效值与平均值之比称为________因数，非正弦周期波的最大值与有效值之比称为________因数。当非正弦周期波的波形顶部越尖时，这两个因数越________，而非正弦周期波的波形顶部越平时，这两个因数越________。

7．非正弦周期量的平均功率等于它的各次谐波所产生的________之和。

8．当一个奇函数仅具有奇次对称性时，其傅里叶级数展开式中 只包含各________谐波分量，与________的选择无关。

9．非正弦周期电路中________元件上由于电流不能发生跃变，其波形的平滑性比电压好。

二、判断题

1．非正弦周期波的正弦谐波分量通常没有什么规律。（　　）

2．非正弦周期量的有效值等于它恒定分量和各次谐波有效值平方和的开方。（　　）

3．只有电路中激励是非正弦周期信号时，电路中的响应才是非正弦的。（　　）

4．非正弦周期信号的波形变化没有什么周期性。（　　）

5．一系列振幅不同，频率成整数倍的正弦波叠加后可构成一个非正弦周期波。（　　）

6．非正弦周期信号的各次谐波，其频率成整数倍，但各次谐波的振幅相差不多。（　　）

7．高于三次谐波的正弦波才能称之为高次谐波。（　　）

8．对已知波形的非正弦周期量，正确写出其傅里叶级数展开式的过程称谐波分析。（　　）

9．波顶因数在数值上等于非正弦周期量的有效值与平均值之比。（　　）

10．非正弦周期量的平均功率等于它各次谐波产生的平均功率之和。（　　）

三、选择题

1．已知非正弦周期信号的周期是 0.02s，其傅里叶级数中角频率为 300πrad/s 的项称为（　　）。

A．三次谐波分量　　B．六次谐波分量　　C．基波分量

2．下列表达式中，属于非正弦周期信号的是（　　）。

A．$u=\sin\omega t+\cos\omega t$　　B．$u=5\sin\omega t+8\sin\omega t$　　C．$u=\sin 2\omega t+\cos\omega t$

3．分解非正弦周期信号电路采用（　　）。

A．相量分析法　　B．谐波分析法　　C．欧姆定律分析法

4．RLC 串联电路在非正弦周期信号激励下对三次谐波产生谐振，则基波信号的电路性质是（　　）。

A．电阻性　　B．电感性　　C．电容性

5．感性非正弦周期电路的基波角频率是 100πrad/s，三次谐波作用时电路感抗是（　　）。

A．$30\pi L$　　B．$50\pi L$　　C．$300\pi L$

四、简答题

1．什么是周期性的非正弦波？能否举出几个非正弦周期波的实例？

2．非正弦周期量的谐波分量表达式是怎样的？其中每一项的意义是什么？

3．什么是奇次对称性？什么是偶次对称性？试举例说明。

4．有人说："只要电源是正弦的，电路中各部分电流和电压就都是正弦的"。这种说法对吗？试举例说明。

5. 是否在线性电路中，当电源是方波作用时，电路中的电压、电流响应就一定也是方波？

6. 哪一种非正弦周期量作用的电路中，电压与电流的波形总是相同的？

五、计算题

1. 根据下列解析式，画出下列电压的波形图，加以比较后说明它们有何不同？

（1）$u = 2\sin\omega t + \cos\omega t$ V

（2）$u = 2\sin\omega t + \sin 2\omega t$ V

（3）$u = 2\sin\omega t + \sin(2\omega t + 90°)$ V

2. 已知正弦全波整流的幅值 $I_m = 1A$，求直流分量 I_0 和基波、二次、三次、四次谐波的最大值。

3. 图 9.8 所示为一滤波器电路，已知负载 R=1 000Ω，C=30μF，L=10H，外加非正弦周期信号电压 $u = 160 + 250\sin 314t$ V，试求通过电阻 R 中的电流。

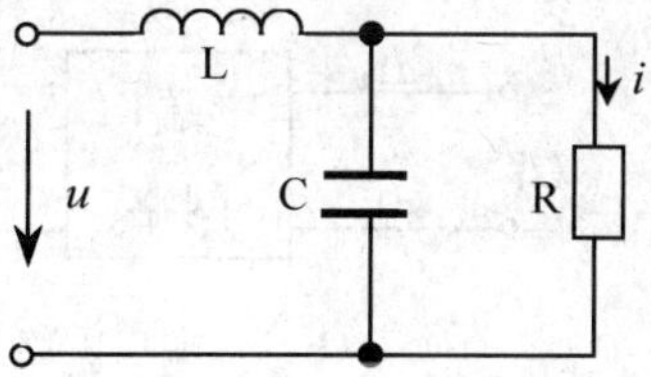

图 9.8　计算题 3 滤波器电路

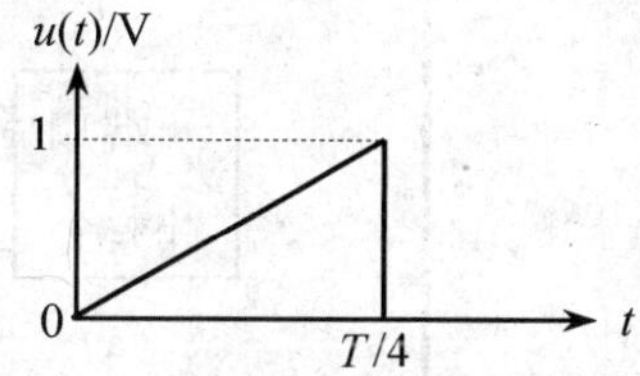

图 9.9　计算题 4 锯齿波 T/4 的波形

4. 已知某非正弦周期信号在四分之一周期内的波形为一锯齿波，且在横轴上方，幅值等于 1V，如图 9.9 所示。试根据下列情况分别绘出一个周期的波形。

（1）$u(t)$ 为偶函数，且具有偶半波对称性。

（2）$u(t)$ 为奇函数，且具有奇半波对称性。

（3）$u(t)$ 为偶函数，无半波对称性。

（4）$u(t)$ 为奇函数，无半波对称性。

（5）$u(t)$ 为偶函数，只含有偶次谐波。

（6）$u(t)$ 为奇函数，只含有奇次谐波。

5. 图 9.10（a）所示电路的输入电压如图 9.7（b）所示，求电路中的响应 $i(t)$ 和 $u_C(t)$。

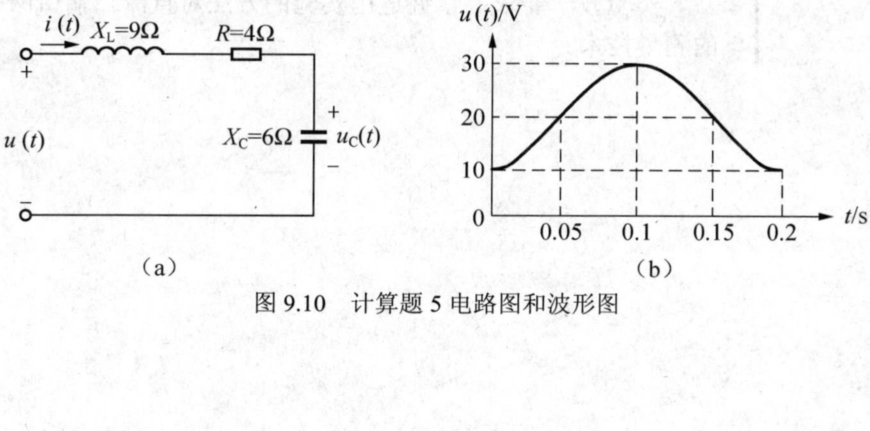

（a）　（b）

图 9.10　计算题 5 电路图和波形图

第 10 章
二端口网络

电路网络按其引出端子的数目可分为二端网络、三端网络及四端网络等。如果一个二端网络满足从一个端子流入的电流等于另一个端子上流出的电流时，可称为一端口网络，如图 10.1（a）所示。如果电路中有两个一端口网络时就构成了一个二端口网络，如图 10.1（b）所示。

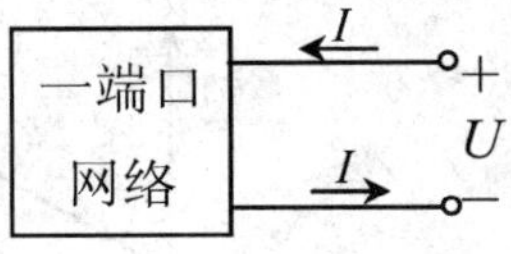

（a）一端口网络

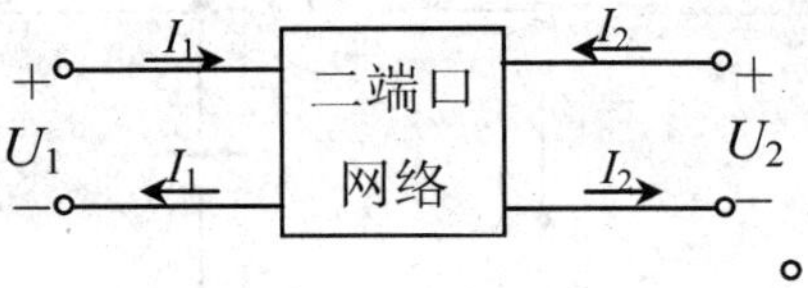

（b）二端口网络

图 10.1　端口网络示意图

本章是把二端口网络当作一个整体，不研究其内部电路的工作状态，只研究端口电流、电压之间的关系，即端口的外特性。主要解决的问题是找出表征二端口网络的参数及由这些参数来联系着的端口电流、电压方程。

本章教学要求

理论教学要求：理解二端口网络的概念，掌握二端口网络的特点，熟悉二端口网络的方程及参数，理解二端口网络等效的概念，了解二端口网络的输入电阻、输出电阻及特性阻抗的定义，掌握其等效计算的方法。

实验教学要求：掌握运用实验的方法对直流二端口网络传输参数的测量技术。

10.1　二端口网络的一般概念

二端口网络的一般概念

学习目标

熟悉二端口网络的判定，了解无源、有源、线性、非线性二端口网络在组成上的不同点。

网络的一个重要功能就是对电信号进行处理，例如，对信号进行放大，过滤掉不需要的频率成分等。在对信号处理的过程中，与输入信号相接的两个端子称为输入端口，输入变量及参数采用下标“1”；与输出信号相接的两个端子称为输出端口，输出变量及参数采用下标“2”。这种具有两个端口的网络称为“二端口网络”。

当一个二端口网络的端口处电流与电压满足线性关系时，则该二端口网络称为线性二端口网络。通常线性二端口网络内的所有元件都是线性元件，如电阻、电容、电感等。否则二端口网络为非线性网络。

如果一个二端口网络内部不含任何独立源和受控源，则称其为无源二端口网络，如图 10.2（a）所示；如果一个二端口网络内部含有独立源，则称为有源二端口网络，如图 10.2（b）所示。本章只研究无源线性二端口网络。

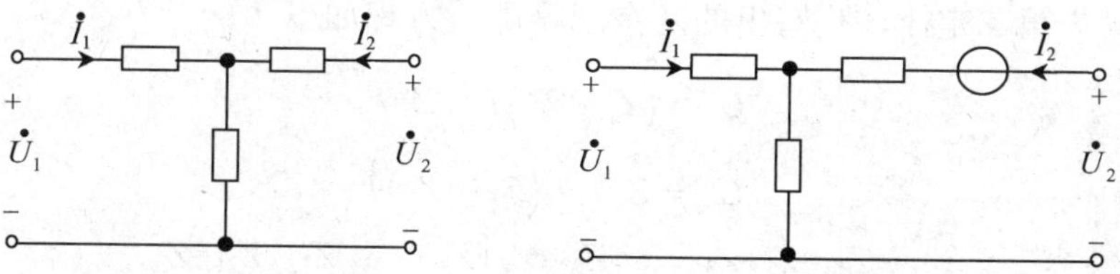

（a）无源二端口网络　　（b）有源二端口网络

图 10.2　二端口网络

检验学习结果

10.1.1　什么是二端口网络？

10.1.2　什么是无源线性二端口网络？

10.2　二端口网络的基本方程和参数

二端口网络的基本方程和参数的概念

学习目标

了解二端口网络参数的不同形式，理解由这些参数联系着的端口电流、电压方程，在此基础上初步掌握分析二端口网络电路的方法。

工程实际中，不少电路（如集成电路）制作完成后会被封装起来，分析此类无法看到具体内部结构的电路时，只能通过其引线端或端口处电压与电流的相互关系，来表征电路的功能。而这种端口处电压与电流的相互关系，可以用一些参数来表示，这些参数只决定于网络本身的结构和内部元件，一但表征这个端口网络的参数确定之后，当一个端口的电压和电流发生变化时，利用网络参数，可以很容易找出另一个端口的电压和电流。还可以利用这些参数，比较不同网络在传递电能和信号方面的性能，从而评价端口网络的质量。

为了建立在正弦稳态时二端口网络两个端口变量之间的关系，在研究问题时把端口变量用相量表示。二端口网络共有 4 个端口变量，即 $\dot{U}_1$、$\dot{I}_1$、$\dot{U}_2$、$\dot{I}_2$，取其中任意两个相量作为自变量，其余两个相量为因变量时，共有 6 种取法，因此，可以有 6 组可能的方程用以表明二端口网络变量之间的关系，本章讨论常用的 4 种关系式。

10.2.1 阻抗方程和 Z 参数

在图 10.3 所示的无源线性二端口网络中，已知电流 $\dot{I}_1$ 和 $\dot{I}_2$，求端口电压 $\dot{U}_1$ 和 $\dot{U}_2$，这时如何列写其关系式呢？以图 10.3（b）所示电路为例进行讨论。

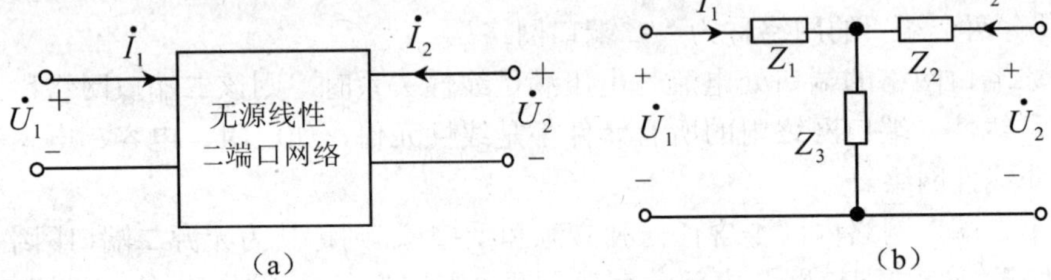

图 10.3 无源线性二端口网络

根据基尔霍夫第二定律，列写出的两个回路电压方程如下

阻抗方程和 Z 参数

$$\dot{U}_1=\left(Z_1+Z_3\right)\dot{I}_1+Z_3\dot{I}_2$$

$$\dot{U}_2=Z_3\dot{I}_1+\left(Z_2+Z_3\right)\dot{I}_2$$

令 $Z_{11}=Z_1+Z_3$　　$Z_{22}=Z_2+Z_3$　　$Z_{12}=Z_{21}=Z_3$

将它们代入上式，得阻抗方程的一般表示形式

$$\begin{aligned}\dot{U}_1&=Z_{11}\dot{I}_1+Z_{12}\dot{I}_2\\ \dot{U}_2&=Z_{21}\dot{I}_1+Z_{22}\dot{I}_2\end{aligned}\tag{10.1}$$

式 10.1 虽然是由 T 型二端口网络推导出来的，但具有普遍性。可以证明，式（10.1）适合任何无源线性二端口网络。式中的系数 Z_{11}、Z_{12}、Z_{21}、Z_{22} 具有阻抗性质，所以式（10.1）称为阻抗方程或 Z 方程。

显然，无源二端口网络的 Z 参数，仅与网络的内部结构、元件参数、工作频率有关，而与输入信号的振幅、负载的情况无关。因此，这些参数描述了二端口网络本身的电特性。

二端口网络 Z 参数的物理意义，可由式（10.1）推导而得。当输出端口开路时，$\dot{I}_2=0$，此时有

$$Z_{11}=\left.\frac{\dot{U}_1}{\dot{I}_1}\right|_{\dot{I}_2=0}\tag{10.2a}$$

即 Z_{11} 是输出端口开路时在输入端口处的输入阻抗，称为开路输入阻抗。而

$$Z_{21}=\left.\frac{\dot{U}_2}{\dot{I}_1}\right|_{\dot{I}_2=0}\tag{10.2b}$$

即 Z_{21} 是输出端口开路时的转移阻抗，称为开路转移阻抗。转移阻抗是一个端口的电压与另一个端口的电流之比。

同理，当输入端口开路时，$\dot{I}_1=0$，这时由式（10.1）推导可得

$$Z_{22}=\left.\frac{\dot{U}_2}{\dot{I}_2}\right|_{\dot{I}_1=0} \tag{10.2c}$$

即 Z_{22} 是输入端口开路时在输出端口处的输出阻抗，称为开路输出阻抗。而

$$Z_{12}=\left.\frac{\dot{U}_1}{\dot{I}_2}\right|_{\dot{I}_1=0} \tag{10.2d}$$

即 Z_{12} 是输入端口开路时的转移阻抗，称为开路转移阻抗。以上 4 个阻抗的单位都是（Ω）。

对于无源线性二端口网络利用互易定理可以得到证明，即输入和输出互换位置时，不会改变由同一激励所产生的响应。由此得出

$$Z_{12}=Z_{21} \tag{10.3a}$$

即：在 Z 参数中，只有 3 个参数是独立的。

如果二端口网络对称，则输出端口和输入端口互换位置后，电压和电流均不改变，即

$$Z_{11}=Z_{22} \tag{10.3b}$$

无源线性二端口网络如果同时满足式（10.3）时，则 Z 参数中只有两个独立参数。

10.2.2　导纳方程与 Y 参数

当已知一个无源二端口网络输入电压和输出电压的值，要求解出输入电流和输出电流时，可以利用式（10.1）写出 $\dot{I}_1$ 和 $\dot{I}_2$ 的表示式

$$\dot{I}_1=\frac{Z_{22}}{Z_{11}Z_{22}-Z_{12}Z_{21}}\dot{U}_1+\frac{-Z_{12}}{Z_{11}Z_{22}-Z_{12}Z_{21}}\dot{U}_2$$

$$\dot{I}_2=\frac{-Z_{21}}{Z_{11}Z_{22}-Z_{12}Z_{21}}\dot{U}_1+\frac{Z_{11}}{Z_{11}Z_{22}-Z_{12}Z_{21}}\dot{U}_2$$

导纳方程和 Y 参数

由此得到导纳方程的一般表示形式

$$\begin{aligned}\dot{I}_1&=Y_{11}\dot{U}_1+Y_{12}\dot{U}_2\\ \dot{I}_2&=Y_{21}\dot{U}_1+Y_{22}\dot{U}_2\end{aligned} \tag{10.4}$$

二端口网络 Y 参数的物理意义，可由式（10.4）推导得到。当输出端口短路时，$\dot{U}_2=0$，这时有

$$Y_{11}=\left.\frac{\dot{I}_1}{\dot{U}_1}\right|_{\dot{U}_2=0} \tag{10.5a}$$

即 Y_{11} 是输出端口短路时在输入端口处的输入导纳，称为短路输入导纳。

$$Y_{21}=\left.\frac{\dot{I}_2}{\dot{U}_1}\right|_{\dot{U}_2=0} \tag{10.5b}$$

Y_{21} 是输出端口短路时的转移导纳，称为输出端短路转移导纳。

当输入端口短路时，$\dot{U}_1=0$，这时有

$$Y_{22}=\left.\frac{\dot{I}_2}{\dot{U}_2}\right|_{\dot{U}_1=0} \tag{10.5c}$$

Y_{22} 是输入端口短路时在输出端口处的输出导纳，称为短路输出导纳。

$$Y_{12}=\left.\frac{\dot{I}_1}{\dot{U}_2}\right|_{\dot{U}_1=0} \tag{10.5d}$$

Y_{12} 是输入端口短路时的转移导纳，称为输入端短路转移导纳。Y 参数的单位是西门子（S）。

同样可以证明，对于无源线性二端口网络 $Y_{12}=Y_{21}$。

即对称二端口网络有 $Y_{11}=Y_{22}$。此时 Y 参数中只有两个独立参数。

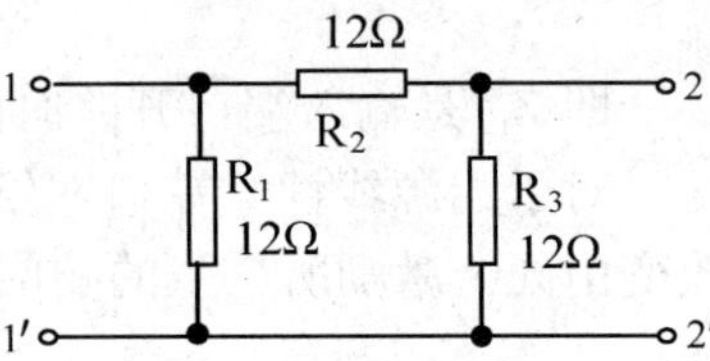

图 10.4　例 10.1 电路

例 10.1　写出图 10.4 所示电路的 Z 参数方程。

解： 根据 Z 参数的定义，将输出端口开路，可得

$$Z_{11}=\left.\frac{\dot{U}_1}{\dot{I}_1}\right|_{\dot{I}_2=0}=R_1//\left(R_2+R_3\right)=\frac{12\times\left(12+12\right)}{12+\left(12+12\right)}=8(\Omega)$$

$$Z_{21}=\left.\frac{\dot{U}_2}{\dot{I}_1}\right|_{\dot{I}_2=0}=\frac{R_2}{R_2+R_3}Z_{11}=\frac{12}{12+12}\times 8=4(\Omega)$$

因为该电路是对称无源线性二端口网络，所以 $Z_{22}=Z_{11}$，$Z_{12}=Z_{21}$，图 10.4 电路的 Z 参数方程为

$$\dot{U}_1=8\dot{I}_1+4\dot{I}_2$$
$$\dot{U}_2=4\dot{I}_1+8\dot{I}_2$$

10.2.3　传输方程和 A 参数

传输方程和 A 参数

在已知二端口网络的输出电压 $\dot{U}_2$ 和电流 $\dot{I}_2$，求解二端口网络的输入电压 $\dot{U}_1$ 和电流 $\dot{I}_1$ 的情况下，需用 A 参数建立输出信号与输入信号之间的关系。当选择电流的参考方向为流入二端口网络时，A 参数方程的一般形式为

$$\begin{cases}\dot{U}_1=A_{11}\dot{U}_2+A_{12}\left(-\dot{I}_2\right)\\ \dot{I}_1=A_{21}\dot{U}_2+A_{22}\left(-\dot{I}_2\right)\end{cases} \tag{10.6}$$

若选择输出电流的参考方向为流出二端口网络，方程中电流 $\dot{I}_2$ 符号为“+”。

当二端口网络为无源线性网络时，$A_{11}A_{22}-A_{12}A_{21}=1$，$A$ 参数中有 3 个参数是独立的。如果二端口网络完全对称，则 $A_{11}=A_{22}$，这时 A 参数中只有两个参数是独立的。

A 参数的意义可以这样来理解。当输出端口开路时，有

$$A_{11}=\left.\frac{\dot{U}_1}{\dot{U}_2}\right|_{\dot{I}_2=0} \tag{10.7a}$$

$$A_{21}=\left.\frac{\dot{I}_1}{\dot{U}_2}\right|_{\dot{I}_2=0} \tag{10.7b}$$

当输出端口短路时，有

$$A_{22}=\left.\frac{\dot{I}_1}{-\dot{I}_2}\right|_{\dot{U}_2=0} \tag{10.7c}$$

$$A_{12}=\left.\frac{\dot{U}_1}{-\dot{I}_2}\right|_{\dot{U}_2=0} \tag{10.7d}$$

由 A 参数建立的方程主要用于研究网络传输问题。

10.2.4　混合方程和 h 参数

混合方程和 H 参数

在已知二端口网络的输出电压 $\dot{U}_2$ 和输入电流 $\dot{I}_1$，求解二端口网络的输入电压 $\dot{U}_1$ 和输出电流 $\dot{I}_2$ 时，用 h 参数建立信号之间的关系。当选择电流的参考方向为流入二端口网络时，h 参数方程的一般形式为

$$\begin{aligned}\dot{U}_1&=h_{11}\dot{I}_1+h_{12}\dot{U}_2\\ \dot{I}_2&=h_{21}\dot{I}_1+h_{22}\dot{U}_2\end{aligned} \tag{10.8}$$

当二端口网络为无源线性网络时，h 参数之间有 $h_{12}=-h_{21}$ 成立，h 参数中有 3 个参数是独立的。如果二端口网络完全对称，则 $h_{11}h_{22}-h_{12}h_{21}=1$，这时 h 参数中只有两个参数是独立的。

h 参数的意义可以这样来理解：当输出端口短路时，有

$$h_{11}=\left.\frac{\dot{U}_1}{\dot{I}_1}\right|_{\dot{U}_2=0} \tag{10.9a}$$

$$h_{21}=\left.\frac{\dot{I}_2}{\dot{I}_1}\right|_{\dot{U}_2=0} \tag{10.9b}$$

当输入端口开路时，有

$$h_{12}=\left.\frac{\dot{U}_1}{\dot{U}_2}\right|_{\dot{I}_1=0} \tag{10.9c}$$

$$h_{22}=\left.\frac{\dot{I}_2}{\dot{U}_2}\right|_{\dot{I}_1=0} \tag{10.9d}$$

由 h 参数建立的方程主要用于晶体管低频放大电路的分析。

10.2.5 二端口网络参数之间的关系

对于一个无源线性二端口网络，可以根据对电路不同的分析要求，选择不同的参数来描述，达到简化分析过程的目的。当采用不同参数表示同一个二端口网络时，各参数之间必然存在一定的关系，可以相互换算。各参数之间的相互关系如表 10.1 所示。

表 10.1 二端口网络参数之间的换算关系

	用 Z 参数表示	用 Y 参数表示	用 A 参数表示	用 h 参数表示
Z 参数形式	$\begin{matrix} Z_{11} & Z_{12} \\ Z_{21} & Z_{22} \end{matrix}$	$\begin{matrix} \frac{Y_{22}}{\lvert Y\rvert} & \frac{-Y_{12}}{\lvert Y\rvert} \\ \frac{-Y_{21}}{\lvert Y\rvert} & \frac{Y_{11}}{\lvert Y\rvert} \end{matrix}$	$\begin{matrix} \frac{A_{11}}{A_{21}} & \frac{\lvert A\rvert}{A_{21}} \\ \frac{1}{A_{21}} & \frac{A_{22}}{A_{21}} \end{matrix}$	$\begin{matrix} \frac{\lvert h\rvert}{h_{22}} & \frac{h_{12}}{h_{22}} \\ \frac{-h_{21}}{h_{22}} & \frac{1}{h_{22}} \end{matrix}$
Y 参数形式	$\begin{matrix} \frac{Z_{11}}{Z_{21}} & \frac{\lvert Z\rvert}{Z_{21}} \\ \frac{1}{Z_{21}} & \frac{Z_{22}}{Z_{12}} \end{matrix}$	$\begin{matrix} Y_{11} & Y_{12} \\ Y_{21} & Y_{22} \end{matrix}$	$\begin{matrix} \frac{A_{22}}{A_{12}} & \frac{-\lvert A\rvert}{A_{12}} \\ \frac{-1}{A_{12}} & \frac{A_{11}}{A_{12}} \end{matrix}$	$\begin{matrix} \frac{1}{h_{11}} & \frac{-h_{12}}{h_{11}} \\ \frac{h_{21}}{h_{11}} & \frac{\lvert h\rvert}{h_{11}} \end{matrix}$
A 参数形式	$\begin{matrix} \frac{Z_{11}}{Z_{21}} & \frac{\lvert Z\rvert}{Z_{21}} \\ \frac{1}{Z_{21}} & \frac{Z_{22}}{Z_{21}} \end{matrix}$	$\begin{matrix} \frac{-Y_{22}}{Y_{21}} & \frac{-1}{Y_{21}} \\ \frac{-\lvert Y\rvert}{Y_{21}} & \frac{-Y_{11}}{Y_{21}} \end{matrix}$	$\begin{matrix} A_{11} & A_{12} \\ A_{21} & A_{22} \end{matrix}$	$\begin{matrix} \frac{-\lvert h\rvert}{h_{21}} & \frac{-h_{11}}{h_{21}} \\ \frac{-h_{22}}{h_{21}} & \frac{-1}{h_{21}} \end{matrix}$
h 参数形式	$\begin{matrix} \frac{\lvert Z\rvert}{Z_{22}} & \frac{Z_{12}}{Z_{22}} \\ \frac{-Z_{21}}{Z_{22}} & \frac{1}{Z_{22}} \end{matrix}$	$\begin{matrix} \frac{1}{Y_{11}} & \frac{-Y_{12}}{Y_{11}} \\ \frac{Y_{21}}{Y_{11}} & \frac{\lvert Y\rvert}{Y_{11}} \end{matrix}$	$\begin{matrix} \frac{A_{12}}{A_{22}} & \frac{\lvert A\rvert}{A_{22}} \\ \frac{-1}{A_{22}} & \frac{A_{21}}{A_{22}} \end{matrix}$	$\begin{matrix} h_{11} & h_{12} \\ h_{21} & h_{22} \end{matrix}$

表中：$|Z|=Z_{11}Z_{22}-Z_{12}Z_{21}$；$|Y|=Y_{11}Y_{22}-Y_{12}Y_{21}$；$|A|=A_{11}A_{22}-A_{12}A_{21}$；$|h|=h_{11}h_{22}-h_{12}h_{21}$。

10.2.6 实验参数

无源线性二端口网络除了采用上述 4 种参数描述之外，还可以采用网络的开路阻抗和短路阻抗描述。这种通过简单测量得到的参数，称为实验参数。实验参数共有 4 个，分别是

输出端口开路时的输入阻抗
$$(Z_{in})_{\infty}=\left.\frac{\dot{U}_1}{\dot{I}_1}\right|_{\dot{I}_2=0} \tag{10.10a}$$

输出端口短路时的输入阻抗
$$(Z_{in})_{0}=\left.\frac{\dot{U}_1}{\dot{I}_1}\right|_{\dot{U}_2=0} \tag{10.10b}$$

输入端口开路时的输出阻抗
$$(Z_{ou})_{\infty}=\left.\frac{\dot{U}_2}{\dot{I}_2}\right|_{\dot{I}_1=0} \tag{10.10c}$$

输入端口短路时的输出阻抗
$$(Z_{ou})_{0}=\left.\frac{\dot{U}_2}{\dot{I}_2}\right|_{\dot{U}_1=0} \tag{10.10d}$$

实验参数与其他参数都可以用来描述网络特性，所以它们之间也有必然的联系，这里用 A

参数表示两种参数间的关系

$$\left(Z_{\text{in}}\right)_{\infty}=\frac{A_{11}}{A_{21}} \tag{10.11a}$$

$$\left(Z_{\text{in}}\right)_{0}=\frac{A_{12}}{A_{22}} \tag{10.11b}$$

$$\left(Z_{\text{ou}}\right)_{\infty}=\frac{A_{22}}{A_{21}} \tag{10.11c}$$

$$\left(Z_{\text{ou}}\right)_{0}=\frac{A_{12}}{A_{11}} \tag{10.11d}$$

利用式（10.11）得

$$\frac{\left(Z_{\text{in}}\right)_{0}}{\left(Z_{\text{in}}\right)_{\infty}}=\frac{\left(Z_{\text{ou}}\right)_{0}}{\left(Z_{\text{ou}}\right)_{\infty}}=\frac{A_{12}A_{21}}{A_{11}A_{22}} \tag{10.12}$$

由此可知，在实验参数中，只有 3 个参数是独立的。如果二端口网络完全对称，则有

$$\left(Z_{\text{in}}\right)_{0}=\left(Z_{\text{ou}}\right)_{0} \tag{10.13a}$$

$$\left(Z_{\text{in}}\right)_{\infty}=\left(Z_{\text{ou}}\right)_{\infty} \tag{10.13b}$$

此时只有两个参数是独立的。

检验学习结果

10.2.1　试说明 Z 参数和 Y 参数的意义。

10.2.2　利用 Z 参数、Y 参数及 H 参数分析网络电路时，各适合于何种场合？

10.2.3　试根据 Z 参数方程推导出 H 参数与 Z 参数之间的关系。

10.2.4　试根据 A 参数方程，推导出已知输入端口电压、电流，求解输出端口电压、电流的方程。

10.3　二端口网络的输入阻抗、输出阻抗和传输函数

学习目标

理解当无源线性二端口网络的输入端接入信号源（或电源），输出端接上负载后，描述输出信号和输入信号之间因果关系的方法以及网络性质的表示形式。

二端口网络的输入阻抗、输出阻抗和传输函数

10.3.1　输入阻抗和输出阻抗

1. 输入阻抗

二端口网络输出端口接负载阻抗 Z_{L}，输入端口接内阻抗为 Z_{S} 的电源 $\dot{U}_{\text{S}}$ 时，如图 10.5 所示。输入端口的电压 $\dot{U}_1$ 与电流 $\dot{I}_1$ 之比称为二端口网络的输入阻抗 Z_{in}。

输入阻抗可以用二端口网络的任何一种参数来表示，采用 A 参数表示时，根据式（10.6）

$$\dot{U}_1=A_{11}\dot{U}_2+A_{12}\left(-\dot{I}_2\right)$$

$$\dot{I}_1=A_{21}\dot{U}_2+A_{22}\left(-\dot{I}_2\right)$$

输入阻抗为

$$Z_{\text{in}}=\frac{\dot{U}_1}{\dot{I}_1}=\frac{A_{11}\dot{U}_2+A_{12}(-\dot{I}_2)}{A_{21}\dot{U}_2+A_{22}(-\dot{I}_2)}=\frac{A_{11}Z_{\text{L}}+A_{12}}{A_{21}Z_{\text{L}}+A_{22}} \tag{10.14}$$

采用实验参数表示时，可利用式（10.14）得到

$$Z_{\text{in}}=\frac{A_{11}}{A_{21}}\times\frac{Z_{\text{L}}+\dfrac{A_{12}}{A_{11}}}{Z_{\text{L}}+\dfrac{A_{22}}{A_{21}}}=(Z_{\text{in}})_{\infty}\times\frac{Z_{\text{L}}+(Z_{\text{in}})_0}{Z_{\text{L}}+(Z_{\text{in}})_{\infty}} \tag{10.15}$$

2．输出阻抗

当把信号源由输入端口移至输出端口，但在输入端口保留其内阻抗 Z_{S}，如图 10.6 所示。输出端口的电压 $\dot{U}_2$ 与电流 $\dot{I}_2$ 之比，称为输出阻抗 Z_{ou}。

输出阻抗用 A 参数表示时，先将式（10.6）变换为 $\dot{U}_2$ 和 $\dot{I}_2$ 用 $\dot{U}_1$ 和 $\dot{I}_1$ 的表示形式

$$\dot{U}_2=A_{22}\dot{U}_1-A_{12}\dot{I}_1$$

$$\dot{I}_2=A_{21}\dot{U}_1-A_{11}\dot{I}_1$$

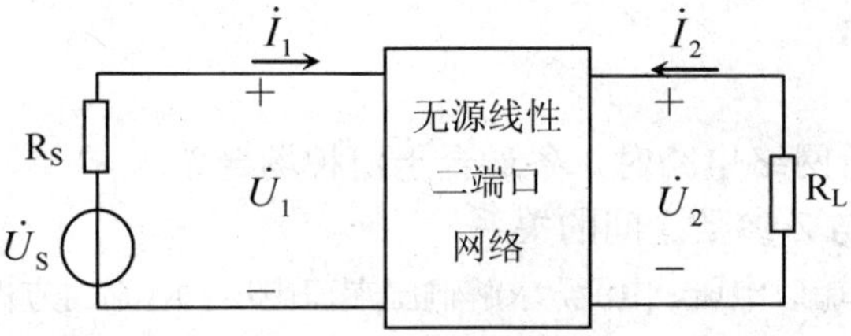

图 10.5　有载二端口网络的输入阻抗

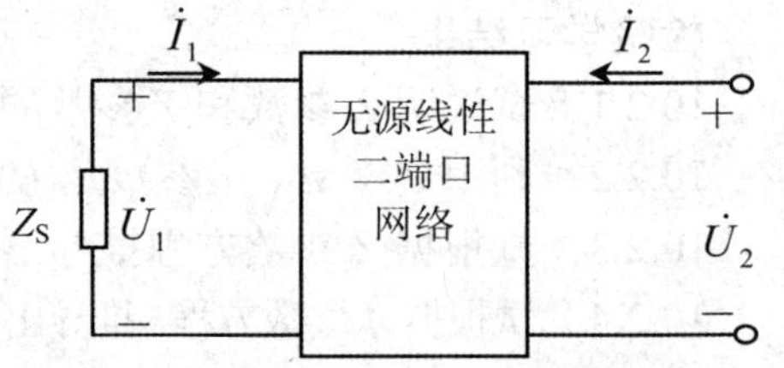

图 10.6　有载二端口网络的输出阻抗

式中利用了$|A|=1$。再根据求解输入阻抗的方法，得到输出阻抗用 A 参数表示的形式为

$$Z_{\text{ou}}=\frac{A_{22}Z_{\text{S}}+A_{12}}{A_{21}Z_{\text{S}}+A_{11}} \tag{10.16a}$$

输出阻抗用实验参数表示的形式为

$$Z_{\text{ou}}=(Z_{\text{ou}})_{\infty}\times\frac{Z_{\text{S}}+(Z_{\text{ou}})_0}{Z_{\text{S}}+(Z_{\text{ou}})_{\infty}} \tag{10.16b}$$

式中 $Z_{\text{S}}=\dfrac{\dot{U}_1}{-\dot{I}_1}$。利用二端口网络的输入、输出阻抗，可以很方便地求出端口的电压和电流，即二端口网络的输入阻抗可以看作信号源（或电源）的负载；对负载来说，利用戴维南定理，可将信号源（或电源）和二端口网络一起看作一个等效信号源（或电源），其内阻抗为输出阻抗。如图 10.7（a）、（b）所示。

10.3.2　传输函数

当二端口网络的输入端口接激励信号后，在输出端口得到一个响应信号，输出端口的响应信号与输入端口的激励信号之比，称为二端口网络的传输函数。当激励和响应都为电压信

号时，则传输函数称为电压传输函数，用 K_u 表示；当激励和响应都为电流信号时，则传输函数称为电流传输函数，用 K_i 表示。当电流的参考方向为流入网络时，传输函数为

$$K_u=\frac{\dot{U}_2}{\dot{U}_1}=\frac{\dot{U}_2}{A_{11}\dot{U}_2+A_{12}\left(-\dot{I}_2\right)}=\frac{Z_{\mathrm{L}}}{A_{11}Z_{\mathrm{L}}+A_{12}} \tag{10.17a}$$

$$K_i=\frac{\dot{I}_2}{\dot{I}_1}=\frac{\dot{I}_2}{A_{21}\dot{U}_2+A_{22}\left(-\dot{I}_2\right)}=\frac{-1}{A_{11}Z_{\mathrm{L}}+A_{22}} \tag{10.17b}$$

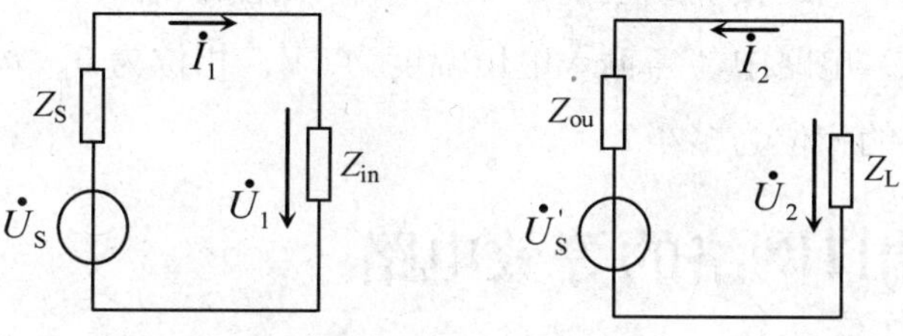

（a）输入端的等效电路　　　　（b）输出端的等效电路

图 10.7　无源线性二端口网络的等效电路

由于网络电路中的电压、电流通常为复数，所以传输函数与频率有关。传输函数模的大小$|K(\mathrm{j}\omega)|$表示信号经二端口网络后幅度变化的关系，通常称为幅频特性。传输函数的幅角 $\varphi(\omega)$ 表示信号传输前后相位变化的关系，通常称为相频特性。

例 10.2　求出图 10.8（a）电路在输出端开路时的电压传输函数。

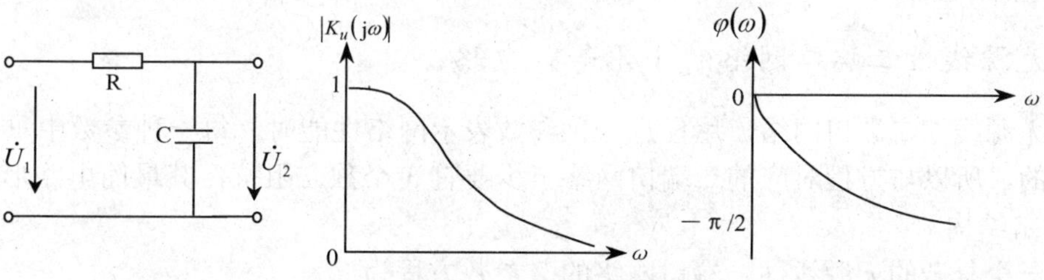

（a）RC 电路　　　　（b）幅频特性曲线　　　　（c）相频特性曲线

图 10.8　幅频特性曲线和相频特性曲线

解：输出端开路时，输出电压与输入电压之间的关系为

$$\dot{U}_2=\frac{\dfrac{1}{\mathrm{j}\omega C}}{R+\dfrac{1}{\mathrm{j}\omega C}}\dot{U}_1=\frac{1}{1+\mathrm{j}\omega CR}\dot{U}_1$$

所以，该电路的开路电压传输函数为

$$K_u=\frac{\dot{U}_2}{\dot{U}_1}=\frac{1}{1+\mathrm{j}\omega CR}=\frac{1}{\sqrt{1+\left(\omega CR\right)^2}}\mathrm{e}^{-\mathrm{jarcot}(\omega CR)}$$

它的幅频特性为

$$\left|K_u(\mathrm{j}\omega)\right| = \frac{1}{\sqrt{1+(\omega CR)^2}}$$

相频特性为

$$\varphi_u(\omega) = -\arctan(\omega CR)$$

幅频特性曲线和相频特性曲线如图 10.8（b）、（c）所示。

检验学习结果

10.3.1　图 10.8（a）电路接负载阻抗 Z_L 时，求输入阻抗 Z_{in}。

10.3.2　图 10.8（a）电路中，当输入电压幅度为 1V，相位为 0、$\omega = 1/RC$ 时，输出电压幅度为多大？输出电压的相位为多少？

10.4　线性二端口网络的等效电路

线性二端口网络的等效电路

当已知网络的结构和元件参数时，根据网络参数的定义，可以用不同参数描述网络性能和端口信号之间的关系。网络的基本方程和网络电路是描述网络特性的两种表现形式，如果两个二端口网络采用同一种参数描述网络性能，其基本方程完全相同时，则两个网络相互等效。

学习目标

了解基本网络电路之间相互变换的关系，并能利用已知的网络基本方程，找出方程的等效电路。

10.4.1　无源线性二端口网络的 T 形等效电路

对于无源线性二端口网络，用任意一种参数表示网络性能时，每一种参数中只有 3 个参数是独立的，所以与方程对应的二端口网络至少要有 3 个独立阻抗，其最简电路形式为 T 形和 Π 形网络结构。

已知一个复杂的无源线性二端口网络的 Z 参数方程为

$$\dot{U}_1 = Z_{11}\dot{I}_1 + Z_{12}\dot{I}_2$$

$$\dot{U}_2 = Z_{21}\dot{I}_1 + Z_{22}\dot{I}_2$$

当用一个 T 形网络电路（见图 10.3（b））表示上述关系时，主要是找出 Z_1、Z_2、Z_3 与 Z 参数之间的关系。在 Z 参数的推导过程中，可得到

$$Z_{11}=Z_1+Z_3 \qquad Z_{12}=Z_3$$

$$Z_{21}=Z_3 \qquad Z_{22}=Z_2+Z_3$$

将其联立求解得

$$\begin{aligned} Z_1&=Z_{11}-Z_{12}\\ Z_2&=Z_{22}-Z_{12}\\ Z_3&=Z_{12}=Z_{21} \end{aligned} \qquad (10.18)$$

求其他参数方程的 T 形网络等效电路时，先进行参数变换，再利用式（10.18）求出。

例 10.3　已知导纳方程为

$$\dot{I}_1 = 0.2\dot{U}_1 - 0.2\dot{U}_2$$
$$\dot{I}_2 = -0.2\dot{U}_1 + 0.4\dot{U}_2$$

求该方程所表示的最简 T 形电路。

解： 先根据导纳方程中的 Y 参数，求出 Z 参数：

$$|Y| = Y_{11}Y_{22} - Y_{12}Y_{21} = 0.2\times0.4 - (-0.2)(-0.2) = 0.04$$

$$Z_{11} = \frac{Y_{22}}{|Y|} = \frac{0.4}{0.04} = 10(\Omega)$$

$$Z_{12} = Z_{21} = \frac{-Y_{12}}{|Y|} = \frac{0.2}{0.04} = 5(\Omega)$$

$$Z_{22} = \frac{Y_{11}}{|Y|} = \frac{0.2}{0.04} = 5(\Omega)$$

再由 Z 参数求出最简 T 形电路中 3 个阻抗的数值，得

$$Z_1 = Z_{11} - Z_{12} = 10 - 5 = 5\ (\Omega)$$
$$Z_2 = Z_{22} - Z_{12} = 5 - 5 = 0\ (\Omega)$$
$$Z_3 = Z_{12} = Z_{21} = 5\ (\Omega)$$

所以，最简 T 形电路为图 10.9 所示。

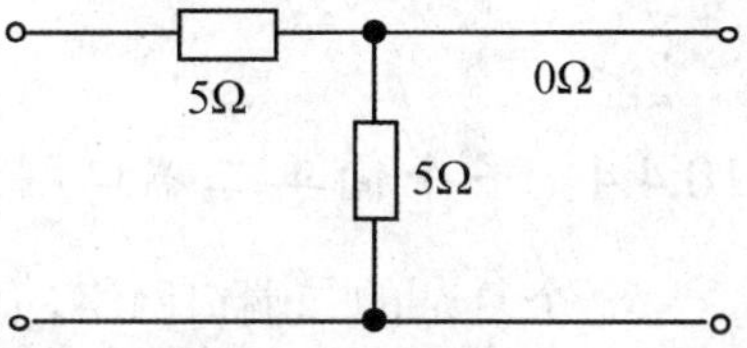

图 10.9　例 10.3 电路

10.4.2　无源线性二端口网络的 Π 形等效电路

对于 Π 形网络，一般采用 Y 参数表示时计算较为简单。

无源线性二端口 Π 形网络如图 10.10 所示，根据 Y 参数的定义由电路得到

$$Y_{11} = \frac{1}{Z_a} + \frac{1}{Z_c} \qquad Y_{12} = -\frac{1}{Z_c} = Y_{21} \qquad Y_{22} = \frac{1}{Z_b} + \frac{1}{Z_c}$$

联立求解得

$$\begin{cases} Z_a = \dfrac{1}{Y_{11} + Y_{12}} \\ Z_b = \dfrac{1}{Y_{12} + Y_{22}} \\ Z_c = \dfrac{-1}{Y_{12}} = \dfrac{-1}{Y_{21}} \end{cases} \tag{10.19}$$

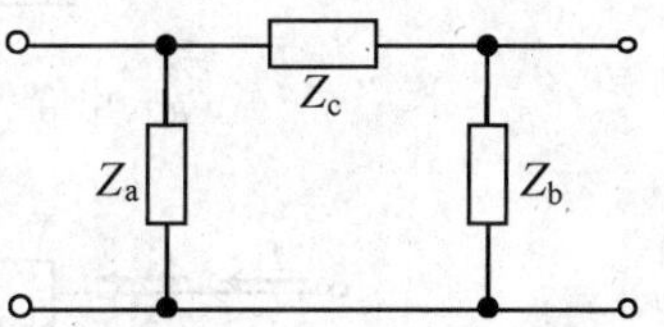

图 10.10　无源线性二端口网络

10.4.3　T 形网络和 Π 形网络的等效变换

在实际应用中，有时需要将 T 形（或 Y 形）网络和 Π 形（或△形）网络之间进行变换或反变换，变换关系和纯电阻时的变换关系相类似。将 T 形（或 Y 形）网络变换为 Π 形（或△形）网络时其关系为

$$\begin{cases} Z_a = \dfrac{Z_1Z_2 + Z_2Z_3 + Z_3Z_1}{Z_2} \\ Z_b = \dfrac{Z_1Z_2 + Z_2Z_3 + Z_3Z_1}{Z_1} \\ Z_c = \dfrac{Z_1Z_2 + Z_2Z_3 + Z_3Z_1}{Z_3} \end{cases} \tag{10.20}$$

将Π形（或△形）网络变换为 T 形（或 Y 形）网络时其关系为

$$\begin{cases} Z_1 = \dfrac{Z_aZ_c}{Z_a + Z_b + Z_c} \\ Z_2 = \dfrac{Z_bZ_c}{Z_a + Z_b + Z_c} \\ Z_3 = \dfrac{Z_aZ_b}{Z_a + Z_b + Z_c} \end{cases} \tag{10.21}$$

10.4.4 多个简单二端口网络的连接

一个复杂的二端口网络，可以看作由多个简单的二端口网络通过某种连接形成的。下面以两个简单二端口网络连接构成的复杂二端口网络，说明它们之间的关系。

两个简单二端口网络的连接方式有以下几种：①串联；②并联；③串并联；④并串联；⑤级联等，如图 10.11 所示。

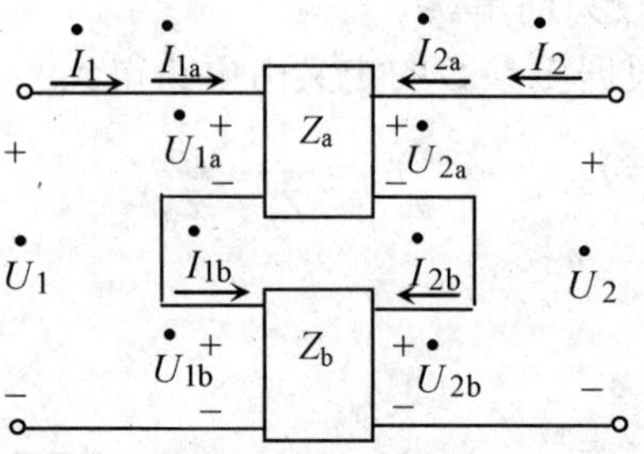

（a）串联二端口网络

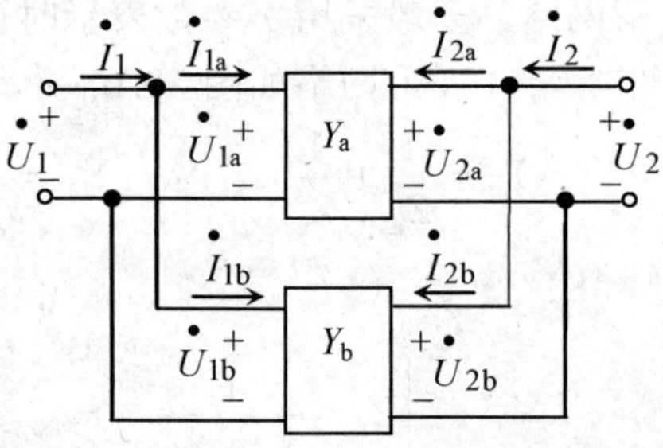

（b）并联二端口网络

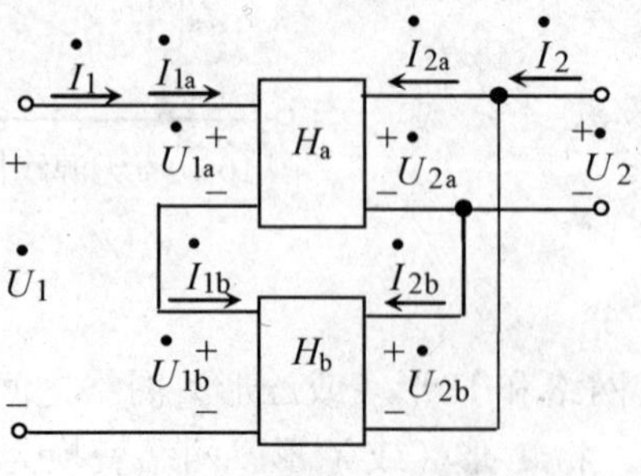

（c） 串并联二端口网络

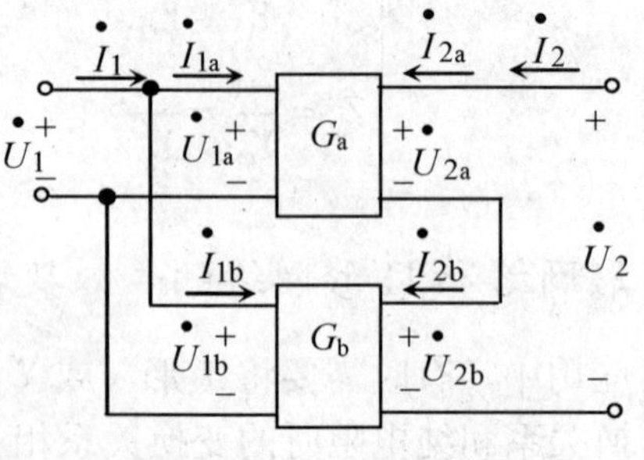

（d）并串联二端口网络

图 10.11 二端口网络的连接

例 10.4　二端口网络如图 10.12 所示，求其 Y 参数和 Π 型等效电路。

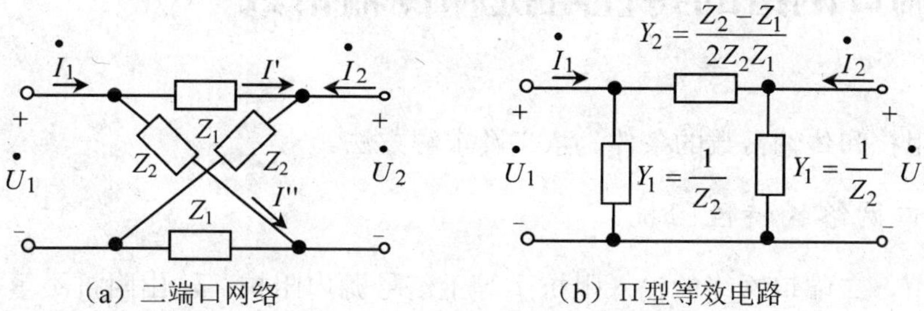

图 10.12　例 10.4 电路图

解：由图 10.12（a）可看出，这是一个对称二端口网络，因此只需求出 Y 参数中的 Y_{11} 和 Y_{21} 即可。

将图 10.12（a）中的 $\dot{I}_2$ 端口短路，则 $\dot{U}_2=0$，此时

$$\dot{I}_1=\frac{\dot{U}_1}{2\dfrac{Z_1Z_2}{Z_1+Z_2}}=\frac{(Z_1+Z_2)\dot{U}_1}{2Z_1Z_2}$$

$$\dot{I}'=\dot{I}_1\frac{Z_2}{Z_1+Z_2}=\frac{(Z_1+Z_2)\dot{U}_1}{2Z_1Z_2}\bullet\frac{Z_2}{Z_1+Z_2}=\frac{\dot{U}_1}{2Z_1}$$

$$\dot{I}''=\dot{I}_1\frac{Z_1}{Z_1+Z_2}=\frac{(Z_1+Z_2)\dot{U}_1}{2Z_1Z_2}\bullet\frac{Z_1}{Z_1+Z_2}=\frac{\dot{U}_1}{2Z_2}$$

根据 KCL 定律可求得

$$\dot{I}_2=\dot{I}''-\dot{I}'=\frac{\dot{U}_1}{2Z_2}-\frac{\dot{U}_1}{2Z_1}=\frac{\dot{U}_1(Z_1-Z_2)}{2Z_1Z_2}$$

因此

$$Y_{11}=\left.\frac{\dot{I}_1}{\dot{U}_2}\right|_{\dot{U}_2=0}=\frac{Z_1+Z_2}{2Z_1Z_2}$$

$$Y_{21}=\left.\frac{\dot{I}_2}{\dot{U}_1}\right|_{\dot{U}_1=0}=\frac{Z_1-Z_2}{2Z_1Z_2}$$

所得对称二端口网络的 Π 型等效电路如图 10.12（b）所示，其中

$$Y_1=Y_2=Y_{11}+Y_{21}=\frac{Z_1+Z_2}{2Z_1Z_2}+\frac{Z_1-Z_2}{2Z_1Z_2}=\frac{1}{Z_2}$$

$$Y_2=-Y_{21}=\frac{Z_2-Z_1}{2Z_1Z_2}$$

10.5　二端口网络的特性阻抗和传输常数

学习目标

掌握特性阻抗和传输常数的条件、意义及求解方法。

10.5.1　二端口网络的特性阻抗

一般情况下，二端口网络的输入阻抗不等于信号源内阻抗，输出阻抗不等于负载阻抗，为了达到某种特定的目的，人们使二端口网络的输入阻抗和输出阻抗分别为 $Z_{in}=Z_S$，$Z_{ou}=Z_L$，这时二端口网络的输入阻抗和输出阻抗只与网络参数有关，称网络实现了匹配。在匹配条件下，二端口网络的输入阻抗和输出阻抗分别称为输入特性阻抗和输出特性阻抗，用 Z_{C1}、Z_{C2} 表示。特性阻抗与网络参数之间的关系为

二端口网络的特性阻抗和传输常数

$$Z_{C1}=\frac{A_{11}Z_L+A_{12}}{A_{21}Z_L+A_{22}}=\frac{A_{11}Z_{C2}+A_{12}}{A_{21}Z_{C2}+A_{22}}$$

$$Z_{C2}=\frac{A_{22}Z_{C1}+A_{12}}{A_{21}Z_{C1}+A_{11}}$$

联立解之得

$$Z_{C1}=\sqrt{\frac{A_{11}A_{12}}{A_{21}A_{22}}}，\quad Z_{C2}=\sqrt{\frac{A_{12}A_{22}}{A_{21}A_{11}}}$$

当二端口网络为对称网络时

$$Z_{C1}=Z_{C2}=\sqrt{\frac{A_{12}}{A_{21}}}$$

特性阻抗用实验参数表示时，其关系为

$$Z_{C1}=\sqrt{(Z_{in})_0(Z_{in})_\infty}$$

$$Z_{C2}=\sqrt{(Z_{ou})_0(Z_{ou})_\infty}$$

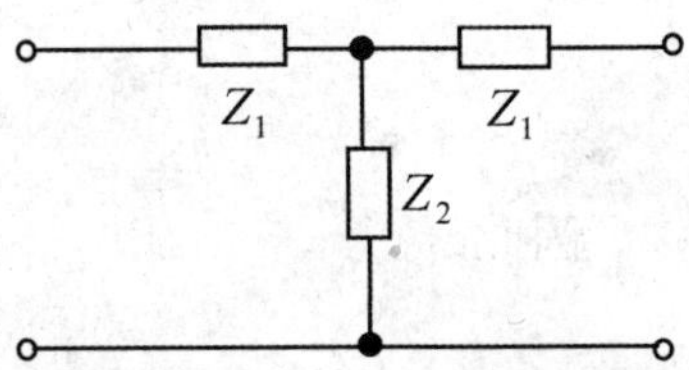

图 10.13　例 10.5 电路

例 10.5　求图 10.13 对称 T 形网络的特性阻抗。

解： 对称网络的 $Z_{C1}=Z_{C2}$

$$(Z_{in})_0=Z_1+\frac{Z_1Z_2}{Z_1+Z_2}=\frac{Z_1^2+2Z_1Z_2}{Z_1+Z_2}$$

$$(Z_{in})_\infty=Z_1+Z_2$$

$$Z_{C1}=Z_{C2}=Z_C=\sqrt{\frac{Z_1^2+2Z_1Z_2}{Z_1+Z_2}(Z_1+Z_2)}=\sqrt{Z_1^2+2Z_1Z_2}$$

10.5.2　二端口网络的传输常数

二端口网络工作在匹配状态下，对信号的传输能力用传输常数γ表示

$$\gamma = \frac{1}{2}\ln\frac{\dot{U}_1\dot{I}_1}{\dot{U}_2\dot{I}_2}$$

由于电压和电流通常都是复数，设$\dot{U}_1 = U_1\mathrm{e}^{\mathrm{j}\varphi_{u1}}$，$\dot{U}_2 = U_2\mathrm{e}^{\mathrm{j}\varphi_{u2}}$，$\dot{I}_1 = I_1\mathrm{e}^{\mathrm{j}\varphi_{i1}}$，$\dot{I}_2 = I_2\mathrm{e}^{\mathrm{j}\varphi_{i2}}$，则

$$\gamma = \frac{1}{2}\ln\left(\frac{U_1I_1}{U_2I_2}\mathrm{e}^{\mathrm{j}(\varphi_u-\varphi_i)}\right) = \frac{1}{2}\ln\frac{U_1I_1}{U_2I_2} + \mathrm{j}\frac{1}{2}(\varphi_u - \varphi_i) = \alpha + \mathrm{j}\beta$$

式中：$\alpha = \frac{1}{2}\ln\frac{U_1I_1}{U_2I_2}$，称为衰减常数，它表示在匹配状态下，信号视在功率通过二端口网络时衰减程度的大小，单位为奈培（Np）；$\beta = \frac{1}{2}(\varphi_u - \varphi_i)$，称为相移常数，它表示在匹配状态下，电压、电流通过二端口网络时产生的相移，单位为弧度（其中$\varphi_u = \varphi_{u1} - \varphi_{u2}$，表示$\dot{U}_2$滞后$\dot{U}_1$的相角；$\varphi_i - \varphi_{i1} - \varphi_{i2}$，表示$\dot{I}_2$滞后$\dot{I}_1$的相角）。对应对称、匹配二端口网络，$\dot{U}_1 = \dot{I}_1 Z_{C1}$，$\dot{U}_2 = \dot{I}_2 Z_{C2}$，且$Z_{C1} = Z_{C2}$，这时有

$$\alpha = \ln\frac{U_1}{U_2} = \ln\frac{I_1}{I_2}$$

$$\beta = \varphi_u = \varphi_i$$

在实际应用中，衰减常数常取常用对数的 10 倍，这时的单位为分贝（dB）。其关系为

$$\alpha = 10\log\frac{U_1I_1}{U_2I_2}(\mathrm{dB})$$

奈培与分贝的换算关系为

1Np=8.686dB
1dB=0.1151Np

10.6　二端口网络应用简介

学习目标

了解无源线性二端口网络的实际应用。

10.6.1　相移器

相移器是一种在阻抗匹配条件下的相移网络。在规定的信号频率下，使输出信号与输入信号之间达到预先给定的相移关系。相移器通常由电抗元件构成，由于电抗元件的值是频率的函数，所以一个参数值确定的相移器，只对某一特定频率产生预定的相移。另外，电抗元件在传输信号时，本身不消耗能量，所以传输过程中无衰减，即网络的衰减常数α=0，传输常数γ = jβ 。

10.6.2 衰减器

衰减器要达到的目的是调整信号的强弱。信号通过衰减器时，不能产生相移。所以这一类网络通常由纯电阻元件构成，其相移常数β=0，传输常数$\gamma=\alpha$。衰减器可以在很宽的频率范围内进行匹配。

10.6.3 滤波器

滤波器是一种对信号频率具有选择性的二端口网络，它广泛应用于电子技术中。在信号传输过程中，为了提高传输线路传送信号的能力，通常采用复用的形式，即一条传输线路同时传送多个用户的信号。例如，有线电视信号通过一条传输电缆，同时传送几十路的电视信号，电视机利用滤波器将人们所需要的某一套电视节目选择出来，而将其他电视节目信号衰减，以免对人们要观看的节目产生影响。

滤波器在传输特性上，必须在一定的频率范围内信号衰减很小，相移也很小，这一频率范围称为通带。其他的频率范围必须有很大的衰减，这一频率范围称为阻滞。

根据通带和阻带的相对位置，滤波器可以分为低通滤波器、高通滤波器、带通滤波器和带阻滤波器4种类型。

下面以由电感和电容构成的无源滤波器为例，简单说明滤波器的工作原理。

1．低通滤波器

LC低通滤波器的结构特点是：串联臂是电感，并联臂是电容，如图10.14所示。由于电感对低频信号的感抗很小，对高频信号的感抗很大，而电容对低频信号的容抗很大，对高频信号的容抗很小，当高、低频信号同时由低通滤波器的输入端送入时，低频信号可以顺利通过，而高频信号因电容的分流作用不能从输出端输出而是从旁路折回，从而达到传输信号中的低频成分顺利通过、高频成分被滤除的目的。串联臂是电感、并联臂是电容的Π型电路，也可以实现低通滤波。

2．高通滤波器

LC高通滤波器的结构特点：串联臂是电容，并联臂是电感，如图10.15所示。当高、低频信号同时由高通滤波器的输入端送入时，高频信号因容抗小、感抗大可以顺利通过，而低频信号因容抗大、感抗小无法送到输出端输出，从而达到高频信号成分通过低频信号成分滤除的目的。同样串联臂是电容、并联臂是电感的Π型电路，也可以实现高通滤波。

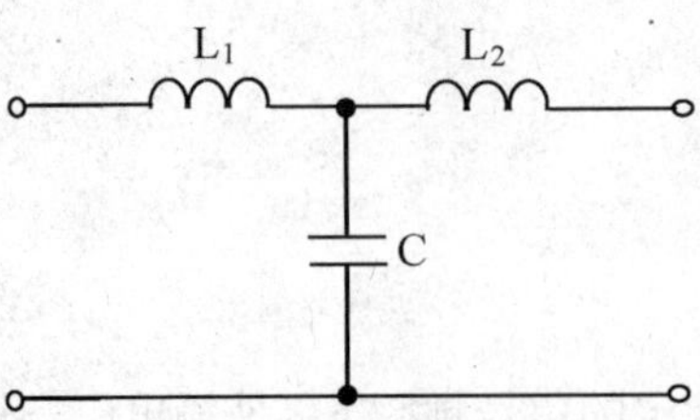

图10.14 LC低通滤波器

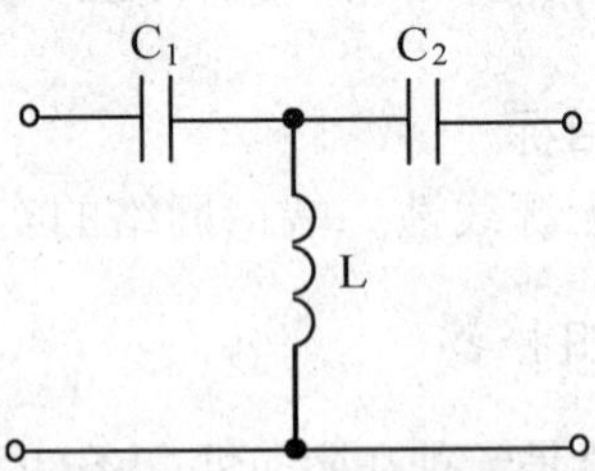

图10.15 LC高通滤波器

3．带通滤波器

带通滤波器的结构特点是：串联臂是LC串联谐振电路，并联臂是LC并联谐振电路，如

图 10.16 所示。

通常 3 个谐振电路的谐振频率为通频带的中心频率 f_0。当输入信号频率为 f_0 时，串联臂的电抗为 0，相当于短路，并联臂的电抗为∞，相当于开路，信号很容易由输入端口传输至输出端口。当输入信号频率小于 f_0 时，串联臂呈容性，并联臂呈感性，这时带通滤波器相当于一个高通滤波器，对低频信号的传输形成较大的衰减。当输入信号频率大于 f_0 时，串联臂呈感性，并联臂呈容性，这时带通滤波器相当于一个低通滤波器，对高频信号的输出形成较大的衰减。

4．带阻滤波器

带阻滤波器的结构特点：串联臂是 LC 并联谐振电路，并联臂是 LC 串联谐振电路，如图 10.17 所示。通常 3 个谐振电路的谐振频率同样为通频带的中心频率 f_0。当输入信号频率为 f_0 时，串联臂的电抗为 0，相当于短路，并联臂的电抗为∞，相当于开路，频率为 f_0 的信号不能被送到输出端口。当输入信号频率小于 f_0 时，串联臂呈感性，并联臂呈容性，这时带通滤波器相当于一个低通滤波器，对低频信号传输产生的衰减较小。当输入信号频率大于 f_0 时，串联臂呈容性，并联臂呈感性，这时带通滤波器相当于一个高通滤波器，对高频信号的衰减较小。所以，带通滤波器对 f_0 及其附近的信号频率范围有较强的阻碍作用，而对高频和低频的信号频率部分，则很容易由输入端口传输至输出端口。

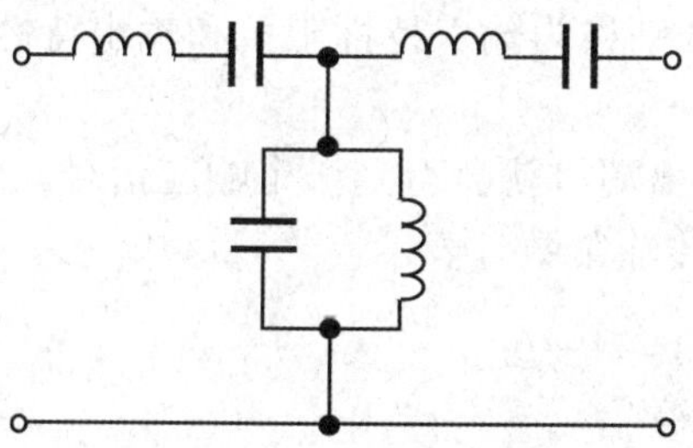

图 10.16　LC 带通滤波器

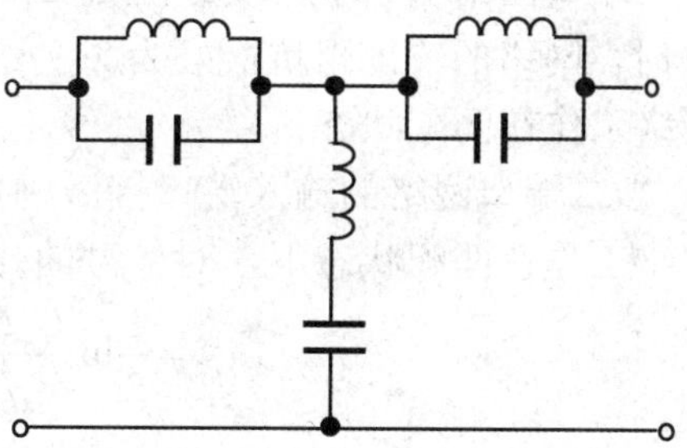

图 10.17　LC 带阻滤波器

小结

1．当一个电路有 4 个引线端子，并且两个端子构成电路的输入端口，另两个端子构成电路的输出端口，且任意一个端口流入的电流与流出的电流相等，则该电路称为二端口网络。

2．一个二端口网络输入端口和输出端口的端口变量共有 4 个，即 $\dot{U}_1$、$\dot{I}_1$、$\dot{U}_2$、$\dot{I}_2$。在分析二端口网络时，通常取其中的任意两个为自变量，另外两个为因变量，可写出描写此网络端口变量间关系的方程，即二端口网络的基本方程。基本方程共有 6 种形式，各方程对应的系数是二端口网络的基本参数。经常使用的参数是 Z 参数、Y 参数、A 参数、h 参数。

二端口网络除了用上述参数表示之外，还可以用实验参数表示。

二端口网络的每一个基本方程都有 4 个参数，用来表征二端口网络的性质和连接关系。各参数之间的关系见表 10.1。对于描述无源线性二端口网络的 4 个参数中，只有 3 个参数是独立的。当无源线性二端口网络完全对称时，只有两个独立参数。

对于一个具体的二端口网络来说，若某一参数为无穷大值时，可认为该参数不存在。

对于无源线性二端口网络，用任意一种参数表示网络性能时，其最简电路形式为 T 形和 Π形网络结构。

3．输出端口的响应信号与输入端口的激励信号之比，称为二端口网络的传输函数。

传输函数模的大小表示信号经二端口网络后幅度变化的关系，通常称为幅频特性。传输函数的幅角表示信号传输前后相位变化的关系，通常称为相频特性。

4．两个二端口网络的连接方式有 5 种：串联、并联、串并联、并串联和级联。各种连接方式得到的复合二端口网络的参数与组成它的简单二端口网络的参数之间的关系分别为

串联 $Z=Z_a+Z_b$ 并联 $Y=Y_a+Y_b$ 串并联 $H=H_a+H_b$

并串联 $G=G_a+G_b$ 级联 $A=A_aA_b$（两矩阵相乘）

级联时二端口网络一定满足端口条件。其他连接形式在连接后的简单二端口网络可能出现不满足端口条件的情况，这时上式不再成立。

5．二端口网络输出端口接负载阻抗 Z_L，输入端口接内阻抗为 Z_S 的电源 $\dot{U}_S$ 时，如图 10.5 所示，输入端口的电压 $\dot{U}_1$ 与电流 $\dot{I}_1$ 之比，称为二端口网络的输入阻抗 Z_{in}。

当把信号源由输入端口移至输出端口，但在输入端口保留其内阻抗 Z_S，这时输出端口的电压 $\dot{U}_2$ 与电流 $\dot{I}_2$ 之比，称为输出阻抗 Z_{ou}。

当二端口网络输出端接负载阻抗 $Z_L=Z_{C2}$ 时，网络的输入阻抗恰好为 Z_{C1}；输入端接阻抗 $Z_S=Z_{C1}$ 时，网络的输出阻抗恰好为 Z_{C2}，则 Z_{C1}、Z_{C2} 分别称为输入特性阻抗和输出特性阻抗。这时网络工作在匹配状态。

6．当二端口网络的输入端口接激励信号后，在输出端口就会得到一个响应信号。如果二端口网络工作在匹配状态下，对信号的传输能力可用传输常数 γ 表示

$$\gamma=\frac{1}{2}\ln\frac{U_1I_1}{U_2I_2}+\mathrm{j}\frac{1}{2}(\varphi_u-\varphi_i)=\alpha+\beta$$

其中，$\alpha=\frac{1}{2}\ln\frac{U_1I_1}{U_2I_2}$，称为衰减常数，单位为奈培；$\beta=\frac{1}{2}\left(\varphi_u-\varphi_i\right)$，称为相移常数，单位为弧度。

技能训练

实验十 线性无源二端口网络的研究

一、实验目的

1．学习测试二端口网络参数的方法。

2．通过实验进一步了解和熟悉二端口网络的特性及其等值电路。

二、实验原理

1．二端口网络是电路技术中广泛使用的一种电路形式。就二端口网络的外部性能来说，重要的问题是要找出它的输入端和输出端两个端口处电压和电流之间的相互关系，这种相互关系可以由网络本身结构所决定的一些参数来表示。不管网络如何复杂，总可以通过实验的方法来得到这些参数，从而可以很方便地比较不同的二端口网络在传递电能和信号方面的性能，以便评价它们的质量。

2．由图 10.18 分析可知二端口网络的基本方程是

$$U_1 = AU_2 - BI_2$$

$$I_1 = CU_2 - DI_2$$

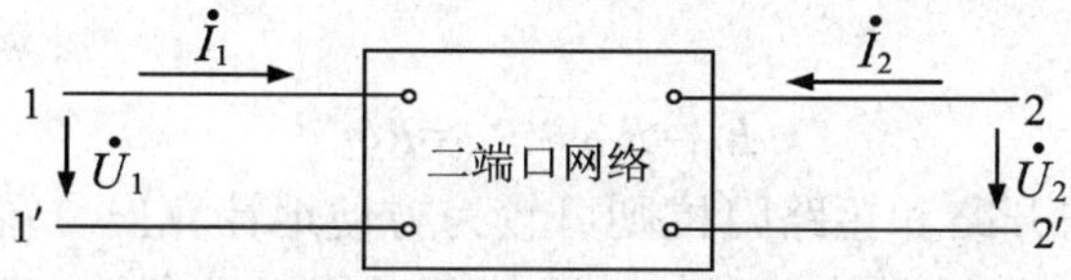

图 10.18　二端口网络

式中，A、B、C、D 称为二端口网络的 T 参数。其数值的大小决定于网络本身的元件及结构。这些参数可以表征网络的全部特性。T 参数的物理概念可分别用以下的式子来说明：

输出端开路时

$$A = \left.\frac{\dot{U}_{10}}{\dot{U}_{20}}\right|_{\dot{I}_2=0} \qquad C = \left.\frac{\dot{I}_{10}}{\dot{U}_{20}}\right|_{\dot{I}_2=0}$$

输出端短路时

$$B = \left.\frac{\dot{U}_{1S}}{-\dot{I}_{2S}}\right|_{\dot{U}_2=0} \qquad D = \left.\frac{\dot{I}_{1S}}{-\dot{I}_{2S}}\right|_{\dot{U}_2=0}$$

可见 A 是两个电压比值，是一个无量纲的量；D 是两个电流的比值，也是无量纲的量；B 是短路转移阻抗；C 是开路转移导纳；A、B、C、D 4 个参数中只有 3 个参数是独立的，因此这几个参数间具有如下关系

$$A \bullet D \bullet B \bullet C = 1$$

如果二端口网络完全对称，则有

$$A=D$$

3．由上述二端口网络的基本方程组可以看出，如果在输入端 1-1'接以电源，而输出端 2-2'处于开路和短路两种状态时，分别测出 $\dot{U}_{10}$、$\dot{U}_{20}$、$\dot{I}_{10}$、$\dot{U}_{1S}$、$\dot{I}_{1S}$ 及 $\dot{I}_{2S}$，就可得出上述 A、B、C、D 4 个 T 参数。但这种方法实验测试时需要在网络两端，即输入端和输出端同时进行电压和电流的测量，在某些实际情况下不方便。

一般情况下，在二端口网络的输入端及输出端分别进行测量，来测定这 4 个常数，把二端口网络的 1-1'端接以电源，在 2-2'端开路与短路的情况下，可分别得到开路阻抗和短路阻抗

$$R_{01} = \left.\frac{\dot{U}_{10}}{\dot{I}_{10}}\right|_{\dot{I}_2=0} = \frac{A}{C} \qquad R_{S1} = \left.\frac{\dot{U}_{1S}}{\dot{I}_{1S}}\right|_{\dot{U}_2=0} = \frac{B}{D}$$

再将电源接至 2-2'端，在 1-1'端开路和短路的情况下，又可得到

$$R_{02} = \left.\frac{\dot{U}_{20}}{\dot{I}_{20}}\right|_{\dot{I}_1=0} = \frac{D}{C} \qquad R_{S2} = \left.\frac{\dot{U}_{2S}}{\dot{I}_{2S}}\right|_{\dot{U}_1=0} = \frac{B}{A}$$

可见

$$\frac{R_{01}}{R_{02}}=\frac{R_{S1}}{R_{S2}}=\frac{A}{D}$$

因此，R_{01}、R_{02}、R_{S1}、R_{S2} 中只有 3 个参数是独立变量，如果二端口网络对称，则只有两个独立变量，此时

$$R_{01}=R_{02}，R_{S1}=R_{S2}$$

如果由实验已经求得开路和短路阻抗则可较为方便地计算出二端口网络的 T 参数。

4．由上所述，无源二端口网络的外特性既然可以用 3 个参数来确定。那么只要找到一个由具有 3 个不同阻抗（或导纳）组成的一个简单二端口网络，如果后者的参数与前者分别相同，则可认为该 2 个二端口网络的外特性完全相同。由 3 个独立阻抗（或导纳）所组成的二端口网络只有两种形式：T 型电路和 Π 型电路，如图 10.19 所示。

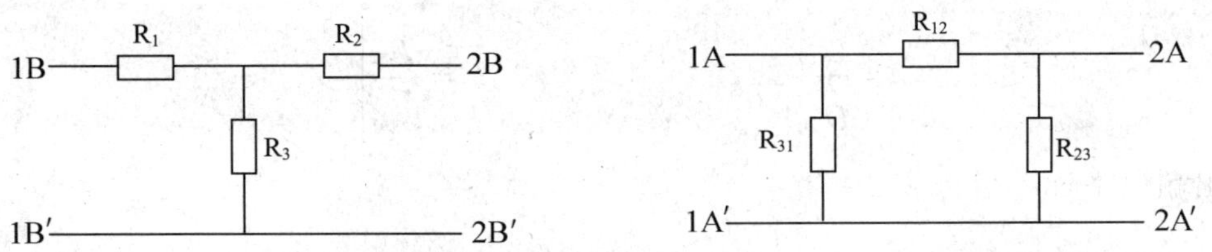

（a）T 形电路的双口网络 B　　（b）Π形电路的双口网络 A

图 10.19　T 型网络和 Π 型网络

如果给定了二端口网络的 A 参数，则无源二端口网络的 T 形等值电路及 Π 形等值电路的 3 个参数可由下式求得：

$$R_1=\frac{A-1}{C}\qquad R_2=\frac{D-1}{C}\qquad R_3=\frac{1}{C}$$

$$R_{31}=\frac{B}{D-1}\qquad R_{12}=B\qquad R_{23}=\frac{B}{A-1}$$

实验装置中提供的两个双口网络应该是等价的，其参数如下：

$$R_1=200\Omega，R_2=100\Omega，R_3=300\Omega，R_{31}=1.1\text{k}\Omega，R_{12}=367\Omega，R_{23}=550\Omega$$

上述电阻的精度全选择为 1.0 级，功率每只为 4W。

三、实验内容

1．按图 10.20 接好线路，固定 $U_1=E=5\text{V}$，测量并记录 2-2'端开路时及 2-2'端短路时的各参数，记入表 10.2。

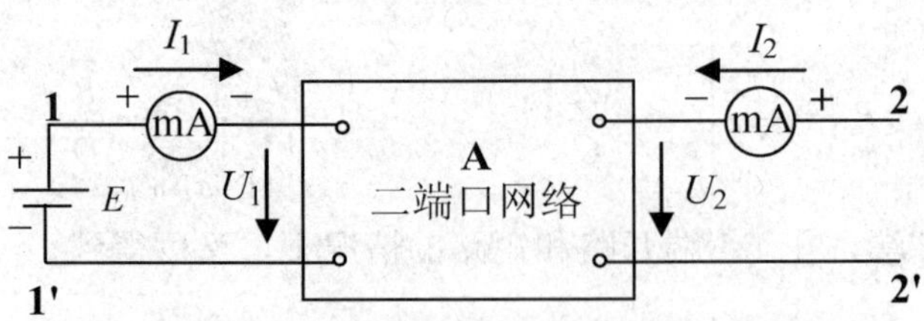

图 10.20　实验电路

2．由第一步测得的结果，计算出 A、B、C、D。验证 $AD=BC$，然后计算等值 T 形电路的各电阻值。

3．图 10.20 中的 A 网络换成 B 网络。在 1-1'端加电压 U_1=5V，测量该等值电路的外特性，数据记入表 10.3。并与步骤 1 相比较。

4．将电源移至 2-2'端，固定 U_2=5V。测量并记录 1-1'端开路时及 1-1'端短路时的各参数，计算出 R_{01}、R_{02} 及 R_{S1}、R_{S2} 记入表 10.4。并验证 $\dfrac{R_{01}}{R_{02}}=\dfrac{R_{S1}}{R_{S2}}$，并由此算出 A、B、C、D 记入表 10.5。与步骤 2 所得结果相比较。

表 10.2　　　　**E = 5V**

2-2'开路	U_{10}	U_{20}	I_{10}	I_{20}	A	C	R_{01}
				0			
2-2'短路	U_{1S}	U_{2S}	I_{1S}	I_{2S}	B	D	R_{S1}
		0					

表 10.3　　　　**E =＿＿＿V**

2-2'开路	U_{10}	U_{20}	I_{10}	I_{20}	A	C	R_{01}
				0			
2-2'短路	U_{1S}	U_{2S}	I_{1S}	I_{2S}	B	D	R_{S1}
		0					

表 10.4　　　　**E =＿＿＿V**

1-1'开路	U_{10}	U_{20}	I_{10}	I_{20}	R_{02}
			0		
1-1'短路	U_{1S}	U_{2S}	I_{1S}	I_{2S}	R_{S2}
	0				

表 10.5　　　　**计算**

R_{01}	R_{02}	R_{S1}	R_{S2}	R_{01}/R_{02}	R_{S1}/R_{S2}	A	B	C	D

第 10 章　习题

一、填空题

1．具有两对向外引出端子的电路，每一对引出端子均满足从一个引线端流入电路的电流与从另一个引线端流出电路的电流________的条件时，该电路可称为________网络。

2．对线性二端口网络而言，网络内的所有元件都是________元件。

3．线性无源二端口网络的阻抗与网络的结构、元件参数及________有关。

4．混合方程中，是以二端口网络的________和________为自变量，以二端口网络的________和________为求解对象，用________参数建立信号之间的关系。

5．二端口网络的基本方程共有________种，各方程对应的系数是二端口网络的基本参数，经常使用的参数有________参数、________参数、________参数和________参数。

6．对于描述无源线性二端口网络的4个参数中，只有________个参数是独立的，当无源线性二端口网络完全对称时，只有________个参数是独立的。

7．当无源二端口网络用任意一种参数表示网络性质时，其最简单的电路形式为________形网络和________形网络。

8．带通滤波器的结构特点：串联臂是________电路，并联臂是________电路。

二、判断题

1．二端口网络一个端口流入的电流必等于另一端口流出的电流。（　　）

2．带阻滤波器的串联臂是LC并联谐振电路，并联臂是LC串联谐振电路。（　　）

3．高通滤波器的串联臂是电感，并联臂是电容。（　　）

4．低通滤波器的串联臂是电感，并联臂是电容。（　　）

5．两个简单的二端口网络的连接方式只能选择并联或串联，其他形式不允许。（　　）

6．当采用不同的参数表示同一个二端口网络时，各参数之间没有任何关系。（　　）

7．二端口网络的参数只决定于网络本身的结构和内部元件。（　　）

8．内部含有电感元件和电容元件的二端口网络不能称为线性二端口网络。（　　）

三、选择题

1．二端口电路的 h 参数方程是（　　）

A. $\begin{cases}\dot{U}_1 = Z_{11}\dot{I}_1 + Z_{12}\dot{I}_2 \\ \dot{U}_2 = Z_{21}\dot{I}_1 + Z_{22}\dot{I}_2\end{cases}$　　B. $\begin{cases}\dot{I}_1 = Y_{11}\dot{U}_1 + Y_{12}\dot{U}_2 \\ \dot{I}_2 = Y_{21}\dot{U}_1 + Y_{22}U_2\end{cases}$

C. $\begin{cases}\dot{U}_1 = h_{11}\dot{I}_1 + h_{12}\dot{U}_2 \\ \dot{I}_2 = h_{21}\dot{I}_1 + h_{22}\dot{U}_2\end{cases}$　　D. $\begin{cases}\dot{U}_1 = A_{11}\dot{U}_2 + A_{12}\left(-\dot{I}_2\right) \\ \dot{I}_1 = A_{21}\dot{U}_2 + A_{22}\left(-\dot{I}_2\right)\end{cases}$

2．二端口网络的每一个基本方程都有（　　）个变量，用来表征二端口网络的性质和连接关系。

A．2个　　B．4个　　C．6个　　D．8个

3．两个二端口网络相（　　）连接，其端口条件总是满足的。

A．串联　　B．并联　　C．级联　　D．串联、并联或级联

4．输出端口的响应信号与输入端口的响应信号之比，称为二端口网络的（　　）。

A．输入阻抗　　B．输出阻抗　　C．传输函数

5．当二端口网络是无源线性网络且完全对称时，其 A 参数中只有（　　）参数是独立的。

A．2个　　B．3个　　C．4个

四、计算题

1．用最方便的一种参数解决以下问题。

（1）当 I_1=3A、I_2=0 时，测得 U_1=5V、U_2=2V；当 I_1=0A、I_2=2A 时，测得 U_1=6V、U_2=3V，求当 I_1=5A、I_2=6A 时，求 U_1 和 U_2 的值。

（2）当 U_1=2V、U_2=0V 时，测得 I_1= −3A、I_2=1A；当 U_1=0V、U_2= −1V 时，测得 I_1=6A、I_2=7A。求当 U_1=1V、U_2=1V 时，测得 I_1、I_2 各为多大？

（3）当 U_2=0V、I_2=3A 时，测得 U_1=0V、I_1=5A；当 U_2= −3V、I_2=0A 时，测得 U_1=6V、I_1=9A。求当 U_2=3V、I_2=7A 时，测得 U_1、I_1 各为多大？

（4）当 U_2=1V、I_1=0 时，测得 U_1=6V、I_2=5A；当 U_2=0V、I_1=10A 时，测得 U_1=5V、I_2=3A。求当 U_2=1V、I_1= −1A 时，U_1、I_2 各为多大？

2．试求图 10.21 所示电路的 Z 参数和 A 参数。它的 Y 参数是否存在？

3．试求图 10.22 所示电路的 Y 参数和 A 参数。它的 Z 参数是否存在？

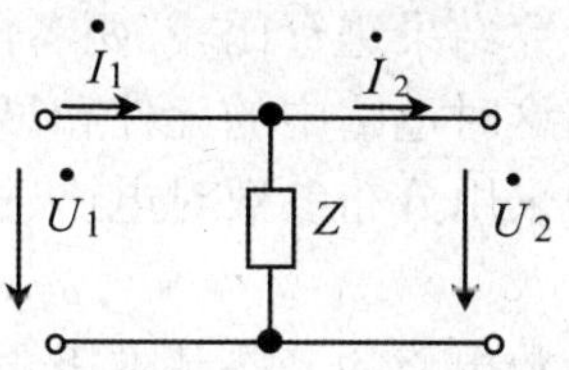

图 10.21　计算题 2 电路

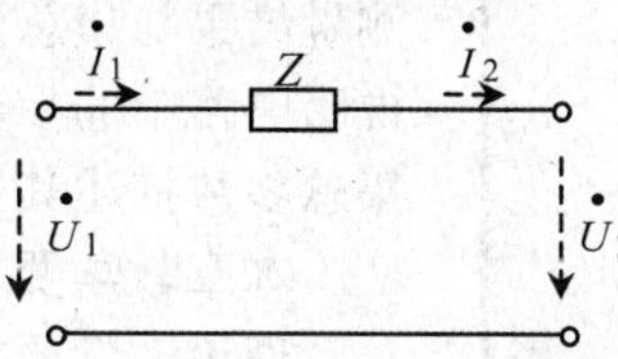

图 10.22　计算题 3 电路

4．试求图 10.23 所示电路的开路电压传输函数。

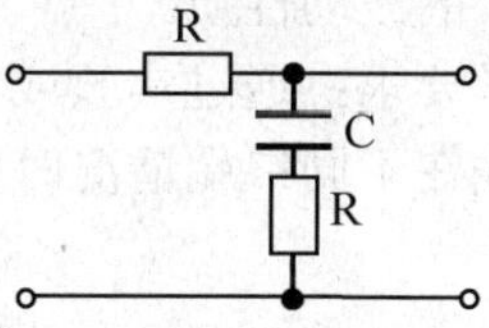

图 10.23　计算题 4 电路

第 11 章 均匀传输线

前面 10 章中所接触到的电路均由集总参数元件组成，在集总参数元件构成的电路中，各元件量值的大小用具体的参数值表示，各元件之间采用无阻无感的理想导线连接，能量的存储与消耗只在电感、电容和电阻上发生。

工程实际中，当电路的尺寸与信号的波长接近时，对电路的实际测量结果与集总参数下的理论计算结果进行比较，两者出现很大偏差，说明电路中的参数发生了变化，这时电路中的元件和导线，不能再用集总参数描述其主要特性，必须采用分布参数对电路进行分析。

本章教学要求

理论教学要求：了解分布参数电路的一些基本概念和特点；掌握传播常数、特性阻抗以及无损耗线的简单计算；理解在正弦信号激励下，均匀传输线的稳定状态；熟悉在不同的负载情况下，均匀传输线上电压、电流的波动性质。

实验教学要求：通过实验或实践环节，进一步了解正弦稳态下，无损耗传输线在不同终端情况时电压沿线分布情况。

11.1　分布参数电路的概念

分布参数电路及分析方法

学习目标

了解分布参数电路的条件及分布参数电路分析方法的思路。

11.1.1　分布参数电路的条件

集总参数的电路中，电能的消耗、电磁能量的存储，这些物理现象通常总是同时存在，而且发生在组成实际电路的部件之中。因此，前面所阐述的集总参数电路模型中，每一种集总元件只表征一种基本现象：如电阻元件只表示消耗电能的现象，电感元件只表示存储磁场能量的现象，电容元件只表示存储电能的现象。集总参数的电路是由电阻、电感、电容这些元件互相连接组成的，每一个元件只是空间中的一点，集中体现某一基本现象，电路的尺寸无关紧要。

集总参数电路中，流过元件的电流是时间 t 的函数，在任一时刻从元件一端流入的电流一定等于从元件另一端流出的电流，即某一时刻流经元件的电流具有完全确定的数值，因此才提出了支路电流的概念。同理，集总参数电路中某一时刻元件两端的电压值也是完全确定的值，因此，我们又提出了支路电压的概念。即：只有集总参数电路，才谈得上元件的伏安关系、结点电流关系及回路电压关系。前面所涉及电路定理和分析方法，均是以集总参数假设为前提提出的。

对集总参数电路建立模型电路时，采用集总假定是有条件的。集总意味着把电路中的电场和磁场分隔开，即电场只与电容元件相关，磁场只与电感元件相关。在这样的假定下，电场和磁场之间就不会存在相互作用。

工程实际中，电场与磁场之间的相互作用产生电磁波，能量以波的形式传播。但是，当部件和整个电路的尺寸均远小于正常工作频率所对应的波长时，波的传播现象可以忽略，此时可采用集总参数的概念。

传输线是用来传递电能或信号的。典型传输线通常为两根平行的铜线，如有线通信中的电话线、无线电技术中的馈线以及电力工程中的高压远距离输电线等。这类传输线的“尺寸”与之“波长”相比相差不多。

例如，高压输电线的工作频率虽然只有 50Hz，但由于传输距离很长，对应的波长（等于光速与频率的比值）$\lambda=\dfrac{c}{f}=\dfrac{3\times10^8}{50}=6000(\text{km})$，若高压输电线的长度为 1500km 时，就达到了 1/4 波长。又例如，电视机的接收天线上出现一个 200MHz 的正弦电压信号，则信号的波长 $\lambda=\dfrac{c}{f}=\dfrac{3\times10^8}{2\times10^8}=1.5(\text{m})$，若接收天线的长度为 0.5m 时，可达到 1/3 的波长。

信号最高频率的波长 λ 和电路的尺寸 l 满足 $\lambda\leqslant100l$ 的各类传输线，其输入端接收到的电压是不能立即传遍全线的，由此造成传输线上各点的电流不同，线间的电压也不同，因而不能再采用集总参数的概念对这类电路进行分析，需采用分布参数的电路进行研究。

11.1.2　分布参数电路的分析方法

对于分布参数电路，既可用电磁场理论对其分析，也可用电路理论进行分析，本章采用电路理论进行分析。

采用电路理论分析时，首先将传输线分为无限多个无穷小尺寸的集总参数单元电路，每个单元电路遵循电路的基本定律，然后将各个单元电路级联，去逼近真实情况，所以各单元电路的电压和电流既是时间的函数，又是距离的函数。

检验学习结果

11.1.1　在什么条件下，一个电路应采用分布参数分析？

11.1.2　在采用电路理论分析分布参数电路时，分析方法的思路是怎样的？

11.2　均匀传输线的正弦稳态响应方程式

学习目标

了解均匀传输线的原始参数和微分段等效电路的结构，理解特性阻抗和传播常数的意义及特性阻抗和传播常数的计算关系，理解均匀传输线上方程及方程的解。

均匀传输线的微分方程

11.2.1　均匀传输线及其方程

1．均匀传输线

常用的传输线是平行双导线和同轴电缆，平行双导线是由两条直径相同、彼此平行布放的导线组成；同轴电缆是由两个同心圆柱导体组成。这样的传输线在一段长度内，其电阻和电感以及传输线间的电导和电容是沿传输线均匀分布的，可以认为其参数处处相同，故称之为**均匀传输线**。

均匀传输线的原始参数是以每单位长度的电路参数来表示的，即单位长度线段上的电阻（包括来回线），单位长度线段上的电感，单位长度线段的两导体间的漏电导，单位长度线段两导体间的电容。当工作波形为电场、磁场和传输方向三者互相垂直的电磁波在均匀传输线中传播时，上述四个参数在很宽的频率范围内不变。这种情况下传输线输入正弦信号时，传输线上各点的电压、电流都将按正弦规律变化。可以认为：在这种条件下的传输线上任一点的信号都是距离的函数。即

$$i = i(t,\ x)$$
$$u = u(t,\ x)$$

2．均匀传输线的方程

传输线上沿线各处的电流各不相同：平行输电线间具有分布电容效应，因此存在电容电流；两平行线间电压较高时，其漏电流不容忽视，因此传输线中有漏电流存在。

传输线上的电压是连续变化的：变动的电流在传输线电阻上引起沿线的电阻压降；变动的电流即传输线的电感上沿线产生电抗压降。

因此，均匀传输线的方程可表示为

$$\begin{aligned} -\frac{\partial u}{\partial x} &= R_0 i + L_0 \frac{\partial i}{\partial t} \\ -\frac{\partial i}{\partial x} &= G_0 u + C_0 \frac{\partial u}{\partial t} \end{aligned} \qquad (11.1)$$

式中：R_0——两根平行线每单位长度具有的电阻，单位为 Ω/m 或 Ω/km；

L_0——两根平行线每单位长度具有的电感，单位为 H/m 或 H/km；

G_0——每单位长度导线的电导，单位为 S/m 或 S/km；

C_0——每单位长度导线的电容，单位为 F/m 或 F/km。

式（11.1）是一组对偶的常系数线性偏微分方程，方程式中的负号说明随着距离 x 的增加电流、电压在减小。

这几个参数称为传输线的原始参数。

11.2.2　均匀传输线方程的稳态解

均匀传输线方程的稳态解

设均匀传输线始端电源的频率为 f，且按正弦规律变化，这种情况下，沿线的电压、电流是同一频率的正弦时间函数，因此，可以用相量法分析沿线的电压和电流。式（11.1）也可表示为相量形式：

$$
\begin{aligned}
-\frac{\mathrm{d}\dot{U}}{\mathrm{d}x} &= (R_0 + \mathrm{j}\omega L_0)\dot{I} = Z_0\dot{I} \\
-\frac{\mathrm{d}\dot{I}}{\mathrm{d}x} &= (G_0 + \mathrm{j}\omega C_0)\dot{U} = Y_0\dot{U}
\end{aligned} \tag{11.2}
$$

式中：Z_0——每单位长度导线的复阻抗，$Z_0= R_0+ \mathrm{j}\omega L_0$；

Y_0——每单位长度导线的复导纳，$Y_0=G_0+\mathrm{j}\omega C_0$。

设传输线始端的电压为 $\dot{U}_1$、电流为 $\dot{I}_1$，x=0，式（11.2）又可表示为

$$
\begin{aligned}
\dot{U} &= \dot{U}_1\,\mathrm{ch}(\gamma x) - Z_\mathrm{C}\dot{I}_1\,\mathrm{sh}(\gamma x) \\
\dot{I} &= \dot{I}_1\,\mathrm{ch}(\gamma x) - \frac{\dot{U}_1}{Z_\mathrm{C}}\mathrm{sh}(\gamma x)
\end{aligned} \tag{11.3}
$$

设传输线终端的电压为 $\dot{U}_2$、电流为 $\dot{I}_2$，$x'=l$，式（11.2）又可表示为

$$
\begin{aligned}
\dot{U} &= \dot{U}_2\,\mathrm{ch}(\gamma x') + Z_\mathrm{C}\dot{I}_2\,\mathrm{sh}(\gamma x') \\
\dot{I} &= \dot{I}_2\,\mathrm{ch}(\gamma x') - \frac{\dot{U}_2}{Z_\mathrm{C}}\mathrm{sh}(\gamma x')
\end{aligned} \tag{11.4}
$$

式（11.3）和式（11.4）中：

$$\gamma = \alpha + \mathrm{j}\beta = \sqrt{Z_0 Y_0} = \sqrt{(R_0 + \mathrm{j}\omega L_0)(G_0 + \mathrm{j}\omega C_0)}$$

γ 称为传播常数，实部 α 称为衰减常数，虚部 β 称为相位常数。

$$Z_\mathrm{C} = \sqrt{\frac{Z_0}{Y_0}} = \sqrt{\frac{R_0 + \mathrm{j}\omega L_0}{G_0 + \mathrm{j}\omega C_0}}$$

Z_C 是电路中的特性阻抗，和传播常数一起作为均匀传输线上的副参数，γ 和 Z_C 是用来表

征均匀传输线主要特性的参数。

方程（11.4）的通解为

$$\begin{aligned}\dot{U} &= A_1 e^{-\gamma x} + A_2 e^{\gamma x} \\ \dot{I} &= \frac{A_1}{Z_C} e^{-\gamma x} - \frac{A_2}{Z_C} e^{\gamma x}\end{aligned} \tag{11.5}$$

根据边界条件可以确定积分常数 A_1 和 A_2，可以分两种情况进行讨论。

① 当已知始端电压 $\dot{U}_1$ 和始端电流 $\dot{I}_1$ 时，若 x=0，将 $\dot{U}=\dot{U}_1, \dot{I}=\dot{I}_1$ 代入式（11.5）中，可得

$$\begin{aligned}\dot{U}_1 &= A_1 + A_2 \\ \dot{I}_1 &= \frac{A_1}{Z_C} - \frac{A_2}{Z_C}\end{aligned}$$

所以

$$\begin{aligned}A_1 &= \frac{1}{2}(\dot{U}_1 + \dot{I}_1 Z_C) \\ A_2 &= \frac{1}{2}(\dot{U}_1 - \dot{I}_1 Z_C)\end{aligned}$$

② 若边界条件为终端电压 $\dot{U}_2$ 和电流 $\dot{I}_2$，且传输线长度为 $x=l$ 时，有

$$\begin{aligned}\dot{U}_2 &= A_1 e^{-\gamma l} + A_2 e^{\gamma l} \\ \dot{I}_2 &= \frac{A_1}{Z_C} e^{-\gamma l} - \frac{A_2}{Z_C} e^{\gamma l}\end{aligned}$$

可得

$$\begin{aligned}A_1 &= \frac{1}{2}(\dot{U}_2 + \dot{I}_2 Z_C) e^{\gamma l} \\ A_2 &= \frac{1}{2}(\dot{U}_2 - \dot{I}_2 Z_C) e^{-\gamma l}\end{aligned}$$

将 A_1、A_2 代入式（11.5）后，即得任一点 $\dot{U}$ 和 $\dot{I}$ 的表达式。

如果将末端距测量点的长度 $x'=l-x$ 代入式（11.5），还可以得到距离由末端算起的表达式为

$$\begin{aligned}\dot{U} &= \frac{1}{2}(\dot{U}_2 + \dot{I}_2 Z_C) e^{\gamma x'} + \frac{1}{2}(\dot{U}_2 - \dot{I}_2 Z_C) e^{-\gamma x'} \\ \dot{I} &= \frac{1}{2}\left(\frac{\dot{U}_2}{Z_C} + \dot{I}_2\right) e^{\gamma x'} - \frac{1}{2}\left(\frac{\dot{U}_2}{Z_C} - \dot{I}_2\right) e^{-\gamma x'}\end{aligned} \tag{11.6}$$

检验学习结果

11.2.1　何谓均匀传输线？

11.2.2　写出传输线上的特性阻抗 Z_C 和传播常数 γ 的表达式，并说明它们与什么参数有关。

11.3　均匀传输线上的波和传播特性

均匀传输线上的波和传播特性

学习目标

了解行波以及它的入射波、反射波的概念，理解不失真传输的条件。

所谓行波，是指信号传播过程中，随时间的增长而不断向信号传播方向移动的电磁波。

由式（11.5）可知，均匀传输线上任意一处的电压相量和电流相量都可以当成由两个分量组成，即

$$\begin{aligned}\dot{U} &= A_1 e^{-\gamma x} + A_2 e^{\gamma x} = \dot{U}^{+} + \dot{U}^{-}\\ \dot{I} &= \frac{A_1}{Z_C} e^{-\gamma x} - \frac{A_1}{Z_C} e^{\gamma x} = \dot{I}^{+} - \dot{I}^{-}\end{aligned} \tag{11.7}$$

式中的 γ 是行波在传播过程的传播常数，$\gamma = \sqrt{(R_0 + j\omega L_0)(G_0 + j\omega C_0)} = \alpha + j\beta$。

由于传播常数中的 R_0、L_0、G_0、C_0 和 ω 均为正实数，表明 γ 的辐角在 0°～90°之间，所以衰减常数 α 和相位常数 β 均为正值。在 $\dot{U}^{+}$ 分量中，$e^{-\gamma x} = e^{-\alpha x} \cdot e^{-j\beta x}$，表明信号在传播的过程中，除了随时间变化之外，随着距离 x 的增加，信号的幅度减小（由 $e^{-\alpha x}$ 引起），$e^{-j\beta x}$ 引起信号的相位角 θ 永远保持不变的位置也向 x 增加的方向移动，相位移动的速度为 ω/β，这种随时间增长而不断向信号传播方向移动的行波称为正向行波。

行波在一个周期时间内行进的距离，称为行波的波长 λ，即

$$\lambda = \frac{2\pi}{\beta} \tag{11.8}$$

正向电压行波 $\dot{U}^{+}$ 由始端向终端传播，也叫入射波，如图 11.1 所示。

对于 $\dot{U}^{-}$ 部分，$e^{\gamma x} = e^{\alpha x} \cdot e^{j\beta x}$，表明它也是一个行波，其相位移动速度和波长与正向行波相同，由于行波的这一部分在传播过程中总是衰减的，所以由 $e^{\gamma x}$ 可推出它是一个由终端向始端传播的行波，称为反向行波，也叫反射波，如图 11.2 所示。

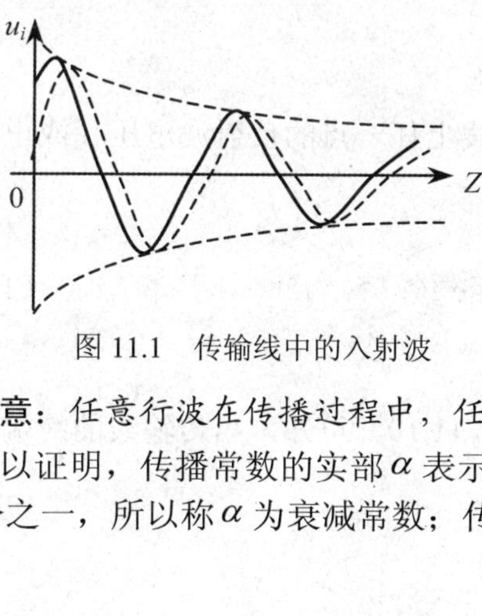

图 11.1　传输线中的入射波

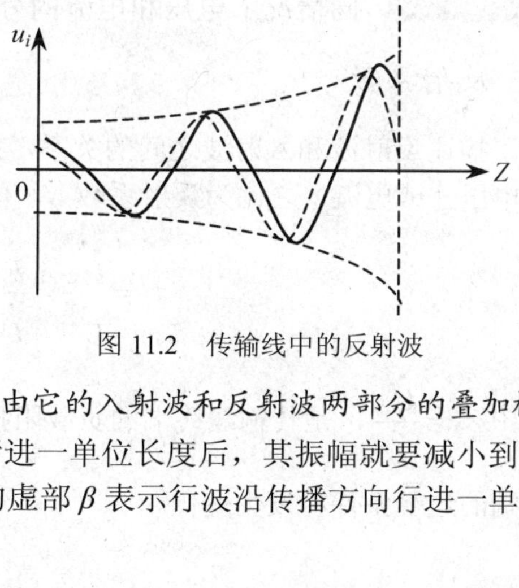

图 11.2　传输线中的反射波

注意： 任意行波在传播过程中，任意时刻均由它的入射波和反射波两部分的叠加构成。

可以证明，传播常数的实部 α 表示行波每行进一单位长度后，其振幅就要减小到原振幅的 e^{α} 分之一，所以称 α 为衰减常数；传播常数的虚部 β 表示行波沿传播方向行进一单位长度

时，行波在相位上滞后的弧度数，所以称为相移常数，又因为 $\beta=\dfrac{2\pi}{\lambda}$，表示在 2π 长的一段传输线上波的个数，所以又称为波数。

由 $\gamma=\sqrt{(R_0+\mathrm{j}\omega L_0)(G_0+\mathrm{j}\omega C_0)}=\alpha+\mathrm{j}\beta$ 可知，α和β 与传输线的长度上的原始参数及信号频率均有关，将其两边平方，对实部、虚部联立求解可得

$$\alpha\approx\left(\frac{R}{2}\sqrt{\frac{C}{L}}+\frac{G}{2}\sqrt{\frac{L}{C}}\right)\left[1-\frac{1}{8\omega^2}\left(\frac{R}{L}-\frac{G}{C}\right)^2\right]$$

$$\beta\approx\omega\sqrt{LC}\left[1-\frac{1}{8\omega^2}\left(\frac{R}{L}-\frac{G}{C}\right)^2\right]$$

由此可得最小衰减的传输条件

$$\frac{R}{L}=\frac{G}{C} \tag{11.9}$$

最小衰减的传输条件与为消除信号频率影响得到的条件是一致的，即

$$\alpha=\sqrt{GR},\qquad \beta=\omega\sqrt{LC}$$

该条件就是行波传播过程中的不失真传输条件。

检验学习结果

11.3.1　何谓入射波？何谓反射波？

11.3.2　衰减常数 α 和相移常数 β 对行波有何影响？

11.4　终端接有负载的传输线

学习目标

终端有负载的传输线

了解反射系数的意义，熟悉在不同负载情况下传输线中波的传输特点。

均匀传输线传递的信号电压和信号电流，在不同时间随传播距离 x 的变化十分复杂，但它们各自的入射分量和反射分量则呈现为行进方向衰减的行波。因此，采用入射波和反射波的概念有利于对传输线处于不同情况下电压和电流的分析。在分析时还常引用反射系数的概念。

11.4.1　反射系数

为了描述反射波和入射波之间的关系，定义传输线上任一点的反射波电压（或电流）与入射波电压（或电流）之比为反射系数 N，即

$$N=\frac{\dot{U}^-}{\dot{U}^+}=\frac{\dot{I}^-}{\dot{I}^+}=\frac{Z_2-Z_\mathrm{C}}{Z_2+Z_\mathrm{C}}\mathrm{e}^{-2\gamma x'} \tag{11.10}$$

式中 $Z_2=\dfrac{\dot{U}_2}{\dot{I}_2}$，是传输线终端的负载阻抗。由式（11.10）可知，当传输线的终端接负载后，终端的边界条件将发生变化。

当终端接集总参数负载 Z_2、传输线的特性阻抗为 Z_C 时，终端电压、电流的关系为

$$\dot{U}_2^+ + \dot{U}_2^- = Z_L(\dot{I}_2^+ + \dot{I}_2^-) = Z_2\left(\frac{\dot{U}_2^+}{Z_C} - \frac{\dot{U}_2^-}{Z_C}\right) \tag{11.11}$$

终端反射系数的大小仅与负载阻抗和传输线的特性阻抗有关，即

$$N = \frac{\dot{U}_2^+}{\dot{U}_2^-} = \frac{Z_2 - Z_C}{Z_2 + Z_C} \tag{11.12}$$

11.4.2　终端阻抗匹配的均匀传输线

由式（11.12）可看出，当传输线终端负载阻抗 $Z_2 = Z_C$ 时，传输线上无反射波，称之为终端阻抗和传输线阻抗“匹配”。有限长的均匀传输线终端的负载与传输线的特性阻抗相等时，终端反射系数 N=0。此时传输线上只有入射波而无反射波，其工作状态与无限长均匀传输线的工作状态相同。

工程实际的通信线路和设备中，常常希望不存在反射波，这时就需要创造条件让负载与传输线匹配。

阻抗匹配时，传输线上任一点的电压和电流为

$$\begin{aligned} \dot{U} &= \dot{U}_2\,\mathrm{e}^{\gamma x} = \dot{U}_2\,\mathrm{e}^{\alpha x}\bullet\mathrm{e}^{\mathrm{j}\beta x} \\ \dot{I} &= \dot{I}_2\,\mathrm{e}^{\gamma x} = \dot{I}_2\,\mathrm{e}^{\alpha x}\bullet\mathrm{e}^{\mathrm{j}\beta x} \end{aligned} \tag{11.13}$$

该式表明，由于传输线上只有入射波，传输线上的电压和电流的有效值均按指数规律从始端到终端逐渐衰减，如图 11.3 所示。

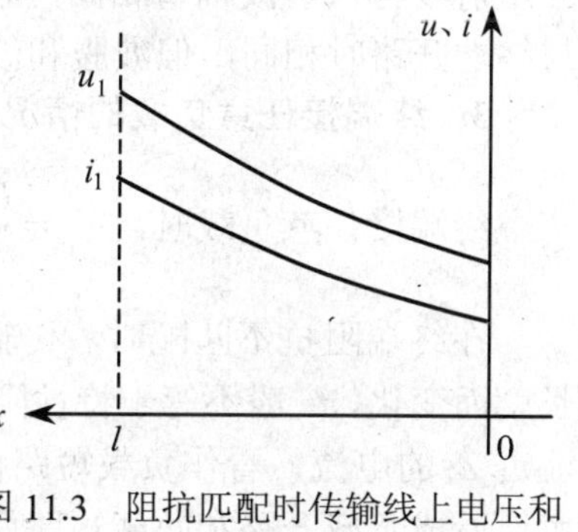

图 11.3　阻抗匹配时传输线上电压和电流的分布情况

阻抗匹配时，传输线上任一点向终端看进去的输入阻抗 Z_2 均为传输线上的特性阻抗 Z_C。

归纳：阻抗匹配下的均匀传输线上只有入射波而无反射波。由于不存在反射波，由正向行波传输到终端的功率全部为负载所接受，输电效率较高。阻抗不匹配时，入射波的一部分功率要被反射波带回始端，负载接受的功率比阻抗匹配时要小，因此输电效率相应较低。

11.4.3　终端阻抗不匹配的均匀传输线

当终端负载不能实现阻抗匹配时，终端阻抗

$$Z_2 = \frac{\dot{U}_2}{\dot{I}_2}$$

下面以终端为计算距离的起点，距离变量用 x，对不同负载阻抗不匹配时传输线上电压、电流的变化规律进行分析。

1．终端开路时的情况

终端开路时，$\dot{I}_2 = 0, Z_L \to \infty$，这时反射系数 $N = \dfrac{Z_L - Z_C}{Z_L + Z_C} = 1$，终端发生全反射，由式（11.6）可得传输线任意一点的电压和电流为

$$\begin{aligned}\dot{U} &= \frac{1}{2}\dot{U}_2(e^{j\beta x} + e^{-j\beta x}) = \dot{U}_2 \cos\frac{2\pi}{\lambda}x \\ \dot{I} &= \frac{1}{2}\frac{\dot{U}_2}{Z_C}(e^{j\beta x} - e^{-j\beta x}) = j\frac{\dot{U}_2}{Z_C}\sin\frac{2\pi}{\lambda}x\end{aligned} \tag{11.14}$$

在这种情况下，随着时间 t 的增长，电压和电流的波形并不沿 x 方向移动，而是上下摆动，把这种不行进，只上下摆动的波称为驻波。由于驻波上存在反射波，故传输线上某些地方入射波与反射波相位接近同相，该处的有效值较大，其极大值处称为波腹；在传输线上的另一些地方，入射波与反射波接近反相，该处的有效值较小，其极小值处称为波节。

衰减常数 α 使传输线上电压和电流由始端到终端逐渐衰减，相移常数 β 使电压和电流上下摆动，当入射波和反射波同相时，电压出现波腹，电流出现波节；当入射波和反射波反相时，电压出现波节，电流出现波腹。越靠近始端，反射波幅度越小，传输线上电压（或电流）的波腹与波节之差越小。

2．终端短路时的情况

终端短路时，$\dot{U}_2 = 0$，$Z_L = 0$，这时反射系数 $N = \dfrac{Z_L - Z_C}{Z_L + Z_C} = -1$，终端发生全反射，终端的反射波与入射波幅值相同，相位相反，传输线中电压、电流均为驻波，其驻波的衰减规律与终端开路时相同，但波腹和波节出现的位置与终端开路时相反。

3．终端接任意负载的情况

终端接任意负载时，$Z_2 = \dfrac{\dot{U}_2}{\dot{I}_2} \neq Z_C$，这时反射系数 $-1 < N < 1$，终端出现部分反射。

在终端阻抗不匹配时，传输线上既有入射波又有反射波，传输线的输入阻抗随传输线的长度而变化，一般不等于特性阻抗。将负载为 Z_2 的终端电压，看作负载开路情况的终端电压；流过 Z_2 的电流，看作负载短路情况时的终端电流，这时，传输线上任意一点的电压和电流，可以看成负载开路和负载短路两种情况时的叠加。

在 $x = \dfrac{1}{2}n\lambda$（n=0，1，2，…）处，是电压波节，电流波腹，该处等效阻抗为零，终端相当于短路；

在 $\dfrac{n}{2}\lambda < x < \dfrac{2n+1}{4}\lambda$ 范围内，电压超前电流 90°，等效阻抗为电感性；

在 $x = \dfrac{2n+1}{4}\lambda$（$n$=0，1，2，…）处，是电压波腹，电流波节，该处等效阻抗为无穷大，终端相当于开路；

在 $\dfrac{2n+1}{4}\lambda < x < \dfrac{n+1}{2}\lambda$ 范围内，电压滞后于电流 90°，等效阻抗为电容性。

检验学习结果

11.4.1　满足什么条件才能获得阻抗匹配？阻抗匹配有什么好处？

11.4.2　何谓驻波？驻波与行波有什么区别？

小结

1．采用分布参数分析传输电路的条件是

$$\lambda < 100l$$

λ 为信号最高频率的波长，l 为电路的尺寸。

2．在传输线的一段长度内，如果其参数处处相同，即传输线的电阻和电感以及传输线间的电导和电容是均匀沿线分布时，则该段传输线称为均匀传输线。

3．当传输线中传输正弦信号时，传输线中任一点的电压或电流，不但是时间的函数，也是距离的函数。

4．当均匀传输线中传输单一频率的正弦波时，由于均匀传输线的原始参数在很宽的频率范围内为常数，传输线上各处的电压、电流在稳态时都按正弦规律变化，所以可用相量表示正弦电压和电流。当从终端计算距离时，传输线上任一点的电压、电流为

$$\dot{U}=\frac{1}{2}(\dot{U}_2+\dot{I}_2 Z_C)e^{\gamma x'}+\frac{1}{2}(\dot{U}_2-\dot{I}_2 Z_C)e^{-\gamma x'}$$

$$\dot{I}=\frac{1}{2}\left(\frac{\dot{U}_2}{Z_C}+\dot{I}_2\right)e^{\gamma x'}-\frac{1}{2}\left(\frac{\dot{U}_2}{Z_C}-\dot{I}_2\right)e^{-\gamma x'}$$

其中，$\gamma=\alpha+j\beta=\sqrt{Z_0Y_0}=\sqrt{(R_0+j\omega L_0)(G_0+j\omega C_0)}$ 称为传播常数，实部 α 称为衰减常数，虚部 β 称为相位常数。

$Z_C=\sqrt{\frac{Z_0}{Y_0}}=\sqrt{\frac{R_0+j\omega L_0}{G_0+j\omega C_0}}$ 称为特性阻抗。

5．传输线的最小衰减和不失真传输条件为

$$\frac{R}{L}=\frac{G}{C}$$

6．当终端负载 $Z_2=Z_C$ 时，传输线中无反射波，传输线上的电压和电流的有效值由始端到终端按指数规律衰减，任意一点向终端看的输入阻抗等于 Z_C。

7．当终端负载开路或短路时，传输线中发生全反射，全反射情况下，行波变为驻波。

第 11 章　习题

一、填空题

1．在传输线的一段长度内，如果其参数处处相同，则该段传输线称为________传输线。

2．当传输线中传输正弦信号时，传输线中任一点的电压或电流，不但是________的函数，也是________的函数。

3．特性阻抗 Z_C 不仅与传输线的原始参数 R、L、G、C 有关，还与信号源的________有关。但是如果在无损耗条件下，且满足 $R/L=G/C$ 的条件时，Z_C 就与信号源的________无关。

4．无损耗传输线的衰减常数等于________，而相移常数与频率成________关系，其行波的传播速度与________的传播速度相同。

5．________与特性阻抗一样，都只与线路的参数和使用频率有关，而与________无关。

6．当传输线上只有________波而无________波，其工作状态与无限长均匀传输线的工作状态相同。

7．当终端所接负载满足与传输线特性阻抗相等的条件时，称为负载与传输线________。

8．上下摆动而不随距离行进的波称为________，当入射波和反射波同相时，电压出现________，电流出现________；当入射波和反射波反相时，电压出现________，电流出现________。越靠近始端，反射波幅度越小，传输线上电压（或电流）的________与________之差越小。

二、判断题

1．只有入射波的传输线上电压和电流的有效值均按指数规律从始端到终端增强。（　　）

2．终端发生全反射时的反射波与入射波幅值相同，相位相反。（　　）

3．通常在驻波的极大值处会出现波节，极小值处会出现波腹。（　　）

4．当 $Z_2=Z_C$ 时，终端反射系数 $N=0$，此时传输线上只有入射波而无反射波。（　　）

5．传播常数 γ 与特性阻抗 Z_C 一样，都只与线路的参数和负载有关。（　　）

6．无损耗传输线的衰减常数等于零，而相移常数与频率呈线性关系。（　　）

7．Z_C 与传输线的原始参数 R、L、G、C 有关，而与信号源的频率 f 无关。（　　）

8．随时间增长而不断向信号传播方向移动的波称为行波。（　　）

9．随时间增长而不断向信号传播方向移动的波称为驻波。（　　）

10．当终端负载开路或短路时，传输线中只有入射波没有反射波。（　　）

三、选择题

1．采用分布参数分析传输电路的条件是（　　）。

A．$\lambda > 50l$　　B．$\lambda < 50l$　　C．$\lambda < 100l$　　D．$\lambda > 100l$

2．当终端负载（　　）时，传输线中无反射波。

A．$Z_2 > Z_C$　　B．$Z_2 = Z_C$　　C．$Z_2 < Z_C$　　D．$Z_2=0$

3．有线通信中的电话线、无线电技术中的馈线以及电力系统中的输电线都属于（　　）。

A．分布参数电路　　B．集总参数电路

4．电压行波 $\dot{U}^+$ 由始端向终端传播，称为正向行波，也叫（　　）。

A．反射波　　B．入射波

5．高频状态下，传输线上的特性阻抗可近似认为是（　　）。

A．纯电阻　　B．纯电感　　C．纯电容

四、简答题

1．什么样的传输线可以认为是均匀传输线？

2．写出传播常数、特性阻抗、反射系数的表达式，它们各与什么参数有关？

3．什么是行波？衰减常数和相移常数对行波有什么影响？

4．传输线在满足最小衰减的传输条件时，为什么同时也满足不失真传输条件？

5．当负载阻抗分别为 $Z_2 = Z_C$，$Z_2 = \infty$，$Z_2 = 0$ 时，均匀传输线的工作状态各有什么特点？

五、计算题

一同轴电缆的参数为：R=7Ω/km，L=0.3mH/km，C=0.2μF，G=0.5×10^{-6}S/km。试计算当工作频率为 800Hz 时，此电缆的特性阻抗 Z_C、传播常数 γ 和波长 λ。

第 12 章
拉普拉斯变换

拉普拉斯变换是分析和求解线性常微分方程的一种简便的方法，用拉普拉斯变换求解线性电路中的过渡过程，在工程上有着广泛的应用。因此学习和掌握拉普拉斯变换的有关知识，对后续课程有着很重要的意义。

本章主要介绍拉普拉斯变换在线性电路分析中的应用。内容包括：拉普拉斯变换的定义，拉普拉斯变换的基本性质，求拉普拉斯反变换的分解定理，KCL 和 KVL 的运算形式，运算阻抗，运算导纳和运算电路，以及运算法在线性时不变电路分析中的应用。

本章教学要求

理论教学要求：了解拉普拉斯变换的定义和基本性质。在熟悉基尔霍夫定律的运算形式、运算阻抗和运算导纳以及运算电路的基础上，掌握拉普拉斯变换法分析和研究线性电路的方法和步骤；在求拉氏反变换时，要求掌握分解定理及其应用。

12.1 拉普拉斯变换的定义

拉普拉斯变换的定义

学习目标

了解拉普拉斯变换的定义，理解原函数、象函数的概念。

拉普拉斯变换是一种广义的积分变换，是研究线性时不变系统的一种数学工具，简称拉氏变换。拉氏变换可将时域函数 $f(t)$变换为频域函数 $F(s)$。设 $f(t)$在区间[0，∞]有定义，则

$$F(s)=\int_{0_-}^{\infty} f(t)\mathrm{e}^{-st}\mathrm{d}t \tag{12.1}$$

式（12.1）的作用就是将一个时域函数变换为一个复频域函数，又可简记为

$$F(s)=L[f(t)]$$

式（12.1）称为拉氏变换的定义式，左边的复频域函数 $F(s)$是时域函数 $f(t)$的拉氏变换，称为时域函数 $f(t)$的象函数。式中 $L[\quad]$是一个算子，表示对括号内的 $f(t)$进行拉氏变换。

电路分析中的激励和响应一般都是时间的函数，其拉氏变换均存在。如果复频域函数 $F(s)$已知，要求出与它对应的时域函数 $f(t)$，显然要用到拉普拉斯反变换，即

$$f(t)=\frac{1}{2\pi \mathrm{j}}\int_{c-\mathrm{j}\infty}^{c+\mathrm{j}\infty} F(s)\mathrm{e}^{st}\mathrm{d}t \tag{12.2}$$

式（12.2）的作用是将一个复频域函数变换为一个时域函数，也可简记为

$$f(t)=L^{-1}[F(s)]$$

上式左边的 $f(t)$称为 $F(s)$的原函数，式中符号 $L^{-1}[\quad]$也是一个算子，表示对括号内的 $F(s)$进行拉普拉斯反变换。

在拉氏变换中，一个时域函数 $f(t)$唯一地对应一个复频域函数 $F(s)$；反过来，一个复频域函数 $F(s)$唯一地对应一个时域函数 $f(t)$，即原函数和象函数之间有着一一对应的关系，称为拉氏变换的唯一性。

规定：用小写英文字母表示原函数，用相同的大写字母表示象函数。如电流的原函数 $i(t)$的象函数写作 $I(s)$。

式（12.1）中，右边的积分为有限值，其中的 e^{-st} 称为收敛因子。收敛因子中的变量 $s=c+\mathrm{j}\omega$ 是一个复数形式的频率，其实部 c 始终为正，虚部 ω 可以为正、为负或为零。

拉普拉斯变换可根据式（12.1）求出象函数，常见的简单函数可通过查表 12.1 获得象函数。

表 12.1 函数的拉普拉斯变换关系

序号	原函数 $f(t)$	象函数 $F(s)$	序号	原函数 $f(t)$	象函数 $F(s)$
1	$A\varepsilon(t)$	$\frac{A}{s}$	4	$\frac{1}{2}t^2$	$\frac{1}{s^3}$
2	$A\delta(t)$	A	5	t^n (n=1，2，3，…)	$\frac{n!}{s^{n+1}}$
3	t	$\frac{1}{s^2}$	6	$\frac{1}{n!}t^n$ (n=1，2，3，…)	$\frac{1}{s^{n+1}}$

续表

序号	原函数 $f(t)$	象函数 $F(s)$	序号	原函数 $f(t)$	象函数 $F(s)$
7	A	$\dfrac{A}{s}$	13	$\cos(\omega t+\varphi)$	$\dfrac{s\cos\varphi+\omega\sin\varphi}{s^2+\omega^2}$
8	$\mathrm{e}^{-\alpha t}$	$\dfrac{1}{s+\alpha}$	14	$t\cos\alpha t$	$\dfrac{s^2-\alpha^2}{(s^2+\alpha^2)^2}$
9	$t\mathrm{e}^{-\alpha t}$	$\dfrac{1}{(s+\alpha)^2}$	15	$(1-\alpha t)\mathrm{e}^{-\alpha t}$	$\dfrac{s}{(s+\alpha)^2}$
10	$\sin\omega t$	$\dfrac{\omega}{s^2+\omega^2}$	16	$\mathrm{e}^{-\alpha t}\cos\omega t$	$\dfrac{s+\alpha}{(s+\alpha)^2+\omega^2}$
11	$\cos\omega t$	$\dfrac{s}{s^2+\omega^2}$	17	$\mathrm{e}^{-\alpha t}\sin\omega t$	$\dfrac{\omega}{(s+\alpha)^2+\omega^2}$
12	$\sin(\omega t+\varphi)$	$\dfrac{s\sin\varphi+\omega\cos\varphi}{s^2+\omega^2}$	18	$\dfrac{1}{n!}t^n\mathrm{e}^{-\alpha t}$	$\dfrac{1}{(s+\alpha)^{n+1}}$

例 12.1 计算下列典型时域函数的象函数。

（1）单位冲激函数 $f_1(t)=\delta(t)$；（2）单位阶跃函数 $f_2(t)=\varepsilon(t)$；

（3）指数函数 $f_3(t)=\mathrm{e}^{-\alpha t}$；（4）正弦函数 $f_4(t)=\sin\omega t$。

解：（1）$F_1(s)=L[f_1(t)]=\int_{0_-}^{\infty}\delta(t)\mathrm{e}^{-st}\mathrm{d}t=\int_{0_-}^{0_+}\delta(t)\mathrm{e}^{-st}\mathrm{d}t=\mathrm{e}^{-s(0)}=1$

（2）$F_2(s)=L[f_2(t)]=\int_{0_-}^{\infty}\varepsilon(t)\mathrm{e}^{-st}\mathrm{d}t=\int_{0_-}^{\infty}\mathrm{e}^{-st}\mathrm{d}t=-\dfrac{1}{s}\mathrm{e}^{-t}\Big|_0^{\infty}=\dfrac{1}{s}$

（3）$F_3(s)=L[f_3(t)]=\int_{0}^{\infty}e^{-\alpha t}e^{-st}\mathrm{d}t=\int_{0}^{\infty}\mathrm{e}^{-(s+\alpha)t}\mathrm{d}t=-\dfrac{1}{s+\alpha}\mathrm{e}^{-(s+\alpha)t}\Big|_0^{\infty}=\dfrac{1}{s+\alpha}$

（4）$F_4(s)=L[f_4(t)]=\int_{0}^{\infty}\sin\omega t\mathrm{e}^{-st}\mathrm{d}t=-\dfrac{\mathrm{e}^{-st}}{s^2+\omega^2}(s\sin\omega t+\omega\cos\omega t)\Big|_0^{\infty}=\dfrac{\omega}{s^2+\omega^2}$

例 12.2 求 $f_1(t)=\sin\omega t$ 和 $f_2(t)=\cos\omega t$ 的象函数。

解：根据欧拉公式 $\mathrm{e}^{\mathrm{j}\omega t}=\cos\omega t+\mathrm{j}\sin\omega t$，可得

$$\sin\omega t=\frac{\mathrm{e}^{\mathrm{j}\omega t}-\mathrm{e}^{-\mathrm{j}\omega t}}{2\mathrm{j}},\quad \cos\omega t=\frac{\mathrm{e}^{\mathrm{j}\omega t}+\mathrm{e}^{-\mathrm{j}\omega t}}{2}$$

根据例 12.1（3）的解可知

$$L[\mathrm{e}^{\mathrm{j}\omega t}]=\frac{1}{s-\mathrm{j}\omega},\quad L[\mathrm{e}^{-\mathrm{j}\omega t}]=\frac{1}{s+\mathrm{j}\omega}$$

故
$$L[\sin\omega t]=\frac{1}{2\mathrm{j}}\left(\frac{1}{s-\mathrm{j}\omega}-\frac{1}{s+\mathrm{j}\omega}\right)=\frac{1}{2\mathrm{j}}\frac{s+\mathrm{j}\omega-s+\mathrm{j}\omega}{s^2+\omega^2}=\frac{\omega}{s^2+\omega^2}$$

同理
$$L[\cos\omega t]=\frac{1}{2}\left(\frac{1}{s-\mathrm{j}\omega}+\frac{1}{s+\mathrm{j}\omega}\right)=\frac{s}{s^2+\omega^2}$$

显然，计算结果均与表 12.1 相同。

注意：积分下限取 0_- 还是取 0_+ 的区别，若在 $t=0$ 时函数 $f(t)$ 存在冲激，则从 $t=0_-$ 开始积分就能把这个冲激包括进去，如果把积分下限取为 0_+，就不包括这个冲激；另一方面，如果在 $t=0$ 时函数 $f(t)$ 是连续的，则积分下限取 0_- 或 0_+ 时所得的结果是一样的。

检验学习结果

12.1.1　何谓拉普拉斯变换？何谓拉普拉斯反变换？

12.1.2　什么是原函数？什么是象函数？二者之间的关系如何？

拉普拉斯变换的基本性质

12.2　拉普拉斯变换的基本性质

学习目标

了解拉普拉斯变换的线性性质、微分性质、积分性质和延时性质，运用这些性质进行拉普拉斯变换的形式。

拉氏变换有许多重要的性质，掌握了这些性质，可以更加方便地求解各种拉普拉斯变换或反变换。本节仅介绍几个常用的拉氏变换的基本性质。

1．线性性质

设函数 $f_1(t)$ 和 $f_2(t)$ 的象函数分别为 $F_1(s)$ 和 $F_2(s)$，则函数 $f(t)=Af_1(t)\pm Bf_2(t)$ 的象函数为

$$F(s)=AF_1(s)\pm BF_2(s) \tag{12.3}$$

式（12.3）中的 A 和 B 为任意常数（实数或复数）。线性性质可以直接利用拉普拉斯变换的定义式加以证明。

例 12.3　若已知 $F(s)=\dfrac{3s-8}{s^2+4}$，求其对应的原函数 $f(t)$。

解：把已知象函数分解，即

$$F(s)=\frac{3s-8}{s^2+4}=\frac{3s}{s^2+4}-\frac{8}{s^2+4}$$

其中第一项 $\dfrac{3s}{s^2+4}$ 对应表 12.1 中原函数 $\cos\omega t$ 的象函数 $\dfrac{s}{s^2+\omega^2}$，所以第一项的原函数可表示为 $f_1(t)=3\cos 2t$；

第二项 $\dfrac{8}{s^2+4}$ 对应表 12.1 中原函数 $\sin\omega t$ 的象函数 $\dfrac{\omega}{s^2+\omega^2}$，所以第二项的原函数可表示为 $f_2(t)=4\sin 2t$。

于是，$F(s)$ 对应的原函数为

$$f(t)=3\cos 2t-4\sin 2t=5\cos(2t-53.1°)$$

2．微分性质

如果 $L[f(t)]=F(s)$，则 $f(t)$ 的导数 $f'(t)=\dfrac{\mathrm{d}f(t)}{\mathrm{d}t}$ 的拉氏变换为

$$L[f'(t)]=L\left[\frac{\mathrm{d}f(t)}{\mathrm{d}t}\right]=sF(s)-f(0_-) \tag{12.4}$$

证明：

$$L\left[\frac{\mathrm{d}f(t)}{\mathrm{d}t}\right]=\int_{0_-}^{\infty}f'(t)\mathrm{e}^{-st}\mathrm{d}t$$

$$=f(t)\mathrm{e}^{-st}\Big|_{0_-}^{\infty}-\int_{0_-}^{\infty}f(t)(-s\mathrm{e}^{-st})\mathrm{d}t$$

$$=-f(0_-)+s\int_{0_-}^{\infty}f(t)\mathrm{e}^{-st}\mathrm{d}t$$

$$=sF(s)-f(0_-)$$

微分性质表明：拉氏变换把原函数求导数的运算转换成象函数乘以 s 后减初值的代数运算。如果 $f(0_-)=0$，则有

$$L[f'(t)]=sF(s)$$

例 12.4 根据阶跃函数的拉普拉斯象函数，利用拉氏变换的微分性质求 $\delta(t)$ 的象函数。

解：根据微分性质，有 $\delta(t)=\dfrac{\mathrm{d}}{\mathrm{d}t}\varepsilon(t)$，查表 12.1 可知 $L[\varepsilon(t)]=\dfrac{1}{s}$，因此

$$L[\delta(t)]=L\left[\frac{\mathrm{d}}{\mathrm{d}t}\varepsilon(t)\right]=s\frac{1}{s}=1$$

3．积分性质

如果 $L[f(t)]=F(s)$，则 $f(t)$ 的积分的拉氏变换为

$$L\left[\int_{0_-}^{t}f(\xi)\mathrm{d}\xi\right]=\frac{F(s)}{s} \tag{12.5}$$

上式表明，函数 $f(t)$ 在时域中积分后的拉氏变换，等于该函数的象函数除以复变量 s。

例 12.5 试用积分性质求 t^n（n 为整数）的拉氏变换象函数。

解：因为

$$\int_{0_-}^{t}\varepsilon(\xi)\mathrm{d}\xi=t,\ 2\int_{0_-}^{t}\xi\mathrm{d}\xi=t^2,\ \cdots,\ n\int_{0_-}^{t}\xi^{n-1}\mathrm{d}\xi=t^n$$

而

$$L[\varepsilon(t)]=\frac{1}{s}$$

所以

$$L[t]=L[\int_{0_-}^{t}\varepsilon(\xi)\mathrm{d}\xi]=\frac{1}{s}L[\varepsilon(t)]=\frac{1}{s^2}$$

$$L[t^2]=L[2\int_{0_-}^{t}\xi\mathrm{d}\xi]=\frac{2}{s}L[t]=\frac{2}{s^3}$$

……

$$L[t^n]=L[n\int_{0_-}^{t}\xi^{n-1}\mathrm{d}\xi]=\frac{n}{s}L[t^{n-1}]=\frac{n!}{s^{n+1}}$$

结果显然与表 12.1 相符。

4．延时性质

设 $L[f(t)]=F(s)$，则 $f(t)$ 的延时性质的拉氏变换为

$$L[f(t-t_0)\varepsilon(t-t_0)]=\mathrm{e}^{-st_0}F(s) \tag{12.6}$$

例 12.6 试用延时性质求图 12.1 所示函数 $f(t)$ 的拉氏变换式。

解：由图可知，函数 $f(t)=\varepsilon(t)-\varepsilon(t-t_0)$ 是阶跃函数 $\varepsilon(t)$ 与延时阶跃函数 $\varepsilon(t-t_0)$ 的叠加，对其进行拉氏变换，查表 12.1 可得

$$
\begin{aligned}
L[f(t)] &= L[\varepsilon(t)-\varepsilon(t-t_0)] \\
&= \frac{1}{s}-\frac{\mathrm{e}^{-st_0}}{s}
\end{aligned}
$$

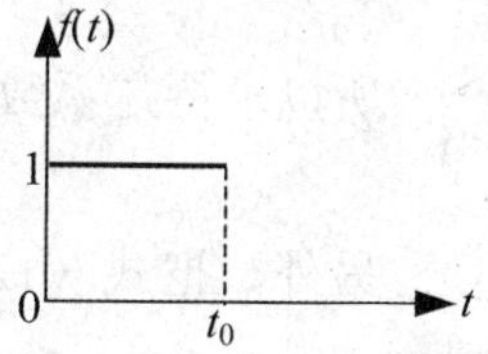

图 12.1　例 12.6 函数图

检验学习结果

12.2.1　拉普拉斯变换有哪些性质？

12.2.2　利用拉普拉斯变换的性质，对解决拉氏变换中的问题有何作用？

12.3　拉普拉斯反变换

拉普拉斯反变换

学习目标

了解拉普拉斯反变换解决问题的方法；理解和掌握分解定理。

由已知的象函数求出相应的原函数，这种运算称为拉普拉斯反变换。因为拉氏变换适用于线性、非时变电路，其反变换的解题步骤一般非常复杂。

从表 12.1 中可以方便地找出一些常用复频域函数的象函数 $F(s)$，对拉氏反变换的计算带来了一定的方便。但是，表 12.1 中列出的象函数，并非都恰好是待求线性电路的象函数，因此，仅靠查表求原函数 $f(t)$显然不行。

如果一个象函数 $F(s)$可分解为若干简单项之和，而这些简单项可以在表 12.1 中查到，会给拉氏反变换带来极大的方便，这种方法称为分解定理。分解定理是进行拉氏反变换的主要方法，例 12.3、例 12.6 实际上就融入了分解定理的思想。

用分解定理展开有理分式 $F(s)$时，第一步是把有理分式化成真分式。若

$$F(s)=\frac{F_1(s)}{F_2(s)}=\frac{a_0s^m+a_1s^{m-1}+\cdots+a_m}{b_0s^n+b_1s^{n-1}+\cdots+b_n}$$（式中 m 和 n 均为正整数，且 $n\geqslant m$）

把 $F(s)$分解成若干简单项之和时，需要对分母多项式作因式分解，求出 $F_2(s)=0$ 的根。$F_2(s)=0$ 的根可以是单根、共轭复根和重根 3 种情况，下面逐一讨论。

1．$F_2(s)=0$ 有 n 个单根

设 n 个单根分别为 p_1，p_2，…，p_n，于是 $F(s)$可以展开为

$$F(s)=\frac{k_1}{s-p_1}+\frac{k_2}{s-p_2}+\cdots+\frac{k_n}{s-p_n} \tag{12.7}$$

式中，k_1，k_2，…，k_n 为待定系数。求这些待定系数，可以把上式两边同乘以（$s-p_1$），得

$$(s-p_1)F(s)=k_1+(s-p_1)\left(\frac{k_2}{s-p_2}+\cdots+\frac{k_n}{s-p_n}\right)$$

令 $s=p_1$，则等式除右边第一项外，其余都变为零，即可求得

$$k_1=[(s-p_1)F(s)]_{s=p_1}$$

同理可得

$$k_2=[(s-p_2)F(s)]_{s=p_2}$$

……

$$k_n = [(s - p_n)F(s)]_{s=p_n}$$

所以求待定系数 k_i 的公式为

$$k_i = [(s - p_i)F(s)]_{s=p_i} \quad (i=1, 2, 3, \cdots, n)$$

另外，把式（12.7）两边同乘以（$s-p_i$），再令 $s \to p_i$，然后应用数学中的洛必达法则，则有

$$k_i = \lim_{s \to p_i} \frac{F_1(s)(s - p_i)}{F_2(s)} = \lim_{s \to p_i} \frac{(s - p_i)F'_1(s) + F_1(s)}{F'_2(s)} = \frac{F_1(p_i)}{F'_2(p_i)}$$

因此，求待定系数 k_i 的另一公式为

$$k_i = \left.\frac{F_1(s)}{F'_2(s)}\right|_{s=p_i} \quad (i = 1, 2, 3, \cdots, n) \tag{12.8}$$

确定了待定系数后，对应的原函数为

$$f(t) = L^{-1}[F(s)] = k_1 \mathrm{e}^{p_1 t} + k_2 \mathrm{e}^{p_2 t} + \cdots + k_n \mathrm{e}^{p_n t} \tag{12.9}$$

例 12.7 求 $F(s) = \dfrac{4s+5}{s^2+5s+6}$ 的原函数 $f(t)$。

解： 由于 $F_2(s)=0$ 的根为 $p_1=-2$，$p_2=-3$，且 $F_1=4s+5$，$F_2=s^2+5s+6$，$F'_2(s)=2s+5$，根据式（12.8）可求出待定系数为

$$k_1 = \left.\frac{F_1(s)}{F'_2(s)}\right|_{s=p_1} = \left.\frac{4s+5}{2s+5}\right|_{s=-2} = -3$$

$$k_2 = \left.\frac{F_1(s)}{F'_2(s)}\right|_{s=p_2} = \left.\frac{4s+5}{2s+5}\right|_{s=-3} = 7$$

将待定系数代入式（12.7），可得象函数为

$$F(s) = \frac{-3}{s+2} + \frac{7}{s+3}$$

根据式（12.9）可得原函数为

$$f(t) = -3\mathrm{e}^{-2t} + 7\mathrm{e}^{-3t}$$

2．$F_2(s)=0$ 有共轭复根

设共轭复根为 $p_1=\alpha+\mathrm{j}\omega$，$p_2=\alpha-\mathrm{j}\omega$，则

$$k_1 = \left.\frac{F_1(s)}{F'_2(s)}\right|_{s=\alpha+\mathrm{j}\omega}, \quad k_2 = \left.\frac{F_1(s)}{F'_2(s)}\right|_{s=\alpha-\mathrm{j}\omega}$$

显然 k_1、k_2 也为共轭复数，设 $k_1 = |k_1|\mathrm{e}^{\mathrm{j}\theta_1}$，$k_2 = |k_1|\mathrm{e}^{-\mathrm{j}\theta_1}$，则有

$$\begin{aligned} f(t) &= k_1 \mathrm{e}^{(\alpha+\mathrm{j}\omega)t} + k_2 \mathrm{e}^{(\alpha-\mathrm{j}\omega)t} = |k_1|\mathrm{e}^{\mathrm{j}\theta_1}\mathrm{e}^{(\alpha+\mathrm{j}\omega)t} + |k_1|\mathrm{e}^{-\mathrm{j}\theta_1}\mathrm{e}^{(\alpha-\mathrm{j}\omega)t} \\ &= |k_1|\mathrm{e}^{\alpha t}[\mathrm{e}^{\mathrm{j}(\omega t+\theta_1)} + \mathrm{e}^{-\mathrm{j}(\omega t+\theta_1)}] = 2|k_1|\mathrm{e}^{\alpha t}\cos(\omega t + \theta_1) \end{aligned} \tag{12.10}$$

例 12.8　求 $F(s)=\dfrac{s+3}{s^2+2s+5}$ 的原函数 $f(t)$。

解：由于 $F_2(s)=0$ 的根 $p_1=-1+\text{j}2$，$p_2=-1-\text{j}2$ 为共轭复根，所以

$$k_1=\left.\frac{F_1(s)}{F_2'(s)}\right|_{s=p_1}=\left.\frac{s+3}{2s+2}\right|_{s=-1+\text{j}2}$$

$$=0.5-\text{j}0.5=0.5\sqrt{2}\text{e}^{-\text{j}45^\circ}$$

$$k_2=|k_1|\text{e}^{-\text{j}\theta_1}=0.5\sqrt{2}\text{e}^{\text{j}45^\circ}$$

将待定系数代入式（12.10），可得原函数为（已知 $\alpha=-1$，$\omega=2$，$\theta_1=-45°$）

$$\begin{aligned}f(t)&=2|k_1|\text{e}^{\alpha t}\cos(\omega t+\theta_1)\\&=2\times0.5\sqrt{2}\text{e}^{-t}\cos(2t-45^\circ)\\&=\sqrt{2}\text{e}^{-t}\cos(2t-45^\circ)\end{aligned}$$

3．$F_2(s)=0$ 具有重根

设 p_1 为 $F_2(s)=0$ 的双重根，p_i 为其余单根（i 从 2 开始），则 $F(s)$可分解为

$$F(s)=\frac{k_{12}}{s-p_1}+\frac{k_{11}}{(s-p_1)^2}+\left(\frac{k_2}{s-p_2}+\cdots\right)\tag{12.11}$$

对于单根，仍采用前面的方法计算。

要确定式（12.11）中的待定系数 k_{11}、k_{12}，可将式（12.11）两边同乘$(s-p_1)^2$，可得

$$(s-p_1)^2F(s)=(s-p_1)k_{12}+k_{11}+(s-p_1)^2\left(\frac{k_2}{s-p_2}+\cdots\right)\tag{12.12}$$

显然，式（12.12）中，k_{11} 被单独分离出来，即

$$k_{11}=\left.(s-p_1)^2F(s)\right|_{s=p_1}$$

求式（12.12）对 s 的导数，且令 $s=p_1$，k_{12} 则被单独分离出来，得

$$k_{12}=\left.\frac{\text{d}}{\text{d}s}[(s-p_1)^2F(s)]\right|_{s=p_1}$$

可以继续这一求导过程以求得第 q 个系数 k_{1q}，即

$$k_{1q}=\left.\frac{1}{(q-1)!}\frac{\text{d}^{q-1}}{\text{d}s^{q-1}}\left[(s-p_1)^qF(s)\right]\right|_{s=p_1}\tag{12.13}$$

例 12.9　把 $F(s)=\dfrac{s+2}{(s+1)^2(s+3)}$ 用分解定理展开，并求其原函数 $f(t)$。

解：令 $F_2(s)=0$，则得 $F_2(s)=0$ 的二重根 $p_1=-1$ 和单根 $p_2=-3$，根据式（12.11），可得展开式为

$$F(s)=\frac{k_{12}}{s+1}+\frac{k_{11}}{(s+1)^2}+\frac{k_2}{s+3} \tag{12.14}$$

按照前面的讨论，可求得系数 k_{11}、k_{12} 为

$$k_{11}=[(s+1)^2F(s)]_{s=-1}=\left.\frac{s+2}{s+3}\right|_{s=-1}=0.5$$

$$k_{12}=\left.\frac{\mathrm{d}}{\mathrm{d}s}[(s-p_1)^2F(s)]\right|_{s=-1}=\left.\frac{\mathrm{d}}{\mathrm{d}s}\frac{s+2}{s+3}\right|_{s=-1}$$

$$=\left.\frac{1}{(s+3)^2}\right|_{s=-1}=0.25$$

系数 k_2 为

$$k_2=[(s+3)F(s)]_{s=-3}=\left.\frac{s+2}{(s+1)^2}\right|_{s=-3}=-0.25$$

将待定系数代入式（12.14）可得象函数为

$$F(s)=\frac{0.25}{s+1}+\frac{0.5}{(s+1)^2}-\frac{0.25}{s+3}$$

查表 12.1 得原函数为

$$f(t)=L^{-1}[F(s)]=0.25\mathrm{e}^{-t}+0.5t\mathrm{e}^{-t}-0.25\mathrm{e}^{-3t}$$

检验学习结果

在求拉氏反变换的过程中，出现单根、共轭复根和重根时如何处理？

12.4 应用拉氏变换分析线性电路

学习目标

熟悉运算阻抗和运算导纳，理解基尔霍夫定律的运算形式以及运算电路；掌握拉普拉斯变换法分析线性电路的方法和步骤。

我们常常希望在分析和计算电路时能找到一种更为简便的方法，它既不需要建立微分方程，也不需要确定非独立的或高阶的初始条件，同时它又能利用以前学过的诸多电路定理及分析方法，这样的方法就是本节介绍的运算法（也称复频域分析法）。运算法可将时域中的电路问题变换为复频域中的电路问题，并在复频域中应用电路定理及分析方法解决相应的问题，再通过拉普拉斯变换得到电路的时域响应。

由于在运算法中需将时域中的电路问题变换成复频域中对应的电路问题，因此，首先应确定时域中电路的 KCL、KVL 及 VCR 在复频域中对应的形式。

KCL 的时域表达式为

$$\sum i=0$$

对此式进行拉氏变换后可得

$$\sum I(s)=0 \tag{12.15}$$

式（12.15）是 KCL 的复频域形式表达式，它表明：对任一节点，流出该节点的所有支路电流的象函数的代数和恒等于零。

同理，KVL 的复频域形式表达式为

$$\sum U(s)=0 \tag{12.16}$$

式（12.16）表明：对任一回路，沿回路绕行一周，所有支路电压的象函数的代数和恒等于零。

12.4.1　单一参数的运算电路

单一参数的运算电路

1．电阻元件的运算电路

在时域电路中，图 12.2（a）所示为电阻元件的正弦交流电路，其中电压、电流的关系式为 $u_{\mathrm{R}}=Ri_{\mathrm{R}}$，对其进行拉氏变换可得

$$U_{\mathrm{R}}(s)=RI_{\mathrm{R}}(s) \tag{12.17}$$

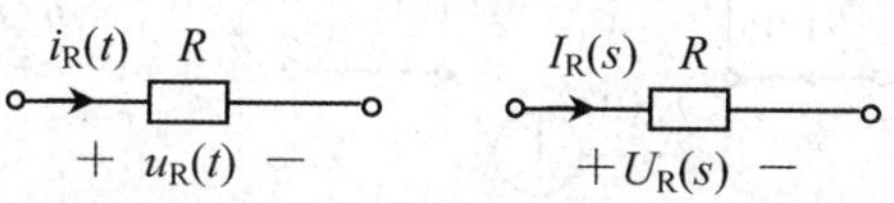

（a）电阻电路　　（b）电阻运算电路

图 12.2　电阻电路及其运算电路

此式为电阻元件上的电压电流复频域关系表达式，由此可得相应的运算电路如图 12.2（b）所示。显然欧姆定律在复频域中仍然成立。

2．电感元件的运算电路

在时域电路中，图 12.3（a）所示为电感元件的电路，其中电压、电流关系式为

$$u_{\mathrm{L}}=L\frac{\mathrm{d}i_{\mathrm{L}}}{\mathrm{d}t}$$

或

$$i_{\mathrm{L}}=\frac{1}{L}\int_{0-}^{t}u_{\mathrm{L}}(\xi)\mathrm{d}\xi+i_{\mathrm{L}}(0_-)$$

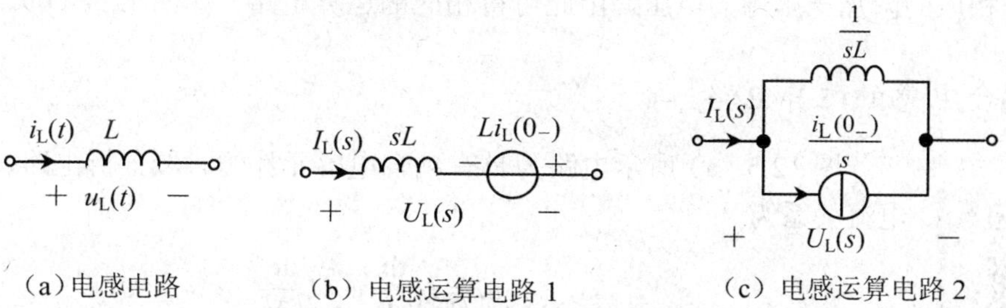

（a）电感电路　　（b）电感运算电路 1　　（c）电感运算电路 2

图 12.3　电感电路及其运算电路

对上述两式进行拉氏变换可得

$$\begin{aligned} U_{\mathrm{L}}(s) &= sLI_{\mathrm{L}}(s) - Li_{\mathrm{L}}(0_-) \\ I_{\mathrm{L}}(s) &= \frac{1}{sL}U_{\mathrm{L}}(s) + \frac{i_{\mathrm{L}}(0_-)}{s} \end{aligned} \tag{12.18}$$

式（12.18）为电感元件上电压、电流的复频域关系表达式。式中，sL 是电感元件的运算阻抗；$Li_{\mathrm{L}}(0_-)$ 是反映电感元件中初始电流作用的附加电压源；$\frac{1}{sL}$ 是电感元件的运算导纳；$\frac{i_{\mathrm{L}}(0_-)}{s}$ 则是相应的附加电流源的电流。由此可得出相应的运算电路，如图 12.3（b）、（c）所示。

3．电容元件的运算电路

在时域电路中，电容元件的正弦交流电路如图 12.4（a）所示，其中电压、电流关系式为

$$i_{\mathrm{C}} = C\frac{\mathrm{d}u_{\mathrm{C}}}{\mathrm{d}t}$$

或

$$u_{\mathrm{C}} = \frac{1}{C}\int_{0-}^{t} i_{\mathrm{C}}(\xi)\mathrm{d}\xi + u_{\mathrm{C}}(0_-)$$

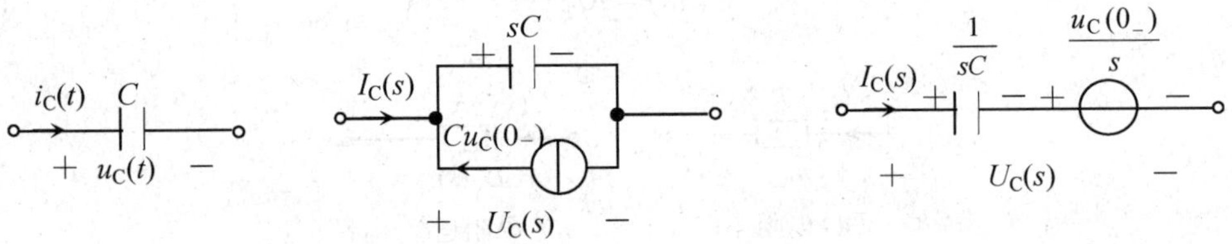

（a）电容电路　　（b）电容运算电路 1　　（c）电容运算电路 2

图 12.4　电容电路及其运算电路

对上述两式进行拉氏变换可得

$$\begin{aligned} I_{\mathrm{C}}(s) &= sCU_{\mathrm{C}}(s) - Cu_{\mathrm{C}}(0_-) \\ U_{\mathrm{C}}(s) &= \frac{1}{sC}I_{\mathrm{C}}(s) + \frac{u_{\mathrm{C}}(0_-)}{s} \end{aligned} \tag{12.19}$$

式（12.19）为电容元件上电压、电流的复频域关系表达式。式中，sC 是运算电路中的运算导纳；$Cu_{\mathrm{C}}(0_-)$是反映电容元件中初始电压作用的附加电流源；$\frac{1}{sC}$ 是电容元件的运算阻抗；$\frac{u_{\mathrm{C}}(0_-)}{s}$ 则是相应的附加电压源的电压。由此可得相应的运算电路，如图 12.4（b）、（c）所示。

12.4.2　耦合电感的运算电路

耦合电感的运算电路

图 12.5（a）所示电路为具有耦合电感元件的时域分析电路，其中电压、电流关系为

$$\begin{aligned} u_1 &= L_1\frac{\mathrm{d}i_1}{\mathrm{d}t} + M\frac{\mathrm{d}i_2}{\mathrm{d}t} \\ u_2 &= L_2\frac{\mathrm{d}i_2}{\mathrm{d}t} + M\frac{\mathrm{d}i_1}{\mathrm{d}t} \end{aligned}$$

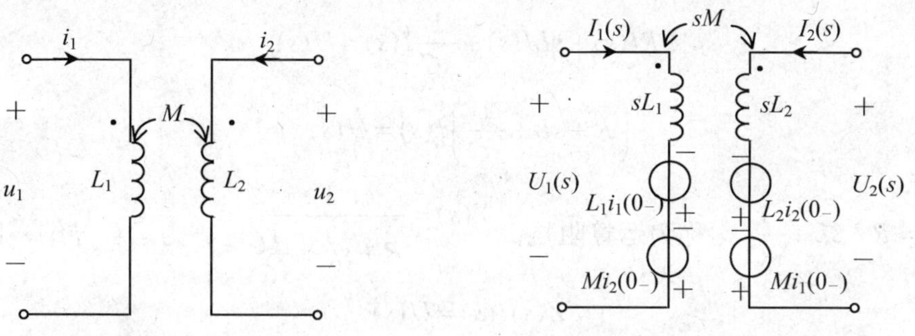

（a）耦合电感电路　　（b）耦合电感的运算电路

图 12.5　耦合电感的电路及其运算电路

对上述两电压方程分别进行拉氏变换可得

$$
\begin{aligned}
U_1(s) &= sL_1I_1(s) + sMI_2(s) - L_1i_1(0_-) - Mi_2(0_-) \\
U_2(s) &= sL_2I_2(s) + sMI_1(s) - L_2i_2(0_-) - Mi_1(0_-)
\end{aligned} \tag{12.20}
$$

式（12.20）为耦合电感元件的电压、电流关系的复频域形式，与其相对应的运算电路如图 12.5（b）所示。图中 sM 称为互感的运算阻抗；$Mi_1(0_-)$和 $Mi_2(0_-)$都是互感的附加电压源。

如电路中存在受控源、理想变压器等电路元件时，其复频域形式的运算电路都可以根据它们在时域电路中的特性方程经拉氏变换求得，相应的运算电路与时域电路基本相似。这些内容本节就不一一赘述了。

应用拉氏变换分析线性电路

12.4.3　应用拉氏变换分析线性电路

以图 12.6 所示的 *RLC* 串联电路为例，讨论如何由时域电路建立相应的运算电路，以及如何在运算电路中解出待求电流 i 的象函数 $I(s)$。

设动态元件中的原始储能等于零。将图 12.6（a）中各元件均用对应的运算电路模型来代替，即各电压、电流用象函数表示时，可得到如图 12.6（b）所示的运算电路。

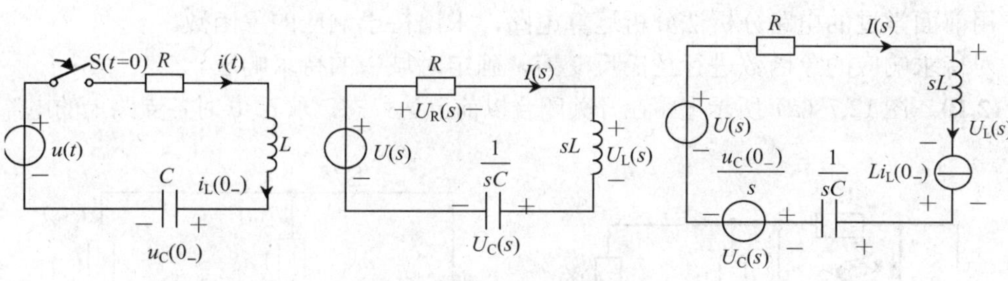

（a）　　（b）　　（c）

图 12.6　RLC 串联电路

对图 12.6（b）所示运算电路，应用 KVL 定律可得

$$U_R(s) + U_L(s) + U_C(s) = U(s)$$

式中　　$U_R(s) = RI(s)$；$U_L(s) = sLI(s)$；$U_C(s) = \dfrac{1}{sC}I(s)$

将它们代入 KVL 方程，有

$$RI(s)+sLI(s)+\frac{1}{sC}I(s)=U(s)$$

即

$$\left(R+sL+\frac{1}{sC}\right)I(s)=U(s)$$

令 $Z(s)=R+sL+\dfrac{1}{sC}$，称为运算阻抗； $Y(s)=\dfrac{1}{R+sL+\dfrac{1}{sC}}$，称为运算导纳，则有

$$Z(s)I(s)=U(s)$$

或

$$\frac{I(s)}{Y(s)}=U(s)$$

由此可得

$$I(s)=\frac{U(s)}{Z(s)} \quad \text{或} \; I(s)=U(s)Y(s) \qquad (12.21)$$

式（12.21）称为 *RLC* 串联电路欧姆定律的复频域形式，其中的运算阻抗 $Z(s)$和运算导纳 $Y(s)$之间具有 $Z(s)Y(s)=1$ 的关系。

若动态元件的初始值不为零，则得到有附加电源的运算电路，如图 12.6（c）所示。

由上述分析可知，在线性电路的运算法中，运算电路除增加了反映初始条件的附加电源外，在形式上和正弦交流电路的相量法完全相似。因此，本章之前介绍的所有的电路分析方法和电路定理，从形式上完全可以移用于运算法中。应用这些方法和定理时，要根据运算电路列出必要的代数方程，解出待求响应的象函数，然后利用拉氏反变换求出时域的电路响应。

采用运算法分析和计算线性电路，不需要列出电路的微分方程，而且初始条件已考虑在附加电源之中，不必再确定积分常数。因此，运算法较时域分析中的经典法优越。

应用运算法分析线性电路的一般步骤如下。

① 确定和计算各储能元件的初始条件。

② 将 $t \geqslant 0_+$时的时域电路变换为相应的运算电路。

③ 用前面学过的电路分析法分析运算电路，求出待求响应的象函数。

④ 对待求响应的象函数进行拉氏反变换，确定时域中的待求响应。

例 12.10 图 12.7（a）所示电路在开关闭合以前已达稳态，求 $t \geqslant 0$ 时各支路上的电流响应。

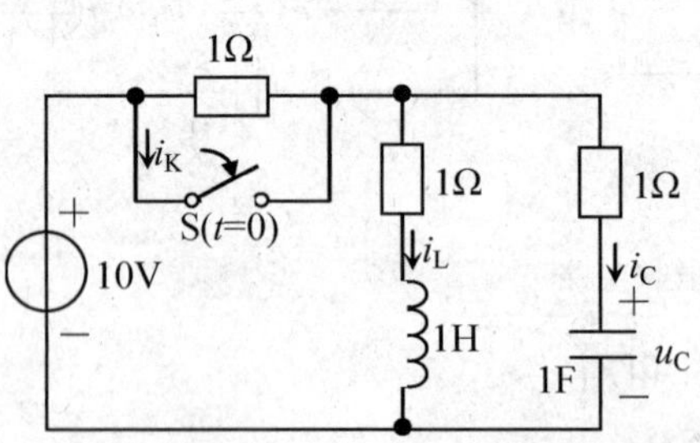

（a）例 12.10 电路模型

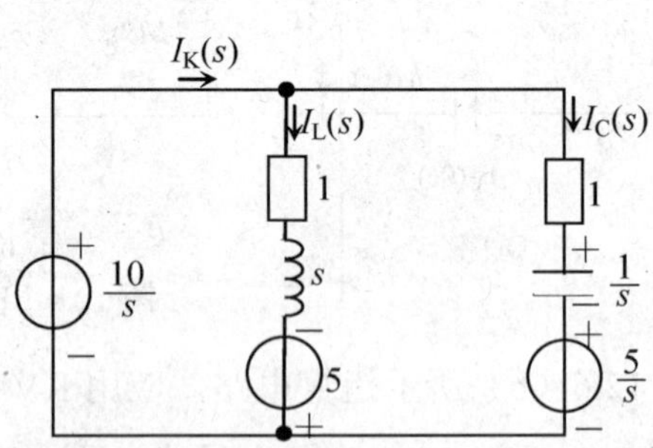

（b）例 12.10 运算电路模型

图 12.7 例 12.10 电路及运算电路

解：首先确定储能元件电感和电容的初始条件 $i_L(0_-)$ 和 $u_C(0_-)$。由图 12.7（a）可看出，开

关闭合前由于电路已达稳态，因此在 t=0₋时电感元件相当于短路，电容元件相当于开路，有

$$i_L(0_-)=\frac{10}{1+1}=5(\text{A})$$

$$u_C(0_-)=i_L(0_-)\times 1=5\times 1=5(\text{V})$$

由此可作出相应的运算电路，如图 12.7（b）所示。

根据运算电路求解各支路电流的象函数。$I_L(s)$和$I_C(s)$两支路并联接于$\frac{10}{s}$的电压源，因此直接可得两支路电流的象函数为

$$I_L(s)=\frac{\frac{10}{s}+5}{1+s}=\frac{10+5s}{s(1+s)}=\frac{10}{s}-\frac{5}{s+1}$$

$$I_C(s)=\frac{\frac{10}{s}-\frac{5}{s}}{1+\frac{1}{s}}=\frac{\frac{10-5}{s}}{\frac{s+1}{s}}=\frac{5}{s+1}$$

再对上面结点列 KCL 方程可得

$$I_K(s)=I_L(s)+I_C(s)=\frac{10}{s}-\frac{5}{s+1}+\frac{5}{s+1}=\frac{10}{s}$$

对各支路电流进行拉氏反变换，即可得到各支路电流的时域响应为

$$\left.\begin{aligned}&i_L(t)=(10-5\text{e}^{-t})\text{A}\\&i_C(t)=5\text{e}^{-t}\text{A}\\&i_K(t)=10\text{A}\end{aligned}\right\}t\geqslant 0_+$$

例 12.11　图 12.8（a）所示电路在开关动作之前已达稳态。已知 I_S=10A，R_1=R_2=40Ω，L=4H，C=0.01F。开关 S 在 t=0 时断开，求 $t\geqslant 0_+$时电容元件上的电压响应。

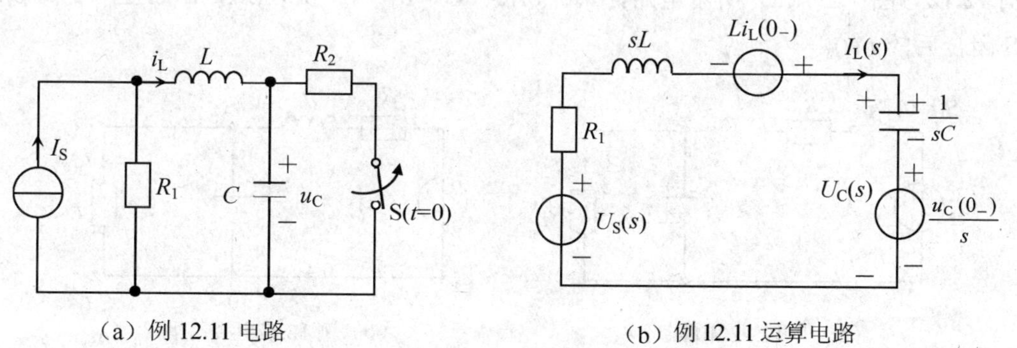

（a）例 12.11 电路　　（b）例 12.11 运算电路

图 12.8　例 12.11 电路及运算电路

解：根据题意，先求 t=0₋时电路中储能元件上的初始值，即

$$i_L(0_-)=I_S\frac{R_1}{R_1+R_2}=10\times\frac{1}{2}=5(\text{A})$$

$$u_C(0_-) = i_L(0_-)R_2 = 5\times 40 = 200(\text{V})$$

由此可画出相应的运算电路，如图 12.8（b）所示。

运算电路中与电阻 R_1 相串联的电压源 $U_S(s)$是由时域电路中的恒流源 I_S 及与它相并联的电阻 R_1经过等效变换得出的，其象函数为

$$U_S(s) = L[I_S R_1] = L[10\times 40] = \frac{400}{s}$$

由图 12.8（b）可算出电感中通过的电流的象函数为

$$I_L(s) = \frac{U_S(s) + Li_L(0_-) - \dfrac{u_C(0_-)}{s}}{R_1 + sL + \dfrac{1}{sC}} = \frac{\dfrac{400}{s} + 20 - \dfrac{200}{s}}{40 + 4s + \dfrac{100}{s}}$$

$$= \frac{\dfrac{200+20s}{s}}{\dfrac{40s + 4s^2 + 100}{s}} = \frac{200+20s}{40s+4s^2+100}$$

$$= \frac{5s+50}{s^2+10s+25}$$

因此，电容元件两端的电压象函数为

$$U_C(s) = \frac{1}{sC}I_L(s) + \frac{u_C(0_-)}{s}$$

$$= \frac{1}{0.01s}\times\frac{5s+50}{s^2+10s+25} + \frac{200}{s}$$

$$= \frac{400}{s} - \frac{500}{(s+5)^2} - \frac{200}{s+5}$$

查表 12.1 即可得出电容电压的时域响应为

$$u_C(t) = (400 - 500t\text{e}^{-5t} - 200\text{e}^{-5t})\text{V} \qquad (t \geqslant 0_+)$$

例 12.12 图 12.9（a）所示电路，$u_S = 0.1\text{e}^{-5t}\text{V}$，$R_1$=1Ω，$R_2$=2Ω，$L$=0.1H，$C$=0.5F，求开关 S 闭合后的 $i_2(t)$。

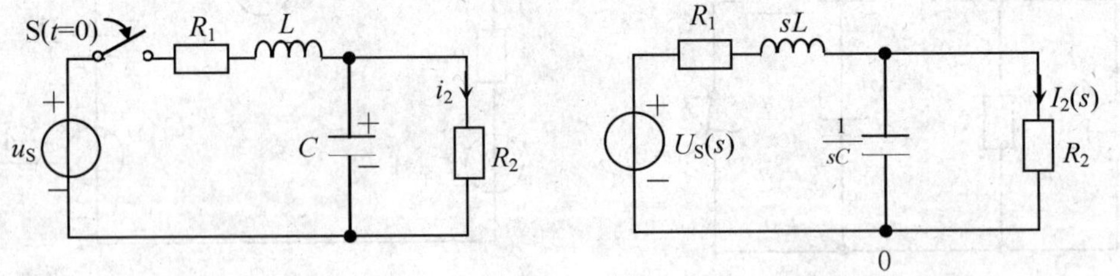

（a）例 12.12 电路　　（b）例 12.12 运算电路

图 12.9　例 12.12 电路图

解： 由于开关闭合前电路为零状态，所以 $i_L(0_-)$=0，$u_C(0_-)$=0，求 u_S 的拉氏变换为

$$U_S(s)L[u_S(t)] = L[0.1\text{e}^{-5t}] = \frac{0.1}{s+5}$$

画出该电路的运算电路，如图 12.9（b）所示。应用结点电压法，设 0 点为参考结点，结点电压 $U_1(s)$就是电压 $U_{R2}(s)$，列结点电压方程为

$$\left(\frac{1}{R_1+sL}+sC+\frac{1}{R_2}\right)U_1(s)=\frac{U_S(s)}{R_1+sL}$$

代入数据后得

$$U_1(s)=U_{R2}(s)=\frac{2}{(s+5)(s^2+11s+30)}=\frac{2}{(s+5)^2(s+6)}$$

$$I_2(s)=\frac{U_{R2}(s)}{R_2}=\frac{1}{(s+5)^2(s+6)}$$

当 $F_2(s)=0$ 时有两重根 $p_1=-5$ 和单根 $p_2=-6$，则

$$k_{11}=(s+5)^2F(s)\Big|_{s=-5}=\frac{1}{s+6}\Big|_{s=-5}=1$$

$$k_{12}=\frac{\mathrm{d}}{\mathrm{d}s}[(s+5)^2F(s)\Big|_{s=-5}=\frac{\mathrm{d}}{\mathrm{d}s}\left(\frac{1}{s+6}\right)\Big|_{s=-5}=\frac{-1}{(s+6)^2}\Big|_{s=-5}=-1$$

$$k_2=\frac{F_1(s)}{F_2{}'(s)}\Big|_{s=-6}=\frac{1}{3s^2+32s+85}\Big|_{s=-6}=1$$

于是

$$I_2(s)=\frac{k_{12}}{s+5}+\frac{k_{11}}{(s+5)^2}+\frac{k_2}{s+6}=\frac{-1}{s+5}+\frac{1}{(s+5)^2}+\frac{1}{s+6}$$

最后进行拉氏反变换可得

$$i_2(t)=(-\mathrm{e}^{-5t}+t\mathrm{e}^{-5t}+\mathrm{e}^{-6t})\mathrm{A}$$

检验学习结果

12.4.1　对单个正弦半波，你能否求出其拉氏变换？

12.4.2　对零状态线性电路进行复频域分析时，能否应用叠加定理？若为非零状态，即运算电路中存在附加电源时，能否应用叠加原理？

小结

1．时域函数 $f(t)$的拉普拉斯变换定义为

$$F(s)=\int_{0_-}^{\infty}f(t)\mathrm{e}^{-st}\mathrm{d}t$$

$F(s)$称为 $f(t)$的象函数，$f(t)$则称为 $F(s)$的原函数，复变量 $s=c+\mathrm{j}\omega$ 称为复频率。

2．设 $L[f(t)]=F(s)$，则拉氏变换的基本性质如下。

（1）线性性质　$L[Af_1(t)\pm Bf_2(t)]=AF_1(s)\pm BF_2(s)$

（2）微分性质　$L[f'(t)]=sF(s)-f(0_-)$

（3）积分性质　$L[\int_{0_-}^{t}f(\xi)\mathrm{d}\xi]=\frac{1}{s}L[f(t)]=\frac{F(s)}{s}$

（4）延时性质　　$L[f(t-t_0)\varepsilon(t-t_0)]=\mathrm{e}^{-st_0}F(s)$

3．将象函数形式的解变换成时域响应的过程称为拉氏反变换。

对于较简单的函数，可以直接查表 12.1。对于较复杂的函数，必须先进行恰当的数学处理，使复杂函数分解为几个简单项之和，使得这些简单项都可以在拉氏变换表中查到，这种方法称为分解定理，也是进行拉氏反变换的主要方法。

4．在复频域中，KCL、KVL 仍然成立，电阻、电感和电容元件的 VCR 均为代数方程。当动态元件的初始条件不为零时，应特别注意附加电源的参考方向与 $i_L(0_-)$ 或 $u_C(0_-)$ 的参考方向的关系。

5．应用拉氏变换分析线性电路的一般步骤为：①确定储能元件的初始条件；②画出运算电路；③应用任何一种分析方法对运算电路进行分析或计算，求出响应的象函数；④对求得的象函数进行拉氏反变换，即可得时域响应。

第 12 章　习题

一、填空题

1．拉普拉斯变换是研究线性________系统的一种数学工具，它可将一个________函数变换为一个________函数，简记为 $F(s)=L[f(t)]$。

2．$F(s)$是________函数，与它相对应的 $f(t)$称为________函数，或者称为 $F(s)$的________函数。不同的________函数 $f(t)$和不同的________函数 $F(s)$之间有着一一对应的关系，称为拉氏变换中的________性。

3．________定理是拉氏变换的主要分析方法。拉氏变换中，把原函数求导数的运算转换成象函数乘以 s 后减初值的代数运算的性质称为拉氏变换中的________性质；原函数在时域中积分后的拉氏变换等于该函数的象函数除以复变量 s 的性质称为拉氏变换中的________性质。

4．在求拉氏反变换的过程中，$F_2(s)$的根可以有________根、________根和________根 3 种情况。

5．能将时域中的电路问题变换为复频域中的电路问题的分析法称为________法，这种方法也称为复频域分析法。

6．运算电路中，电感元件的运算阻抗是________，运算导纳是________。

7．运算电路中，电容元件的运算阻抗是________，运算导纳是________。

二、判断题

1．拉普拉斯变换是研究线性时变系统的一种数学工具。　（　）

2．拉氏变换就是要将一个复频域函数变换为一个时域函数。　（　）

3．拉氏反变换就是要将一个复频域函数变换为一个时域函数。　（　）

4．电感元件的运算阻抗是 sL，电容元件的运算阻抗是 sC。　（　）

5．分解定理是进行拉氏反变换的主要方法。　（　）

三、选择题

1．正弦函数 $\sin\omega t$ 的拉普拉斯变换为（　　）。

A. $\dfrac{\omega}{s^2+\omega^2}$　　B. $\dfrac{s}{s^2+\omega^2}$　　C. $\dfrac{\omega}{s+\omega}$　　D. $\dfrac{1}{s^2+\omega^2}$

2．已知 $F(s)=\dfrac{1}{s^2+2s+5}$，其拉氏反变换 $f(t)=$（　　）。

A. $\mathrm{e}^{-2t}\cos t$　　B. $\mathrm{e}^{-2t}\sin t$　　C. $\mathrm{e}^{2t}\cos t$　　D. $\mathrm{e}^{2t}\sin t$

3．已知函数 $f(t)=\mathrm{e}^{-(t-2)}$，其拉氏变换为（　　）。

A. $\dfrac{1}{s+1}$　　B. $\dfrac{\mathrm{e}^{2t}}{s-1}$　　C. $\dfrac{\mathrm{e}^{-2t}}{s+1}$　　D. $\dfrac{\mathrm{e}^{-2t}}{s-1}$

四、计算题

1．求下列各函数的象函数。

（1）$f(t)=\sin(\omega t+\varphi)$；　　（2）$f(t)=\mathrm{e}^{-\alpha t}(1-\alpha t)$；

（3）$f(t)=t\cos(\alpha t)$；　　（4）$f(t)=t+2+3\delta(t)$。

2．求下列各象函数的原函数。

（1）$F(s)=\dfrac{(s+1)(s+3)}{s(s+2)(s+4)}$；　　（2）$F(s)=\dfrac{s^2+6s+8}{s^2+4s+3}$；

（3）$F(s)=\dfrac{s^3}{s(s^2+3s+2)}$；　　（4）$F(s)-\dfrac{s+1}{s^3+2s^2+2s}$。

3．电路如图 12.10 所示，试用运算法求 $U_C(s)$及 $u_C(t)$。

4．图 12.11 所示电路在零初始条件下 $i_S(t)=\mathrm{e}^{-3t}\varepsilon(t)\mathrm{A}$，$C=1\mathrm{F}$，$L=1\mathrm{H}$，$R=0.5\Omega$，试求电阻两端电压。

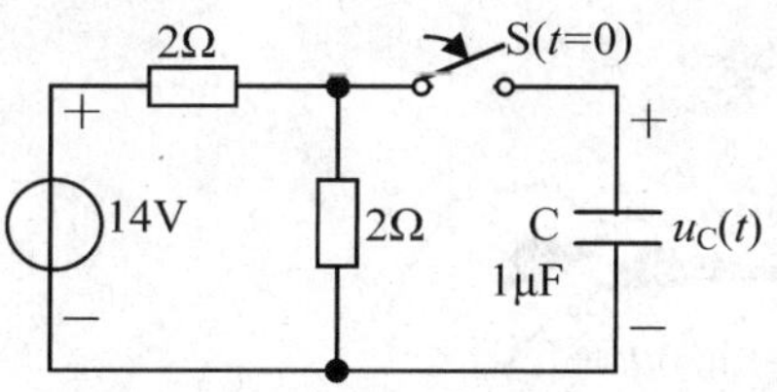

图 12.10　计算题 3 电路

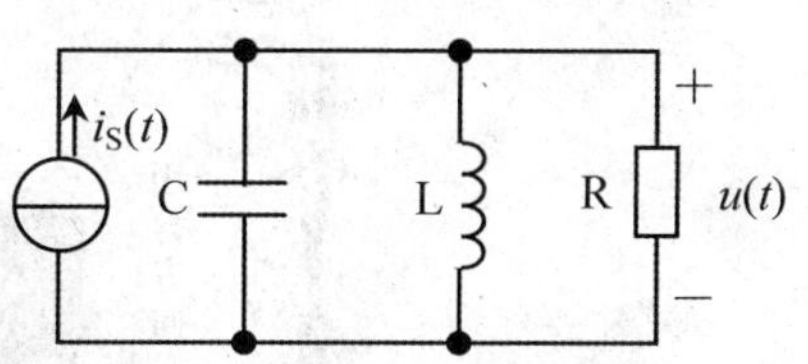

图 12.11　计算题 4 电路

技能训练

实训项目　常用电工工具的使用及配盘练习

本项目的任务是：使学生了解行业规范所要求的电工工艺基本知识，初步掌握最基本的电工工具的操作技能，培养学生分析问题和解决问题的能力，提高实际动手能力，加强职业道德观念。

一、常用电工工具的使用

1．螺丝刀的用途及操作方法

螺丝刀也称为螺丝起子、螺钉旋具、改锥等，用来紧固或拆卸螺钉。按照螺丝刀头部形状的不同，可分为平头螺丝刀和十字头螺丝刀两种；按照螺丝刀手柄材料和结构的不同，可分为木柄、塑料柄、夹柄和金属柄 4 种。

（1）十字头螺丝刀

十字头螺丝刀如图 12.12 所示。十字头螺丝刀主要用来旋转十字槽形的螺钉、木螺钉和自攻螺钉等。产品有多种规格，通常说的大、中、小螺丝刀是用手柄以外的刀体长度来表示的，常用的有 100mm、150mm、200mm、300mm 和 400mm 等几种。使用时应注意根据螺钉的大小选择不同规格的螺丝刀。使用十字头螺丝刀时，应注意使旋杆端部与螺钉槽相吻合，否则容易损坏螺丝刀和螺钉的十字槽。

（2）平头螺丝刀

平头螺丝刀如图 12.13 所示。平头螺丝刀主要用来旋转一字槽形的螺钉、木螺钉和自攻螺钉等。产品规格与十字头螺丝刀类似，常用的也是 100mm、150mm、200mm、300mm 和 400mm 等几种。使用时应注意根据螺钉的大小选择不同规格的螺丝刀。若用较小的螺丝刀来旋拧大号的螺钉，很容易损坏螺丝刀；若用较大的螺丝刀来旋拧小号的螺钉，又易于把螺钉拧坏。

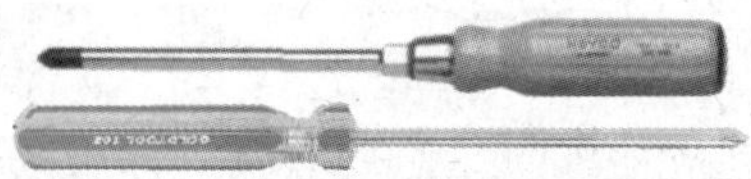

图 12.12　十字头螺丝刀

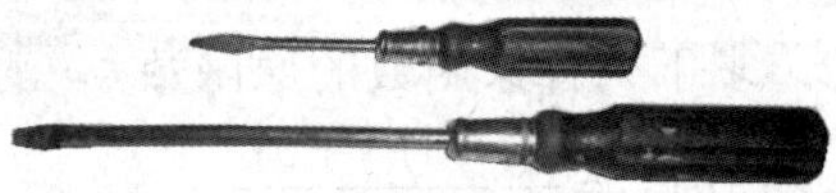

图 12.13　平头螺丝刀

（3）螺丝刀的具体使用方法

当所需旋紧的螺钉不需用太大力量时，握法如图 12.14（a）所示，其中食指是对螺丝刀起固定作用，其余手指旋转螺丝刀；若旋转螺钉需较大力气时，握法如图 12.14（b）所示：上紧螺钉时，手紧握柄，用力顶住，使螺丝刀紧压在螺钉上，以顺时针的方向旋转为上紧，逆时针为下卸。

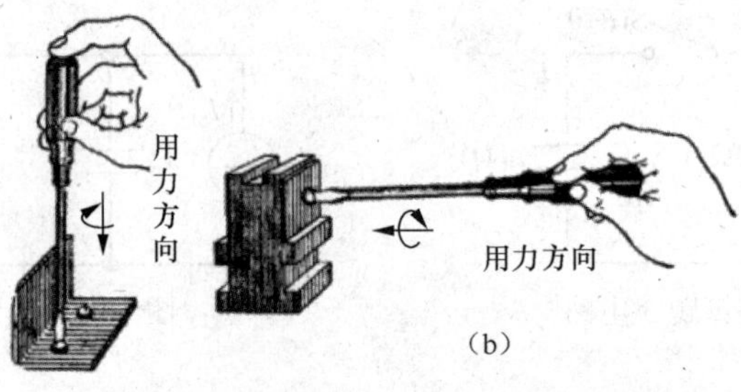

（a）　（b）

图 12.14　螺丝刀使用方法

2．验电笔的使用方法

验电笔如图 12.15 所示。这里主要介绍低压验电器的使用。低压验电器能检查低压线路和电气设备外壳是否带电。为便于携带，低压验电器通常做成笔状，前段是金属探头，内部依次装有安全电阻、氖管和弹簧。弹簧与笔尾的金属体相接触。使用时，手应与笔尾的金属体相接触。验电笔的测电压范围为 60～500V（严禁测高压电）。使用前，务必先在正常电源上验证氖管能否正常发光，以确认验电笔验电可靠。由于氖管发光微弱，在明亮的光线下测试时，应当避光检测。

图 12.15　验电笔

检测线路或电气设备外壳是否带电时，应手指触及验电笔尾部金属体，氖管背光朝向使用者，以便验电时观察氖管辉光情况。验电笔的正确握法如图 12.16 所示，其中图 12.16（a）

为笔式验电笔的握法，图 12.16（b）是螺钉旋具式验电笔的握法。

3．钢丝钳的用途及操作方法

钢丝钳如图 12.17 所示，其主要用途是用手夹持或切断金属导线，带刃口的钢丝钳还可以用来夹断钢丝。钢丝钳的规格有 150mm、175mm、200mm 三种，均带有橡胶绝缘套管，可适用于 500V 以下的带电作业。图 12.18 所示为钢丝钳使用方法简图。

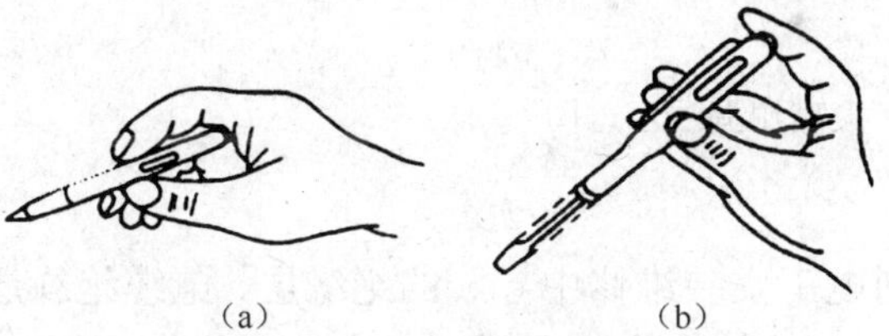

（a）　（b）

图 12.16　验电笔正确握法

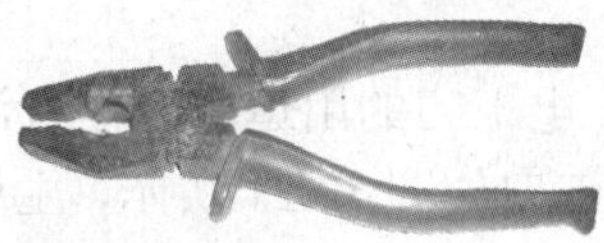

图 12.17　钢丝钳

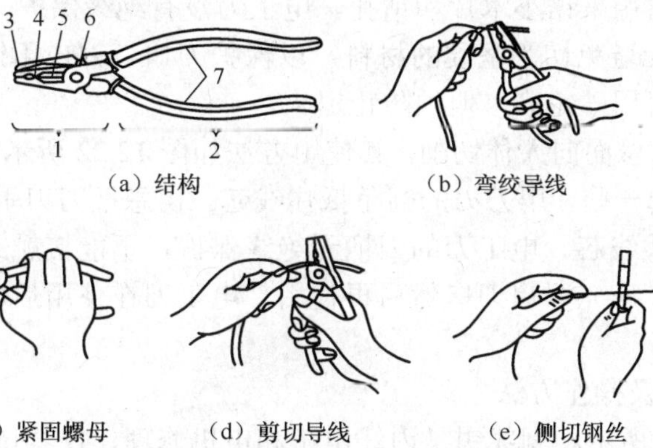

（a）结构　（b）弯绞导线

（c）紧固螺母　（d）剪切导线　（e）侧切钢丝

图 12.18　钢丝钳的使用方法示意图

1—钳头部分；2—钳柄部分；3—钳口；4—齿口；5—刀口；6—铡口；7—绝缘套

使用钢丝钳的时候应注意以下事项。

① 使用之前，应注意保护钢丝钳的绝缘套管，以免划伤失去绝缘作用。绝缘手柄的绝缘性能良好，是保证带电作业时操作人员人身安全的重要保障。

② 用钢丝钳剪切带电导线时，严禁用刀口同时剪切相线和零线，或同时剪切两根相线，以免发生短路事故。

③ 不可将钢丝钳当锤子用以敲打使用，以免刃口错位、转动轴失圆而影响正常使用。

4．尖嘴钳的用途及操作方法

尖嘴钳如图 12.19 所示，它是电工(尤其是内线电工)常用的工具之一。尖嘴钳的主要用途是夹捏工件或导线，或用来剪切线径较细的单股与多股线以及给单股导线接头弯圈、剥塑料绝缘层等。

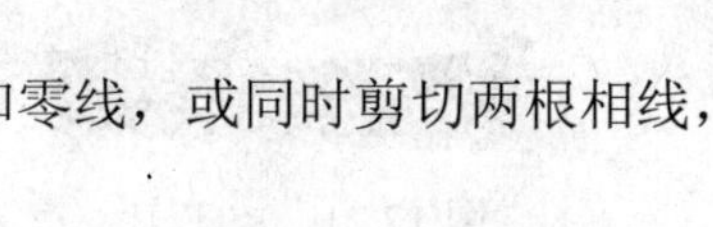

图 12.19　尖嘴钳

尖嘴钳特别适宜于狭小的工作区域，规格有 130mm、160mm、180mm 三种。电工用的尖嘴钳带有绝缘套管，有的带有刃口，可以剪切细小零件。尖嘴钳的使用方法及注意事项与钢丝钳基本类同。尖嘴钳的握法如图 12.20 所示。

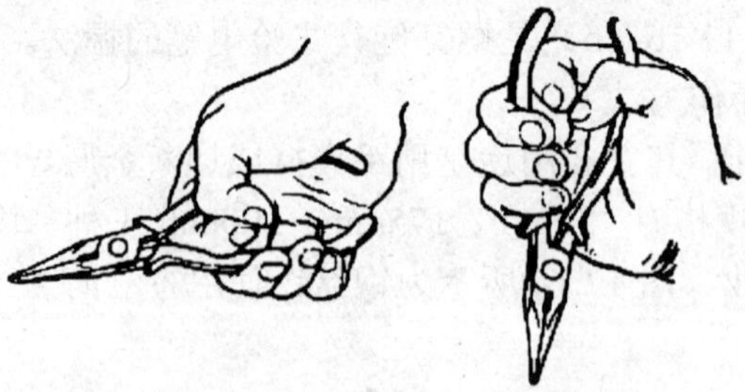

（a）平握法　　（b）立握法

图 12.20　尖嘴钳握法示意图

5．电工刀的用途及操作方法

电工刀如图 12.21 所示，主要用来切削电工安装维修中导线的绝缘层、电缆绝缘层、木槽板等。普通的电工刀由刀片、刀刃、刀把、刀挂等构成。不用时，应把刀片收缩到刀把内。

电工刀的规格有大号、小号之分，大号刀片长 112mm，小号刀片长 88mm。有的电工刀上带有锯片和锥子，可用来锯小木片和钻孔。电工刀没有绝缘保护，禁止带电作业。

电工刀在使用时应避免切割坚硬的材料，以保护刀口。刀口用钝后，可用油石磨。如果刀刃部分损坏较重，可用砂轮磨，但须防止退火。

使用电工刀时，切忌面向人体切削，其使用方法如图 12.22 所示。用电工刀剖削电线绝缘层时，可把刀略微翘起一些，用刀刃的圆角抵住线芯。切忌把刀刃垂直对着导线切割绝缘层，因为这样容易割伤电线线芯。电工刀的刀柄无绝缘保护，不能接触或剖削带电导线及器件。新电工刀的刀口较钝，应先开启刀口然后再使用。电工刀在使用后应随即将刀身折进刀柄，以避免伤手。

6．剥线钳的用途及操作方法

剥线钳如图 12.23 所示。剥线钳是内线电工和电机修理、仪器仪表电工的常用工具之一。剥线钳适用于直径 3mm 及以下的塑料或橡胶绝缘电线、电缆芯线的剥皮。

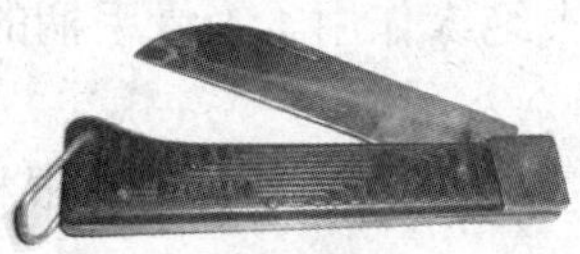

图 12.21　电工刀

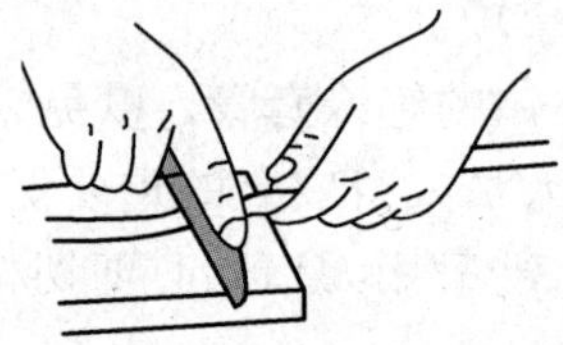

图 12.22　电工刀正确用法示意图

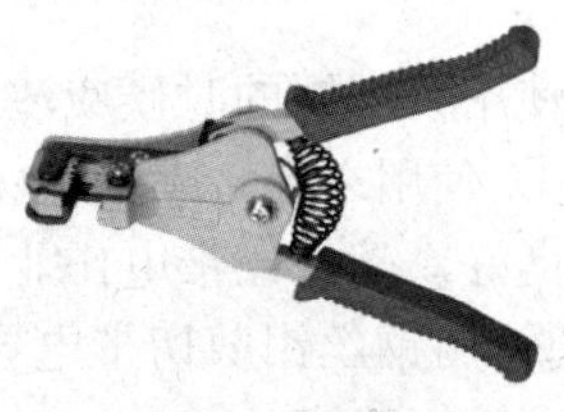

图 12.23　剥线钳

剥线钳由钳口和手柄两部分组成。剥线钳钳口分有 0.5～3mm 的多个直径刃口，用来与不同规格线芯直径相匹配。剥线钳也装有绝缘套。

剥线钳的使用方法是，将待剥皮的线头置于钳头的某相应刃口中，用手将两钳柄果断地一捏，随即松开，绝缘皮便与芯线脱开。

剥线钳在使用时要注意选好刀刃孔径，当刀刃孔径选大时难以剥离绝缘层，若刀刃孔径选小时又会切断芯线，只有选择合适的孔径才能达到剥线钳的使用目的。

7．活络扳手的用途及操作方法

活络扳手如图 12.24 所示。活络扳手又叫活扳手，主要用来旋紧或拧松有角螺钉或螺母，也是常用电工工具之一。电工常用的活络扳手有 200mm、250mm 和 300mm 三种尺寸，实际应用中应根据螺母的大小选配合适的活络扳手。

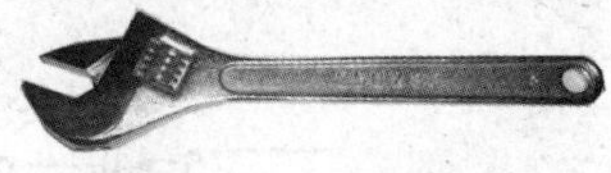

图 12.24　活络扳手

图 12.25 所示为活络扳手的使用方法示意图。其中图 12.25（a）所示为一般握法，显然手越靠后，扳动起来越省力。

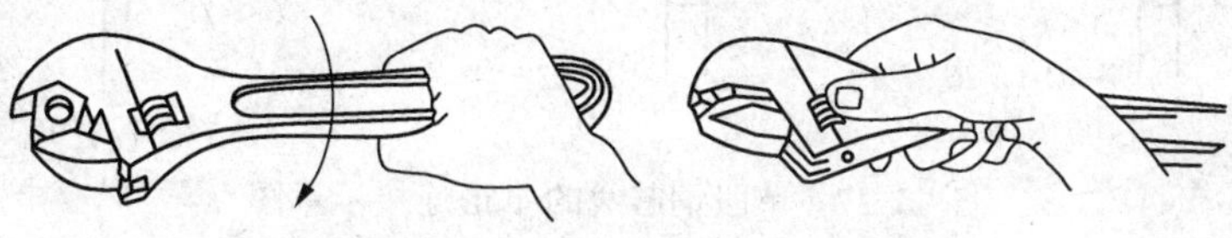

（a）　（b）

图 12.25　活络扳手使用方法示意图

图 12.25（b）是调整扳口大小的方法。用右手大拇指调整蜗轮，不断地转动蜗轮扳动小螺母，根据需要调节扳口的大小，调节时手应握在靠近扳唇的位置。

使用活络扳手时，应右手握手柄。在扳动生锈的螺母时，可在螺母上滴几滴煤油或机油，这样就好拧动了。若拧不动螺母时，切不可采用钢管套在活络扳手的手柄上来增加扭力，因为这样极易损伤活络扳唇。另外，不可把活络扳手当锤子用，以免损坏。

二、导线的连接方法

1．单股铜芯线的直线连接

首先，用电工刀剖削两根连接导线的绝缘层及氧化层，注意电工刀口在需要剖削的导线上与导线成 45° 夹角，斜切入绝缘层，然后以 25° 倾斜推削，将剖开的绝缘层齐根剖削，不要伤着线芯。

然后，让剖削好的两根裸露连接线头成 X 形交叉，互相绞绕 2～3 圈；然后扳直两线头，再将每根线头在线芯上紧贴并绕 3～5 圈，将多余的线头用钢丝钳剪去，并钳平线芯的末端及切口毛刺，操作如图 12.26 所示。

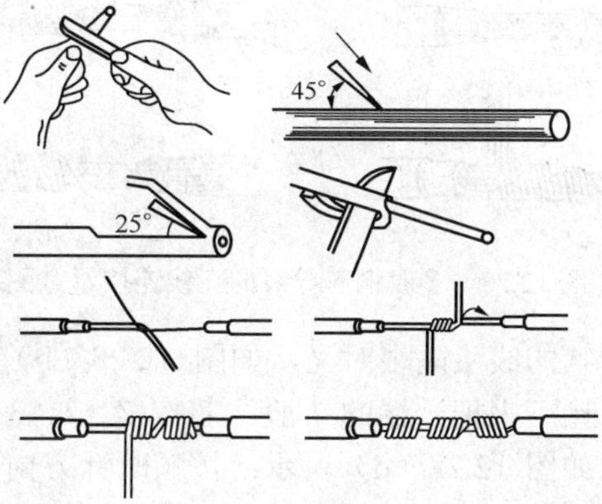

图 12.26　单股铜芯线的直线连接示意图

2．单股铜芯线的 T 形连接

首先，把去除绝缘层及氧化层的支路线芯的线头与干线线芯十字相交，使支路线芯根部留出 3～5mm 裸线，如图 12.27（a）所示。

然后，把支路线芯按顺时针方向贴干线线芯密绕 6～8 圈，用钢丝钳切去余下线芯，并钳平线芯末端及切口毛刺，如图 12.27（b）所示。

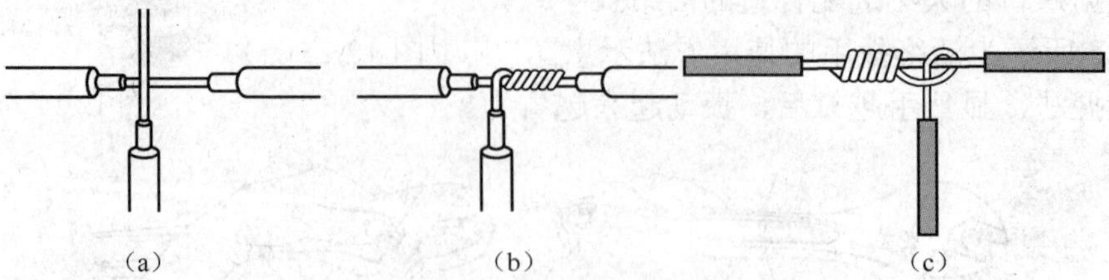

图 12.27　单股铜芯线的 T 形连接示意图

如果单股铜导线截面较大，就要在与支线线芯十字相交后，按照图 12.27（c）所示绕法，从右端绕下，平绕到左端，从里向外（由下往上）紧密并缠 4～6 圈，剪去多余的线端，最后用绝缘胶布缠封。

3．多股铜芯导线的直线连接

首先，将除去绝缘层及氧化层的两根线头分别散开并拉直，在靠近绝缘层的 1/3 线芯处将该段线芯绞紧，把余下的 2/3 线头分散成伞状，如图 12.28（a）所示。

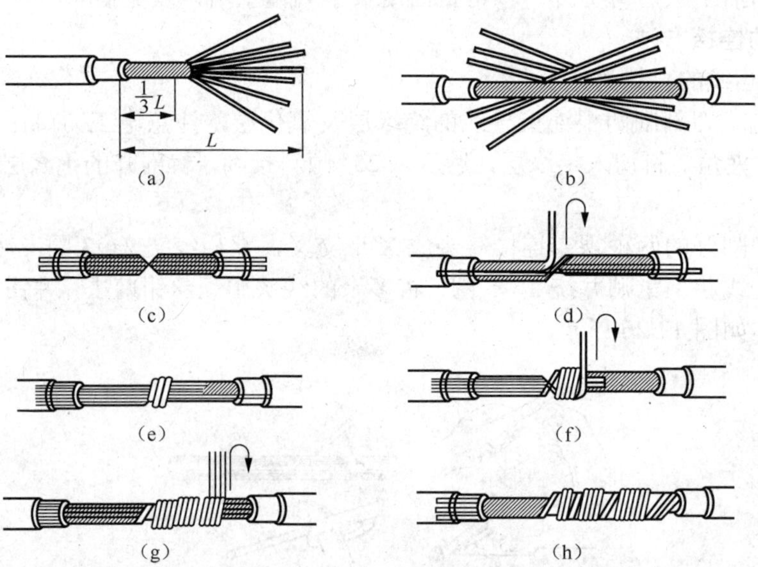

图 12.28　多股铜芯导线的直线连接示意图

然后，把两个分散成伞状的线头隔根对叉，如图 12.28（b）所示；再放平两端对叉的线头，如图 12.28（c）所示；接下来把一端的 7 股线芯按 2、2、3 股分成 3 组，把第一组的 2 股线芯扳起，垂直于线头，如图 12.28（d）所示；按顺时针方向紧密缠绕 2 圈，将余下的线芯向右与线芯平行方向扳平，如图 12.28（e）所示；随后将第二组 2 股线芯扳成与线芯垂直方向，如图 12.28（f）所示；按顺时针方向紧压着前两股扳平的线芯缠绕 2 圈，也将余下的线芯向右与线芯平行方向扳平；将第三组的 3 股线芯扳于线头垂直方向，如图 12.28（g）所示；然后按顺时针方向紧压线芯向右缠绕；最后再缠绕 3 圈，之后切去每组多余的线芯，钳平线端，如图 12.28（h）所示。

用同样的方法去缠绕另一边线芯。

4．多股铜芯线的 T 字分支连接

首先，把除去绝缘层及氧化层的分支线芯散开钳直，在距绝缘层 1/8 线头处将线芯绞紧，把余下部分的线芯分成两组，一组 4 股，另一组 3 股，并排齐，然后用螺丝刀把已除去绝缘层的干线线芯撬分两组，把支路线芯中 4 股的一组插入干线两组线芯中间，把支线的 3 股线芯的一组放在干线线芯的前面，如图 12.29（a）所示。

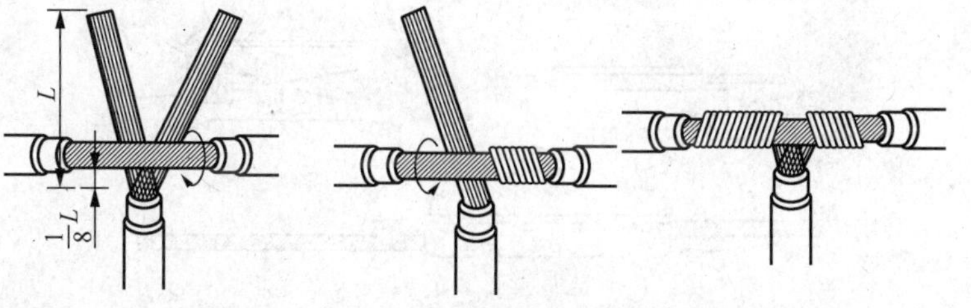

（a）　（b）　（c）

图 12.29　多股铜芯线的 T 字分支连接示意图

然后，把 3 股线芯的一组往干线一边按顺时针方向紧紧缠绕 3～4 圈，剪去多余线头，钳平线端，如图 12.29（b）所示。

最后，把 4 股线芯的一组按逆时针方向往干线的另一边缠绕 4～5 圈，剪去多余线头，钳平线端，如图 12.29（c）所示。

5．铝芯导线的连接

由于铝极易氧化，而且铝氧化膜的电阻率很高，所以铝芯线不宜采用铜芯导线的连接方法，而常采用螺钉压接法和压接管压接法。

（1）螺钉压接法

此方法适用于负荷较小的单股铝芯导线的连接。

首先，除去铝芯线的绝缘层，用钢丝刷刷去铝芯线头的铝氧化膜，并涂上中性凡士林，如图 12.30（a）所示。

然后，将线头插入瓷接头或熔断器、插座、开关等的接线桩上，最后旋紧压接螺钉。图 12.30（b）所示为直线连接，图 12.30（c）所示为分路连接。

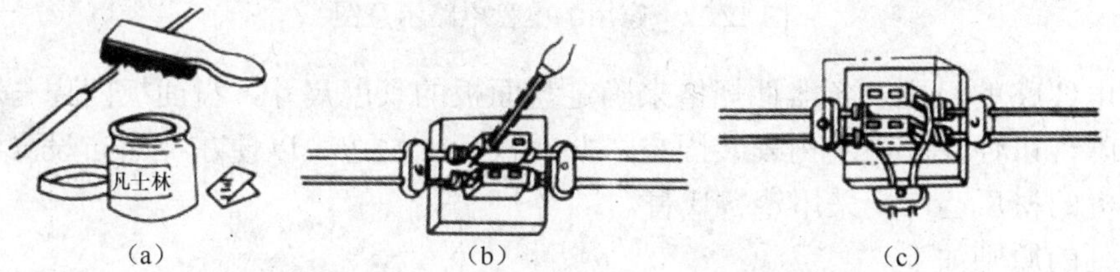

（a）　（b）　（c）

图 12.30　螺钉压接法示意图

（2）压接管压接法

压接管压接法适用于较大负载的多股铝芯导线的直线连接，需要压接钳和压接管，如图 12.31（a）、（b）所示。

根据多股铝芯线规格选择合适的压接管，除去需连接的两根多股铝芯导线的绝缘层，用钢丝刷清除铝芯线头和压接管内壁的铝氧化层，涂上中性凡士林。

然后将两根铝芯线头相对穿入压接管，并使线端穿出压接管 25～30mm，如图 12.31（c）所示。

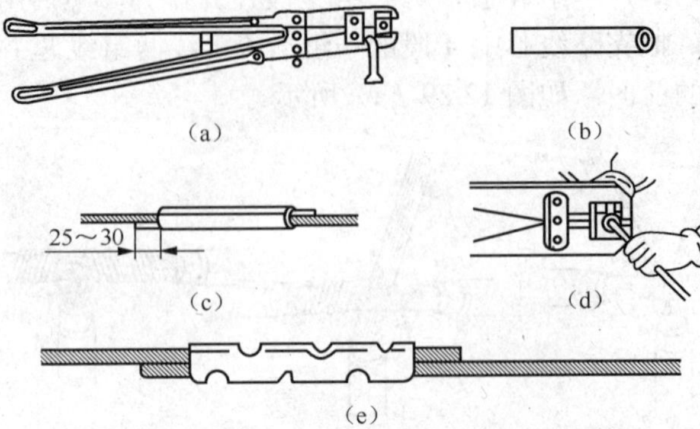

图 12.31　压接管压接法示意图

最后进行压接，压接时第一道压坑应在铝芯线头一侧，不可压反，如图 12.31（d）所示。压接完成后的铝芯线如图 12.31（e）所示。

三、家用配电盘的制作

家用配电盘是供电和用户之间的中间环节，通常也叫作照明配电盘。

配电盘的盘面板一般固定在配电箱的箱体里，是安装电器元件用的。其制作主要步骤如下。

1．盘面板的制作

根据设计要求来制作盘面板。一般家用配电盘的电路如图 12.32 所示。

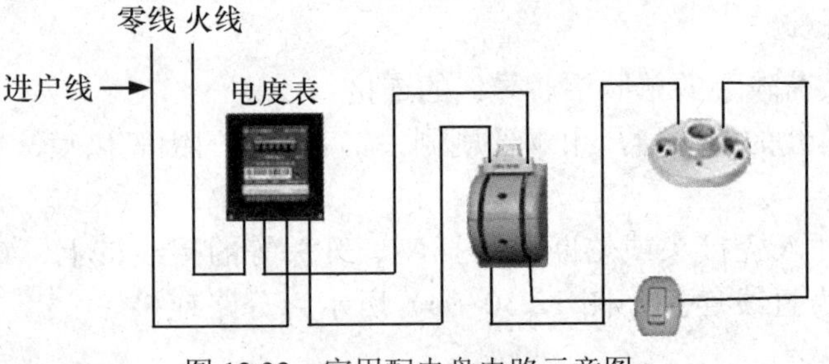

图 12.32　家用配电盘电路示意图

根据配电线路的组成及各器件规格来确定盘面板的长度尺寸，盘面板四周与箱体边之间应有适当缝隙，以便在配电箱内安装固定，并在板后加框边，以便在反面布设导线。为节约木材，盘面板的材质已广泛采用塑料代替。

电器排列的原则如下。

① 将盘面板放平，全部元器件、电器、装置等置于上面，先进行实物排列。一般将电度表装在盘面板的左边或上方，刀闸装在电度表下方或右边，回路开关及灯座要相互对应，放置的位置要便于操作和维护，并使盘面板的外形整齐美观。注意：一定要火线进开关。

② 各电器排列的最小间距应符合电气距离要求，除此之外，各器件、出线口、距盘面板四周边缘的距离均不得小于 30mm。总之，盘面板布置要求安全可靠、整齐、美观，便于加电测试和观察。

2．盘面板的加工

按照电器排列的实际位置，标出每个电器的安装孔和出线孔（间距要均匀），然后进行盘面板的钻孔（如采用塑料板，应先钻一个 ϕ3mm 的小孔，再用木螺钉装固定电器）。等盘面板的刷漆干了以后，在出线孔套上瓷管头（适用于木质和塑料盘面板）或橡皮护套（适用于铁质盘面板）以保护导线。

3．电器的固定

待盘面板加工好以后，将全部电器摆正固定，用螺钉将电器固定牢靠。

4．盘面板的配线

① 导线的选择。根据电度表和电器规格、容量及安装位置，按设计要求选取导线截面和长度。

② 导线敷设。盘面导线须排列整齐，一般布置在盘面板的背面。盘后引入和引出的导线应留出适当的余量，以便于检修。

③ 导线的连接。导线敷设好后，即可将导线按设计要求依次正确、可靠地把电器元件进行连接。

5．盘面板的安装要求

① 电源连接：垂直装设的开关或刀闸等设备的上端接电源，下端接负载；横装的设备左侧（面对配电盘）接电源，右侧接负载。

② 接火线和零线：按照左零右火的原则排列。

③ 导线分色：火线和零线一般不采用相同颜色的导线，通常火线用红色导线，零线采用其他较深颜色的导线。

四、综合盘的制作

所谓综合盘，就是在一个盘面上安装一个白炽灯座和两个控制白炽灯通、断的双联开关及 3 个单相五孔插座，其盘面布置如图 12.33 所示。

图 12.33　综合盘配电板示意图

1．双联开关控制的照明电路安装

两只双联开关在两个地方控制一盏灯的线路通常用在楼梯或走廊。

控制线路中一个最重要的环节就是：火线必须进开关！零线直接连到灯座连接螺纹圈的接线柱上（如果是卡口灯座，可把零线连接在任意一个灯口的接线柱上）。

火线的连线路径：火线连接于双联开关 1 的动触头的固定端，再从另一个动触头的固定端连接到灯座中心簧片的接线柱上。连线位置可参看图 12.34 所示的盘后走线图。

2．五孔插座的安装

进行插座接线时，每一个插座的接线柱上只能接一根导线，因为插座接线柱一般都很小，原设计只接一根导线，如硬要连接多根，当其中一根发生松动时，必会影响其他插座的正常使用；另外，接线柱上若连接插座超过一只，当一个插座工作时，另一个插座也会跟着发热，轻者对相邻插座寿命产生影响，发热严重时还可能烧坏插座接线柱。

对家庭安装来讲，插座的安装位置一般离地面 30cm。卫生间、厨房插座高度另定。卫生间要安装防溅型插座，浴缸上方三面不宜安装插座，水龙头上方不宜安装插座。燃气表周围 15cm 以内不能安装插座。燃具与电器设备应错位设置，其水平净安装距离不得小于 50cm。

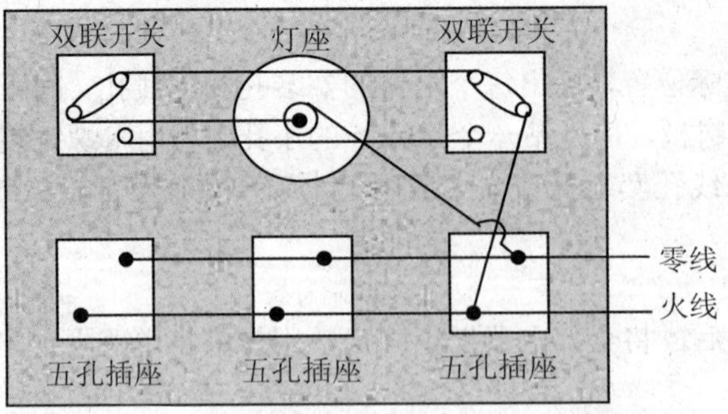

图 12.34　综合盘电路板后连线示意图

安装单相三孔插座时，面对插座正面位置，正确的方法是把单独一孔放置在上方。而且让上方一孔接地线，下方两孔的左边一孔接零线，右边一孔接火线，这就是常说的左零右火。安装两孔插座时，左边一孔接零线，右边一孔接相线，不能接错。否则，用电器的外壳会带电，或打开用电器时外壳会带电，易发生触电事故。

家用电器一般忌用两孔电源插座。尤其是台扇、落地风扇、洗衣机、电冰箱等，均应采用单相三孔插座。浴霸、电暖器安装不得使用普通开关，应使用与设备电流相配的带有漏电保护的专门开关。

五、实训时间具体安排

本实训时间为一周，内容根据各校条件的不同可以进行取舍。

六、实训各项评分标准

本次实训按 100 分评价。

1．导线连接（主要练习导线的直线连接和 T 形连接）按 20 分计。

（1）直线连接时，若圈与圈之间距离大扣 1 分；线损伤扣 1 分；圈数比要求的少或多均扣 1 分；导线裸露部分太长扣 1 分。

（2）T 形连接时，若圈与圈之间距离较大扣 1 分；线被钳子夹伤扣 1 分；圈数不够或多均扣 1 分；导线裸露部分过长扣 1 分。

2．综合盘制作按 25 分计。

（1）线路连接不正确加电试验一次不成功扣 3 分；灯头火线零线接反扣 2 分。

（2）火线和零线颜色不分扣 2 分；导线较短致使走线太紧扣 1 分；导线太长造成浪费扣 1 分；连线不牢固扣 1 分；线鼻绕反一处扣 1 分。

（3）五孔插座中火线零线接错扣 3 分；元件损坏一片扣 3 分（并且要立即购买新的进行赔偿）。

3．配电盘制作按 25 分计。

（1）通电试验不成功每返工一次扣 3 分；元件布局不合理扣 2 分；元件安装松动每处扣 1 分。

（2）敷线工艺中走线不平直，交叉相接触每处扣 1 分；线鼻绕错一片扣 1 分；线头裸露部分较多，每处扣 1 分。

（3）火线零线不分扣 2 分；火线接错扣 2 分；损坏元件一处扣 3 分（并要立刻赔偿）。

4．实训期间全勤按 10 分计。旷课一次扣 5 分；请事假一次扣 2 分；请病假一次扣 1 分。

5．实训期间劳动态度好且遵守实训纪律按 10 分计。

6．实训总结报告按 10 分计。